科学出版社“十三五”普通高等教育本科规划教材

流 体 力 学

张扬军　彭　杰　诸葛伟林　编著

科 学 出 版 社

北　京

内 容 简 介

本书从流体的基本物理性质和基本方程出发，对流体力学的基本理论进行系统讲述，对流体力学的相关基础和重点问题进行深入分析。全书分为 13 章，主要内容包括流体的物理性质、流体静力学、流体运动描述与分析、雷诺输运公式与连续性方程、能量方程与伯努利方程、动量方程及动量矩方程、基本方程及定解条件、相似理论与量纲分析、黏性不可压缩流体的内部流动、黏性不可压缩流体的外部流动、不可压缩理想流体流动、可压缩流体一维流动、可压缩流体超声速流动。每章后都附有与本章内容相关的人物介绍和科技前沿简介，供感兴趣的读者阅读。同时每章均附有习题，供读者练习。

本书可作为高等院校交通、机械、能源、环境、动力以及交通运载等工科专业本科生教材，也可供相关专业教师、科研人员和工程技术人员参考。

图书在版编目(CIP)数据

流体力学 / 张扬军，彭杰，诸葛伟林编著. —北京：科学出版社，2019.11
科学出版社“十三五”普通高等教育本科规划教材

ISBN 978-7-03-062694-3

Ⅰ. ①流… Ⅱ. ①张… ②彭… ③诸… Ⅲ. ①流体力学-高等学校-教材 Ⅳ. ①O35

中国版本图书馆 CIP 数据核字（2019）第 233586 号

责任编辑：朱晓颖 / 责任校对：王萌萌
责任印制：赵 博 / 封面设计：迷底书装

科学出版社出版
北京东黄城根北街 16 号
邮政编码：100717
http://www.sciencep.com
天津市新科印刷有限公司印刷
科学出版社发行 各地新华书店经销
*
2019 年 11 月第 一 版 开本：787×1092 1/16
2024 年 12 月第六次印刷 印张：15 1/2
字数：396 000

定价：59.00 元

(如有印装质量问题，我社负责调换)

前　言

新工科成为当前高等工程教育的前沿领域，而推动工程教育改革的基础和核心则在于学科体系中具体课程的改革。流体力学是交通运载、能源动力等工科专业的学科基础课，是后续专业课程的核心基础课程之一，在课程体系中具有重要地位。流体力学也是一门理论性非常强的基础性学科，在工科专业开设课程时需要强调工程应用背景及具备解决实际工程问题的能力。作者在新工科背景下构建了与工程应用相衔接的流体力学教学内容，在编写中特别注意了以下几点。

（1）回顾经典，面向未来。流体力学源远流长，其发展与工业文明紧密相连。本书在每章末均会就本章主要知识点，介绍与之相关的至少一位历史上具有代表性的流体力学大师，向读者展现流体力学大师思考和解决问题的过程与方法。与此同时，还就相关知识点在现代科技前沿中的应用进行专题介绍。使读者不但能够沿着大师的足迹，发现并掌握流体力学的基本规律和分析方法，还能与现代科技应用进行有机结合，培养读者创造性。

（2）理论与实验有机结合。针对流体力学课程学时特点，在每章中设置与知识点相关的教学实验或多媒体演示实验，提高学生对流动的感性认识，增强对抽象理论的理解。

（3）内容体系面向交通运载与能源动力领域。流体力学作为一门工科的专业基础课程，在众多专业领域均有应用。21 世纪，伴随高速、跨介质（空地、水陆、海空）运输工具，可再生能源与动力等新概念的提出及相关新技术的发展，产生了一系列流体力学新问题。本书在基础知识内容选编、现代科技前沿应用专题介绍以及实验教学环节设置等方面，以交通运输（汽车、船舶、航空航天）和能源动力为背景，同时涵盖流体力学的基础内容。书中部分章节可能略超出一般本科生教学大纲要求，已用“*”号标出，供选择时参考。

限于作者的水平与能力，书中难免存在不妥之处，恳请读者批评指正。

作　者

2019 年 6 月

目　录

参考答案

第 1 章　流体的物理性质

流体是能流动的物质，按其状态不同可分为液体和气体。从其力学特征看，流体是一种受任何微小剪切力都能连续变形的物质，流体的这种宏观力学特性称为易流动性。流体与固体的区别在于流体几乎不能承受拉力，处于静止状态的流体还不能抵抗剪切力，而固体可以抵抗拉力、压力和剪切力。

流体力学为力学的一个分支，是研究流体宏观运动规律及相关力学行为的科学。本章主要介绍流体力学研究的基本假设——连续介质假设以及流体的黏性、压缩性和气液接触界面的特性。

1.1　流体的连续介质假设

从微观角度看，与其他物质一样，流体也是由大量分子组成的。由于分子之间存在间隙，流体并不是空间连续分布的物质。流体力学研究由大量分子组成的流体的宏观平衡和运动规律，通常所考虑问题的特征尺寸远大于流体分子的平均自由程，因此，一般不讨论流体的微观结构和个别分子的运动。

从统计意义上来讲，流体的宏观运动是通过大量分子运动的统计平均值来体现的。在流体力学中，通常取流体质点作为研究流体的基元。流体质点是在微小特征体内含有足够多分子数且具有确定宏观统计特性的分子集合。从微观角度看，流体质点体积足够大，其尺度远大于分子平均自由程，因此，个别分子的行为不影响流体质点的统计平均特性，即流体质点的统计物理量具有确定性；从宏观角度看，流体质点的体积无限小，其尺度与所研究问题的特征尺度相比，又可看作一个几何点。基于流体质点的统计物理量在空间的变化，能够获得流体的宏观运动特征。假定流体由流体质点组成，流体质点之间没有间隙，可将流体视为一种由无数连续分布的流体质点所组成的连续的介质，这就是流体的连续介质假设。

把流体看成由微观无穷大、宏观无穷小的流体质点组成的连续介质后，如果研究流体运动时所取流体质点足够小且包含足够多的分子，就可以使流体质点的各个统计物理量(如温度、压力和速度等)具有意义。于是可以避免考虑真实流体无数分子的瞬时状态，而研究由流体质点所组成的流体的宏观运动属性。连续介质假设将流体视为空间连续分布的介质，因此，表征流体宏观属性的物理量，如密度、速度、压强、温度、黏度、应力等，在空间的分布也应该是连续的。在任意时刻，空间上任意一点只能有一个流体质点，因此，流体及其各物理量可视为时间和空间的单值连续可微函数，进而可以利用微积分等数学工具来对其运动规律进行研究。

需要强调的是，连续介质假设是流体力学的根本假设之一。基于这个假设，可以把微观流体分子的无规则运动问题转化为流体质点的宏观运动问题来处理。在大部分工程技术所涉及的流体力学问题中，该假设都是适用的。例如，在标准状况下，1mm^3 的气体中包含 2.7×10^{16} 个分子。若取 0.01mm 作为流体质点的特征尺寸，则体积为$10^{-6}\ \text{mm}^3$ 的流体质点包含 2.7×10^{10}

个分子，完全能得到与个别分子运动无关的统计平均值。另外，0.01mm 相对于一般工程问题是一个非常小的量，完全可以将其视为一个宏观无穷小量。但对一些特殊问题，连续介质假设并不适用，例如，火箭在高空非常稀薄的气体中飞行或者在高真空技术中，此时分子间距大到与流体运动的特征尺度可比拟的程度，因此，必须舍弃宏观的连续介质研究方法，代之以微观的分子动力学研究方法。当研究涉及 80km 高度以上空间区域的气体运动时，连续介质假设将不再适用。本书只研究连续介质的运动规律。

1.2　流体的黏性

流体的黏性是指流体质点之间发生相对滑移时产生切向阻力的性质，是流体的主要特性之一。当两层流体之间发生相对运动时，速度较快的一层流体会对速度较慢的一层流体产生一个拖拽力并使其加速；根据牛顿第三定律，速度较慢的一层流体会对速度较快的一层流体产生一个大小相等、方向相反的阻力，这两个力称为流体的内摩擦力或黏性力。它们分别作用在紧邻的两层运动速度不同的流体层上，这就是流体黏性的表现。流体的黏性是流体的固有属性，它反映了流体在运动状态下具有抗拒剪切变形、阻碍流体流动的能力，是流体运动产生机械能损失的根源。为了维持流体的运动，必须从外界向流体注入能量以克服由流体黏性引起的机械能损失。

1.2.1　牛顿内摩擦定律

流体运动时的黏性力与哪些因素有关呢？通过大量的实验研究，牛顿于 1686 年提出了确定黏性力的牛顿内摩擦定律，具体如下。

如图 1-1 所示，取两块间距为 h 的相互平行的平板，板间充满流体。上板在外力拖动下以恒定速度 U 沿 x 轴方向运动，下板固定不动。在流体黏性力的作用下，黏附于上板的流体将以速度 U 运动，而与下板接触的流体速度为零。上、下板之间的流体做平行于平板的运动，流体运动的速度呈线性分布，从下板速度为零变化到上板速度 U 。显而易见，平行于平板的各层流体之间都存在相对运动。在流体黏性力的作用下，下层流体将对上层流体产生切向内摩擦力。因此，要维持流体的运动，必须在上板施加与内摩擦力大小相等、方向相反的切向拉力。大量的实验证明，流体内摩擦力的大小与速度 U 以及板接触面积成正比，与两板之间的距离成反比，即

$$F = \mu AU / h \tag{1.2.1}$$

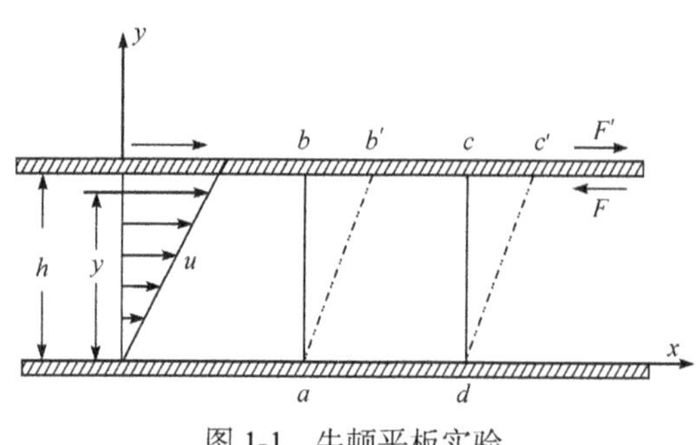

图 1-1　牛顿平板实验

其中，F 为内摩擦力（N）；A 为流体与平板之间的接触面积（m^2）；h 为运动平板与静止平板间的垂直距离（m）；U 为运动平板的移动的速度（m/s）；μ 为比例系数，称为动力黏度或黏度（$Pa \cdot s$ 或 $kg/(m \cdot s)$ 或 $N \cdot s/m^2$）。根据式（1.2.1），可以得到平板单位面积上所受流体的剪切力 τ（也称为剪切应力、切应力）的表达式为

$$\tau = F / A = \mu U / h \tag{1.2.2}$$

根据式(1.2.2)可以看出，流体切应力与流体运动的速度梯度成正比，而相应的比例系数即流体的黏度。一般情况下，流体的运动速度并不呈线性分布。如图 1-2 所示，此时取厚度为 dy 的流体薄层，令坐标 y 处流体运动速度为 u，坐标 y+dy 处的速度为 u+du。显然在厚度为 dy 的流体薄层中的速度梯度为 du/dy，则相应的切应力可以表示为

$$\tau=\mu\frac{\mathrm{d}u}{\mathrm{d}y}\tag{1.2.3}$$

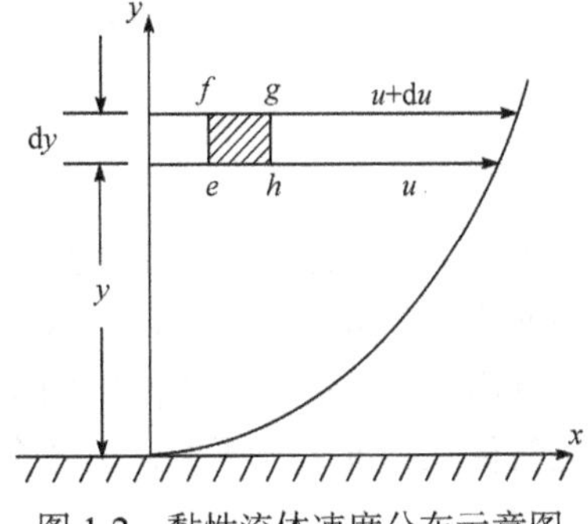

图 1-2　黏性流体速度分布示意图

式(1.2.3)即牛顿内摩擦定律的数学表达式，其物理意义是：流体运动产生的黏性切应力与流体运动的速度梯度成正比，其比例系数为流体的动力黏度。显然，当 du/dy=0 时，即流体相对静止时，$\tau=0$，即不存在剪切力。从式(1.2.3)中还可以看出，流体的牛顿内摩擦定律与两固体之间的摩擦定律不同。前者摩擦力与速度梯度成正比，与压强关系甚微；后者与速度关系甚微，而与两固体间的压强成正比。大量实践和实验证明，大多数气体、水以及低碳氢化合物基本上都遵循牛顿内摩擦定律，通常将这类流体称为牛顿流体。对于不服从牛顿内摩擦定律的流体，则称为非牛顿流体。关于非牛顿流体，将在第 7 章中进行介绍。牛顿于 1687 年将该内摩擦定律发表于其所著的《自然哲学的数学原理》，该书是力学的第一部经典著作，详情参见本章末尾关于牛顿的人物介绍。

1.2.2　动力黏度

根据式(1.2.3)，可以得到流体动力黏度的表达式为

$$\mu=\frac{\tau}{\mathrm{d}u/\mathrm{d}y}\tag{1.2.4}$$

由式(1.2.4)可知，μ 表示当速度梯度为 $1\ \mathrm{s}^{-1}$ 时单位面积上内摩擦力的大小，μ 越大，流体的黏性也越大。在工程计算中，还常常将动力黏度与密度的比值称为运动黏度，用 ν 表示，其单位为 m^2/s。

$$\nu=\mu/\rho\tag{1.2.5}$$

实验研究发现，流体的动力黏度除与流体的种类有关外，还与压强和温度有关。一般情况下，普通的压强对流体的黏度几乎没有影响，但在极高压强作用下，气体和液体的动力黏度将随压强的升高而增大，例如，在 10^{10} Pa 的压强作用下水的动力黏度比 10^5 Pa 的压强作用下水的动力黏度增大了 1 倍。温度对流体动力黏度的影响很大，液体的动力黏度随着温度的升高而减小，气体的动力黏度随着温度的升高而增大。上述现象的物理机制是：液体分子之间的吸引力是构成黏性的主要因素。当温度上升时，分子无规则热运动加剧，分子间吸引力的效应减弱，液体的黏度减小；与此相反，构成气体黏性的主要因素是气体分子做无规则随机运动时由碰撞引起的动量交换，温度越高，气体分子的随机运动越强烈，相应的动量交换越频繁，宏观上体现出气体的动力黏度越大。水的动力黏度与温度的关系可用下述经验公式近似计算：

$$\mu=\frac{\mu_0}{1+0.0337t+0.000221t^2}\tag{1.2.6}$$

其中，μ_0 为水在 0℃时的动力黏度（Pa·s）；t 为水温（℃）。气体的动力黏度与温度的关系可

用下述经验公式近似计算：

$$\mu=\mu_0\frac{273+\phi}{T+\phi}\left(\frac{T}{273}\right)^{\frac{3}{2}} \tag{1.2.7}$$

其中，μ_0 为气体在 0℃时的动力黏度（Pa·s）；T 为气体的热力学温度（K）；ϕ 为根据气体种类而定的系数。需要指出，式(1.2.7)只适用于压强不太高的场合，此时气体的动力黏度与压强基本无关。表 1-1 中给出了标准大气压下，水和空气在不同温度时的黏度；表 1-2 给出了常见气体在标准大气压下，温度在 0℃时的动力黏度 μ_0 和系数 ϕ。

表 1-1 水和空气的黏度值

温度/℃	水		空气	
	μ /(Pa · s)	v /(m²/s)	μ /(Pa · s)	v /(m²/s)
0	1.792×10^{-3}	1.792×10^{-6}	0.0171×10^{-3}	13.7×10^{-6}
10	1.380×10^{-3}	1.308×10^{-6}	0.0178×10^{-3}	14.7×10^{-6}
20	1.005×10^{-3}	1.007×10^{-6}	0.0183×10^{-3}	15.7×10^{-6}
30	0.801×10^{-3}	0.804×10^{-6}	0.0187×10^{-3}	16.6×10^{-6}
40	0.656×10^{-3}	0.661×10^{-6}	0.0192×10^{-3}	17.6×10^{-6}
50	0.549×10^{-3}	0.556×10^{-6}	0.0196×10^{-3}	18.6×10^{-6}
60	0.469×10^{-3}	0.477×10^{-6}	0.0201×10^{-3}	19.6×10^{-6}
70	0.406×10^{-3}	0.415×10^{-6}	0.0204×10^{-3}	20.6×10^{-6}
80	0.357×10^{-3}	0.367×10^{-6}	0.0210×10^{-3}	21.7×10^{-6}
90	0.317×10^{-3}	0.328×10^{-6}	0.0216×10^{-3}	22.9×10^{-6}
100	0.284×10^{-3}	0.296×10^{-6}	0.0218×10^{-3}	23.6×10^{-6}

混合气体的动力黏度可用下列近似公式计算：

$$\mu=\frac{\sum_{i=1}^{n}a_iM_i^{\frac{1}{2}}\mu_i}{\sum_{i=1}^{n}a_iM_i^{\frac{1}{2}}} \tag{1.2.8}$$

其中，a_i 为混合气体中第 i 组分气体的体积分数；M_i 为混合气体中第 i 组分气体的相对分子质量；μ_i 为混合气体中第 i 组分气体的动力黏度（$i=1,2,3,\cdots,n$）。

表 1-2 常见气体在 0℃时的动力黏度 μ_0、系数 ϕ 和相对分子质量 M

气体名称	μ_0 /(Pa·s)	ϕ	M
空气	17.10×10^{-6}	111	29
水蒸气	8.93×10^{-6}	961	18
氧气（O_2）	19.20×10^{-6}	125	32
氮气（N_2）	16.60×10^{-6}	104	28
氢气（H_2）	8.40×10^{-6}	71	2

续表

气体名称	μ_0 / (Pa·s)	ϕ	M
一氧化碳(CO)	16.80×10^{-6}	100	28
二氧化碳(CO_2)	13.80×10^{-6}	254	44
二氧化硫(SO_2)	11.60×10^{-6}	306	64

例题 1-1　已知某混合气体各组分体积分数分别为 $a_{CO_2}=13.6\%$，$a_{SO_2}=0.4\%$，$a_{O_2}=4.2\%$，$a_{N_2}=75.6\%$，$a_{H_2O}=6.2\%$，气体温度为 0℃，试求其动力黏度。

解：根据表 1-2 可以查得 0℃时，各组分气体的动力黏度及相对分子质量。根据式(1.2.8)，可得

$$\mu=\frac{\sum_{i=1}^{n}a_iM_i^{\frac{1}{2}}\mu_i}{\sum_{i=1}^{n}a_iM_i^{\frac{1}{2}}}$$

$$=10^{-6}\times\frac{13.6\times\sqrt{44}\times13.8+0.4\times\sqrt{64}\times11.6+4.2\times\sqrt{32}\times19.2+75.6\times\sqrt{28}\times16.6+6.2\times\sqrt{18}\times8.93}{13.6\times\sqrt{44}+0.4\times\sqrt{64}+4.2\times\sqrt{32}+75.6\times\sqrt{28}+6.2\times\sqrt{18}}$$

$$=15.82\times10^{-6}$$

因此，混合气体的动力黏度为 $\mu=15.82\times10^{-6}\,\text{Pa}\cdot\text{s}$。

解毕。

1.2.3　黏性流体和理想流体

现实世界中几乎所有的流体都具有黏性。在早期的研究中，人们在考虑流体流动时，并没有认识到流体的黏性。这种黏度为零的流体通常称为理想流体，它可以视为黏性流体的一种理想化近似。

流体的黏性给流体运动的数学描述和分析求解带来很大的困难。因而，在实际流动中，若流体对外不体现黏性效应或黏性效应较弱，可使用理想流体近似替代黏性流体，这样可以极大简化问题的分析求解过程。那么，在什么情况下，流体对外不体现黏性效应呢？根据牛顿内摩擦定律的数学表达式(1.2.3)，流体黏性引起的切应力与流体的黏度系数以及速度梯度成正比。在黏度系数不变的情况下，速度梯度越大，切应力越大，反之则越小。当速度梯度为零，即流体处于静止或与外界以相同速度运动时，流体黏性引起的切应力也为零。此时，流体对外不体现黏性效应，可将其视为理想流体。除此之外，对于速度梯度较小的流体，由于黏性效应相对较弱，可先将其视为理想流体进行求解，再根据流体的黏性效应对结果进行修正(如第 10 章中将要介绍的边界层理论)，这样也可使问题的处理过程得到简化。

1.3　流体的压缩性和温度膨胀性

1.3.1　流体的压缩性

在一定温度下，流体的体积随压强升高而减小的特性称为流体的压缩性。流体的压缩性

可用体积压缩系数 β_T 来表示，它表示当温度保持不变时，单位压强增量所引起的流体体积的相对变化率，即

$$\beta_T = -\frac{1}{V}\frac{\delta V}{\delta p} \tag{1.3.1}$$

其中，β_T 为流体的体积压缩系数（m^2/N）；δp 为流体压强的增加量（Pa）；V 为流体原有的体积（m^3）；δV 为流体体积的缩小量（m^3）。由于压强增加时流体的体积减小，δp 与 δV 异号，故在式(1.3.1)右侧加负号以使体积压缩系数 β_T 恒为正。由式(1.3.1)可以看出，对于相同的压强增量，β_T 大的流体，其体积变化率大，流体易于压缩；反之，β_T 小的流体，其体积变化率小，流体难于压缩。表 1-3 给出了 0℃情况下，水的体积压缩系数与压强的关系。从表中可以看出，水的 β_T 很小，即它的压缩性很小。

表 1-3　0℃水的体积压缩系数与压强的关系

p/MPa	0.49	0.98	1.96	3.92	7.85
β_T / (10^{-9} Pa^{-1})	0.539	0.537	0.531	0.523	0.515

气体的 β_T 可由状态方程求出，此时温度 T 为常数，可得

$$\beta_T = -\frac{1}{V}\frac{d}{dp}\left(\frac{mRT}{p}\right) = -\frac{mRT}{V}\left(-\frac{1}{p^2}\right) = \frac{1}{p} \tag{1.3.2}$$

式(1.3.2)说明气体的 β_T 与压强成反比，压强越高，β_T 越小，压缩气体越困难；反之，压强低时气体相对较为容易被压缩。

在工程上，常用体积压缩系数的倒数，即体积模量 K_T 衡量流体压缩性，其表达式为

$$K_T = \frac{1}{\beta_T} = -\frac{V\delta p}{\delta V} \tag{1.3.3}$$

K_T 大的流体的压缩性小，K_T 小的流体的压缩性大。K_T 的单位与压强单位相同。

1.3.2　流体的温度膨胀性

在一定的压强作用下，流体的体积随温度升高而增大的性质称为流体的温度膨胀性，用温度膨胀系数 α 来表示，它代表压强不变时，单位温升所引起的流体体积的相对变化率，即

$$\alpha = \frac{\delta V}{V}\bigg/\delta T = \frac{\delta V}{V\delta T} \tag{1.3.4}$$

其中，α 为流体的温度膨胀系数（$℃^{-1}$ 或者 K^{-1}）；δT 为流体温度的增加量（℃或 K）；V 为流体原有的体积（m^3）；δV 为流体体积的增加量（m^3）。由于温度升高，流体的体积膨胀，故 δT 与 δV 同号。大量实验结果指出，液体的温度膨胀系数通常很小，例如，在 9.8×10^4 Pa 压强作用下，温度在 1～10℃内，水的温度膨胀系数 $\alpha = 1.4\times10^{-5}$ $℃^{-1}$，即温度每升高 1℃，水的体积相对变化率仅为百万分之一点四。表 1.4 给出了一个大气压下，不同温度范围内水的温度膨胀系数。

表 1-4　一个大气压下不同温度范围内水的温度膨胀系数

温度/℃	1～10	10～20	45～50	60～70	90～100
α/$℃^{-1}$	0.14×10^{-4}	1.50×10^{-4}	4.22×10^{-4}	5.56×10^{-4}	7.19×10^{-4}

气体的温度膨胀系数可由状态方程求出，此时 p 为常数，可得

$$\alpha=\frac{\delta V/V}{\delta T}=\frac{1}{V}\frac{\mathrm{d}}{\mathrm{d}T}\left(\frac{mRT}{p}\right)=\frac{mR}{Vp}=\frac{1}{T} \tag{1.3.5}$$

由式(1.3.5)可以看出，气体的温度膨胀系数 α 与温度 T 成反比。例如，当 T=273K 时，α=1/273，这就是盖-吕萨克(Gay-Lussac)定律：在等压过程中，温度每升高 1K，气体膨胀原体积的 1/273。

例题 1-2　体积为 $5\mathrm{m}^3$ 的水，在温度不变的条件下，压强从 $9.8\times10^4\,\mathrm{Pa}$ 增加到 $4.9\times10^5\,\mathrm{Pa}$，体积减小 $1\times10^{-3}\,\mathrm{m}^3$，求水的体积模量 K_T。

解：由体积模量的定义(式(1.3.3))，可以得到

$$K_\mathrm{T}=-\frac{\delta p}{\delta V/V}=-\frac{(4.9-0.98)\times10^5}{\left(-1\times10^{-3}\right)/5}=1.96\times10^9$$

即此时水的体积模量是 $K_\mathrm{T}=1.96\times10^9\,\mathrm{Pa}$。

解毕。

例题 1-3　(1)超临界二氧化碳布雷顿循环(二氧化碳的临界压力为 7.37 MPa，临界温度为 30.98℃)具有能量密度高、系统效率高、系统结构紧凑等优点，广泛用于核电站、太阳能发电及火力发电等多个领域。通过采用等温压缩的方式压缩超临界二氧化碳可以进一步提高系统效率。已知等温压缩过程中二氧化碳的入口温度是 35℃，入口压力为 7.4MPa，密度为 $259.77\mathrm{kg/m}^3$，根据实验室数据可知压缩过程出口压力为 20MPa，密度为 $865.72\mathrm{kg/m}^3$，求此温度下二氧化碳的体积模量 K_T。(2)若航空发动机的空气压缩过程也为等温压缩，假设压缩过程空气的入口温度为 15℃，入口压力为 0.1MPa，密度为 $1.2092\mathrm{kg/m}^3$，出口压力为 1.2 MPa，密度为 $14.569\,\mathrm{kg/m}^3$，求 15℃时空气的体积模量 K_T，并与(1)中的超临界二氧化碳比较。

解：(1)假设压缩过程中工质二氧化碳的质量流量为 m_C，则压缩过程前后的体积变化为

$$\delta V=\frac{m_\mathrm{C}}{\rho_\mathrm{o}}-\frac{m_\mathrm{C}}{\rho_\mathrm{i}}=m_\mathrm{C}\left(\frac{1}{865.72}-\frac{1}{259.77}\right)=-0.002694m_\mathrm{C}$$

由式(1.3.3)可得

$$K_\mathrm{T}=-\frac{\delta p}{\delta V/V}=-\frac{20\times10^6-7.4\times10^6}{-0.002694m_\mathrm{C}/\left(m_\mathrm{C}/259.77\right)}=1.800\times10^7(\mathrm{Pa})$$

(2)假设压缩过程中空气的质量流量为 m_A，同理可得

$$K_\mathrm{T}=-\frac{\delta p}{\delta V/V}=-\frac{1.2\times10^6-0.1\times10^6}{-0.7702m_\mathrm{A}/\left(m_\mathrm{A}/1.2092\right)}=1.181\times10^6(\mathrm{Pa})$$

从计算结果可见，超临界二氧化碳的可压缩性远小于空气，因此超临界二氧化碳的压缩功耗低于空气。

解毕。

1.3.3　可压缩流体和不可压缩流体

流体的温度膨胀系数和体积压缩系数全为零的流体称为不可压缩流体。实际上任何流体，不论是液体还是气体，都是可以压缩的，不可压缩流体并不存在。但是为了研究问题方便，

人们提出了不可压缩流体的概念，即流体受压体积不缩小，受热体积不膨胀，其密度恒为常数，即将密度保持为常数的流体称为不可压缩流体。基于此假设，在讨论流体的平衡和运动规律时可以大大简化。

通常情况下，液体的压缩性很小，随着压强和温度的变化，液体的密度仅发生微小变化。因此，在多数情况下，液体的压缩性可以忽略不计，故通常把液体视为不可压缩流体，其密度为常数。与液体不同，一般情况下气体的压缩性都很大，由理想气体状态方程可知，当气体温度保持不变时，其体积与压强成反比，即压强增加 1 倍，体积减小为原来的 1/2；而根据盖-吕萨克定律，当压强不变时，气体温度升高 1℃，相比于 0℃时气体的体积膨胀 1/273。因此，通常情况下均把气体看作可压缩流体，即气体密度不能视为常数，随压强和温度的变化而变化。

在工程实践中，是否考虑流体的压缩性，要视具体情况而定。在一些特殊情况下需要将液体视为可压缩流体，例如，当前汽车和通用航空所用的先进内燃机，采用高压共轨技术，燃油压力已高达 200MPa，燃油的压缩性已不可忽略；此外，考虑水锤现象和水下爆炸过程时，水中压强变化剧烈且迅速，此时需把水视为可压缩流体来处理。与上述情况相反，在气体流速不高、温度和压强变化较小的场合，气体密度的变化较小，此时可以忽略气体压缩性的影响，例如，在研究汽车和微小型低速飞机的外流空气动力学特性时，可把气体视为不可压缩流体。在一个标准大气压下，当空气的流速等于 68 m/s 时，不考虑压缩性所引起的相对误差约为 1%，这在工程计算中一般可忽略不计。

1.4 流体的界面现象和表面张力

当液体与其他流体或固体接触并出现自由表面时，液体的自由表面都呈现收缩的趋势。例如，把一根棉线拴在铁丝环上，然后把铁丝环放到肥皂水里再拿出来，环上出现一层肥皂薄膜，见图 1-3(a)；如果用针刺破棉线左侧的薄膜，则棉线会被右边的薄膜拉向右弯，见图 1-3(b)；如果刺破右侧，则棉线会被左边的薄膜拉向左弯，见图 1-3(c)。液体表面的这种收缩趋势由液体表面张力造成，表面张力沿着液体的表面作用并且和液体的边界垂直。下面进一步分析上述现象的物理本质。

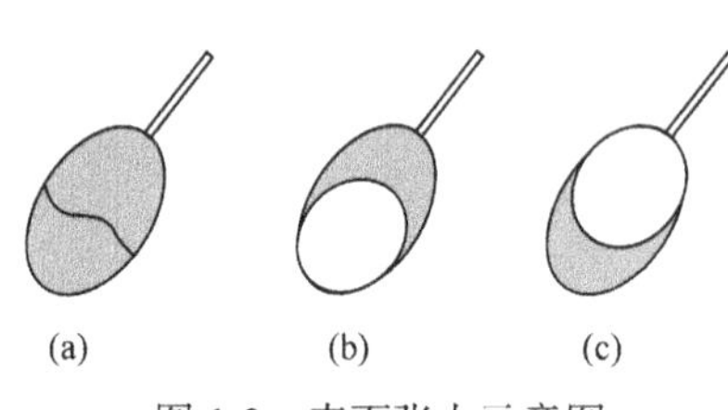

图 1-3 表面张力示意图

1.4.1 表面张力

由分子物理知道液体分子之间存在相互吸引力，分子间吸引力的作用半径 r 为$10^{-10}\sim10^{-8}$m。若流体内某分子距自由液面的距离大于或等于半径 r，如图 1-4 中液体分子 A 或 B 所示，则该分子所受周围液体分子的吸引力基本平衡。而当流体内的分子距离自由液面距离小于半径 r 时，如分子 C，由于自由面上方不存在液体分子，液体分子对分子 C 的吸引力合力上下不平衡，形成一个从自由液面向下的作用力。而分子 D 受到的向下作用合力达到最大。在厚度小于半径 r 的液面薄层内，所有液体分子均受向下的吸引力，把表面层拉向液体内部。

液体表面附近区域的液体分子都受到指向液体内部的分子吸引力作用，那么进入液体表面附近区域的所有液体分子都必须反抗这种力的作用，即都必须给予这些分子机械功。这些机械功以自由表面能的形式被储存起来。若自由表面面积增加，则与之相应的自由表面能也将增加；反之，自由表面面积减少，意味着自由表面能下降，与此同时液体将向周围释放能量。根据能量守恒原理，当自由表面收缩时，在收缩的方向上必定有力对自由表面做负功，即作用力的方向与收缩的方向相反，因此这种力必定是拉力，通常将此拉力定义为表面张力F。单位长度上的表面张力称为表面张力系数，用σ表示，它的单位为 N/m 。

综上所述，在表面张力的作用下，液体的自由表面始终处于拉伸状态。如果是液滴，在表面张力的作用下，液滴将向中心收缩，力图收缩成具有最小表面积的球形，从而处于自由表面能最小的稳定平衡状态。如果将液滴切开，取下半球台来考虑，如图 1-5 所示，在球台切面周线上必有与球表面相切的张力 F 连续均匀分布在周线上。若周线长度为 L，则表面张力 $F=\sigma L$ 。在液体与固体的交界面上或两种互不相溶液体的交界面上也会有表面张力。表面张力的起因是液体表面层中存在不平衡的分子力，但表面张力并非这个分子力的合力，二者相互垂直。

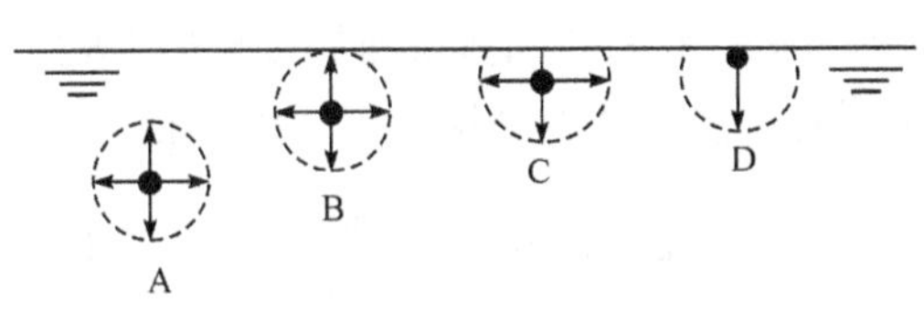

图 1-4　液体自由面附近分子受力分析示意图

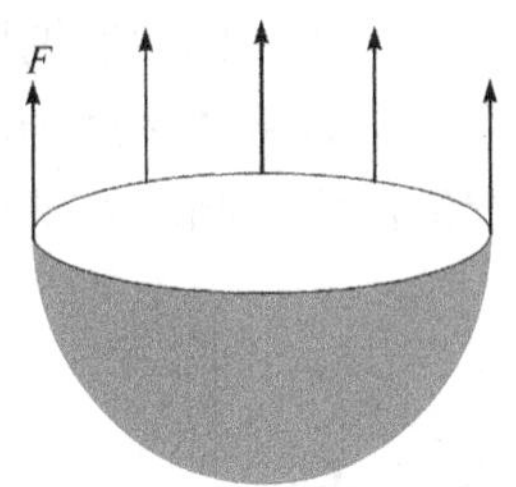

图 1-5　球台周线上的表面张力示意图

表面张力系数与液体表面接触介质的种类有关，在液体中添加某些有机溶剂或盐类，也可改变它们的表面张力。例如，把少量的肥皂液加入水中，可以显著地降低它的表面张力，而把食盐溶液加入水中，却可提高它的表面张力。常见液体的表面张力系数列于表 1-5 中。通常情况下，表面张力系数随温度升高而下降。

表 1-5　常见液体的表面张力系数(20℃，与空气接触)　(单位：N/m)

液体名称	表面张力系数σ	液体名称		表面张力系数σ
酒精	0.0223	原油		0.0233～0.0379
苯	0.0289	水		0.0731
四氯化碳	0.0267	水银	空气中	0.5137
煤油	0.0233～0.0321		水中	0.3926
润滑油	0.0350～0.0379		真空中	0.1857

表面张力的影响在大多数工程实际中是可以忽略不计的。但是在发动机燃油雾化、燃料电池与动力电池的两相流传热传质等问题的分析中，表面张力的作用不可忽略。

1.4.2　毛细现象

在实际的生活中，经常可以观察到如下现象，将一根细玻璃管插入水中，可以看到管内的液面要略高于管外液面；若将玻璃管插入水银中，则可以发现管内水银液面低于管外水银液面。这种现象与液体和固体壁面的接触性质有关。

当液体与固体壁面接触时，若液体分子间的吸引力小于液体与固体之间的附着力，液体将润湿、附着在壁面上，沿壁面向外伸展。例如，当细玻璃管插入水中时，水分子之间的相互吸引力小于水与玻璃之间的附着力，水润湿玻璃管壁面并沿管道壁面伸展，在重力作用下，使得玻璃管内的液面向下弯曲，在表面张力作用下，玻璃管内的液面被拉高 h，如图 1-6(a)所示。反之，若液体分子之间的吸引力大于液体与固体之间的附着力，那么液体将不再润湿壁面，而是在表面张力的作用下，形成一团。例如，当细玻璃管插入水银中时，由于水银分子之间的相互吸引力大于水银与玻璃之间的附着力，水银不再润湿玻璃管壁并沿壁面收缩，在重力和表面张力的共同作用下，使得玻璃管内的水银液面向上弯曲，此时在表面张力作用下，玻璃管内的液面被拉低了 h，如图 1-6(b)所示。这种在细管中液面上升或下降的现象称为毛细现象，能产生显著的毛细现象的细管称为毛细管。

因为液体曲面与管道壁面接触处的表面张力合力指向液面的内凹面，当液面处于静止平衡时，根据力平衡原理，需要凹面的压力高于凸面的压力才能够与表面张力平衡，这种由表面张力引起的附加压力称为毛细压力，它与毛细管内液面的上升或下降的高度直接相关。以图 1-6(a)为例，假设液体密度为ρ，玻璃毛细管直径为 d，液面与固体壁面的接触角为θ，当表面张力引起的液面两侧压力差与上升液柱重量相等时，液柱达到平衡状态，此时有

$$\pi d\sigma\cos\theta=\rho g\frac{\pi d^2}{4}h \tag{1.4.1}$$

可得

$$h=\frac{4\sigma\cos\theta}{\rho g d} \tag{1.4.2}$$

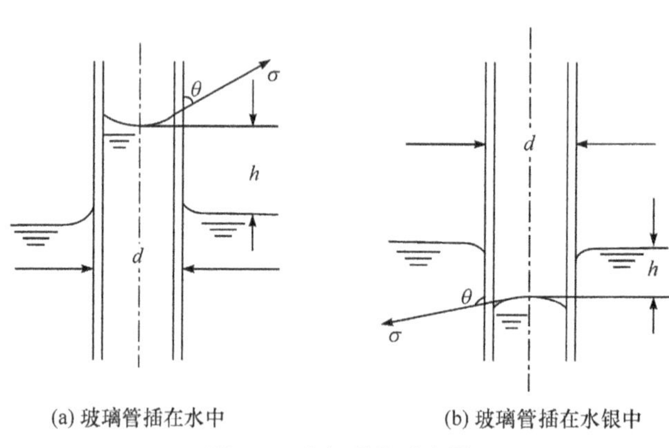

(a) 玻璃管插在水中　　(b) 玻璃管插在水银中

图 1-6　毛细现象示意图

其中，h 为液面上升或下降的高度。$h>0$ 代表液面上升，反之 $h<0$ 代表液面下降。由式(1.4.2)可以看出，毛细管内液面上升或下降的高度与管径成反比，同时与液体种类、管壁面材料、液面上气体(或不相容液体)的种类及温度均有关。对于不同的液体和管道壁面材料，接触角θ有所不同。一般来说，接触角小($0<\theta<90°$)代表液体与固体壁面之间的附着力较强，此时液体对于固体壁面来说是润湿的；反之，当接触角较大时($90°<\theta<180°$)，则代表液体内部分子之间作用力强于液体与固体壁面之间的附着力，此时液体对于固体壁面来说是不润湿的。对于玻璃壁面来说，水的接触角在$0\sim9°$，水银的接触角在$130°\sim150°$。对于水来说，当玻璃管内径大于 20mm 时，毛细现象的影响基本可以忽略不计。对于水银来说，当玻璃管内径大于 12mm 时，毛细现象的影响也可以忽略不计。

当考虑一个液滴时，令液滴半径为 R，那么液面两侧压强差为

$$\Delta p=\frac{2\sigma}{R} \tag{1.4.3}$$

若考虑一个肥皂泡，因为肥皂泡液膜内、外存在两个液体表面，故肥皂泡内、外的压强差为

$$\Delta p=\frac{4\sigma}{R} \tag{1.4.4}$$

毛细管在人们的日常生活中和工、农业生产中都起着重要的作用。例如，煤油沿着灯芯上升，地下水分沿着土壤中的毛细通道上升到地表等。在多数工程实际问题中，由于固体的边界较大，毛细管现象的影响通常忽略不计。然而，当考虑小尺度流动时，固体边界尺寸较

小，此时毛细现象明显。例如，当用直径很细的管子做测压计时，毛细现象较明显，必须考虑由其引起的测量误差同时进行必要修正。动力电池、电机等电力电子设备的热管散热就是利用了毛细现象，参见本章末尾科技前沿的热管介绍。

科技前沿(1)——热管

人物介绍(1)——牛顿

习　题

1-1　如图 1-7 所示，一个底面积为 40 cm×45 cm、高 1 cm 的木块，质量为 5 kg，沿着涂有润滑油的斜面等速向下运动。已知速度为 $v = 1\ \text{m/s}$，油层厚度 $\delta = 1\ \text{mm}$，求润滑油动力黏度。

1-2　如图 1-8 所示，气缸和活塞的间隙中充满了动力黏度为 $\mu = 0.065\ \text{Pa}\cdot\text{s}$ 的油，气缸直径 $D = 10\ \text{cm}$，间隙为 $\delta = 0.5\ \text{mm}$，活塞长 $L = 10\ \text{cm}$。活塞在力 $F = 10\ \text{N}$ 的作用下匀速运动，求活塞运动速度 v。

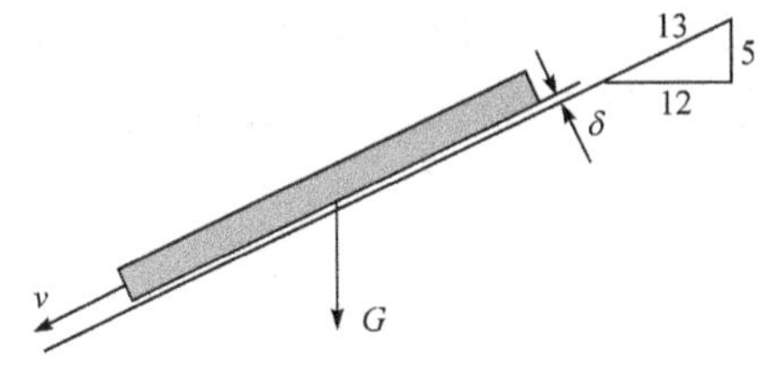

图 1-7　题 1-1 示意图

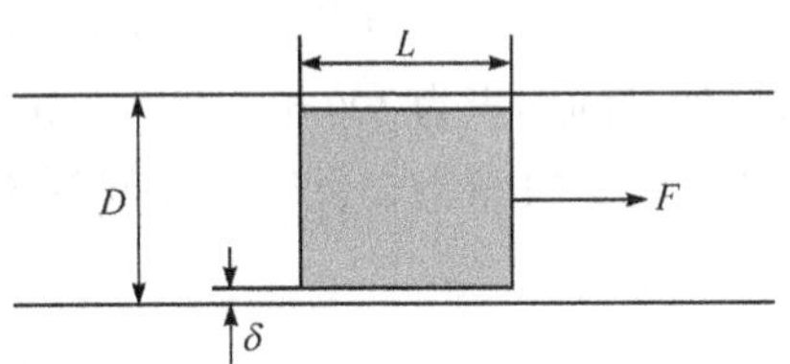

图 1-8　题 1-2 示意图

1-3　如图 1-9 所示，黏度测量仪由内、外两个同心圆筒组成，两筒间隙中充满油液。外筒与转轴连接，其半径为 r_2，角速度为 ω(ω = 常量)。内筒半径为 r_1，悬挂于一根金属丝下，金属丝上所受的力矩 M 可以通过内桶的扭转角测得。已知内、外筒底面的间隙为 a，内筒高 H，其中 $H \gg a$。试求油液的动力黏度的表达式。

1-4　流体的动力黏度 $\mu = 0.05\text{Pa}\cdot\text{s}$，流体在管内的流速分布如图 1-10 所示，速度的表达式为 $u = 50-(5-y)^2$。试问：(1) 切应力 τ 为多少？(2) 最大切应力 $\tau_{\max}$ 为多少？发生在何处？

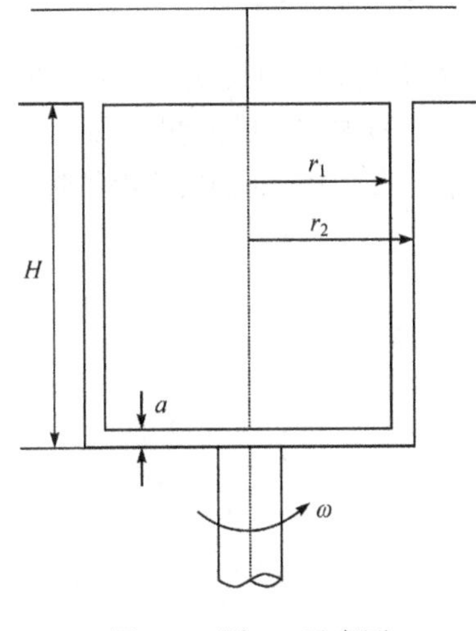

图 1-9　题 1-3 示意图

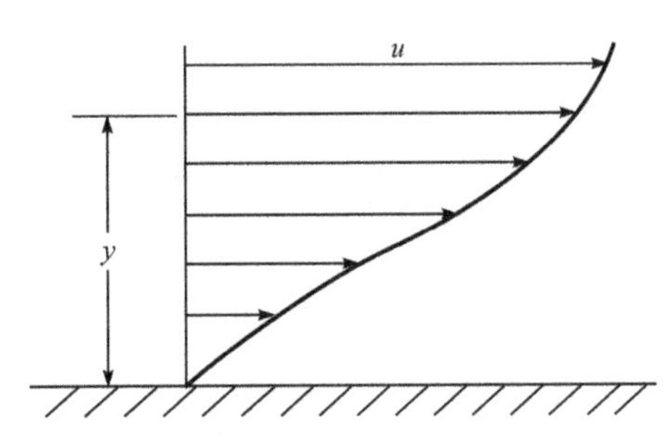

图 1-10　题 1-4 示意图

1-5　一个滑动轴承的直径 $D=10\text{cm}$，轴承宽度 $b=30\text{cm}$，间隙 $t=0.1\text{cm}$，其中充满 $\mu=0.1\text{Pa}\cdot\text{s}$ 的润滑油，当轴承以转速 $n=180\text{r/min}$ 运转时，求润滑油阻力损耗的功率。

1-6　计算：(1)水从1 atm (1atm=1.01325×10^5pa)等温加压到100atm时密度的变化率，已知其平均体积模量为 $K_{\text{T}}=2.07\times10^9\text{Pa}$；(2)理想气体从1atm等温加压到2atm时密度的变化率。

1-7　证明常比热容理想气体的等温及等熵体积模量分别为 $K_{\text{T}}=p$，$K_{\text{s}}=Kp$，其中 K 为比热比。

1-8　$p=101.3\text{kPa}$，$T=20℃$ 的理想气体，已知其 $\mu=2\times10^{-5}\text{Pa}\cdot\text{s}$，$\nu=15\text{mm}^2/\text{s}$，试计算其相对分子质量 M。

1-9　流体中声速的表达式为 $a=\sqrt{\dfrac{\mathrm{d}p}{\mathrm{d}\rho}}$，试证明也可以写成 $a=\sqrt{\dfrac{K_{\text{T}}}{\rho}}$。

1-10　图 1-11 为一个水暖系统，为了防止水温升高时体积膨胀将水管胀裂，在系统顶部设置一个膨胀水箱。若系统内水的总体积为 8m^3，加温前后温差为 50℃，在其温度范围内水的膨胀系数 $\alpha=0.0005℃^{-1}$。求膨胀水箱的最小容积。

1-11　图 1-12 为压力表校正器，内充满体积压缩系数为 $4.75\times10^{-10}\text{m}^2/\text{N}$ 的油液。压强为 10^5Pa 时，油液的体积为 200ml。现用手轮丝杆和活塞加压，活塞直径为 1cm，丝杆螺距为 2mm，当压强升高至 20MPa 时，问需将手轮摇多少转？

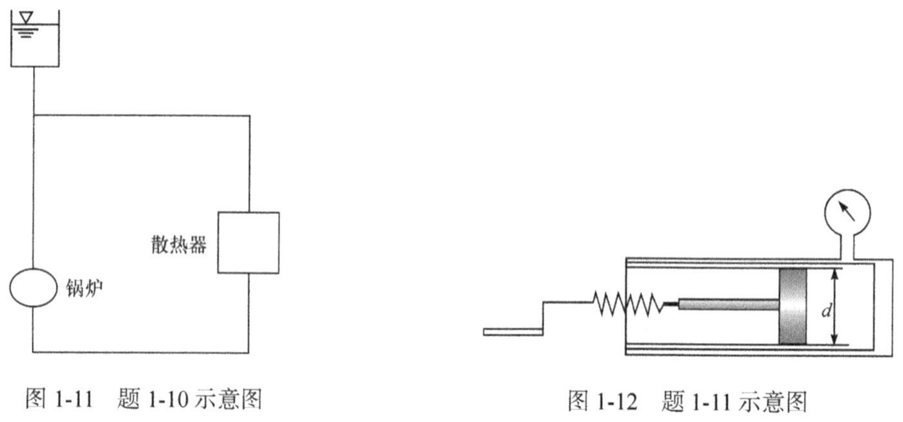

图 1-11　题 1-10 示意图　　　图 1-12　题 1-11 示意图

1-12　大气中有一个半径为 a 的球形肥皂泡，泡内充满空气。已知大气压力及温度分别为 p_{a} 和 T，肥皂泡膜表面张力系数为 σ，气体常数为 R，求气泡内空气的质量。

1-13　纯水和干净的玻璃接触角为 $\theta=0$，计算 20℃时水在直径 10μm 的玻璃毛细管中上升的高度。

第 2 章　流体静力学

流体静力学研究流体处于静止或相对静止时的受力规律及其应用。实际上，世间万物都处在不停息的运动之中，即运动是绝对的而静止是相对的。一切静止(或平衡)都是相对于某个参考坐标系的静止(或平衡)。在本章中若无特殊强调，均以地球作为参考坐标系，流体相对地球无运动则视为流体静止。若把参考坐标系固定在某一容器上并随容器一起运动，流体相对于运动容器处于静止状态则称为相对静止。处于静止或相对静止状态时，流体之间没有相对运动，流体的黏性作用表现不出来。因此，本章所得的结论不论对理想流体还是真实流体都是适用的。

2.1　作用在流体上的力

在流体力学研究中，作用在流体上的力可分为两类：表面力和质量力。

2.1.1　表面力

表面力是指作用在所研究的流体微元体表面上的力，由与流体相接触的其他物体(流体或固体)相互作用产生。任意一个表面力都可分解为与流体微元体表面相垂直的法向力和与流体微元体表面相切的切向力。作用在流体单位面积上的表面力称为表面应力，简称应力。流体压强是法向表面应力，流体黏性所引起的内摩擦力是切向表面应力，它们是研究流体运动时经常遇到的两种表面应力。对于静止流体或没有黏性的理想流体，切向表面力是不存在的，只有法向表面力。

2.1.2　质量力

质量力又称体积力，是指作用在流体微元体内部每一个质点上的力，它的大小与流体微元体的质量成正比。质量力是某种力场对流体质点的作用力，它不需要与流体直接接触，重力、电磁力均为质量力。当流体质点做加速或减速运动时，根据达朗贝尔原理，流体质点上受到的惯性力也是质量力。通常单位质量流体所受到的质量力用 $\boldsymbol{f}$ 表示，那么有

$$\boldsymbol{f} = f_x\boldsymbol{e}_x + f_y\boldsymbol{e}_y + f_z\boldsymbol{e}_z \tag{2.1.1}$$

其中，f_x、f_y、f_z 分别为 $\boldsymbol{f}$ 沿 x、y、z 坐标轴方向的分量；$\boldsymbol{e}_x, \boldsymbol{e}_y, \boldsymbol{e}_z$ 分别为沿 x, y, z 坐标轴方向的单位矢量。

2.1.3　流体静压强

流体静压强是指流体处于静止或相对静止时的压强。流体静压强具有以下两个重要特性。

特性一：流体静压强的方向总是和作用面相互垂直并且指向该作用面，即沿着作用面的内法线方向。这一特性可以采用反证法加以证明。如图 2-1 所示，在处于静止状态的流体中任意取一个作用面 AB，若该作用面上的表面力 $\boldsymbol{F}'$ 的方向向外且不与该面垂直，那么 $\boldsymbol{F}'$ 可以

分解为一个与作用面 AB 垂直的力 $\boldsymbol{F}_\mathrm{n}$ 和一个与作用面 AB 相切的力 $\boldsymbol{F}_\tau$。显然，$\boldsymbol{F}_\tau$ 势必引起流体的流动，这与流体处于静止状态的假设不符。因此，$\boldsymbol{F}_\tau$ 只可能等于零，力 $\boldsymbol{F}'$ 必定与作用面 AB 垂直。另外，根据流体不能承受拉力的特性可知力 $\boldsymbol{F}'$ 的方向只能沿着作用面 AB 的内法线方向，即图 2-1 中 $\boldsymbol{F}$ 的方向。

特性二：静止流体内部任意点处的流体静压强在各个方向都是相等的。如图 2-2 所示，在静止流体中通过一点任取 1-1 和 2-2 两个面，作用在 1-1 面上的静压强 $\boldsymbol{p}_1$ 与作用在 2-2 面上的静压强 $\boldsymbol{p}_2$ 的大小相等，即 $|\boldsymbol{p}_1|=|\boldsymbol{p}_2|$。

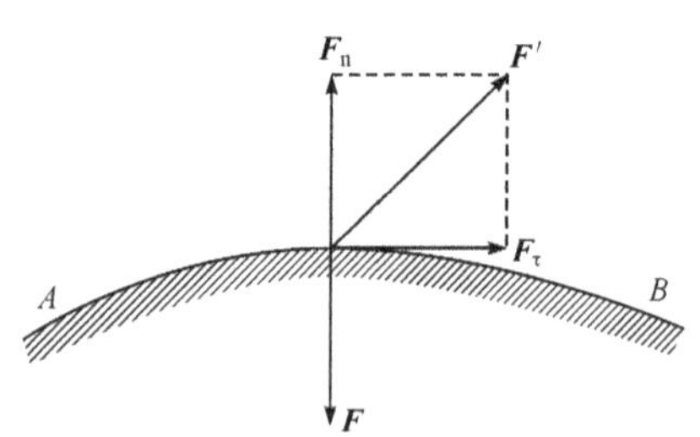

图 2-1　流体静压强的方向

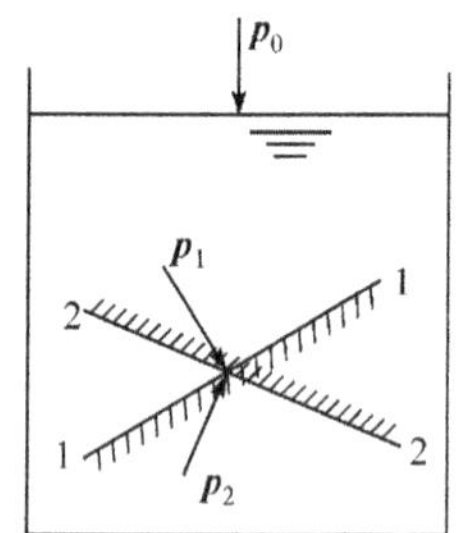

图 2-2　流体静压强各向相等示意图

为了证明特性二，可从处于静止状态的流体中取一个微元四面体（简称微元体），并对其受力状态进行分析。该微元体与坐标轴 x、y、z 的关系如图 2-3 所示，微元体的三个互相垂直边的边长分别为 $\mathrm{d}x$、$\mathrm{d}y$、$\mathrm{d}z$。当微元体取得足够小时，可以认为作用在同一微小面上的压强是均匀的。若假定 $\boldsymbol{p}_x$、$\boldsymbol{p}_y$、$\boldsymbol{p}_z$ 和 $\boldsymbol{p}_n$ 分别表示作用在 $\triangle Obc$、$\triangle Oac$、$\triangle Oab$ 和 $\triangle abc$ 表面上的流体静压强，$\triangle abc$ 的面积为 $\mathrm{d}A$，$\boldsymbol{p}_n$ 与 x、y、z 轴的夹角分别为 α、β、γ。那么，作用在各微元面上的表面力大小分别为 $p_x\mathrm{d}y\mathrm{d}z/2$、$p_y\mathrm{d}x\mathrm{d}z/2$、$p_z\mathrm{d}x\mathrm{d}y/2$ 和 $p_n\mathrm{d}A$。除上述表面力以外，微元体还受质量力的作用，假设流体的密度为 ρ，微元体的体积为 $\mathrm{d}V=\mathrm{d}x\mathrm{d}y\mathrm{d}z/6$，则在重力场中质量力为 $\rho g\mathrm{d}x\mathrm{d}y\mathrm{d}z/6$。显然，与作用在微元面上的表面力相比，质量力是高阶小量，可以忽略不计。

由于微元体处于平衡状态，其所受的合力等于零，即合力在 x、y、z 各坐标轴方向的投影都为零，可得

$$p_x\frac{1}{2}\mathrm{d}y\mathrm{d}z-p_n\mathrm{d}A\cos\alpha=0,\quad p_y\frac{1}{2}\mathrm{d}x\mathrm{d}z-p_n\mathrm{d}A\cos\beta=0,\quad p_z\frac{1}{2}\mathrm{d}x\mathrm{d}y-p_n\mathrm{d}A\cos\gamma=0$$

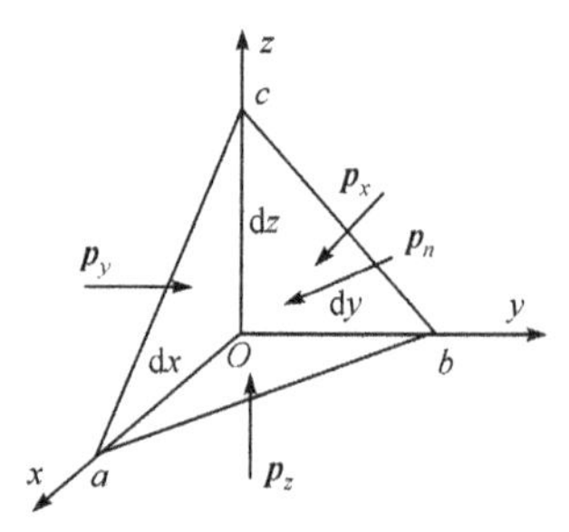

图 2-3　流体静压强各向相等的证明

由于 $\mathrm{d}A\cos\alpha=\frac{1}{2}\mathrm{d}y\mathrm{d}z,\quad \mathrm{d}A\cos\beta=\frac{1}{2}\mathrm{d}x\mathrm{d}z,\quad \mathrm{d}A\cos\gamma=\frac{1}{2}\mathrm{d}x\mathrm{d}y$

可以得到

$$p_x-p_n=0,\quad p_x=p_n$$
$$p_y-p_n=0,\quad p_y=p_n$$
$$p_z-p_n=0,\quad p_z=p_n$$

即

$$p_x=p_y=p_z=p_n \tag{2.1.2}$$

这就证明了静止流体中任一点的流体静压强大小与其作用面在空间的方向无关。但空间不同位置的流体静压强可以不相同，即流体静压强是空间坐标的函数：

$$p=p(x,y,z) \tag{2.1.3}$$

以上特性不仅适用于流体内部，也适用于流体与固体容器之间的接触面，不论容器壁面的形状如何，流体的静压强总是垂直于容器壁面。例如，圆管内流体的静压强总是沿着半径的方向垂直作用在管壁上，水箱侧壁上也存在与侧壁垂直的静压强，见图 2-4。

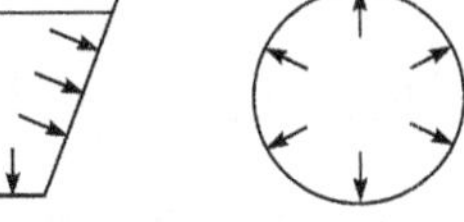

图 2-4　作用在器壁上的流体静压强

根据流体静压强的特性二，当需要测量流体中某一点的静压强时，可以不必选择方向，只要在该点确定的位置上进行测量即可。这里需要指出，上述流体静压强特性二的证明方法，是流体力学研究中常常采用的微元体分析法，就是从整个流体中取一个微元体，分析这个微元体的受力、平衡和运动，得出基本规律后再应用到整个流体中去。

2.2　流体平衡基本方程

2.2.1　流体平衡微分方程

为了分析流体处于静止(平衡)时满足的力学规律，现从静止流体中取出一个边长为 dx 、dy 、dz 的平行六面体微元(简称微元体)并对其进行受力分析，进一步即可导出流体平衡微分方程。

如图 2-5 所示，该微元体的中心点为 α ，中心点的流体静压强为 p 。由于静压强是空间坐标的连续函数，那么在垂直于 x 轴的左、右两个微元面中心 b 、c 点上的静压强可以通过泰勒级数展开获得，略去二阶以上无穷小量后，分别等于 $p-\frac{1}{2}\frac{\partial p}{\partial x}\mathrm{d}x$ 和 $p+\frac{1}{2}\frac{\partial p}{\partial x}\mathrm{d}x$ 。当微元体足够小时，上述压强可以视为作用在微元面上的平均压强。此外，假设微元体的平均密度为 ρ，用 f_x 、f_y 、f_z 表示单位质量流体所受质量力沿坐标轴 x 、y 、z 的分量，那么微元体所受质量力沿 x 轴的分量为 $f_x\rho\mathrm{d}x\mathrm{d}y\mathrm{d}z$ 。当微元体处于平衡状态时，沿 x 方向受力平衡方程为

$$\left(p-\frac{1}{2}\frac{\partial p}{\partial x}\mathrm{d}x\right)\mathrm{d}y\mathrm{d}z-\left(p+\frac{1}{2}\frac{\partial p}{\partial x}\mathrm{d}x\right)\mathrm{d}y\mathrm{d}z+f_x\rho\mathrm{d}x\mathrm{d}y\mathrm{d}z=0$$

化简得

$$f_x-\frac{1}{\rho}\frac{\partial p}{\partial x}=0$$

同理，y 方向和 z 方向的受力平衡方程为

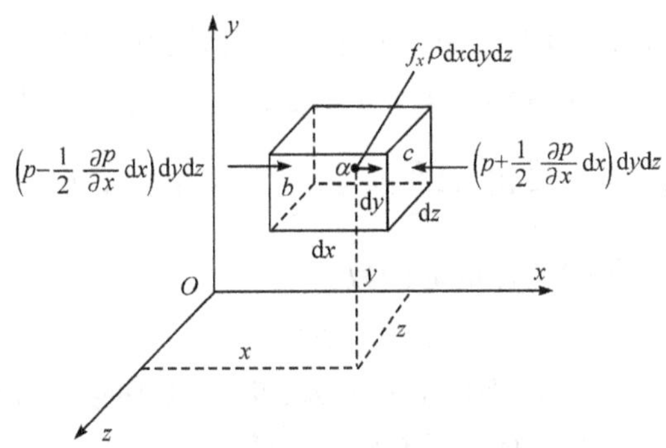

图 2-5　流体平衡微分方程导出示意图

$$f_y - \frac{1}{\rho}\frac{\partial p}{\partial y} = 0\,,\quad f_z - \frac{1}{\rho}\frac{\partial p}{\partial z} = 0 \tag{2.2.1}$$

写成矢量形式，可得

$$\boldsymbol{f} - \frac{1}{\rho}\nabla p = 0 \tag{2.2.2}$$

这就是流体的平衡微分方程式，是欧拉于 1755 年提出的，故也称为欧拉平衡方程式。它表示流体在质量力和表面力作用下的平衡条件，对于某种具有一定密度的流体，只要知道了单位质量力在各个坐标方向的分量，就可以利用欧拉平衡方程式求出静压强的分布规律。式(2.2.2)中符号 ∇p 代表求压强的空间梯度。

2.2.2　势函数

把式(2.2.1)分别乘以 $\mathrm{d}x$ 、 $\mathrm{d}y$ 、 $\mathrm{d}z$ 之后相加，则有

$$f_x\mathrm{d}x + f_y\mathrm{d}y + f_z\mathrm{d}z = \frac{1}{\rho}\left(\frac{\partial p}{\partial x}\mathrm{d}x + \frac{\partial p}{\partial y}\mathrm{d}y + \frac{\partial p}{\partial z}\mathrm{d}z\right)$$

因为 $p = p(x,y,z)$ 为空间坐标的函数，上式右边括号内表示压强 p 的全微分，即

$$\mathrm{d}p = \frac{\partial p}{\partial x}\mathrm{d}x + \frac{\partial p}{\partial y}\mathrm{d}y + \frac{\partial p}{\partial z}\mathrm{d}z$$

所以

$$\mathrm{d}p = \rho\left(f_x\mathrm{d}x + f_y\mathrm{d}y + f_z\mathrm{d}z\right) \tag{2.2.3}$$

如果流体为均质不可压缩，即 $\rho=$常数。由于式(2.2.3)的左边是压强的全微分 $\mathrm{d}p$ ，那么右边也可以看作某函数的全微分。通常采用 $-\pi(x,y,z)$ 表示这函数，则

$$\mathrm{d}p = \rho\mathrm{d}(-\pi) = \rho\left(-\frac{\partial \pi}{\partial x}\mathrm{d}x - \frac{\partial \pi}{\partial y}\mathrm{d}y - \frac{\partial \pi}{\partial z}\mathrm{d}z\right)$$

与式(2.2.3)相比得

$$f_x = -\frac{\partial \pi}{\partial x},\quad f_y = -\frac{\partial \pi}{\partial y},\quad f_z = -\frac{\partial \pi}{\partial z} \tag{2.2.4}$$

显然函数 $-\pi(x,y,z)$ 在 x、y、z 轴方向的偏导数正好等于单位质量力在各坐标轴上的投影。函数 $-\pi$ 的物理意义可进一步分析如下：在所取的某空间中任意一点上都存在质量力，因此可称为质量力场。取空间中一点 $A(x,y,z)$，其单位质量力在各坐标轴的分量分别为 f_x 、 f_y 、 f_z 。若 A 点处单位质量流体在质量力的作用下移动了 $\mathrm{d}l$ 距离，而 $\mathrm{d}l$ 在各坐标轴的分量分别为 $\mathrm{d}x$ 、 $\mathrm{d}y$ 、 $\mathrm{d}z$ ，那么单位质量力所做的功为 $f_x\mathrm{d}x + f_y\mathrm{d}y + f_z\mathrm{d}z = \mathrm{d}(-\pi)$，并且该功转化为流体的势能的增量。由此可见 $-\pi(x,y,z)$ 反映了单位质量流体的势能(或位能)，所以称为势函数。在重力场中，单位质量力的三个分量分别为 $f_x = f_y = 0$ ， $f_z = -g$ ，于是

$$\mathrm{d}\pi = \frac{\partial \pi}{\partial x}\mathrm{d}x + \frac{\partial \pi}{\partial y}\mathrm{d}y + \frac{\partial \pi}{\partial z}\mathrm{d}z = -\left(f_x\mathrm{d}x + f_y\mathrm{d}y + f_z\mathrm{d}z\right) = g\mathrm{d}z$$

积分后可得重力场中静止(平衡)流体的势函数

$$\pi = gz \tag{2.2.5}$$

对于质量为 m 的物体，在基准面以上高度为 z 时，其势能是 mgz 。因此，在重力场中，势函数 π 的物理意义是单位质量流体所具有的重力势能。

2.2.3 等压面

流体中压强相等的各点组成的面称为等压面。等压面有以下两个重要特性。

特性一：等压面也是等势面。

在等压面上 p=常数，$\mathrm{d}p=0$。根据式(2.2.3)可得

$$f_x\mathrm{d}x+f_y\mathrm{d}y+f_z\mathrm{d}z=0 \tag{2.2.6}$$

即

$$\mathrm{d}\pi=0,\quad \pi=\text{常数} \tag{2.2.7}$$

可见，等压面也是等势面。式(2.2.6)和式(2.2.7)分别称为等压面方程和等势面方程。当积分常数为不同值时，可得一簇互相平行的等压面或等势面。

特性二：处于静止(平衡)状态的流体中，通过每一点的等压面必与该点所受的质量力垂直。

若沿着等压面移动一段无穷小的距离 $\mathrm{d}l$，$\mathrm{d}l$ 在 x、y、z 坐标上的投影分别为 $\mathrm{d}x$、$\mathrm{d}y$、$\mathrm{d}z$，则单位质量力所做的功应为 $f_x\mathrm{d}x+f_y\mathrm{d}y+f_z\mathrm{d}z$。从式(2.2.6)中可知它等于零，即质量力沿等压面所做的功为零。因此，质量力必与等压面相垂直。由此可知，根据质量力的方向可以确定等压面的形状。例如，对于只受重力作用的静止流体，由于重力方向总是垂直向下，所以其等压面必是水平面。

2.3 流体静力学基本方程式

2.3.1 重力场中的流体静力学基本方程式

实际工程问题中，作用在流体上的质量力通常只有重力。如图 2-6 所示开口容器，其中的液体密度为 ρ，所受质量力只有重力。取容器的底平面为 xy 平面，z 轴垂直向上。若将其中液体视为均质不可压缩流体(ρ=常数)，在重力场中有 $f_x=f_y=0$，$f_z=-g$，代入式(2.2.3)得

$$\mathrm{d}p=-\rho g\mathrm{d}z \tag{2.3.1}$$

积分可得

$$p=-\rho gz+C \tag{2.3.2}$$

或

$$z+\frac{p}{\rho g}=C \tag{2.3.3}$$

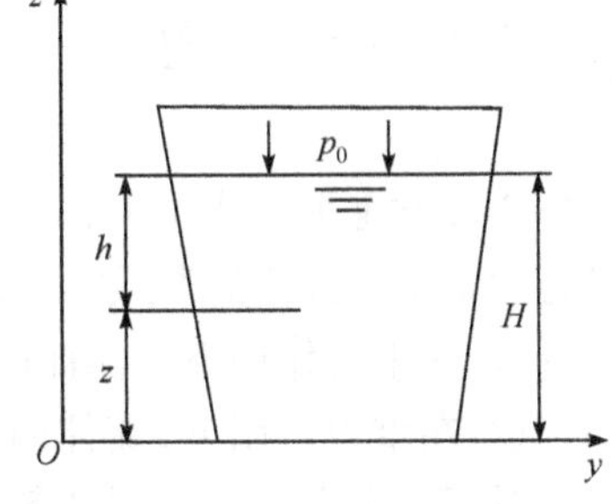

图 2-6　流体静力学基本方程导出示意图

式(2.3.2)就是重力场中均质不可压缩流体的压强分布式，是流体静力学基本方程形式之一，其中 C 为积分常数。

流体静力学基本方程(2.3.3)的物理意义可进行如下解释：z 是液体距基准面的高度，称为位置高度或位置水头。实际上 $z=zmg/(mg)$ 是单位重量流体所具有的位势能，所以 z 也称位置能头，单位是 m。$p/(\rho g)$ 代表单位重量流体的压强势能。如图 2-7 所示封闭容器，其中盛有密度为 ρ 的液体，自由液面上的压强为 p_0，在距容器底 z 处开一个小孔 C(C 点处压强为 p)与一根上端完全封闭且抽成真空的小管相连。可以发现小管中的液位迅速上升至 A 点，液柱高度为 h。根据基本方程式，有 $z+p/(\rho g)=(z+h)+0$，于是 $h=p/(\rho g)$，其中 $p/(\rho g)$ 与一段液体柱高度相当，故称它为压强高度或压强能(水)头。C 点和 A 点处单位重量流体的位

能差为 h，这段液柱高度 h 是压差克服重力对液柱做的功，这说明 $p/(\rho g)$ 代表一种能量，通常称为压强势能，也称压强能头，单位是 m。位置能头和压强能头之和 $z+p/(\rho g)$ 是单位重量流体的总势能，也称静能(水)头。若 $z+p/(\rho g)=C$，则说明在重力作用下，静止不可压缩均质流体中任何一点的压强能头和位置能头之和是常数，即静能头保持不变。换言之，位势能和压强势能可以相互转换，但其总和始终保持不变。

式(2.3.3)是能量守恒定律在流体静力学中的具体体现。如图 2-8 所示，尽管容器中 1、2 两点的位置和压强均不相同，但它们的总势能却是一样的。它们的静水头都落在 AA(或 $A'A'$)这条水平线上，图 2-8(a)为采用闭口测压管测得的结果，图 2-8(b)为采用开口测压管测得的结果。显然，两条静水头线的高度相差一个与大气压相当的液柱高度。

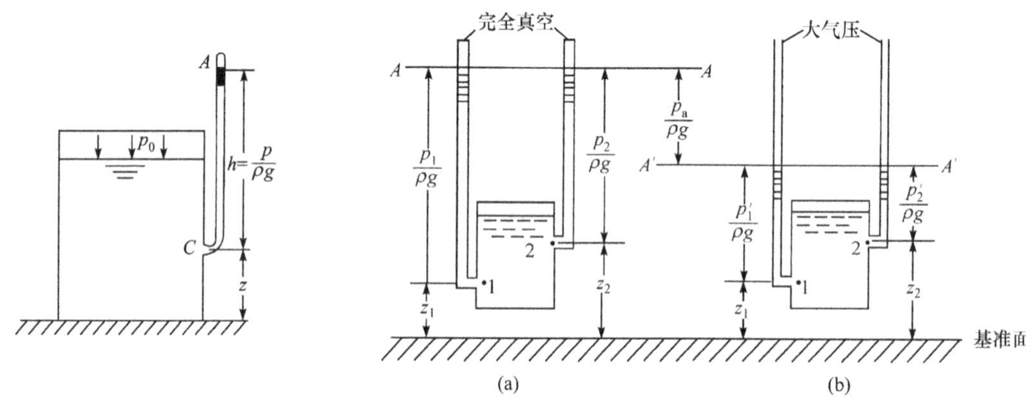

图 2-7　单位重量流体的压强势能　　　　图 2-8　静止流体的静水头线

在图 2-6 中，在自由表面 $z=H$ 处，设压强 $p=p_0$，则式(2.3.2)中积分常数 $C=p_0+\rho gH$。代入式(2.3.2)中，可得静止液体中距底面高度 z 处的压强为

$$p=p_0+\rho g(H-z)=p_0+\rho gh \tag{2.3.4}$$

式(2.3.4)就是重力作用下，有自由表面的不可压缩流体中压强分布规律的数学表达式，也是静力学基本方程式的形式之一，其中，h 为距自由表面的深度。从式(2.3.4)可以看出：

(1)在重力作用下，流体内部的压强随深度 h 线性增加。

(2)在重力作用下，流体内部深度相同的各点上静压强也相同，因此等压面是一个水平面。当然对汪洋大海而言，因其各点的质量力都指向地球球心，所以严格地说，其等压面应为近似于球面的曲面。

2.3.2　可压缩流体中的压强分布

对于气体，若其密度 ρ 可以视为常数，则 2.3.1 节讨论的平衡规律完全适用。但在地球表面的大气层中，气体的密度 ρ 通常随海拔的变化而变化，此时不能再将大气视为不可压缩流体，而要结合实际情况对上述分析结果加以修正。

在大气层中，根据气温是否随高度变化分为同温层和对流层。同温层中大气温度几乎不发生变化，同温层的海拔是 $z=11000\sim25000\text{m}$。假定大气为理想气体，由于处于等温状态，可有

$$\rho=\frac{p}{RT}$$

将上式和重力作用下单位质量力的各分量(即 $f_x = f_y = 0$，$f_z = -g$)一起代入流体平衡方程(2.2.3)可得

$$\mathrm{d}p = \frac{p}{RT}(-g\mathrm{d}z)$$

也可写成
$$RT\frac{\mathrm{d}p}{p} + g\mathrm{d}z = 0$$

积分可得
$$gz + RT\ln p = C$$

若取 $z = z_0$ 时 $p = p_0$，那么积分常数 $C = gz_0 + RT\ln p_0$，代入解有

$$z - z_0 = \frac{RT}{g}\ln\frac{p_0}{p} \tag{2.3.5}$$

或写成指数函数形式
$$p = p_0 \exp\left[\frac{g(z_0 - z)}{RT}\right] \tag{2.3.6}$$

将同温层底层的参数 $z_0 = 11000\text{m}$，$p_0 = 22604\text{Pa}$，$R = 287\text{J}/(\text{kg}\cdot\text{K})$，$T = 216.5\text{ K}$，以及重力加速度 $g = 9.81\text{m/s}^2$ 代入式(2.3.6)中，可得

$$p = 22604\exp\left(\frac{11000 - z}{6334}\right), \text{Pa} \tag{2.3.7}$$

式(2.3.7)为同温层中气体压强分布公式，其中 z 为海拔(m)，取值是 $11000\text{m} \leqslant z \leqslant 25000\text{m}$。

大气对流层的海拔是 $z = 0\sim11000\text{m}$。国际标准大气压规定，海平面位置大气的温度为 $T_\text{a} = 288\text{K}$，压强为 $p_\text{a} = 101325\text{Pa}$。在对流层中，大气温度随高度增加而线性下降，温度下降率为 $\beta = 0.0065\text{K/m}$。因此，海拔为 z 处的大气温度为 $T = T_\text{a} - \beta z$。将它代入气体状态方程式可得

$$\rho = \frac{p}{RT} = \frac{p}{R(T_\text{a} - \beta z)}$$

将上式代入流体平衡方程(2.2.3)可以得到

$$\mathrm{d}p = -\rho g\mathrm{d}z = -\frac{pg\mathrm{d}z}{R(T_\text{a} - \beta z)}$$

或改写为
$$\frac{\mathrm{d}p}{p} = -\frac{g\mathrm{d}z}{R(T_\text{a} - \beta z)}$$

从海平面到任意海拔 z 对上式进行积分，有

$$\int_{p_\text{a}}^{p}\frac{\mathrm{d}p}{p} = \int_0^z \frac{g}{R\beta}\frac{\mathrm{d}(T_\text{a} - \beta z)}{T_\text{a} - \beta z}$$

可得
$$\ln\frac{p}{p_\text{a}} = \frac{g}{R\beta}\ln\frac{(T_\text{a} - \beta z)}{T_\text{a}}$$

或写成幂函数形式
$$p = p_\text{a}\left(1 - \frac{\beta z}{T_\text{a}}\right)^{\frac{g}{R\beta}} \tag{2.3.8}$$

将海平面位置大气参数 $T_\text{a} = 288\text{K}$，$p_\text{a} = 101325\text{Pa}$，$\beta = 0.0065\text{K/m}$，$R = 287\text{J}/(\text{kg}\cdot\text{K})$，$g = 9.81\text{m/s}^2$ 代入式(2.3.8)，有

$$p = 101325\left(1 - \frac{z}{44300}\right)^{5.256}, \text{Pa} \tag{2.3.9}$$

式(2.3.9)给出了对流层内大气压强随海拔的变化规律，式中 z 为海拔(m)，取值是 $0 \leqslant z \leqslant 11000\text{m}$。

2.4 液柱式测压计

2.4.1 绝对压强和相对压强

如果液体自由表面与大气相通，则液面上压强 p_0 就是大气压 p_a，即 $p_0 = p_a$。此时式(2.3.4)变为

$$p = p_a + \rho g h \tag{2.4.1}$$

其中，p 称为绝对压强，是以绝对真空为计算起点的压强。工程运用中，通常测压仪表以当地大气压作为计算起点，测压仪表上的读数反映了流体压强比当地大气压大或小的值，这种以大气压作为计算起点的压强称为相对压强。图 2-9 给出了绝对压强、大气压和相对压强之间的相互关系。由图可知，相对压强是绝对压强 p 与大气压 p_a 之差，用 p_g 表示

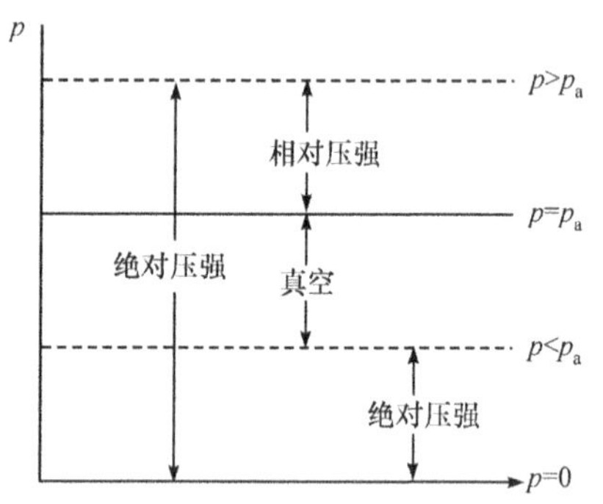

图 2-9 绝对压强、大气压、相对压强、真空的关系

$$p_g = p - p_a \tag{2.4.2}$$

真空(又称真空度)是大气压 p_a 与绝对压强之差，用 p_v 表示

$$p_v = p_a - p \tag{2.4.3}$$

流体压强的计量单位有很多种，现将实际研究和工程应用中经常遇到的几种压强单位及换算列于表 2-1。

表 2-1 压强的单位及其换算表

帕(Pa)	千克力/厘米²(kgf/cm²)	标准大气压(atm)	巴(bar)	米水柱(mH₂O)	毫米汞柱(mmHg)	磅力/英寸²(lbf/in²)
1	0.102×10^{-4}	0.0987×10^{-4}	10^{-5}	1.02×10^{-4}	75.01×10^{-4}	1.45×10^{-4}
9.8×10^{4}	1	0.968	0.981	10	735.6	14.22
10.13×10^{4}	1.033	1	1.013	10.33	760	14.70
10.00×10^{4}	1.02	0.987	1	10.2	750.1	14.50
0.686×10^{4}	0.07	0.068	0.0689	0.703	51.71	1

流体压强不仅可以用基本公式 $p = p_0 + \rho g h$ 来计算，还可以用各种仪表直接测定。常用的测量仪表种类很多，接下来主要介绍液柱式测压计。

2.4.2 U 形管测压计

这种测压计是一个装在刻度板上两端开口的 U 形玻璃管。测量时，管的一端与被测容器

相接，另一端与大气相通，如图 2-10 所示。U 形管工作介质的密度 ρ_2 通常大于被测流体密度 ρ_1，例如，可采用酒精、水、四氯化碳和水银等，通常根据被测流体的性质、被测压强和测量精度等来选择。如果被测压强大，可用水银；若被测压强较小，可用水或酒精，但工作介质不能与被测流体相互掺混。U 形管测压计的测量范围比较大，但一般不超过 $2.94\times10^5\ \text{Pa}$。

下面分别介绍用 U 形管测压计测量 $p>p_a$ 和 $p<p_a$ 两种情况的测压原理。当被测容器中流体压强高于大气压，即 $p>p_a$ 时，U 形管在接到测点 M 以前，左、右两管内的液面高度相等。U 形管接到测点上后，在测点 M 的压强作用下，左管的液面下降，右管的液面上升，直到平衡，如图 2-10(a)所示。这时被测流体与管内工作介质的分界面 1-2 是一个等压面，所以 U 形管左、右两管中的点 1 和点 2 的压强相等，即 $p_1=p_2$。由式(2.3.4)可得

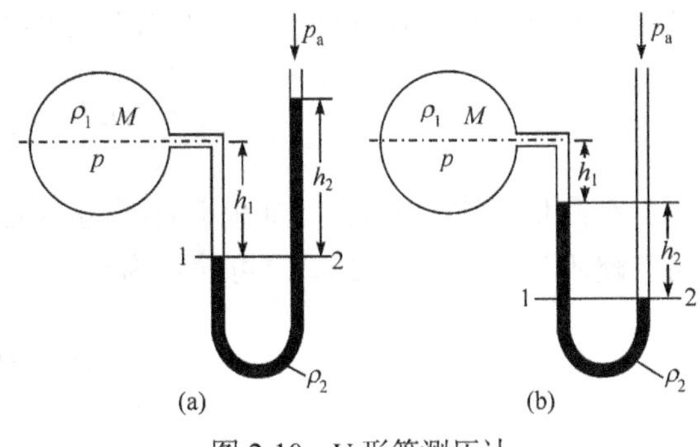

图 2-10　U 形管测压计

$$p_1=p+\rho_1 g h_1,\quad p_2=p_a+\rho_2 g h_2$$

由于点 1 和点 2 的压强相等，可得

$$p+\rho_1 g h_1=p_a+\rho_2 g h_2$$

因此，M 点的绝对压强为

$$p=p_a+\rho_2 g h_2-\rho_1 g h_1 \tag{2.4.4}$$

相应地，M 点的相对压强为

$$p_g=p-p_a=\rho_2 g h_2-\rho_1 g h_1 \tag{2.4.5}$$

由式(2.4.4)和式(2.4.5)，可根据测得的 h_1 和 h_2 以及已知的 ρ_1 和 ρ_2 计算出被测点的绝对压强和相对压强。

当被测容器中的流体压强小于大气压，即 $p<p_a$ 时，在大气压作用下，U 形管右管内的液面下降，左管内的液面上升，直到平衡，如图 2-10(b)所示。M 点压强的计算方法与上面相似，M 点的绝对压强为

$$p=p_a-\rho_2 g h_2-\rho_1 g h_1 \tag{2.4.6}$$

M 点的真空为

$$p_v=p_a-p=\rho_2 g h_2+\rho_1 g h_1 \tag{2.4.7}$$

当使用 U 形管测压计测量气体压强时，如果气体的密度很小，那么式(2.4.4)～式(2.4.6)中 $\rho_1 g h_2$ 项可以忽略不计。若被测流体的压强较高，仅用一个 U 形管则过长，此时可以采用串联的 U 形管组成多 U 形管测压计进行测量。实际应用中常采用双 U 形管或三 U 形管串联测压计。

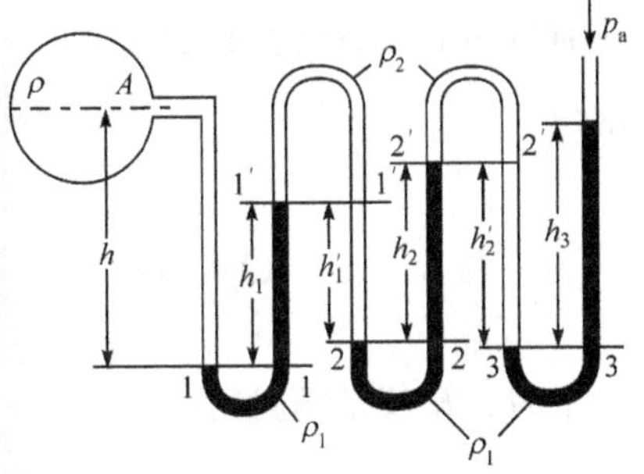

图 2-11　三 U 形管测压计

在图 2-11 所示的三 U 形管串联测压计中，以互不掺混的两种密度($\rho_1>\rho_2$)的流体作为工作介质，其中 1-1、1′-1′、2-2、2′-2′和 3-3 为不同的等压面。对图中各等压面依次应用式(2.3.4)得

$$p_A=p_1-\rho g h,\quad p_2=p_2'+\rho_1 g h_2$$
$$p_1=p_1'+\rho_1 g h_1,\quad p_2'=p_3-\rho_2 g h_2'$$
$$p_1'=p_2-\rho_2 g h_1',\quad p_3=p_a+\rho_1 g h_3$$

将上述各式相加，可得容器中 A 点的绝对压强表达式

$$p_A = p_a - \rho g h - \rho_2 g\left(h_1' + h_2'\right) + \rho_1 g\left(h_1 + h_2 + h_3\right) \tag{2.4.8}$$

和相对压强表达式

$$p_g = p_A - p_a = -\rho g h - \rho_2 g\left(h_1' + h_2'\right) + \rho_1 g\left(h_1 + h_2 + h_3\right) \tag{2.4.9}$$

若采用 n 个 U 形管串联测压计，则被测容器中点 A 的相对压强计算通式为

$$p_g = -\rho g h - \rho_2 g\sum_{i=1}^{n-1} h_i' + \rho_1 g\sum_{j=1}^{n} h_j \tag{2.4.10}$$

在测量气体的压强时，如果 U 形管连接管中的密度为 ρ_2 的流体也是气体且各气柱的重量可忽略不计，那么式(2.4.10)可简化为

$$p_g = \rho_1 g\sum_{j=1}^{n} h_j \tag{2.4.11}$$

2.4.3 倾斜式微压计

在测量气体的微小压强和压强差时，为了提高精度，常采用如图 2-12 所示的倾斜式微压计。它由一个大截面的杯子连接一个可调节倾斜角度的细玻璃管构成，其中有密度为 ρ 的液体。在未测压时，倾斜式微压计的两端通大气，杯中液面和倾斜管中的液面在同一平面 1-1 上。当测量容器或管道中某处的压强时，杯子上部测压口与被测气体容器或管道的测点相连接。在被测流体压强 p 的作用下，杯中液面下降 h_1，至 0-0 位置，此时倾斜管液面上升长度 L，相应上升高度为 $h_2 = L\sin\theta$。

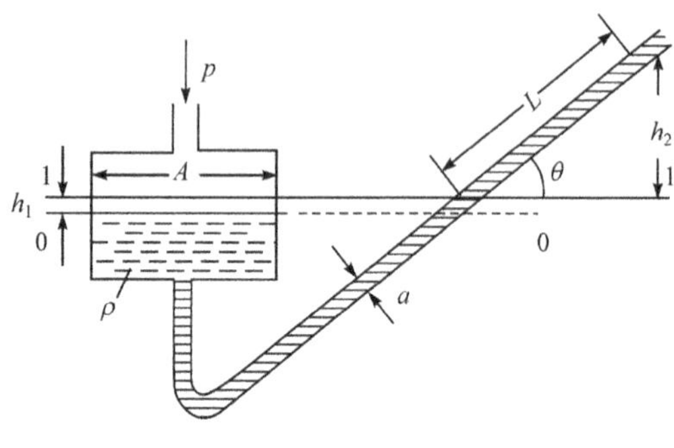

图 2-12 倾斜式微压计

根据液体平衡方程式，被测流体的绝对压强为

$$p = p_a + \rho g\left(h_1 + h_2\right) \tag{2.4.12}$$

相应的相对压强为

$$p_g = p - p_a = \rho g\left(h_1 + h_2\right) \tag{2.4.13}$$

如果用倾斜式微压计测量两容器或管道两点的压差，将压强大的 p_1 连接杯体测压口，压强小的 p_2 连接倾斜管出口端，则可测得的压差为

$$p_1 - p_2 = \rho g\left(h_1 + h_2\right)$$

由于杯内液体下降量等于倾斜管中液体的上升量，设 A 和 a 分别为杯子和玻璃管的横截面积，则有 $h_1 A = La$ 或 $h_1 = L\dfrac{a}{A}, h_2 = L\sin\theta$，代入式(2.4.13)中，可得

$$p_g = \rho g\left(\frac{a}{A} + \sin\theta\right)L = \frac{\rho g}{K}L \tag{2.4.14}$$

其中，K 称为倾斜式微压计常数，$K = \dfrac{1}{a/A + \sin\theta}$。当 A、a 和 ρ 一定时，K 仅是倾斜角 θ 的

函数。改变θ，可以得到不同的K。由于$\frac{a}{A}$很小，可以忽略不计，可得$K\approx\frac{1}{\sin\theta}$。以$\theta$=30°为例，此时$h_2 = L\sin 30° = L/2$，即倾斜式微压计可把压差的液柱读数放大 1 倍；当$\theta = 10°$时，$K\approx\frac{1}{\sin 10°}=5.76$，压差的液柱读数可以放大 4.76 倍。由此可见，倾斜式微压计可使读数更精确。然而，若θ过小(如小于 5°)，倾斜管内的液面会产生较大的波动，位置不易确定，反而使得测量精度有所下降。

2.5　静止流体对壁面的压力

在实际的工程应用中，不仅需要知道流体内部的压强分布规律，而且需要知道与流体接触的不同形状、不同位置的固体壁面上所受到的流体对它的作用力。

2.5.1　作用在倾斜平面上的总压力

如图 2-13 所示，假设AB为一块面积为A的形状任意的平板，倾斜放置在密度为ρ的静止液体中。它与液体自由表面的夹角为θ，液体自由表面上的压强为p_0。接下来，分析作用在平板AB上的合力。为了便于分析，假设把平板AB绕Oy轴转动 90°，这样图 2-13 上便反映出它的正视图。在平板上取一个微小面积$\mathrm{d}A$，作用在它中心点的压强为$p = p_0 + \rho gh$。由于$\mathrm{d}A$取得足够小，可以认为作用在它上面的液体的压强都等于p。因此作用在$\mathrm{d}A$面上的合力应为

$$\mathrm{d}F = p\mathrm{d}A = (p_0 + \rho gh)\mathrm{d}A = p_0\mathrm{d}A + \rho gy\sin\theta\mathrm{d}A$$

因为流体是静止的，不存在切向力，所以作用在整个AB平板上的压力都垂直于平板。因此，作用在平板上的合力为

$$F = \int_A p_0\mathrm{d}A + \int_A \rho gy\sin\theta\mathrm{d}A$$

$$= p_0A + \rho g\sin\theta\int_A y\mathrm{d}A$$

其中，$\int_A y\mathrm{d}A = A\cdot y_C$为平板面积$A$对于$x$轴的面积矩，$y_C$为面积$A$的几何中心至$x$轴的垂直距离。于是静止液体作用在平板上的合力为

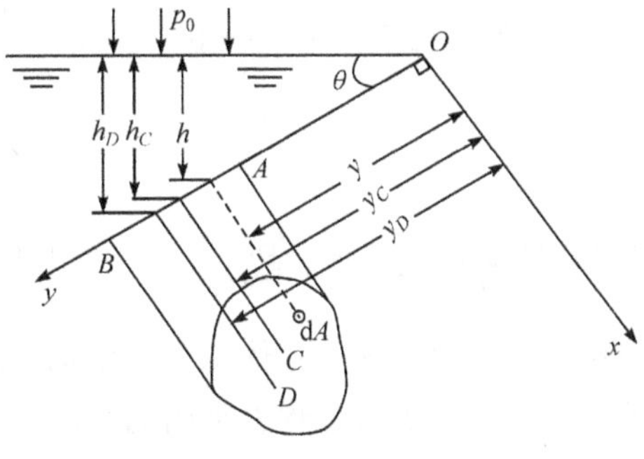

图 2-13　倾斜平面上的总压力

$$F = p_0A + \rho gy_CA\sin\theta = \left(p_0 + \rho gh_C\right)A \tag{2.5.1}$$

其中，$p_0 + \rho gh_C$为平板AB几何中心点处的静压强。由式(2.5.1)可知，静止液体作用在平面上的合力等于作用在该平面几何中心点处的静压强与该平面面积的乘积。

若作用在液体自由表面上有大气压，而平面外侧也作用着大气压，则仅由液体产生的作用在平面上的总压力为

$$F' = \rho gy_CA\sin\theta = \rho gh_CA \tag{2.5.2}$$

即作用在平面上的液体总压力为一个假想体积的液体重量，该假想体积是以平面面积为底、

以平面形心淹深 h_C 为高的柱体。

接下来讨论总压力的作用点。总压力的作用线与平面的交点即总压力的作用点，也称压力中心。因为作用在平面 AB 上每一个微小面积上的压力都是互相平行的，所以每一个微小面积上所受的压力对 x 轴的静力矩之和应该等于作用在面积 A 上的合力对 x 轴的静力矩，即

$$Fy_D = \int_A y\mathrm{d}F \tag{2.5.3}$$

其中，$\mathrm{d}F$ 为作用在微小面积 $\mathrm{d}A$ 上的合力；y 为微小面积中心到 x 轴的距离；y_D 为合力作用点到 x 轴的距离。将式(2.5.1)代入式(2.5.3)得

$$(p_0 + \rho g y_C \sin\theta) A y_D = \int_A p_0 y \mathrm{d}A + \rho g \sin\theta \int_A y^2 \mathrm{d}A \tag{2.5.4}$$

其中，

$$\int_A p_0 y \mathrm{d}A = p_0 y_C A \tag{2.5.5}$$

根据力学中惯性矩的定义可知

$$\int_A y^2 \mathrm{d}A = J_x$$

根据惯性矩移轴定理得

$$J_x = J_{Cx} + y_C^2 A \tag{2.5.6}$$

其中，J_x 为平面 A 对 x 轴的惯性矩；J_{Cx} 为平面 A 对于通过几何中心 C 并与 x 轴平行的轴的惯性矩。将式(2.5.5)和式(2.5.6)代入式(2.5.4)得

$$y_D = \frac{p_0 y_C A + \rho g \sin\theta (J_{Cx} + y_C^2 A)}{(p_0 + \rho g y_C \sin\theta) A} = y_C + \frac{J_{Cx} \rho g \sin\theta}{(p_0 + \rho g y_C \sin\theta) A} \tag{2.5.7}$$

如果仅需要求出液体引起的相对压强 ρgh 作用在面积 A 上的合力作用点(即相对压力中心)，可令式(2.5.7)中 $p_0 = 0$，则得

$$y_D' = y_C + \frac{J_{Cx}}{y_C \cdot A} \tag{2.5.8}$$

由于 $\dfrac{J_{Cx}}{y_C \cdot A}$ 恒为正值，故 $y_D' > y_C$。由此可见，压力中心总是在平面的几何中心之下。这是因为相对压强总是随着液体深度的增加而增大，所以其合力作用点总是在几何中心的下面。为了便于计算，现将工程上常用的平面几何图形的形心惯性矩 J_{Cx}、形心坐标 y_C 和面积 A 列在表 2-2 内。

表 2-2　几种平面图形的 J_{Cx}、y_C 和 A

平面图形		对于通过形心而与对称轴垂直的 C-C 轴的惯性矩 J_{Cx}	图形顶点(边)到形心的距离 y_C	面积 A
矩形	(图: l, b, C, y_C, C)	$\frac{1}{12}bl^3$	$\frac{1}{2}l$	bl

续表

平面图形		对于通过形心而与对称轴垂直的 C-C 轴的惯性矩 J_{Cx}	图形顶点(边)到形心的距离 y_C	面积 A
三角形	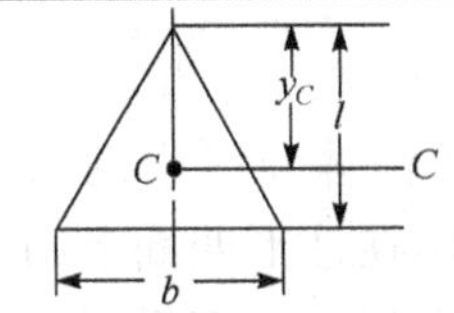	$\frac{1}{36}bl^3$	$\frac{2}{3}l$	$\frac{1}{2}bl$
梯形	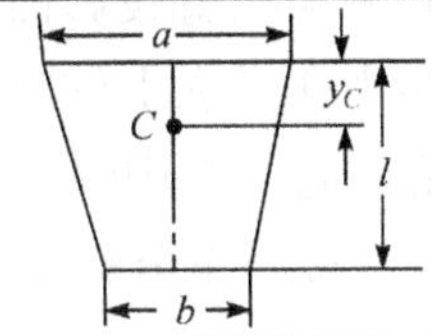	$\frac{1}{36}l^3\left(\frac{a^2+4ab+b^2}{a+b}\right)$	$\frac{1}{3}l\left(\frac{a+2b}{a+b}\right)$	$\frac{1}{2}l(a+b)$
圆形	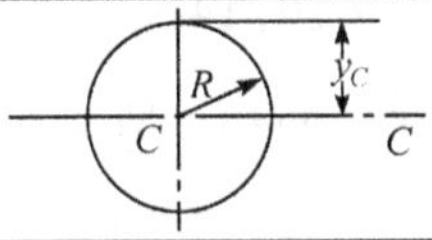	$\frac{1}{4}\pi R^4$	R	πR^2
半圆形	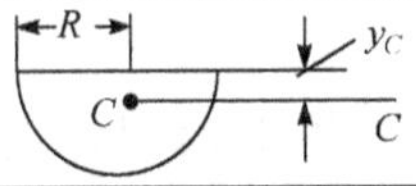	$\frac{(9\pi^2-64)}{72\pi}R^4$	$\frac{4R}{3\pi}$	$\frac{1}{2}\pi R^2$
环形	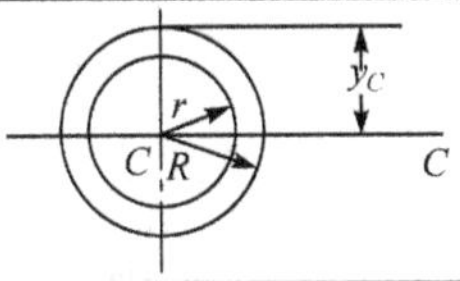	$\frac{1}{4}\pi\left(R^4-r^4\right)$	R	$\pi\left(R^4-r^4\right)$
椭圆形	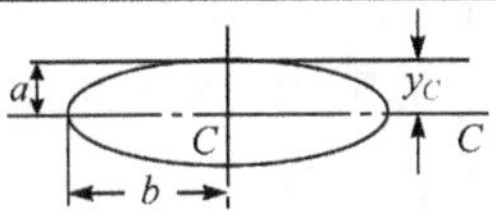	$\frac{1}{4}\pi a^3 b$	a	πab

2.5.2　作用在曲面上的总压力

实际的工程应用中，经常会遇到与流体接触的固体壁面为曲面的情况。固体壁面为曲面时，作用在曲面上各处的流体静压强构成了一个空间力系，因此求解任意曲面上的总压力是比较复杂的。然而，工程上用得最多的是如图 2-14 所示的二向曲面，所以下面先讨论静止液体作用在二向曲面上的总压力计算问题。

设液体作用在水平母线长度为 b 的柱形曲面 AB 上，A 端和 B 端在自由液面下的深度分别为 h_2 和 h_1。建立直角坐标系，令 xOy 坐标面在自由液面上，Oz 轴垂直于自由液面，方向向下。设液体的密度为 ρ，自由液面上的压强为 p_0。

在曲面上任取一个微元面积 $\mathrm{d}A$，如图 2-14 所示，它在自由液面下的深度为 h。液体作用在 $\mathrm{d}A$ 上的总压力 $\mathrm{d}F = p\mathrm{d}A = (p_0+\rho gh)\mathrm{d}A$。$\mathrm{d}F$ 在 x 轴方向的分力应为

$$\mathrm{d}F_x = \mathrm{d}F\cos\alpha = (p_0+\rho gh)\cos\alpha\mathrm{d}A = (p_0+\rho gh)\mathrm{d}A_x$$

其中，$\mathrm{d}A_x = \cos\alpha\mathrm{d}A$ 是微元面积 $\mathrm{d}A$ 在垂直于 Ox 轴的坐标面内的投影。AB 曲面所受的合力在 x 方向的分力为

$$F_x = \int_A \mathrm{d}F_x = p_0 A_x + \rho g\int_A h\mathrm{d}A_x$$

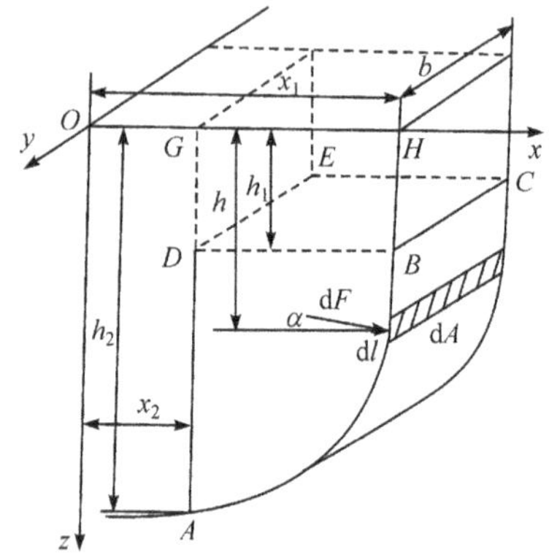

图 2-14　作用在二向曲面上的总压力

其中，$\int_A h\mathrm{d}A_x = h_C A_x$ 为面积 A 在 yOz 坐标面上的投影面积 A_x 对 x 轴的面积矩，h_C 为投影面积几何中心位置。所以

$$F_x = (p_0 + \rho g h_C) A_x \tag{2.5.9}$$

式(2.5.9)就是曲面 AB 上液体总压力的水平分量计算公式。由此可知，流体作用在柱形曲面上的合力的水平分量等于曲面的垂直投影面积与垂直投影面几何中心处的总压力的乘积。同液体作用在平面上的总压力一样，作用力水平分量 F_x 的作用点通过 A_x 的压力中心。如果柱形曲面是封闭的，则 $F_x = 0$。接下来分析 $\mathrm{d}F$ 的垂直分量：

$$\mathrm{d}F_z = \mathrm{d}F\sin\alpha = (p_0 + \rho g h)\sin\alpha\mathrm{d}A = (p_0 + \rho g h)\mathrm{d}A_z$$

其中，$\mathrm{d}A_z = \sin\alpha\mathrm{d}A$ 是曲面 $\mathrm{d}A$ 在垂直于 Oz 轴的坐标面内的投影面积，所以

$$F_z = \int_A \mathrm{d}F_z = p_0 A_z + \rho g \int_A h\mathrm{d}A_z$$

其中，$\int_A h\mathrm{d}A_z = V_p$ 是从整个曲面 AB 的最外轮廓向上引无数条垂直母线到自由液面处所包围的体积，这样的体积称为压力体。故上式写成

$$F_z = p_0 A_z + \rho g V_p \tag{2.5.10}$$

式(2.5.10)就是作用在曲面 AB 上的液体总压力垂直分量的计算公式。它由两部分组成，其中一部分为自由液面上压强 p_0 与曲面在水平面内的投影面积 A_z 的乘积，另一部分为曲面之上压力体 V_p 的液重。压力垂直分量 F_z 的作用线通过压力体的重心。

如果容器内液面敞开于大气，曲面容器壁一侧受大气压强作用，此时仅由静止液体作用在曲面器壁上的总压力为

$$F_x = \rho g h_C A_x,\quad F_z = \rho g V_p \tag{2.5.11}$$

必须指出，曲面所受液体总压力的垂直分量 F_z 可以是正值，也可以是负值，即方向可以向下也可以向上。为了进一步确定 F_z 的方向，现以图 2-15 为例进行分析。图示容器内液面敞开于大气中，曲面 ab 和 $a'b'$ 形状完全一样，位置高度也一样，V_{abcd} 和 $V_{a'b'c'd'}$ 相等。

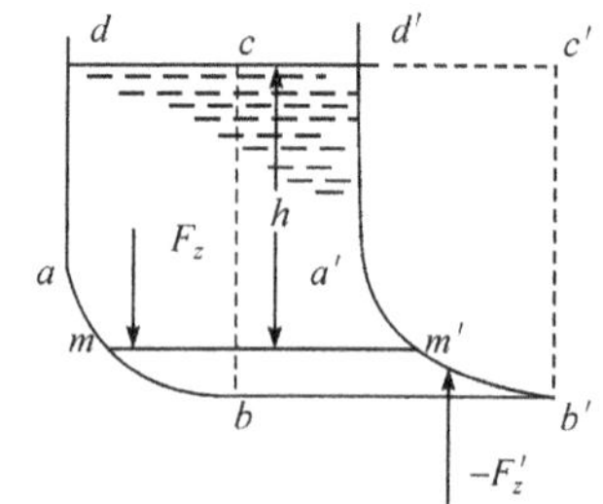

图 2-15　压力体示意图

(1)液体对曲面 ab 的总压力垂直分量 F_z 是垂直向下的且等于充满 $abcd$ 压力体的液体重量。将充满液体的压力体称为实压力体。

(2)液体对曲面 $a'b'$ 的总压力垂直分量 F_z' 是垂直向上的，其数值等于假想在 $a'b'c'd'$ 压力体中充满液体的重量。这时压力体内不含有液体，称为虚压力体。

尽管两个压力体中一个内部有液体，一个内部没有液体，但它们体积相等，因此作用在曲面 ab 和 $a'b'$ 上的总压力的垂直分量 F_z 和 F_z' 的大小相等，方向则根据压力体的“虚”“实”不同而不同。对于实压力体，总压力垂直分量方向垂直向下；而对于虚压力体，总压力垂直

分量方向垂直向上。由此可见，压力体是从积分式 $\int_A h\mathrm{d}A_z$ 得到的一个纯几何体积，是一个数学概念，与这个体积内是否充满着液体无关。液体作用在曲面上的总压力垂直分量的大小恰好与压力体的液重相等。曲面上所受合力 $\boldsymbol{F}$ 的大小和方向为

$$F=\sqrt{F_x^2+F_z^2},\quad \tan\theta=\frac{F_z}{F_x} \tag{2.5.12}$$

其中，θ 为液体总压力 $\boldsymbol{F}$ 与水平面的夹角。总压力 $\boldsymbol{F}$ 的作用点可按如下方法确定：由于总压力垂直分量的作用线通过压力体的重心指向受压面，水平分量的作用线通过 A_x 平面的压力中心指向受压面，故总压力的作用线必通过这两条作用线的交点 m' 且与水平面成 θ 角，总压力的作用线与曲面的交点 m 就是液体总压力在曲面上的作用点，如图 2-16 所示。

以上讨论了作用在二向曲面上的总压力，所得出的总压力在水平和垂直方向上的分量计算公式同样适用于空间任意曲面(三维曲面)。图 2-17 为一个空间受压面，作用在曲面上的液体静压力的三个分量为

$$\begin{aligned}
F_x&=\int_{A_x}p\mathrm{d}A_x=\int_{A_x}\rho gh\mathrm{d}A_x=\rho gh_{Cx}A_x=p_{Cx}A_x\\
F_y&=\int_{A_y}p\mathrm{d}A_y=\int_{A_y}\rho gh\mathrm{d}A_y=\rho gh_{Cy}A_y=p_{Cy}A_y\\
F_z&=\int_{A_z}p\mathrm{d}A_z=\int_{A_z}\rho gh\mathrm{d}A_z=\rho g\int_{A_z}h\mathrm{d}A_z=\rho gV_p
\end{aligned} \tag{2.5.13}$$

其中，A_x、A_y、A_z 分别为面积 A 在 x、y、z 轴的三个投影面积；p_{Cx}、h_{Cx} 分别为 A_x 面形心处的压强和淹深；p_{Cy}、h_{Cy} 分别为 A_y 面形心处的压强和淹深。作用在空间任意曲面上的流体总压力为

$$F=\sqrt{F_x^2+F_y^2+F_z^2} \tag{2.5.14}$$

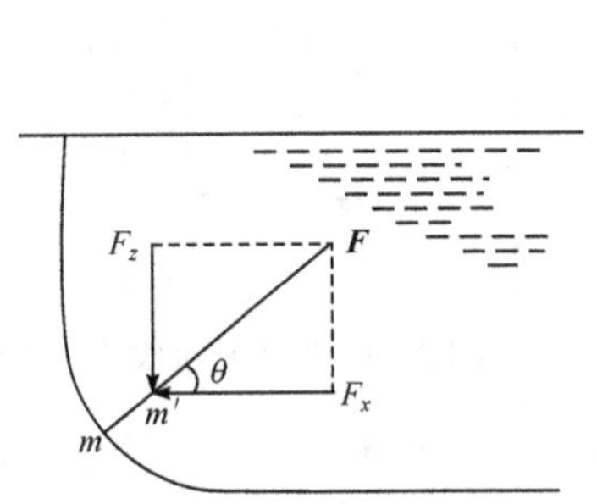

图 2-16　总压力的作用点

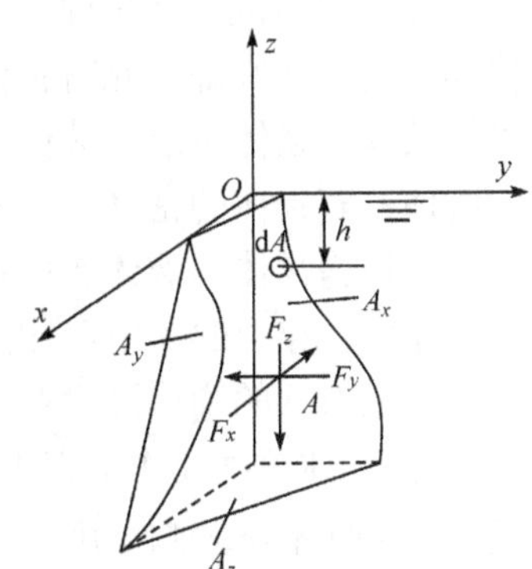

图 2-17　液体静压力分解

例题 2-1　如图 2-18 所示，与水平液面成 45°的斜壁上有一正方形孔，孔心深度为 H，现用一个半径为 R 的半圆柱面堵住孔。试求半圆柱面所受液体压强合力 $\boldsymbol{F}$ 的大小和方向(不计大气压强的作用)。

解：解法一　分别求解压强合力水平分量和竖直分量。

半圆柱面的水平投影是长方形，则有

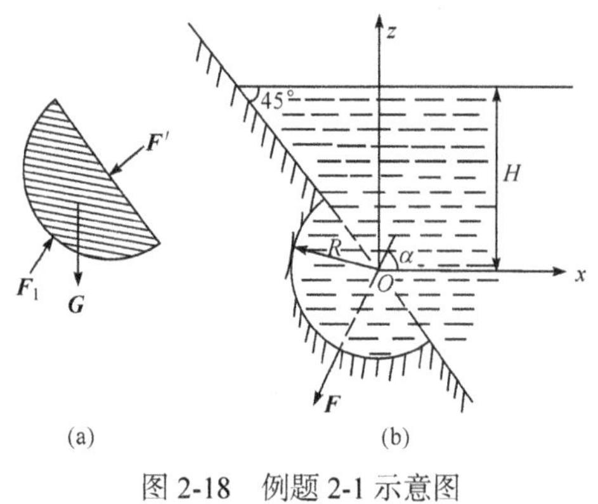

图 2-18 例题 2-1 示意图

$$S_x=(2R)^2\sin 45°=2\sqrt{2}R^2$$

$$F_x=-\rho gHS_x=-2\sqrt{2}\rho gHR^2$$

压力体为半圆柱体加上棱柱体，则有

$$V_p=2R\cdot\left(\frac{1}{2}\pi R^2+\sqrt{2}RH\right)=\pi R^3+2\sqrt{2}R^2H$$

$$F_z=-\rho gV_p=-\rho gR^2\left(\pi R+2\sqrt{2}H\right)$$

由此可以计算出压强合力的大小为

$$F=\sqrt{F_x^2+F_z^2}=\rho gR^2\sqrt{16H^2+4\sqrt{2}\pi RH+\pi^2R^2}$$

它与 x 轴的夹角为

$$\alpha=\arctan\frac{F_z}{F_x}=\arctan\frac{\pi R+2\sqrt{2}H}{2\sqrt{2}H}$$

半圆柱面上各点所受压力都通过半圆柱圆心 O，为共点力系，故其合力 F 必然也通过 O 点。

解法二 如图 2-18(a)所示，取半圆柱体中的液体进行分析，它在孔平面压强合力 F'、自身重力 G 和半圆柱面反力 F_1 的作用下达到平衡，各作用力分别为

$$F'=\rho gH\cdot(2R)^2=4\rho gHR^2，作用于垂直孔平面指向斜下方$$

$$G=\pi\rho gR^3，作用于半圆柱体的几何中心竖直向下$$

$$F_1=F，方向与 F 相反(待定)$$

由三力平衡可以解出 F 的大小、方向和作用线的位置，结果同解法一(请读者自行补充计算过程)。

解毕。

2.5.3 作用在沉没物体上的总压力

物体浸在液体中的位置有三种：若物体的密度大于液体，物体沉到液体底部，此时物体为沉体；若物体的密度等于液体，物体可潜入液体中的任何位置，此时物体为潜体；若物体的密度小于液体，物体浮在液体上，此时物体为浮体。液体作用在潜体或浮体上的总压力称为浮力，浮力的作用点称为浮心。

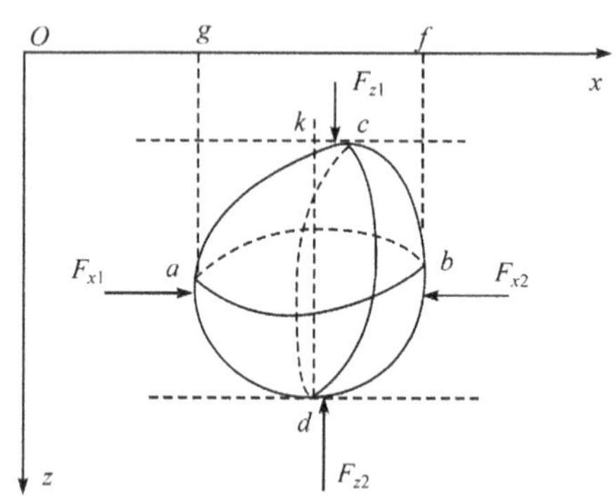

图 2-19 作用在沉没物体上的总压力

设有一个任意形状的物体浸没在静止液体中，如图 2-19 所示。沿潜体轮廓线作垂直于 Ox 轴的切面，将潜体分成左、右两部分，则作用在左边曲面 cad 上的总压力在水平方向的分量 F_{x1} 等于作用在平面 kd (曲面 cad 在 z 方向的投影面)上的总压力，方向向右，作用在右边曲面 cad 上的总压力在水平方向的分量 F_{x2} 也等于作用在平面 kd 上的总压力，方向向左。所以 F_{x1} 和 F_{x2} 大小相等，方向相反。用同样方法，可以证明总压力的另一对水平分量 F_{y1} 与 F_{y2} 大小相等，方向相反，因而作用在物体上的总压力的水平分量等于零。同理，沿潜体轮廓线作垂直于 Oz 轴的切面，将潜体分成上、下两部分，则作用在上半部表面上总压力的垂直分力 $F_{z1}=\rho gV_{acbfg}$，方向向下；作用在下半部表面上总压力的垂直分力 $F_{z2}=\rho gV_{adbfg}$，方向向上，液体作用在整

个物体上的总压力的垂直分力为

$$F_z = F_{z2} - F_{z1} = \rho g\left(V_{adbfg} - V_{acbfg}\right) = \rho g V_{adbc} \tag{2.5.15}$$

方向向上，压力中心就是物体的形心。

综上所述，液体作用在浸没物体(潜体)上的总压力方向垂直向上，大小等于沉没物体所排开液体的重量。该力又称为浮力。这就是阿基米德原理。浮体的浮力大小等于物体浸没部分所排开液体的重量。

 科技前沿(2)——蛟龙号　　 人物介绍(2)——帕斯卡

习　题

2-1　在绝热大气中，p/ρ^{γ} 为常数，其中 γ 为常数。证明大气压强 p 随高度 z 的变化规律是

$$p = \frac{1-\gamma}{\gamma}\rho g z + p_0 \frac{\rho}{\rho_0}$$

其中，p_0 和 ρ_0 是海平面($z=0$)处的压强和密度。

2-2　如图 2-20 所示，U 形管的两端与两个容器连接，已知 U 形管中水银液面的高度差为 h，A、B 两点的高度差为 h_1，油密度为 ρ_{oi}，水银密度为 ρ_{Hg}。试求 A、B 两点的压强差。

2-3　图 2-21 为多管式压强计，若 $p_m = 2.45\times10^5\,\text{Pa}$，$h = 500\text{mm}$，$h_1 = 200\text{mm}$，$h_2 = 250\text{mm}$，$h_3 = 150\text{mm}$，水银的密度 $\rho_1 = 13600\text{kg/m}^3$，水的密度 $\rho_2 = 1000\text{kg/m}^3$，酒精的密度 $\rho_3 = 843\text{kg/m}^3$。求容器 B 内的压强。

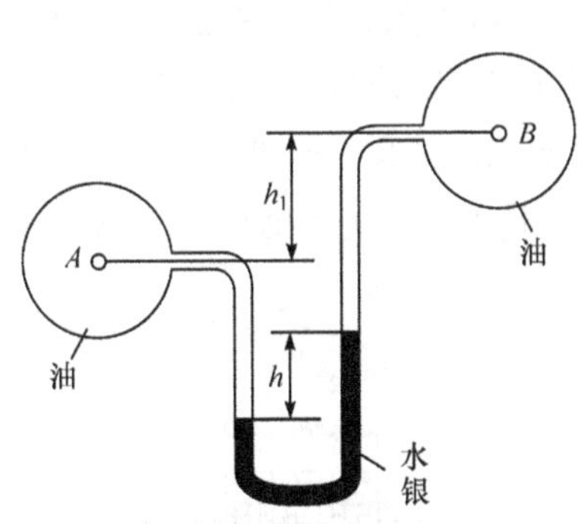

图 2-20　题 2-2 示意图

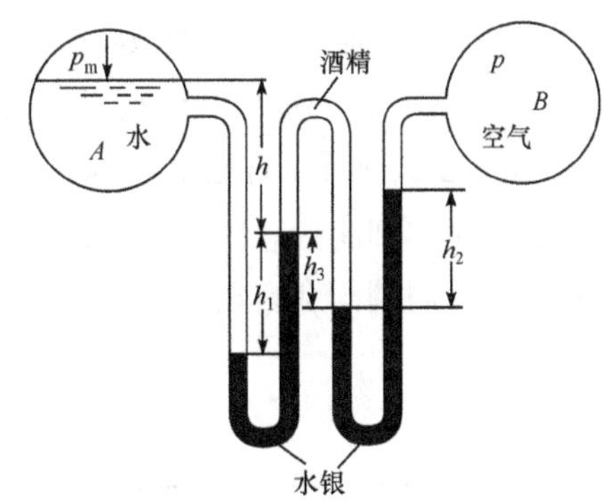

图 2-21　题 2-3 示意图

2-4　如图 2-22 所示，在倾斜式微压计中，加压后无水酒精的液面较未加压时的液面变化 $y = 12\text{ cm}$，无水酒精的密度为 $\rho = 793\text{ kg/m}^3$，容器及斜管的横截面积分别为 A 和 a，$\dfrac{a}{A} = \dfrac{1}{100}$，$\sin\alpha = \dfrac{1}{8}$。试求所加压强 p。

2-5　如图 2-23 所示，试求窗口所受内、外流体作用力合力的大小和作用点，窗口外为大气。

2-6　图 2-24 为一个平板闸门，高 $H = 1\text{m}$，支撑点 O 距离地面的高度 $a = 0.4\text{ m}$。试求当左侧水深 h 增至多大时闸门会绕 O 点自动打开？

2-7　如图 2-25 所示，曲面形状为 $\dfrac{3}{4}$ 圆柱，半径 $r = 0.8\text{ m}$，宽度 $l = 1\text{m}$，其中心线沿水平

方向，位于水下 $h=2.4\,\text{m}$ 处。试求曲面所受总压力。

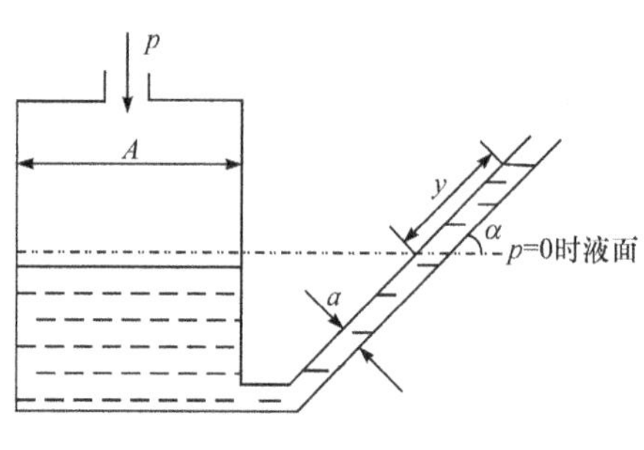

图 2-22 题 2-4 示意图

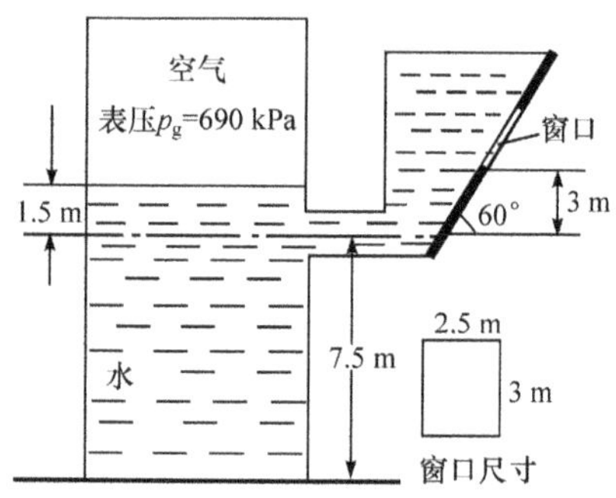

图 2-23 题 2-5 示意图

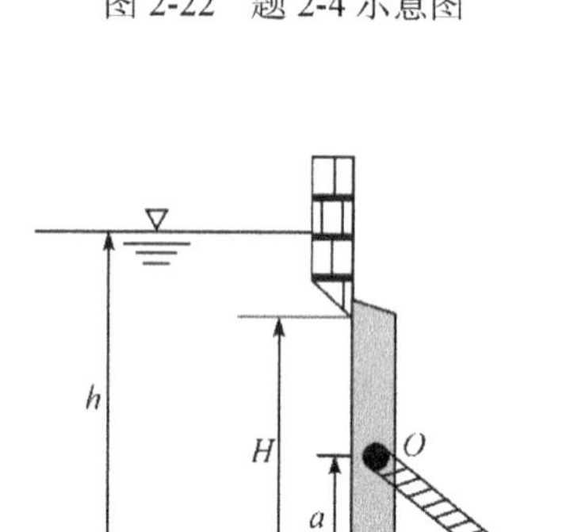

图 2-24 题 2-6 示意图

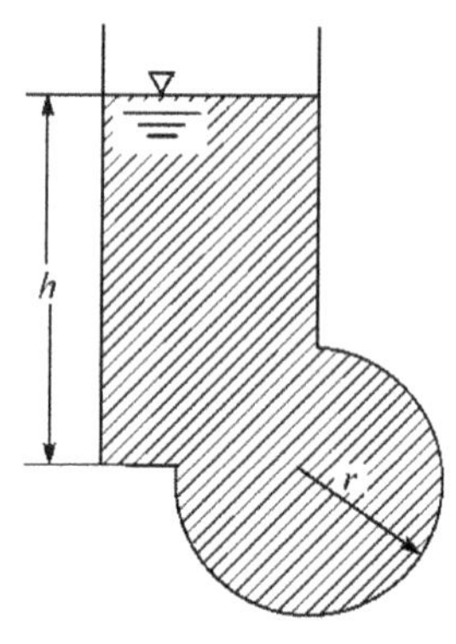

图 2-25 题 2-7 示意图

2-8 如图 2-26 所示，一个长 3m 的圆弧闸门位于水池右下角，水的密度 $\rho=1000\text{kg/m}^3$。试求闸门静水压力水平分量和竖直分量的大小，并说明此力是否通过 A 点，为什么？

2-9 如图 2-27 所示，直径 $d_1=8\text{cm}$ 的圆柱浮子用一根长 $l=12\text{cm}$ 的绳子系在直径 $d_2=4\text{cm}$ 的圆阀上，浮子和圆阀的总质量为 0.1kg，液体为汽油，其密度 $\rho=740\text{kg/m}^3$。试求汽油液面 H 达到什么高度时圆阀会自动打开？

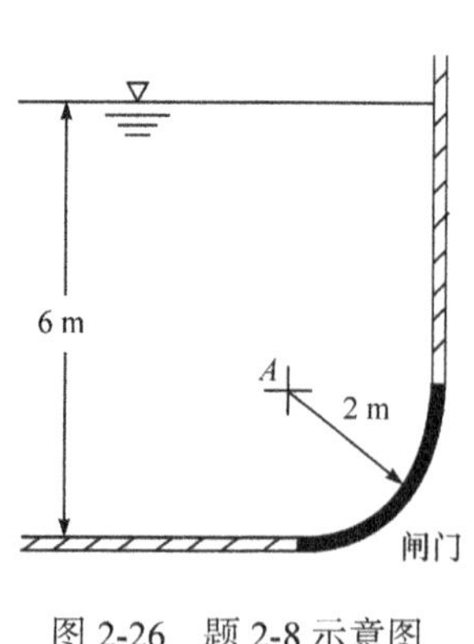

图 2-26 题 2-8 示意图

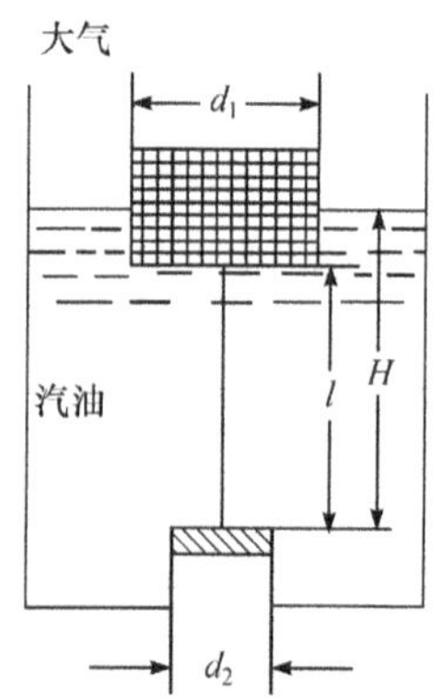

图 2-27 题 2-9 示意图

2-10 一个气球自重 80kg，其容积为 200m³，气球中充满了氦气，在标准大气压和 20℃ 条件下，要使气球不升入空中，将气球固定在地面的绳索至少需要提供多大的力？

第 3 章　流体运动描述与分析

本章将介绍如何运用几何学的观点来研究流体的运动规律，即流体运动学。流体运动学只研究流体运动的几何性质，不涉及力、质量等与动力学有关的物理量。至于运动产生和变化的动力学原因，将在第 6 章进行介绍。

3.1　描述流体运动的两种方法

在研究流体运动时，首先要解决的一个问题是用什么方法来描述流体运动。离散质点系的质点数为有限 N 个，仅有 $3N$ 个自由度，可以采用编号逐点进行描述。刚体虽然质点数为无穷多个，但质点间为强约束，刚体运动仅有 6 个自由度。流体运动的质点数为无穷多个，质点间为弱约束，因此描述困难。目前，流体力学中通常采用两种描述方法：①拉格朗日法，它以流场中单个流体质点的运动作为研究的出发点，从而进一步研究整个流体的运动，很显然，这种方法是质点系力学研究方法的自然延续；②欧拉法，它不着眼于研究个别流体质点的运动规律，以流体质点流过空间某点时的运动特性作为研究的出发点，从而研究流体在整个空间里的运动情况。本节将介绍这两种方法的实质及数学表示法。

3.1.1　拉格朗日法

拉格朗日法通过如下两个方面来描述整个流体的运动状态。首先，描述某一运动流体质点的各个物理量(如密度、速度等)随时间的变化规律；其次，描述相邻流体质点间这些物理量的变化规律。流体质点是连续分布的，要研究某个确定流体质点的运动，首先必须建立一个表征该流体质点的办法，以便识别和区分不同的流体质点。在每一时刻，每一个流体质点都占据唯一确定的空间位置。一个显而易见的办法是以某一时刻 $t=t_0$ 各个质点的空间位置坐标 (a,b,c) 来表征它们。不同的流体质点具有不同的 (a,b,c)。为简单起见，先在直角坐标系中进行讨论。

某流体质点 (a_1,b_1,c_1) 在空间运动时，它在直角坐标系中的位置将是时间 t 的函数：

$$\begin{cases} x = x(a_1,b_1,c_1,t) \\ y = y(a_1,b_1,c_1,t) \\ z = z(a_1,b_1,c_1,t) \end{cases} \tag{3.1.1}$$

其中，a_1、b_1、c_1 是与流体质点初始位置相关的常数，代表质点在 $t=t_0$ 时刻所处的空间位置。当研究所有流体质点在空间的运动时，由于各个质点在 $t=t_0$ 时刻的坐标 (a,b,c) 不一样，各个质点在任意时刻的空间位置将是 a,b,c,t 这四个参数的函数

$$\begin{cases} x = x(a,b,c,t) \\ y = y(a,b,c,t) \\ z = z(a,b,c,t) \end{cases} \tag{3.1.2}$$

当a、b、c固定时，式(3.1.2)代表某个确定流体质点的运动轨迹；当t固定时，式(3.1.2)代表t时刻流体各质点所处的空间位置，所以式(3.1.2)可以描述所有质点的运动。这里用来识别和区分不同流体质点的参数a、b、c都应看作自变量，它们与时间t一起称为拉格朗日变量。显然，在$t=t_0$时刻，各质点的坐标等于a,b,c，即

$$\begin{cases} x_0 = x\left(a,b,c,t_0\right) = a \\ y_0 = y\left(a,b,c,t_0\right) = b \\ z_0 = z\left(a,b,c,t_0\right) = c \end{cases} \tag{3.1.3}$$

同理，其他物理量也应该是t及a,b,c的函数。描述流体运动的拉格朗日法以一组数(a,b,c)作为标记，这组数称为拉格朗日坐标或随体坐标。流体质点不管什么时候、运动到哪，其拉格朗日坐标不变。换言之，拉格朗日法着眼于流体质点，将流体质点的运动表示为拉格朗日坐标和时间的函数。

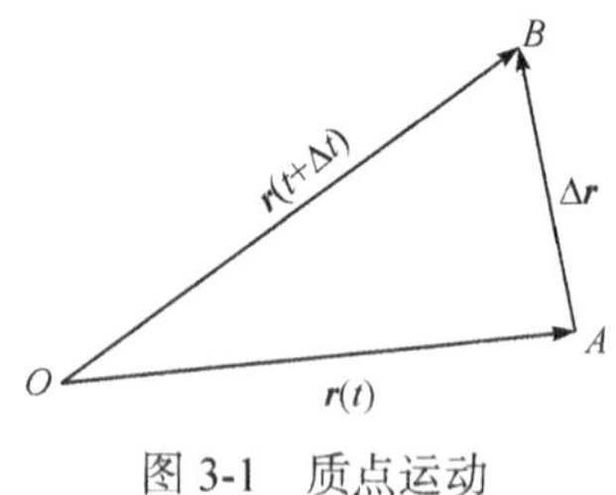

图 3-1　质点运动

如图 3-1 所示，考虑某流体质点在Δt时间间隔内由A点移动到B点。根据速度的定义，该流体质点的运动速度可表示为

$$\boldsymbol{V} = \lim_{\Delta t \to 0} \frac{\boldsymbol{r}\left(t+\Delta t\right) - \boldsymbol{r}\left(t\right)}{\Delta t} = \lim_{\Delta t \to 0} \frac{\Delta \boldsymbol{r}}{\Delta t} \tag{3.1.4}$$

其中，$\boldsymbol{r} = \boldsymbol{r}\left(a,b,c,t\right)$代表该质点空间位置的矢径。对于某一确定的流体质点，a,b,c为一组确定常数。由式(3.1.4)可得

$$\boldsymbol{V} = \frac{\mathrm{d}\boldsymbol{r}}{\mathrm{d}t} \tag{3.1.5}$$

当研究对象是所有流体质点时，(a,b,c)也是自变量。对于任意流体质点，其速度应写成如下偏导数的形式：

$$\boldsymbol{V} = \frac{\partial \boldsymbol{r}}{\partial t} \tag{3.1.6}$$

式(3.1.6)为拉格朗日法中速度的表示形式。若把速度$\boldsymbol{V}$在笛卡儿直角坐标系中写成分量的形式，可有$\boldsymbol{V} = u\boldsymbol{e}_x + v\boldsymbol{e}_y + w\boldsymbol{e}_z$，其中各个分量的表达式为

$$u = \frac{\partial x}{\partial t},\quad v = \frac{\partial y}{\partial t},\quad w = \frac{\partial z}{\partial t} \tag{3.1.7}$$

同理，流体质点的加速度为

$$\boldsymbol{a} = \frac{\partial^2 \boldsymbol{r}}{\partial t^2} \tag{3.1.8}$$

在笛卡儿直角坐标系中的分量形式为

$$a_x = \frac{\partial^2 x}{\partial t^2},\quad a_y = \frac{\partial^2 y}{\partial t^2},\quad a_z = \frac{\partial^2 z}{\partial t^2} \tag{3.1.9}$$

类似地，流体的密度、压强和温度等物理量也可以表示为a、b、c、t四个参数的函数：

$$\rho = \rho\left(a,b,c,t\right) \tag{3.1.10}$$

$$p = p\left(a,b,c,t\right) \tag{3.1.11}$$

$$T = T\left(a,b,c,t\right) \tag{3.1.12}$$

例题 3-1　已知用拉格朗日变量表示的速度场为

$$u=(a+1)e^t, v=(b+1)e^t-1$$

其中，a、b 是 $t=0$ 时刻流体质点的拉格朗日变量。试求(1) $t=2$ 时流场中质点的分布规律；(2) $t=0$ 时刻位于 $a=1$、$b=2$ 的流体质点运动规律；(3)加速度场。

解： 先求解任意时刻 t 下流体质点的空间位置分布。将已知速度分布代入式(3.1.7)中，有

$$u=\frac{\partial x}{\partial t}=(a+1)e^t,\quad v=\frac{\partial y}{\partial t}=(b+1)e^t-1$$

积分上述两式可以得到

$$x=\int(a+1)e^t\mathrm{d}t=(a+1)e^t+C_1$$

$$y=\int\left[(b+1)e^t-1\right]\mathrm{d}t=(b+1)e^t-t+C_2$$

根据初始条件 $t=0$ 时 $x=a$、$y=b$，可以确定积分常数 C_1、C_2 表达式：

$$C_1=C_2=-1$$

那么，可得 t 时刻各流体质点的空间位置分布：

$$x=(a+1)e^t-1,\quad y=(b+1)e^t-t-1$$

(1)取 $t=2$ 代入上式可得流场中质点空间位置分布规律：

$$x=(a+1)e^2-1,\quad y=(b+1)e^2-3$$

(2)将 $a=1, b=2$ 代入流体质点空间位置分布表达式中，可得到 $t=0$ 时刻位于 $a=1$、$b=2$ 的流体质点运动规律为

$$x=2e^t-1,\quad y=3e^t-t-1$$

(3)根据式(3.1.9)，可以得到流体质点的加速度场为

$$a_x=\frac{\partial^2\left[(a+1)e^t-1\right]}{\partial t^2}=(a+1)e^t,\quad a_y=\frac{\partial^2\left[(b+1)e^t-t-1\right]}{\partial t^2}=(b+1)e^t$$

解毕。

为了方便，前面均在笛卡儿直角坐标系下进行讨论，实际上拉格朗日法应用于任意曲线坐标系。若采用正交曲线坐标 q_1,q_2,q_3，则流体质点的分布规律可写成

$$\begin{cases}q_1=q_1(a,b,c,t)\\q_2=q_2(a,b,c,t)\\q_3=q_3(a,b,c,t)\end{cases}\tag{3.1.13}$$

其中，a,b,c 为 $t=t_0$ 时刻 q_1,q_2,q_3 的坐标值：

$$\begin{cases}a=q_1(a,b,c,t_0)\\b=q_2(a,b,c,t_0)\\c=q_3(a,b,c,t_0)\end{cases}\tag{3.1.14}$$

3.1.2　欧拉法

欧拉法通过下面两个方面来描述整个流体的运动状态。首先，在空间某一固定点上描述

流体各种物理量(如速度、压强等)随时间的变化规律；其次，描述相邻空间点上这些物理量的变化规律。需要特别指出的是，空间点与流体质点是两个概念，不能混淆。流体运动时，同一个空间点在不同的时刻会由不同的流体质点所占据。空间各点上流体的物理量是指占据这些空间点的各个流体质点的物理量。显然，在欧拉法中各个物理量将是时间 t 和空间点坐标 q_1,q_2,q_3 的函数。例如，流体的速度、密度、压强可表示为

$$\begin{cases} \boldsymbol{V}=\boldsymbol{V}\left(q_1,q_2,q_3,t\right) \\ \rho=\rho\left(q_1,q_2,q_3,t\right) \\ p=p\left(q_1,q_2,q_3,t\right) \end{cases} \tag{3.1.15}$$

这些用以识别空间点的坐标 q_1,q_2,q_3 及时间 t 称为欧拉变量。在笛卡儿直角坐标系中速度场可表示为

$$\boldsymbol{V}=\boldsymbol{V}\left(x,y,z,t\right) \tag{3.1.16}$$

或表示成分量的形式

$$\begin{cases} u=u\left(x,y,z,t\right) \\ v=v\left(x,y,z,t\right) \\ w=w\left(x,y,z,t\right) \end{cases} \tag{3.1.17}$$

欧拉法以固定于空间中的一组坐标来表示流体质点在不同时刻的运动状态，这组坐标通常称为欧拉坐标。根据连续介质假设，一个流体质点占据一个空间点，从而与欧拉坐标是一一对应的。很显然，欧拉法着眼于空间点，将流体的运动和物理参数直接表示为空间坐标与时间的函数，而不是沿运动轨迹去跟踪流体质点。按照欧拉法的观点，对流动特性的研究，从数学上来讲，可以转化为对含有时间 t 的标量场和向量场的研究，即

$$\Phi=\Phi\left(q_1,q_2,q_3,t\right) \tag{3.1.18}$$

其中，Φ 代表流体的某个物理量，如速度、压强、温度等。

分析流体的运动，必须考察每个空间点上流体的运动变化。通常把充满流体的空间称为流场。欧拉法把流场的运动要素和物理量都用场的形式表达，因此可以直接将场论知识用于流体力学问题的分析。在欧拉法中，若流场中各点的流体物理量 Φ 都不随时间变化，那么就称该流场为定常流场。对于定常流场，有

$$\frac{\partial \Phi}{\partial t}=0 \tag{3.1.19}$$

值得指出，拉格朗日法和欧拉法只不过是描述运动的两种方法，拉格朗日法着眼于流体质点，跟踪流体质点描述其运动历程。欧拉法着眼于空间点，研究流体质点流经空间各固定点的运动特性。在现代先进的粒子图像测速(particle image velocimetry，PIV)技术中，采用示踪粒子来进行流场速度测量的方法为典型的拉格朗日法。欧拉法是描述流体运动常用的一种方法，由欧拉于 1755 年提出。

3.1.3　质点导数

流体质点的物理量随时间的变化率称为该物理量的质点导数。质点导数的概念和表达式在拉格朗日法中是很自然的。例如，任意一个流体质点 (a,b,c) 的速度对于时间的变化率就是这个质点的加速度：

$$\frac{\partial \boldsymbol{V}(a,b,c,t)}{\partial t}=\boldsymbol{a}(a,b,c,t) \tag{3.1.20}$$

然而在欧拉法中，物理量是空间坐标 q_1,q_2,q_3 及时间 t 的函数。例如，速度 $\boldsymbol{V}=\boldsymbol{V}(q_1,q_2,q_3,t)$ 对时间的偏导数 $\partial\boldsymbol{V}/\partial t$ 代表的是空间固定点 (q_1,q_2,q_3) 上流体的速度随时间的变化率。很明显，这并不是某一个确定的流体质点的速度对于时间的变化率。那么在欧拉法中，应该如何表示流体质点的物理量随时间的变化率呢？这里以笛卡儿直角坐标系中速度的质点导数为例，讨论欧拉法中质点导数的计算方法。

已知欧拉法中流体运动的速度场 $\boldsymbol{V}=\boldsymbol{V}(x,y,z,t)$，在 t 时刻空间点 $P(x,y,z)$ 上的流体质点速度为 $\boldsymbol{V}_P=\boldsymbol{V}_P(x,y,z,t)$。经过时间间隔 Δt 之后，该流体质点移动的空间位移为 $\boldsymbol{V}\Delta t$，并占据了空间 $P'(x+u\Delta t, y+v\Delta t, z+w\Delta t)$ 点，如图 3-2 所示。在 $t+\Delta t$ 时刻，空间 P' 点上流体质点的速度可表示为

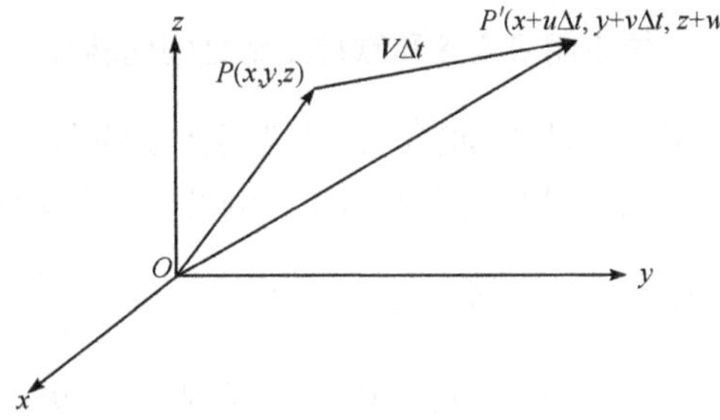

图 3-2　质点运动

$$\boldsymbol{V}_{P'}=\boldsymbol{V}(x+u\Delta t, y+v\Delta t, z+w\Delta t, t+\Delta t)$$

即经过 Δt 时间间隔后，该流体质点的速度变化量为

$$\Delta\boldsymbol{V}=\boldsymbol{V}_{P'}-\boldsymbol{V}_P=\boldsymbol{V}(x+u\Delta t,y+v\Delta t,z+w\Delta t,t+\Delta t)-\boldsymbol{V}(x,y,z,t) \tag{3.1.21}$$

将式(3.1.21)右端用泰勒级数进行展开，可得

$$\begin{aligned}\Delta\boldsymbol{V}&=\frac{\partial\boldsymbol{V}}{\partial t}\Delta t+\left(u\frac{\partial\boldsymbol{V}}{\partial x}+v\frac{\partial\boldsymbol{V}}{\partial y}+w\frac{\partial\boldsymbol{V}}{\partial z}\right)\Delta t+O(\Delta t^2)\\&=\left(\frac{\partial\boldsymbol{V}}{\partial t}+\boldsymbol{V}\cdot\nabla\boldsymbol{V}\right)\Delta t+O(\Delta t^2)\end{aligned} \tag{3.1.22}$$

根据流体质点加速度的定义(即流体质点速度 $\boldsymbol{V}$ 随时间的变化率)，可得欧拉法中流体质点速度的质点导数，即加速度为

$$\boldsymbol{a}=\lim_{\Delta t\to 0}\frac{\Delta\boldsymbol{V}}{\Delta t}=\frac{\partial\boldsymbol{V}}{\partial t}+\boldsymbol{V}\cdot\nabla\boldsymbol{V} \tag{3.1.23}$$

在本书中，采用 $\mathrm{D}/\mathrm{D}t$ 代表欧拉法中的质点导数，式(3.1.23)可以表示为

$$\boldsymbol{a}=\frac{\mathrm{D}\boldsymbol{V}}{\mathrm{D}t}=\frac{\partial\boldsymbol{V}}{\partial t}+\boldsymbol{V}\cdot\nabla\boldsymbol{V} \tag{3.1.24}$$

从式(3.1.24)中可以看出，欧拉法中质点加速度由两部分组成，其中 $\partial\boldsymbol{V}/\partial t$ 称为当地加速度或局部加速度，它表示在空间固定位置上，流体速度对于时间的变化率，它由流场非定常性引起，对于定常流动 $\partial\boldsymbol{V}/\partial t=0$；式(3.1.24)右端第二项 $\boldsymbol{V}\cdot\nabla\boldsymbol{V}$ 称为对流加速度或迁移加速度，它由流场的空间不均匀性引起。对于流场中的其他物理量也可以采用类似方法求得它们在欧拉法中的质点导数。例如，密度、压强的质点导数为

$$\frac{\mathrm{D}\rho}{\mathrm{D}t}=\frac{\partial\rho}{\partial t}+\boldsymbol{V}\cdot\nabla\rho \tag{3.1.25}$$

$$\frac{\mathrm{D}p}{\mathrm{D}t}=\frac{\partial p}{\partial t}+\boldsymbol{V}\cdot\nabla p \tag{3.1.26}$$

进一步推广，可以得到欧拉法中任意物理量 Φ 的质点导数表达式为

$$\frac{\mathrm{D}\Phi}{\mathrm{D}t}=\frac{\partial\Phi}{\partial t}+\boldsymbol{V}\cdot\nabla\Phi \tag{3.1.27}$$

在本书中，将

$$\frac{\mathrm{D}}{\mathrm{D}t}(\cdot)=\frac{\partial(\cdot)}{\partial t}+\boldsymbol{V}\cdot\nabla(\cdot) \tag{3.1.28}$$

称为质点导数算子。

3.1.4 拉格朗日变量和欧拉变量之间的转换

拉格朗日法和欧拉法是描述运动的两种方法。对于同一个流动问题，既可用拉格朗日法来描述也可用欧拉法来描述。因此，拉格朗日变量和欧拉变量之间必然可相互转换。

1. 拉格朗日变量变换为欧拉变量

已知流体物理量 Φ 以拉格朗日变量表示为 $\Phi=\Phi(a,b,c,t)$，若要变换为以欧拉变量 (q_1,q_2,q_3,t) 表示的物理量 $\Phi(q_1,q_2,q_3,t)$，可通过式(3.1.13)来实现。只需要满足函数行列式

$$\boldsymbol{J}=\frac{\partial(q_1,q_2,q_3)}{\partial(a,b,c)}=\begin{vmatrix}\partial q_1/\partial a & \partial q_2/\partial a & \partial q_3/\partial a\\ \partial q_1/\partial b & \partial q_2/\partial b & \partial q_3/\partial b\\ \partial q_1/\partial c & \partial q_2/\partial c & \partial q_3/\partial c\end{vmatrix} \tag{3.1.29}$$

取值非零且有限。此时式(3.1.13)存在单值反函数，即有

$$\begin{cases}a=a(q_1,q_2,q_3,t)\\ b=b(q_1,q_2,q_3,t)\\ c=c(q_1,q_2,q_3,t)\end{cases} \tag{3.1.30}$$

将式(3.1.30)代入以拉格朗日变量表示的物理量 $\Phi=\Phi(a,b,c,t)$ 中，可以得到 $\Phi=\Phi[a(q_1,q_2,q_3,t)],b(q_1,q_2,q_3,t),c(q_1,q_2,q_3,t),t]$，这就是用欧拉变量表示的物理量。至此，就完成了将物理量从拉格朗日变量表示形式向欧拉变量表示形式的转换。

2. 欧拉变量变换为拉格朗日变量

已知欧拉变量 (q_1,q_2,q_3,t) 表示的物理量 $\Phi(q_1,q_2,q_3,t)$，若要将其变换为拉格朗日变量 (a,b,c,t) 表示的物理量 $\Phi=\Phi(a,b,c,t)$，可按如下方法实现，这里为了简单起见，讨论均默认在笛卡儿直角坐标系中进行。把欧拉变量表示的速度表达式(3.1.17)代入式(3.1.7)中，可以得到

$$\begin{cases}\dfrac{\mathrm{d}x}{\mathrm{d}t}=u=u(x,y,z,t)\\ \dfrac{\mathrm{d}y}{\mathrm{d}t}=v=v(x,y,z,t)\\ \dfrac{\mathrm{d}z}{\mathrm{d}t}=w=w(x,y,z,t)\end{cases} \tag{3.1.31}$$

积分式(3.1.31)可得

$$\begin{cases} x = x(C_1, C_2, C_3, t) \\ y = y(C_1, C_2, C_3, t) \\ z = z(C_1, C_2, C_3, t) \end{cases} \tag{3.1.32}$$

积分常数 C_1、C_2、C_3 可以通过初始 $t = t_0$ 时刻流体质点位置 $x = a$、$y = b$、$z = c$ 确定，即

$$\begin{cases} C_1 = C_1(a,b,c,t) \\ C_2 = C_2(a,b,c,t) \\ C_3 = C_3(a,b,c,t) \end{cases} \tag{3.1.33}$$

由常微分方程基本理论可知，式(3.1.32)和式(3.1.33)所得结果对于拉格朗日变量 (a,b,c,t) 是连续可微的函数。将式(3.1.33)代入式(3.1.32)中，并代入欧拉变量表示的物理量 $\Phi(x,y,z,t)$ 中，就可得到以拉格朗日变量表示的物理量 $\Phi\left[x(a,b,c,t), y(a,b,c,t), z(a,b,c,t), t\right]$。至此，就完成了物理量从欧拉变量表示形式向拉格朗日变量表示形式的转换。

3.2　迹线与流线

为了直观和形象地了解流动状态，通常可以采用几何的方法来描述流场。迹线和流线就是最为常用的两种。

3.2.1　迹线

迹线就是流体质点运动的轨迹线。在拉格朗日法中，方程(3.1.2)就是质点的迹线参数方程。从中消去时间项 t，并给定 (a,b,c)，就可以得到以 (x,y,z) 表示的某流体质点 (a,b,c) 的迹线。

例题 3-2　已知流体质点的位置表示为

$$x = ab\cos\left(\frac{t^2}{a^2+b^2}\right), \quad y = a^2b^2\sin^2\left(\frac{t^2}{a^2+b^2}\right)$$

求流体质点的迹线。

解： 根据已知流体质点位置，消去时间项 t，可得

$$x^2 + y = a^2b^2 \quad 或 \quad y = a^2b^2 - x^2$$

流体质点的迹线是一条抛物线。

解毕。

在欧拉法中，通常给出的是流体速度在空间的分布规律，即速度场。流体质点的迹线需要通过对速度场进行积分得到。若给定欧拉速度场 $\boldsymbol{V}(q_1,q_2,q_3,t)$，则迹线方程为

$$\frac{\partial \boldsymbol{r}}{\partial t} = \boldsymbol{V}(q_1,q_2,q_3,t) \tag{3.2.1}$$

在笛卡儿直角坐标系中，则有

$$\frac{\mathrm{d}x}{\mathrm{d}t} = u(x,y,z,t), \quad \frac{\mathrm{d}y}{\mathrm{d}t} = v(x,y,z,t), \quad \frac{\mathrm{d}z}{\mathrm{d}t} = w(x,y,z,t) \tag{3.2.2}$$

例题 3-3　已知笛卡儿坐标系中欧拉速度场为 $\boldsymbol{V} = (x+t)\boldsymbol{e}_x + (2t-y)\boldsymbol{e}_y$，求 $t = 0$ 时刻通过 $A(-1,-2)$ 点的流体质点的迹线。

解：根据已知条件，有 $u = x + t$，$v = 2t - y$，代入式(3.2.2)中可以得到

$$\frac{\mathrm{d}x}{\mathrm{d}t} = x + t, \quad \frac{\mathrm{d}y}{\mathrm{d}t} = 2t - y$$

积分上述两式(注意迹线方程中，t 是积分的自变量，x、y 是 t 的函数)，可以得到

$$x = C_1 \exp(t) - t - 1$$

$$y = C_2 \exp(-t) + 2t - 2$$

根据 $t = 0$ 时流体质点位置条件，可以确定积分常数 $C_1 = 0$、$C_2 = 0$。代入上式中，消去时间 t，可得迹线方程为

$$2x + y = -4$$

解毕。

3.2.2　流线

流线是速度场的向量线，此曲线上任一点的切线方向与流体在该点的速度方向一致。设 $\boldsymbol{r}$ 为空间某点的向径，$\boldsymbol{V}$ 为流体在该点的速度。根据流线的定义，流线方程为

$$\boldsymbol{V} \times \mathrm{d}\boldsymbol{r} = \boldsymbol{0} \tag{3.2.3}$$

其中，$\mathrm{d}\boldsymbol{r}$ 为流线任意点处切线方向的微元向量。式(3.2.3)在笛卡儿直角坐标系中的展开式为

$$\frac{\mathrm{d}x}{u(x,y,z,t)} = \frac{\mathrm{d}y}{v(x,y,z,t)} = \frac{\mathrm{d}z}{w(x,y,z,t)} \tag{3.2.4}$$

其中，u,v,w 为速度沿坐标 x,y,z 方向的分量。由于流线是针对同一时刻而言的，在积分流线的微分方程时认为时间 t 是常数。因此，不同时刻可有不同流线。根据流线的定义，可以得出流线的如下性质。

(1)一般情况下，空间每一点只能有一个速度方向。因此，不能有两条流线同时通过空间同一点。换句话说，流线不能相交。但有三种例外情况：速度为零的点，通常称为驻点，如图 3-3(a)所示的 A 点；流线相切的点，如图 3-3(a)所示的 B 点，上、下两股速度不等的流体在 B 点相切；速度为无限大的点，通常称为奇点，如图 3-3(b)所示的 O 点。

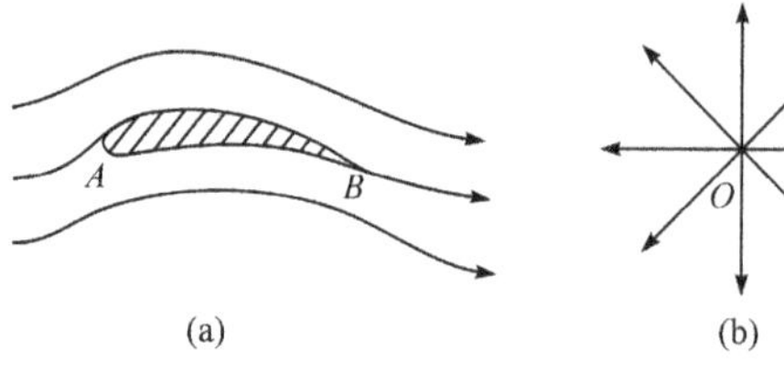

图 3-3　流线

(2)流场中的每一点都有流线通过，由这些流线形成流谱。

(3)在定常流动时，流线形状和位置不随时间变化。在非定常流动时，一般要随时间变化。在定常流动时，流线和迹线重合。

例题 3-4　已知速度场分布 $u = 2x, v = y + 3$，求通过空间点 $x = 1, y = -2$ 的流线。

解：根据流线方程(3.2.4)，可以得到

$$\frac{\mathrm{d}x}{2x} = \frac{\mathrm{d}y}{y + 3}$$

积分上式可以得到

$$\frac{1}{2}\ln x = \ln(y + 3) + C$$

根据流线通过空间 $x = 1, y = -2$，可以得到积分常数 $C = 0$。最终可得流线方程为

$$y = \sqrt{x} - 3$$

解毕。

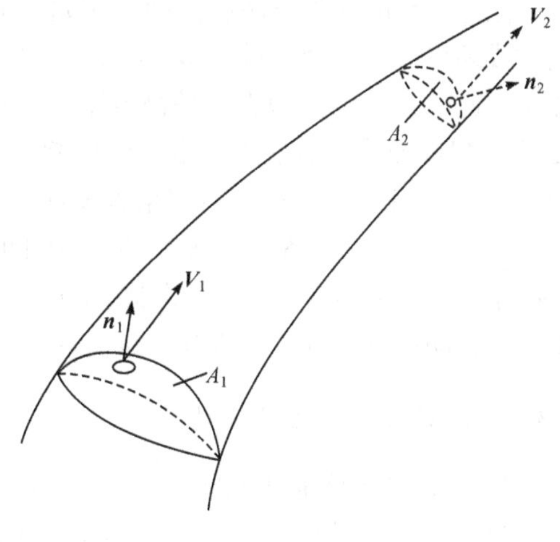

图 3-4　流管

根据流线的概念，可以进一步扩展定义流面和流管。在给定时刻，通过流场中任意一条曲线(非流线)上的每一点作流线所构成的曲面称为流面。若该曲线是封闭曲线，则构成的流面为管状曲面，这种管状曲面内部区域称为流管。习惯上所说的流管侧面或流管表面就是指此管状曲面。任一不与流管侧面平行的面被流管截取的那部分面积通常称为流管截面。流管截面可以是曲面也可以是平面。显然，根据流管定义，流体不可能穿过流管侧面。在同一时刻(图 3-4)，在同一流管上任取两个截面 A_1、A_2。若流动定常，那么以 A_1、A_2 为端面的这段流管内的流体质量不随时间变化。根据质量守恒原理，单位时间内流进端面 A_1 的流体质量等于流出端面 A_2 的流体质量，则有

$$\iint \rho_{A_1} \boldsymbol{V}_{A_1} \cdot \mathrm{d}A_1 = \iint \rho_{A_2} \boldsymbol{V}_{A_2} \cdot \mathrm{d}A_2 \tag{3.2.5}$$

如果 A_1、A_2 端面上，密度 ρ 和速度 $\boldsymbol{V}$ 均匀分布，那么根据式(3.2.5)可以得到

$$\rho_{A_1} V_{n,A_1} A_1 = \rho_{A_2} V_{n,A_2} A_2 \tag{3.2.6}$$

其中，V_{n,A_1}、V_{n,A_2} 分别为垂直于端面 A_1、A_2 的速度分量。由于流管端面 A_1、A_2 具有一般任意性，可得如下结论：在定常流动情况下，流过同一流管各截面的质量流量相等。

对于不可压缩流动，不论流动定常或非定常，在同一时刻，流过同一流管各截面的体积流量均相等。若考虑不可压缩均匀流，由于流场中 ρ 为常数，式(3.2.5)和式(3.2.6)可简化为

$$\iint_{A_1} \boldsymbol{V}_{A_1} \cdot \mathrm{d}A_1 = \iint_{A_2} \boldsymbol{V}_{A_2} \cdot \mathrm{d}A_2 = Q \tag{3.2.7}$$

和

$$V_{n,A_1} A_1 = V_{n,A_2} A_2 \tag{3.2.8}$$

根据流管定义，可得流管如下性质：

(1)流管不能相交。

(2)在定常流动中，流管形状及位置不随时间变化；在非定常流动中，可随时间变化。

(3)在实际的流场中，流管截面不能收缩到零，否则在该处的流速要达到无限大，这在实际上是不可能的。因此，流管不能在流场内部中断，流管只能始于或终于流场边界(如物面、自由面)，或者呈环形状，或者伸展到无穷远处。

3.3　流体流动的分类

通常情况下，流体的流动过程非常复杂，为了抓住流体运动的本质特征，对流动进行简化，首先需要根据一定的原则对流体流动类型进行分类，然后针对不同类型的流动可采用不同的方式进行化简或研究。

流体流动的分类方法有多种。例如，第 1 章中根据流体有、无黏性将其划分为黏性流体流动或理想流体流动。进一步，在第 9 章中，将根据流动雷诺数将黏性流体流动分为层流或湍流。此外，也可根据流体是否可压缩将其分为可压缩流体流动或不可压缩流体流动。在第 12 章中根据流动马赫数进一步将可压缩流体流动分为亚声速、跨声速、超声速和高超声速流动。在 3.5 节和 3.6 节中还可以根据流体微团是否存在旋转角速度矢量(涡量)，将其分成有旋或无旋流动。当然，根据流动特性是否随时间变化，还可以将流动分为定常或非定常流动。根据流场空间分布特性，可以将其分为一维、二维或三维流动等。本节将主要讨论定常流动、非定常流动以及一维、二维和三维流动的基本特征。

3.3.1 定常流动和非定常流动

3.1.2 节中已经简单介绍过定常和非定常流动的基本概念。定常流动和非定常流动是根据流场内任意一空间点上的流动参数与时间是否有关来加以区分的。若流场内所有空间点上的流动参数不随时间变化，这种流动可称为定常流动；反之则称为非定常流动。在定常流动状态下，流线与迹线重合。对非定常流动，流线可随时间而变，流场中的速度、密度、压强等流动参数均为时间和空间坐标的函数。对定常流动，流动参数与时间无关，速度、密度、压强等仅是空间坐标的函数。

从数学上来说，流体做定常流动时，自变量数目减少，这给流动问题的分析和研究带来很大方便。在实际问题的分析过程中，若某流场的流动参数随时间的变化过程非常缓慢，在较短的时间间隔内，也可近似将其简化为定常流动来处理。除此之外，还可通过选择适当的参考坐标系，将非定常流动转化为定常流动。例如，在静止河水中匀速航行的轮船，当把参考坐标系固定在地面上时，将观察到水中各点的流动参数随着轮船的前进而变化，此时流动是非定常的。然而，当把参考坐标系固定在轮船上时，将观察到水以船速匀速绕过船体流动，船体周围水中各点的流动参数不随时间变化，此时流动可视为定常流动。这说明在分析实际问题时，参考坐标系的选择至关重要，选择合适的参考坐标系，可使问题大大简化。

3.3.2 一维、二维和三维流动

3.3.1 节根据时间相关性对流动进行了分类。实际上，也可根据流动参数的空间分布特性对流动进行分类。通常情况下，若流动参数，如速度、密度、压强和温度等，仅是一个空间变量的函数，即流动参数只沿空间一个方向分布，可将此流动称为一维流动。此时，若流动是定常的，那么描述流动的基本方程可以进一步简化为常微分方程，使问题的求解大大简化。与一维流动相对应，若流动参数是两个空间变量的函数，则将其称为二维流动；若流动参数是三个空间变量的函数，则称为三维流动。很显然，描述二维或三维流动的基本方程均为偏微分方程，问题的求解过程也相对复杂。在实际分析问题的过程中常常沿流线建立描述流动的基本方程，这可使多维问题转变为一维问题，从而让求解过程变得简单。

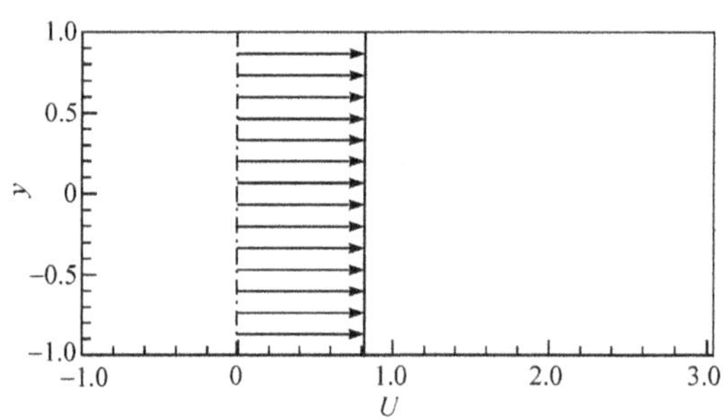

图 3-5 理想不可压缩流体管内流动

图 3-5 为理想不可压缩流体在直管道内的定常流动，在管道任意一个截面上，流体的速度和压力都是均匀分布的，即流动参数仅沿管

道延展方向变化。此时若沿管道延展方向(也是流线方向)建立流动的基本方程,那么问题可以简化为一维问题。图 3-6 为黏性不可压缩流体在直管道内的定常流动,在管道任意一个截面上,流体的压力均匀分布,但由于流体黏性的作用,速度分布呈抛物面形状。此时流动参数同时沿管道延展方向和管道半径方向有所变化,故该问题是一个二维问题。

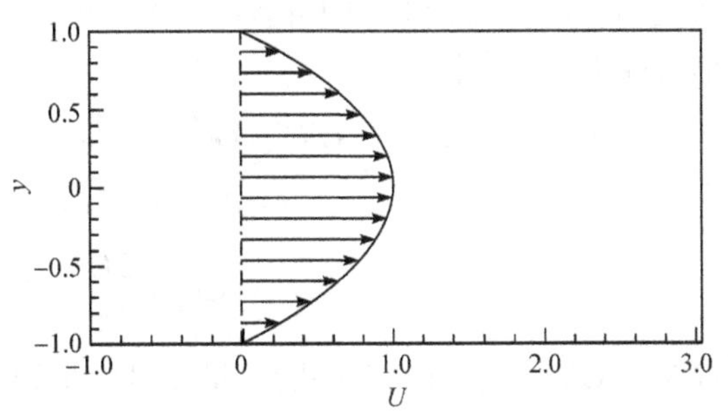

图 3-6 黏性不可压缩流体管内流动

在进行流动问题的分析时,选择合适的坐标系至关重要。以图 3-6 所示黏性不可压缩流体在直管道内的定常流动为例,若在笛卡儿直角坐标系中来分析该问题,那么流动的速度、压力等参数必然是空间坐标(x,y,z)的函数,即一个三维问题。然而,若在柱坐标系中来分析该问题,由于流动可视为轴对称,流动参数仅为空间坐标(r,z)的函数,即可视为一个二维问题。根据流动特点,选择合适的坐标系可使问题大大简化。

3.4 流体微团和微团运动分析

流体微团是指把流体无限分割为具有均布质量的微元,是研究流体运动的最小单元。它是微观无穷大、宏观无穷小的一个流体质量体。这与第 1 章中介绍的流体质点相类似,但需要指出,流体微团与流体质点是两个概念。仅当不需要考虑微团的体积和变形,只研究它的位移和各物理状态时,可以把流体微团视为没有体积的质点,即此时流体微团退化为流体质点。

为了分析整个流场的运动,可以首先研究流场中任意一个流体微团的运动,分析流体微团上任意两点的速度之间的关系。为简化起见,在笛卡儿直角坐标系中用几何的方法分析一个正交六面体流体微团的运动。

3.4.1 流体微团运动的几何分析

在某一时刻t,在流场中任取一正交六面体流体微团。经过微小时间隔Δt之后,该流体微团运动到新的位置。通常情况下,由于流体微团上的各点速度不同,其形状和大小都要发生变化,如图 3-7 所示。接下来,首先要证明:原来正交六面体流体微团经过Δt时间间隔后,将变成斜平行六面体流体微团。以图 3-7 中 $OBDC$ 流体平面为例,观察其中$\overline{OB}$与$\overline{CD}$两条流体线在Δt时间内的变化规律,那么可得到

$$\begin{aligned}\overrightarrow{O'B'} &= \overrightarrow{OB} + \overrightarrow{BB'} - \overrightarrow{OO'} = \Delta x\boldsymbol{e}_x + \boldsymbol{V}_B\Delta t - \boldsymbol{V}_O\Delta t \\ &= \Delta x\boldsymbol{e}_x + \left[\boldsymbol{V}(x+\Delta x,y,z,t) - \boldsymbol{V}(x,y,z,t)\right]\Delta t \\ &= \Delta x\boldsymbol{e}_x + \frac{\partial \boldsymbol{V}}{\partial x}\Delta x\Delta t + O\left(\Delta x^2\Delta t\right)\end{aligned} \tag{3.4.1}$$

$$\begin{aligned}\overrightarrow{C'D'} &= \overrightarrow{CD} + \overrightarrow{DD'} - \overrightarrow{CC'} = \Delta x\boldsymbol{e}_x + \boldsymbol{V}_D\Delta t - \boldsymbol{V}_C\Delta t \\ &= \Delta x\boldsymbol{e}_x + \left[\boldsymbol{V}(x+\Delta x,y,z+\Delta z,t) - \boldsymbol{V}(x,y,z+\Delta z,t)\right]\Delta t \\ &= \Delta x\boldsymbol{e}_x + \frac{\partial \boldsymbol{V}}{\partial x}\Delta x\Delta t + O\left(\Delta x^2\Delta t, \Delta x\Delta z\Delta t\right)\end{aligned} \tag{3.4.2}$$

从式(3.4.1)和式(3.4.2)中可看出，当忽略高阶小量时，$\overrightarrow{O'B'}=\overrightarrow{C'D'}$，即$O'B'C'D'$为平行四边形。同理可以求得

$$\begin{aligned}\overrightarrow{O'C'}&=\overrightarrow{OC}+\overrightarrow{CC'}-\overrightarrow{OO'}=\Delta z\boldsymbol{e}_z+\boldsymbol{V}_C\Delta t-\boldsymbol{V}_O\Delta t\\&=\Delta z\boldsymbol{e}_z+\left[\boldsymbol{V}(x,y,z+\Delta z,t)-\boldsymbol{V}(x,y,z,t)\right]\Delta t\\&=\Delta z\boldsymbol{e}_z+\frac{\partial\boldsymbol{V}}{\partial z}\Delta z\Delta t+O\left(\Delta z^2\Delta t\right)\end{aligned}\tag{3.4.3}$$

$\overrightarrow{O'B'}$与$\overrightarrow{O'C'}$点积并忽略高阶小量，可以得到

$$\overrightarrow{O'B'}\cdot\overrightarrow{O'C'}=\left(\Delta x\boldsymbol{e}_x+\frac{\partial\boldsymbol{V}}{\partial x}\Delta x\Delta t\right)\cdot\left(\Delta z\boldsymbol{e}_z+\frac{\partial\boldsymbol{V}}{\partial z}\Delta z\Delta t\right)\tag{3.4.4}$$

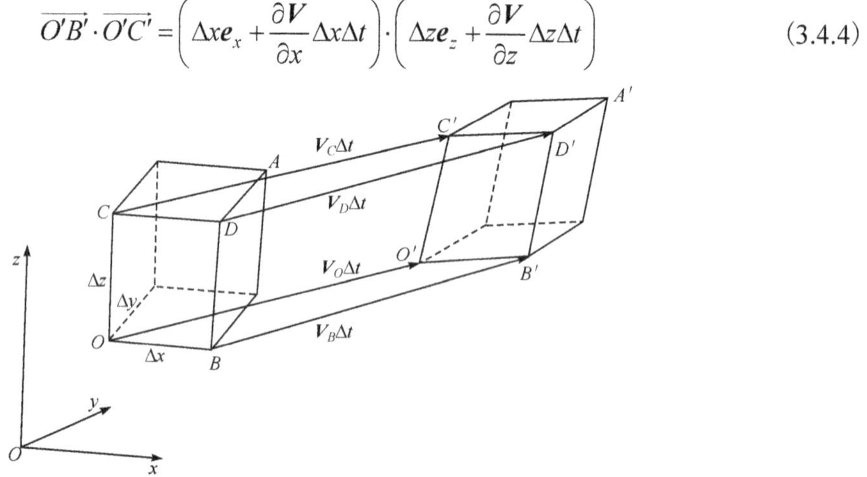

图 3-7　流体微团运动

通常情况下式(3.4.4)不等于零，所以$O'B'C'D'$为斜平行四边形。类似地，可以证明流体微团的其余五个流体面也具有相同的性质。由此可以知道，正交六面体流体微团经过Δt时间间隔后，将变成斜平行六面体。进一步，可以将正交六面体流体微团变成斜平行六面体流体微团的运动分解为下列四种运动形式的组合。

(1)平移：六面体流体微团像刚体一样整体平移到新的位置。

(2)线变形：六面体流体微团通过O点的三条正交流体线的伸长或缩短，与之相应的是流体微团体积的膨胀或收缩。

(3)转动：六面体流体微团像刚体一样的在空间转动。

(4)角变形：六面体流体微团通过O点有三个正交流体面，每一个流体面过O点的两条正交流体线之间角度的变化，与之相应的是六面体形状的变化。

显而易见，平移运动并不改变六面体的形状、大小和方向，而后三种运动将决定斜平行六面体的形状、大小和方向。这里对后三种运动的几何意义和数学表示式进行具体的说明，并分别定义线变形率、角变形率和流体旋转角速度。

1. 线变形率

单位时间内流体线的相对伸长称为线变形率。现以$\overrightarrow{OB}$为例，分析过O点的三条正交流体线的线变形率。从图 3-7 可知，经Δt时间后$\overrightarrow{OB}$变成了$\overrightarrow{O'B'}$，忽略高阶小量，可以得到

$$\overrightarrow{O'B'} = \Delta x \boldsymbol{e}_x + \frac{\partial \boldsymbol{V}}{\partial x}\Delta x \Delta t = \Delta x \boldsymbol{e}_x + \left(\frac{\partial u}{\partial x}\boldsymbol{e}_x + \frac{\partial v}{\partial x}\boldsymbol{e}_y + \frac{\partial w}{\partial x}\boldsymbol{e}_z\right)\Delta x \Delta t \tag{3.4.5}$$

则有

$$\begin{aligned}\left|\overrightarrow{O'B'}\right| &= \Delta x\sqrt{\left(1+\frac{\partial u}{\partial x}\Delta t\right)^2 + \left(\frac{\partial v}{\partial x}\Delta t\right)^2 + \left(\frac{\partial w}{\partial x}\Delta t\right)^2} \\ &= \Delta x\sqrt{1+2\frac{\partial u}{\partial x}\Delta t + \left(\frac{\partial u}{\partial x}\Delta t\right)^2 + \left(\frac{\partial v}{\partial x}\Delta t\right)^2 + \left(\frac{\partial w}{\partial x}\Delta t\right)^2} \\ &= \Delta x\left(1+\frac{\partial u}{\partial x}\Delta t\right) + O\left(\Delta t^2\right)\end{aligned} \tag{3.4.6}$$

若用 ε_{xx} 表示 x 方向的流体线在单位时间内的相对伸长，可得

$$\varepsilon_{xx} = \lim_{\Delta t\to 0}\frac{\left|\overrightarrow{O'B'}\right| - \left|\overrightarrow{OB}\right|}{\Delta t\left|\overrightarrow{OB}\right|} = \lim_{\Delta t\to 0}\frac{\Delta x\left(1+\frac{\partial u}{\partial x}\Delta t\right) - \Delta x}{\Delta t \Delta x} = \frac{\partial u}{\partial x} \tag{3.4.7}$$

同理，y 和 z 方向流体线的线变形率为

$$\varepsilon_{yy} = \frac{\partial v}{\partial y} \tag{3.4.8}$$

$$\varepsilon_{zz} = \frac{\partial w}{\partial z} \tag{3.4.9}$$

分析流体微团的体积 $\Delta \forall$ 在单位时间 Δt 内的相对变化率，即流体微团的体积膨胀速率：

$$\begin{aligned}\lim_{\substack{\Delta t\to 0\\ \Delta\forall\to 0}}\frac{\Delta(\Delta\forall)/\Delta\forall}{\Delta t} &= \lim_{\substack{\Delta t\to 0\\ \Delta\forall\to 0}}\frac{\left(1+\frac{\partial u}{\partial x}\Delta t\right)\left(1+\frac{\partial v}{\partial y}\Delta t\right)\left(1+\frac{\partial w}{\partial z}\Delta t\right)\Delta x\Delta y\Delta z - \Delta x\Delta y\Delta z}{\Delta t\Delta x\Delta y\Delta z} \\ &= \frac{\partial u}{\partial x} + \frac{\partial v}{\partial y} + \frac{\partial w}{\partial z} = \nabla\cdot\boldsymbol{V}\end{aligned} \tag{3.4.10}$$

因此，流体微团的体积膨胀速率等于三个方向上的线变形率之和，这也称为流体速度的散度。对于不可压缩流体，其体积不会发生变化，有

$$\nabla\cdot\boldsymbol{V} = \boldsymbol{0} \tag{3.4.11}$$

式(3.4.11)可视为流体不可压缩的条件或不可压缩流体的连续性方程。图 3-8 表示流体微团经过 Δt 时间后的纯膨胀变形过程。

2. 角变形率

过 O 点可以作三个微元正交流体面，每个流体面有两条过 O 点的正交边，两正交边的角平分线与每条边之间的夹角在单位时间内的变化量称为角变形率。显然，每个平面有两个角变形率。以垂直于 y 轴的平面 $OBDC$ 为例，如图 3-9 所示，其中 $\overrightarrow{OF}$ 为 $\overrightarrow{OB}$ 和 $\overrightarrow{OC}$ 正交边的角平分线。经 Δt 时间 $\overrightarrow{OB}$ 和 $\overrightarrow{OC}$ 流体线分别运动到 $\overrightarrow{O'B'}$ 和 $\overrightarrow{O'C'}$，相对于原来的方向分别转动了 α_1 和 α_2。相应的 $\overrightarrow{OB}$ 和 $\overrightarrow{OC}$ 正交边的角平分线 $\overrightarrow{OF}$ 运动到 $\overrightarrow{O'F'}$，相对于原来的方向转动了 α，并且有 $\alpha = \left(\alpha_1 + \alpha_2\right)/2$。定义角变形率 ε_{xz} 和 ε_{zx} 分别为

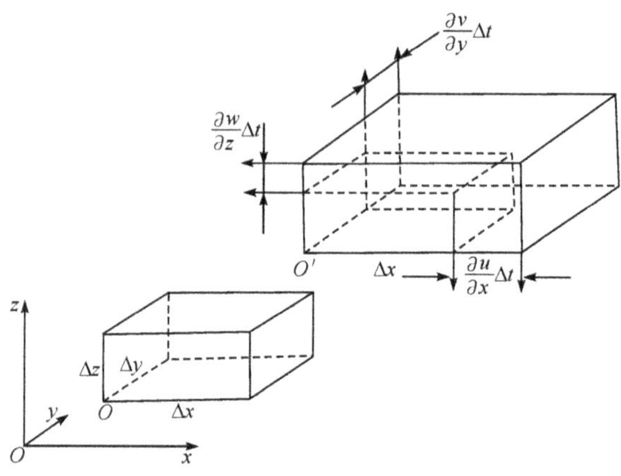

图 3-8　流体微团纯膨胀变形

$$\varepsilon_{xz} = \lim_{\Delta t \to 0} \frac{\angle FOB - \angle F'O'B'}{\Delta t} \tag{3.4.12}$$

$$\varepsilon_{zx} = \lim_{\Delta t \to 0} \frac{\angle COF - \angle C'O'F'}{\Delta t} \tag{3.4.13}$$

其中，ε_{xz} 的第一个下标 x 表示转动的流体边平行于 x 轴，第二个下标 z 表示流体边的端点在 z 轴方向产生位移。由图 3-9 所示的几何关系可知

$$\angle FOB - \angle F'O'B' = \angle FOF' - \alpha_1 = \alpha - \alpha_1 = \frac{\alpha_2 - \alpha_1}{2}$$

$$\angle COF - \angle C'O'F' = \alpha_2 - \angle FOF' = \alpha_2 - \alpha = \frac{\alpha_2 - \alpha_1}{2}$$

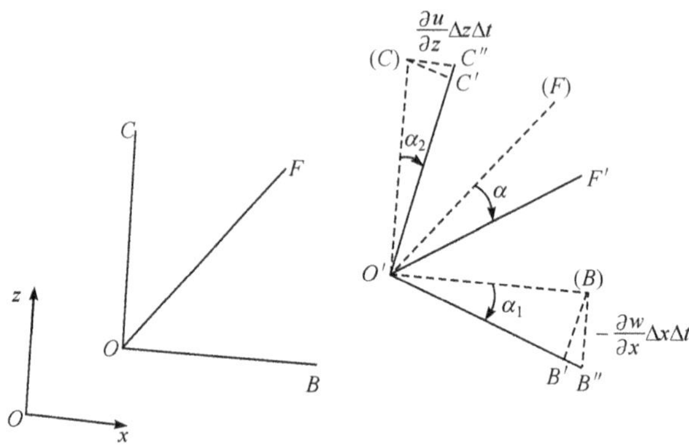

图 3-9　流体微团角变形

忽略高阶小量，可以得到α_1和α_2表达式如下：

$$\alpha_1 \approx \frac{|\overrightarrow{BB''}|}{|\overrightarrow{OB}|} = -\frac{\frac{\partial w}{\partial x}\Delta x\Delta t}{\Delta x} = -\frac{\partial w}{\partial x}\Delta t$$

$$\alpha_2 \approx \frac{|\overrightarrow{CC''}|}{|\overrightarrow{OC}|} = \frac{\frac{\partial u}{\partial z}\Delta z\Delta t}{\Delta z} = \frac{\partial u}{\partial z}\Delta t$$

代入上式中，可以得到

$$\varepsilon_{xz}=\varepsilon_{zx}=\frac{1}{2}\left(\frac{\partial u}{\partial z}+\frac{\partial w}{\partial x}\right) \tag{3.4.14}$$

用类似的方法可求得其他两个平面上的角变形率为

$$\varepsilon_{xy}=\varepsilon_{yx}=\frac{1}{2}\left(\frac{\partial u}{\partial y}+\frac{\partial v}{\partial x}\right) \tag{3.4.15}$$

$$\varepsilon_{yz}=\varepsilon_{zy}=\frac{1}{2}\left(\frac{\partial w}{\partial y}+\frac{\partial v}{\partial z}\right) \tag{3.4.16}$$

从上述分析可以发现，六面体流体微团的角变形率虽然有六个，但其中只有三个是独立的。

3. 流体旋转角速度

过同一点 O 的任意两条正交微元流体线，将它们所在的平面上的旋转角速度的平均值定义为 O 点流体的旋转角速度在垂直该平面方向的分量。以垂直于 y 轴的平面 $OBDC$ 为例，如图 3-9 所示，那么过 O 点流体旋转角速度在 y 轴上的分量等于流体线 OB 和 OC 在 xOz 平面上旋转角速度的平均值，这里用 ω_y 表示，根据定义则有

$$\omega_y=\lim_{\Delta t\to 0}\frac{\alpha_1+\alpha_2}{2\Delta t}=\frac{1}{2}\left(\frac{\partial u}{\partial z}-\frac{\partial w}{\partial x}\right) \tag{3.4.17}$$

同理，其余两个平面上流体微团绕 x 轴和 z 轴的旋转角速度 ω_x 和 ω_z 分别为

$$\omega_x=\frac{1}{2}\left(\frac{\partial w}{\partial y}-\frac{\partial v}{\partial z}\right) \tag{3.4.18}$$

$$\omega_z=\frac{1}{2}\left(\frac{\partial v}{\partial x}-\frac{\partial u}{\partial y}\right) \tag{3.4.19}$$

由于角速度是矢量，整个流体微团转动的角速度为

$$\boldsymbol{\omega}=\omega_x\boldsymbol{e}_x+\omega_y\boldsymbol{e}_y+\omega_z\boldsymbol{e}_z=\frac{1}{2}\left(\frac{\partial w}{\partial y}-\frac{\partial v}{\partial z}\right)\boldsymbol{e}_x+\frac{1}{2}\left(\frac{\partial u}{\partial z}-\frac{\partial w}{\partial x}\right)\boldsymbol{e}_y+\frac{1}{2}\left(\frac{\partial v}{\partial x}-\frac{\partial u}{\partial y}\right)\boldsymbol{e}_z \tag{3.4.20}$$

若写成矢量运算的形式，可得

$$\boldsymbol{\omega}=\frac{1}{2}\nabla\times\boldsymbol{V} \tag{3.4.21}$$

即流体微团旋转角速度等于流体速度场旋度的 1/2。

从上面的分析可知，正交六面体流体微团的运动总是可以分解成微团整体平移运动、微团的旋转运动、微团的线变形和角变形运动。与之相应的是平移速度、旋转角速度、线变形率和角变形率。除平移运动外，六面体流体微团的运动状态在一般情况下需用九个独立分量来描述，即 ω_x、ω_y、ω_z、ε_{xx}、ε_{yy}、ε_{zz}、ε_{xy}、ε_{yz}、ε_{zx}。而根据前面分析可以知道，上述九个分量又由 $\partial u/\partial x$、$\partial u/\partial y$、$\partial u/\partial z$、$\partial v/\partial x$、$\partial v/\partial y$、$\partial v/\partial z$、$\partial w/\partial x$、$\partial w/\partial y$、$\partial w/\partial z$ 九个分量组合而成。本质上来说，上述九个分量也可以完全确定六面体的运动状态。

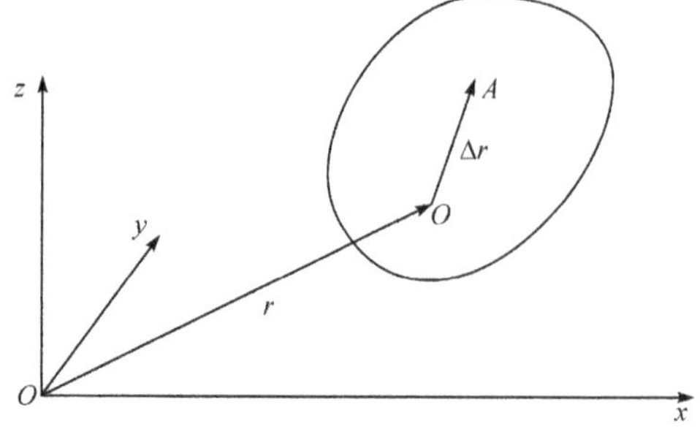

图 3-10　相邻两流体质点之间的速度关系

3.4.2　亥姆霍兹速度分解定理

为了分析流体中任意相邻两点的速度关系，考察流场中任一流体微团，如图 3-10 所示。

令流体微团上某点 $O(x,y,z)$ 在 t 时刻的速度为

$$\boldsymbol{V}_O(x,y,z,t)=u_O(x,y,z,t)\boldsymbol{e}_x+v_O(x,y,z,t)\boldsymbol{e}_y+w_O(x,y,z,t)\boldsymbol{e}_z$$

其相邻点 $A(x+\Delta x,y+\Delta y,z+\Delta z)$ 的速度为

$$\begin{aligned}\boldsymbol{V}_A(x+\Delta x,y+\Delta y,z+\Delta z,t)=&u_A(x+\Delta x,y+\Delta y,z+\Delta z,t)\boldsymbol{e}_x\\&+v_A(x+\Delta x,y+\Delta y,z+\Delta z,t)\boldsymbol{e}_y\\&+w_A(x+\Delta x,y+\Delta y,z+\Delta z,t)\boldsymbol{e}_z\end{aligned}$$

将其进行泰勒展开，并且忽略高阶小量可得

$$\begin{aligned}\boldsymbol{V}_A(x+\Delta x,y+\Delta y,z+\Delta z,t)=&\left(u_O+\left.\frac{\partial u}{\partial x}\right|_O\Delta x+\left.\frac{\partial u}{\partial y}\right|_O\Delta y+\left.\frac{\partial u}{\partial z}\right|_O\Delta z\right)\boldsymbol{e}_x\\&+\left(v_O+\left.\frac{\partial v}{\partial x}\right|_O\Delta x+\left.\frac{\partial v}{\partial y}\right|_O\Delta y+\left.\frac{\partial v}{\partial z}\right|_O\Delta z\right)\boldsymbol{e}_y\\&+\left(w_O+\left.\frac{\partial w}{\partial x}\right|_O\Delta x+\left.\frac{\partial w}{\partial y}\right|_O\Delta y+\left.\frac{\partial w}{\partial z}\right|_O\Delta z\right)\boldsymbol{e}_z\end{aligned}$$

由于所选取的 O 点和 A 具有一般性，上式中可以省去下标，并改写可得

$$\begin{aligned}&\boldsymbol{V}(x+\Delta x,y+\Delta y,z+\Delta z,t)\\&=\left(u+\frac{\partial u}{\partial x}\Delta x+\frac{1}{2}\left(\frac{\partial u}{\partial y}+\frac{\partial v}{\partial x}\right)\Delta y+\frac{1}{2}\left(\frac{\partial u}{\partial z}+\frac{\partial w}{\partial x}\right)\Delta z-\frac{1}{2}\left(\frac{\partial v}{\partial x}-\frac{\partial u}{\partial y}\right)\Delta y-\frac{1}{2}\left(\frac{\partial w}{\partial x}-\frac{\partial u}{\partial z}\right)\Delta z\right)\boldsymbol{e}_x\\&+\left(v+\frac{\partial v}{\partial y}\Delta y+\frac{1}{2}\left(\frac{\partial v}{\partial x}+\frac{\partial u}{\partial y}\right)\Delta x+\frac{1}{2}\left(\frac{\partial v}{\partial z}+\frac{\partial w}{\partial y}\right)\Delta z-\frac{1}{2}\left(\frac{\partial u}{\partial y}-\frac{\partial v}{\partial x}\right)\Delta x-\frac{1}{2}\left(\frac{\partial w}{\partial y}-\frac{\partial v}{\partial z}\right)\Delta z\right)\boldsymbol{e}_y\\&+\left(w+\frac{\partial w}{\partial z}\Delta z+\frac{1}{2}\left(\frac{\partial w}{\partial x}+\frac{\partial u}{\partial z}\right)\Delta x+\frac{1}{2}\left(\frac{\partial w}{\partial y}+\frac{\partial v}{\partial z}\right)\Delta y-\frac{1}{2}\left(\frac{\partial u}{\partial z}-\frac{\partial w}{\partial x}\right)\Delta x-\frac{1}{2}\left(\frac{\partial v}{\partial z}-\frac{\partial w}{\partial y}\right)\Delta y\right)\boldsymbol{e}_z\end{aligned}$$

将式(3.4.14)～式(3.4.19)代入上式，可得

$$\begin{aligned}&\boldsymbol{V}(x+\Delta x,y+\Delta y,z+\Delta z,t)\\&=(u+\varepsilon_{xx}\Delta x+\varepsilon_{xy}\Delta y+\varepsilon_{xz}\Delta z+\omega_y\Delta z-\omega_z\Delta y)\boldsymbol{e}_x\\&+(v+\varepsilon_{yy}\Delta y+\varepsilon_{yx}\Delta x+\varepsilon_{yz}\Delta z+\omega_z\Delta x-\omega_x\Delta z)\boldsymbol{e}_y\\&+(w+\varepsilon_{zz}\Delta z+\varepsilon_{zx}\Delta x+\varepsilon_{zy}\Delta y+\omega_x\Delta y-\omega_y\Delta x)\boldsymbol{e}_z\end{aligned}\tag{3.4.22}$$

考虑到

$$\boldsymbol{\omega}\times\Delta\boldsymbol{r}=\frac{1}{2}(\nabla\times\boldsymbol{V})\times\Delta\boldsymbol{r}=(\omega_y\Delta z-\omega_z\Delta y)\boldsymbol{e}_x+(\omega_z\Delta x-\omega_x\Delta z)\boldsymbol{e}_y+(\omega_x\Delta y-\omega_y\Delta x)\boldsymbol{e}_z$$

$$\Delta\boldsymbol{r}\cdot\boldsymbol{\varepsilon}=\Big[\big(\Delta x\boldsymbol{e}_x+\Delta y\boldsymbol{e}_y+\Delta z\boldsymbol{e}_z\big)\cdot\big(\varepsilon_{xx}\boldsymbol{e}_x+\varepsilon_{xy}\boldsymbol{e}_y+\varepsilon_{xz}\boldsymbol{e}_z\big)\boldsymbol{e}_x+\big(\varepsilon_{yx}\boldsymbol{e}_x+\varepsilon_{yy}\boldsymbol{e}_y+\varepsilon_{yz}\boldsymbol{e}_z\big)\boldsymbol{e}_y$$
$$+\big(\varepsilon_{zx}\boldsymbol{e}_x+\varepsilon_{zy}\boldsymbol{e}_y+\varepsilon_{zz}\boldsymbol{e}_z\big)\boldsymbol{e}_z\Big]$$
$$=\big(\varepsilon_{xx}\Delta x+\varepsilon_{xy}\Delta y+\varepsilon_{xz}\Delta z\big)\boldsymbol{e}_x+\big(\varepsilon_{yy}\Delta y+\varepsilon_{yx}\Delta x+\varepsilon_{yz}\Delta z\big)\boldsymbol{e}_y+\big(\varepsilon_{zz}\Delta z+\varepsilon_{zx}\Delta x+\varepsilon_{zy}\Delta y\big)\boldsymbol{e}_z$$

其中，

$$\boldsymbol{\varepsilon}=\begin{bmatrix}\boldsymbol{e}_x & \boldsymbol{e}_y & \boldsymbol{e}_z\end{bmatrix}\begin{bmatrix}\varepsilon_{xx} & \varepsilon_{xy} & \varepsilon_{xz}\\ \varepsilon_{yx} & \varepsilon_{yy} & \varepsilon_{yz}\\ \varepsilon_{zx} & \varepsilon_{zy} & \varepsilon_{zz}\end{bmatrix}\begin{bmatrix}\boldsymbol{e}_x\\ \boldsymbol{e}_y\\ \boldsymbol{e}_z\end{bmatrix}$$

$\boldsymbol{\varepsilon}$ 为一个二阶对称张量，其六个独立分量分别对应于流体微团的线变形率和角变形率。式(3.4.22)可以化简为

$$\boldsymbol{V}\big(x+\Delta x,y+\Delta y,z+\Delta z,t\big)=\boldsymbol{V}+\Delta\boldsymbol{r}\cdot\boldsymbol{\varepsilon}+\frac{1}{2}(\nabla\times\boldsymbol{V})\times\Delta\boldsymbol{r} \tag{3.4.23}$$

式(3.4.23)给出了流体微团上任意两点之间速度关系的一般形式，称为亥姆霍兹速度分解定理。该定理可以简述如下：流体微团上任意一点 O 的相邻点 A 上的速度可以分成三个部分之和：①与 O 点相同的平移速度 $\boldsymbol{V}$；②绕 O 点转动在 A 点引起的速度 $(\nabla\times\boldsymbol{V})\times\Delta\boldsymbol{r}/2$；③流体微团变形在 A 点引起的速度 $\Delta\boldsymbol{r}\cdot\boldsymbol{\varepsilon}$。在式(3.4.23)中，若 $\nabla\times\boldsymbol{V}=\boldsymbol{0}$，则将流动称为无旋流动；反之若 $\nabla\times\boldsymbol{V}\neq\boldsymbol{0}$，则将流动称为有旋流动。

亥姆霍兹速度分解定理对于流体力学的发展具有深远的影响。根据该定理可以把旋转运动从一般运动中分离出来，有可能把运动分成无旋运动和有旋运动，从而可以对它们分别进行研究。同理根据该定理可以把流体的变形运动从一般运动中分离出来，有可能将流体变形率与流体的应力联系起来，这对于黏性流体运动规律的研究具有重大的影响。除本章介绍的速度分解定理外，第 4 章讨论的能量守恒定律也是由亥姆霍兹提出的。

3.5　有旋流动的一般性质

3.5.1　涡量

有旋流动是流体运动的一种重要类型。流动有旋或无旋取决于流体微团自身是否旋转，即由速度场的旋度 $\nabla\times\boldsymbol{V}$ 是否为零来决定，与流体微团运动的轨迹无关。例如，在图 3-11(a)所示流动中，流体微团的运动轨迹虽然是一个圆，但由于微团本身并未发生旋转，所以该流动是无旋流动；在图 3-11(b)中，尽管流体微团的运动轨迹是一条直线，但由于微团本身发生了转动，所以该流动是有旋流动。在流体力学中，将速度场的旋度称为涡量，具体表达形式如下：

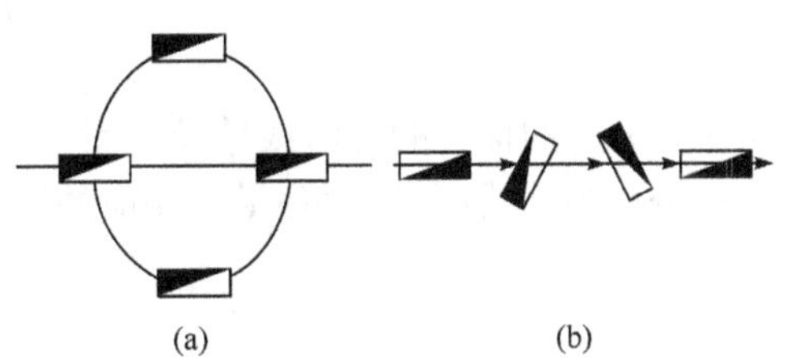

图 3-11　无旋运动与有旋运动

$$\boldsymbol{\Omega}=\nabla\times\boldsymbol{V} \tag{3.5.1}$$

涡量 $\boldsymbol{\Omega}$ 是描述流体运动的一种物理量，由于流场速度 $\boldsymbol{V}$ 是空间位置 $\boldsymbol{r}$ 和时间 t 的矢量函数，所

以 $\boldsymbol{\Omega}(\boldsymbol{r},t)$ 也是一个矢量场，称为涡量场。涡量场有一个重要特性，即涡量的散度为零：

$$\nabla \cdot \boldsymbol{\Omega} = 0 \tag{3.5.2}$$

通常将散度为零的矢量场称为管式场，因此涡量场是一个管式场。式(3.5.2)也称为涡量的连续性方程。显然，这一特性是由涡量的定义所决定的，即旋度场的散度为零。

3.5.2 涡线、涡管、涡通量、环量

涡线是这样一条曲线，曲线上任意一点的切线方向与在该点的涡量方向一致，如图 3-12(a)所示。由于 $\boldsymbol{\Omega} = 2\boldsymbol{\omega}$，涡线也可看作同一时刻流体微团的瞬时转动轴线，不同时刻涡线可能不同。与流线方程相似，涡线的方程由其定义可知为

$$\boldsymbol{\Omega} \times \mathrm{d}\boldsymbol{r} = 0 \tag{3.5.3}$$

其中，$\mathrm{d}\boldsymbol{r}$ 为涡线任意点处切线方向的微元向量。式(3.5.3)在笛卡儿直角坐标系中的展开形式为

$$\frac{\mathrm{d}x}{\Omega_x(x,y,z,t)} = \frac{\mathrm{d}y}{\Omega_y(x,y,z,t)} = \frac{\mathrm{d}z}{\Omega_z(x,y,z,t)} \tag{3.5.4}$$

其中，Ω_x、Ω_y、Ω_z 为涡量沿坐标 x、y、z 方向的分量。与流线类似，涡线是对同一时刻而言的。因此，在积分涡线的微分方程时，时间 t 是常数，而对于不同时刻，可有不同涡线。对于定常流动，涡线将不随时间变化。根据涡线定义，过一点只能作一条涡线。

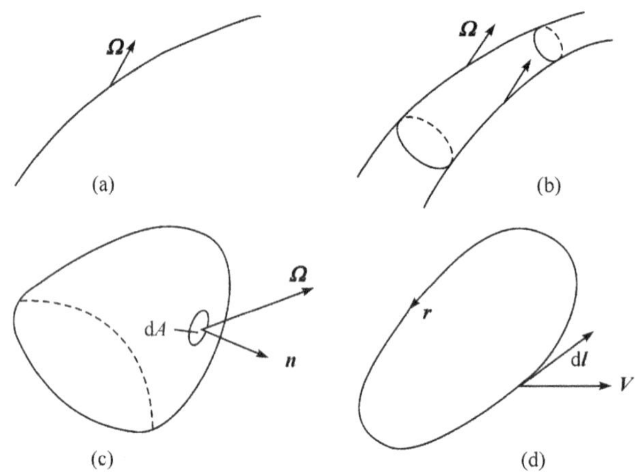

图 3-12　(a)涡线、(b)涡管、(c)涡通量、(d)环量

如图 3-12(b)所示，在涡量场中任取一条非涡线的封闭曲线，在同一时刻过该曲线的每一点作涡线，这些涡线形成的管状曲面称为涡管。通过某一开口曲面的涡量总和称为涡通量，如图 3-12(c)所示。根据定义可知通过曲面 A 的涡通量为

$$J = \iint_A \boldsymbol{\Omega} \cdot \boldsymbol{n} \mathrm{d}A \tag{3.5.5}$$

其中，$\boldsymbol{n}$ 为曲面 A 的外法线单位向量。在流场中任取一条封闭曲线 L，速度沿该封闭曲线的线积分称为曲线 L 的速度环量，相应的数学表达形式为

$$\Gamma = \oint_L \boldsymbol{V} \cdot \mathrm{d}\boldsymbol{l} \tag{3.5.6}$$

通常情况下，速度环量的正负不仅与流场的速度方向有关，而且与积分时所选取的绕行

方向有关。如图 3-12(d)所示，一般情况下，规定积分时的绕行方向是逆时针方向，即封闭曲线所包围的区域总在行进方向的左侧。

3.5.3　涡管强度守恒定理

在同一时刻，同一涡管各个截面上的涡通量相同，即涡管强度守恒定理。证明过程如下。

在某一时刻，任取一段涡管，如图 3-13 所示，涡管截面为 A_1、A_2(它们的边界线为绕涡管的封闭曲线)，涡管侧面为 A_3。该段涡管表面积为 $A = A_1 + A_2 + A_3$。通过该段涡管表面的涡通量按式(3.5.5)积分可得

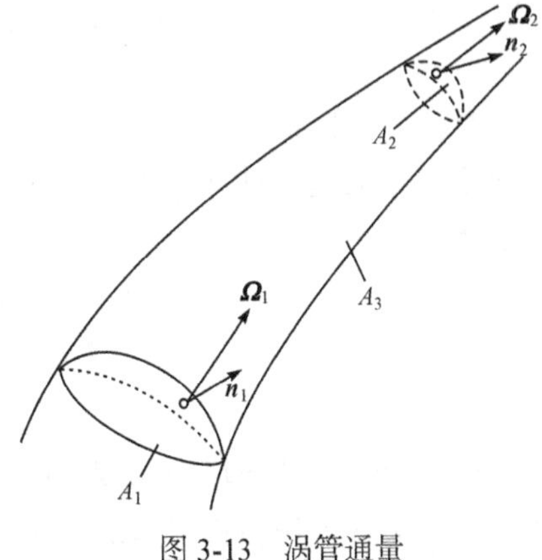

图 3-13　涡管通量

$$J = \oiint_A \boldsymbol{\Omega} \cdot \boldsymbol{n} \mathrm{d}A = -\iint_{A_1} \boldsymbol{\Omega}_1 \cdot \boldsymbol{n}_1 \mathrm{d}A + \iint_{A_2} \boldsymbol{\Omega}_2 \cdot \boldsymbol{n}_2 \mathrm{d}A + \iint_{A_3} \boldsymbol{\Omega}_3 \cdot \boldsymbol{n}_3 \mathrm{d}A \tag{3.5.7}$$

其中，$\boldsymbol{n}$ 为外法线的单位向量，而 $\boldsymbol{n}_1$ 指向内侧，因此在 $\boldsymbol{n}_1$ 前应加负号。

根据涡管的定义，在 A_3 曲面上的涡线与曲面法线垂直，所以式(3.5.7)右侧第三项为零，于是可得

$$J = -\iint_{A_1} \boldsymbol{\Omega}_1 \cdot \boldsymbol{n}_1 \mathrm{d}A + \iint_{A_2} \boldsymbol{\Omega}_2 \cdot \boldsymbol{n}_2 \mathrm{d}A \tag{3.5.8}$$

另外根据高斯定理，由式(3.5.7)可得

$$J = \oiint_A \boldsymbol{\Omega} \cdot \boldsymbol{n} \mathrm{d}A = \oiiint_{\forall} \nabla \cdot \boldsymbol{\Omega} \mathrm{d}\forall = 0 \tag{3.5.9}$$

其中，$\forall$ 为封闭曲面 A 围成的体积。将式(3.5.9)代入式(3.5.8)中，可以得到

$$\iint_{A_1} \boldsymbol{\Omega}_1 \cdot \boldsymbol{n}_1 \mathrm{d}A = \iint_{A_2} \boldsymbol{\Omega}_2 \cdot \boldsymbol{n}_2 \mathrm{d}A \tag{3.5.10}$$

涡管截面 A_1 和 A_2 的选择具有任意性，由此可以得出结论：在同一时刻，同一涡管各截面的涡通量不变，即涡管通量守恒。通常又把涡管的涡通量称为涡管强度，涡通量守恒定理又称为涡管强度守恒定理。

对于微元涡管，若近似地认为截面 A_1 及 A_2 上的涡量为常数，并且涡量与截面 A_1 及 A_2 的法线方向平行，则涡通量守恒公式可以写成

$$\Omega_1 A_1 = \Omega_2 A_2 \tag{3.5.11}$$

由涡管强度守恒定理可以得出两个结论。

(1)同一个微元涡管，涡管截面积越小，涡量越大，即流体旋转的角速度越大。

(2)涡管截面不可能收缩到零，否则截面上涡量将无穷大，如图 3-14 所示。因此涡管不能始于或终于流体，而只能成为环形、始于边界或终于边界或伸展到无穷远。

速度环量与涡通量有密切的关系。若 A 是以封闭周线 L 为周界的曲面，则由斯托克斯公式得

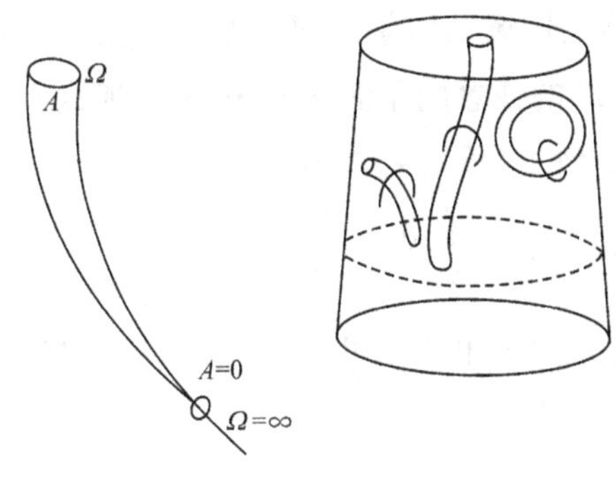

图 3-14　涡管

$$\Gamma=\oint_L \boldsymbol{V}\cdot d\boldsymbol{l}=\iint_A(\nabla\times\boldsymbol{V})\cdot\boldsymbol{n}dA=\iint_A\boldsymbol{\Omega}\cdot\boldsymbol{n}dA=J \tag{3.5.12}$$

也就是说，封闭曲线 L 上的速度环量等于穿过以该曲线为周界的任意开口曲面的涡通量。根据速度环量的这个性质，由涡通量守恒定理可得到推论：在涡管上绕涡管的任意封闭曲线的速度环量相等。

3.6 无旋流动的一般性质

任意时刻，若流场中速度场的旋度处处为零，即满足 $\nabla\times\boldsymbol{V}=\boldsymbol{0}$ 的流动称为无旋流动。真实流动的某些区域在很多情况下十分接近于无旋流动。流场做无旋运动的假定之后，会使问题的求解过程大为简化，因此，无旋流动在流体力学中占有很重要的地位。无旋流场存在着一系列重要性质，这些性质无论对于可压缩流动还是对于不可压缩流动都是存在的。

3.6.1 速度有势

对于无旋流场，满足速度场旋度为零，即

$$\nabla\times\boldsymbol{V}=\boldsymbol{0} \tag{3.6.1}$$

由于任一标量函数的梯度场的旋度恒为零，所以 $\boldsymbol{V}$ 一定是某个标量函数的梯度，即有

$$\boldsymbol{V}=\nabla\phi \tag{3.6.2}$$

其中，ϕ 称为速度势。以笛卡儿直角坐标系为例，速度势与速度分量之间的关系可以写成

$$u=\frac{\partial\phi}{\partial x},\quad v=\frac{\partial\phi}{\partial y},\quad w=\frac{\partial\phi}{\partial z} \tag{3.6.3}$$

由场论分析可知，速度无旋是速度有势的充分和必要条件(证明略)。换言之，无旋必然有势，有势必须无旋。不论流动是否可压缩，也不论流动是定常还是非定常，上述结论均成立。故无旋流场又可称为有势流场，简称位势流。

3.6.2 速度势与环量

在无旋流动中，无限接近的毗邻两点的速度势之差为

$$d\phi=\nabla\phi\cdot d\boldsymbol{r} \tag{3.6.4}$$

则任意两点之间的速度势之差可以由式(3.6.4)积分求得。如图 3-15 所示，在某一时刻 t，连接无旋流场中的两点 $P_o(x_o,y_o,z_o)$ 和 $P(x,y,z)$ 的任意两条曲线 B_1 和 B_2，那么 P、P_o 两点上的速度势之差为

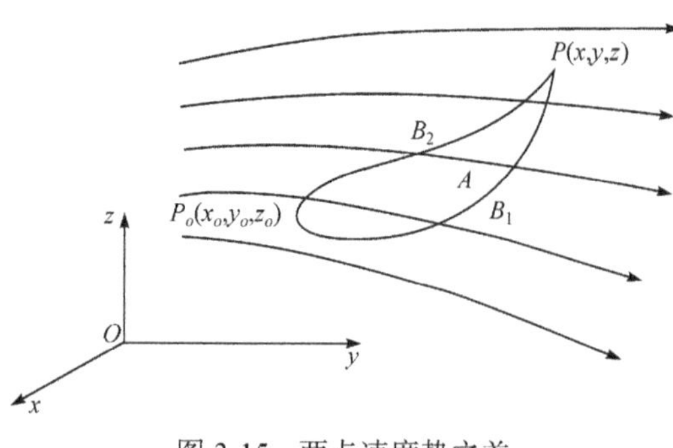

图 3-15 两点速度势之差

$$\phi_P-\phi_{P_o}=\int_{P_oB_1P}d\phi=\int_{P_oB_1P}\boldsymbol{V}\cdot d\boldsymbol{r} \tag{3.6.5}$$

若沿 $P_oB_1PB_2P_o$ 积分，可以得到同一点上势函数的差值为

$$\phi'_{P_o}-\phi_{P_o}=\oint_{P_oB_1PB_2P_o}d\phi=\oint_{P_oB_1PB_2P_o}\boldsymbol{V}\cdot d\boldsymbol{r} \tag{3.6.6}$$

如果式(3.6.6)的右侧为零，则流场中ϕ是单值函数，否则ϕ为多值函数。速度势ϕ的性质与所讨论的流场是单连通域还是多连通域密切相关，其中单连通域与多连通域的定义可简单说明如下。

如果在某个空间区域中，任意两点能以连续线连接起来，并且连线在任何地方都不越过这个区域的边界，这样的空间区域称为连通域。如果在连通域中，任意封闭曲线能连续地收缩成一点而不越过连通域的边界，则这种连通域称为单连通域。例如，球表面内部的空间区域、两个同心球之间的空间区域等都是单连通域。凡是不具有单连通域性质的连通域称为多连通域。单连通域中，由于任意曲线都是可缩曲线，所以根据斯托克斯定理，式(3.6.6)可写成

$$\phi'_{P_0} - \phi_{P_0} = \oint_{P_oB_1PB_2P_o} \boldsymbol{V} \cdot \mathrm{d}\boldsymbol{r} = \iint_A (\nabla \times \boldsymbol{V}) \cdot \boldsymbol{n} \mathrm{d}A = 0 \tag{3.6.7}$$

其中，A 为以封闭曲线$P_oB_1PB_2P_o$为边界的开口曲面。由此可以得如下结论：在单连通域中，速度势是单值函数，并且沿任意封闭曲线的速度环量为零。因此，在单连通域中不可能存在封闭流线。

科技前沿(3)——PIV 测速

人物介绍(3)——亥姆霍兹

习　　题

3-1　已知初始时刻位于$(x_0,0)$的流体质点运动轨迹满足满足$x(t,x_0)=x_0\begin{pmatrix}\cos(\omega t)\\ \sin(\omega t)\end{pmatrix}$，求该流体质点的速度与加速度，并请问该流体质点在做什么运动?

3-2　在一维流场内，欧拉法描述的速度场为$u=V_0\left(1+\dfrac{x}{2L}\right)$，其中$x\in[0,L]$。求该流场的加速度场。

3-3　假设流体质点运动的轨迹方程为

$$\begin{cases} x = C_1e^t - t - 1 \\ y = C_2e^t + t - 1 \\ z = C_3 \end{cases}$$

其中，C_1、C_2、C_3为常数。试求：(1) $t=0$时位于点$(x,y,z)=(a,b,c)$处的流体质点的轨迹方程；(2)任意流体质点的速度；(3)欧拉法表示的流体速度场；(4)欧拉法表示的流体加速度场；(5)拉格朗日法表示的流体质点加速度，换算成欧拉法表示的加速度场并与(4)中结果进行对比。

3-4　已知流场的速度场为$u=2x(t+1), v=2y(t-1)$，求流线方程，并确定通过点(x_0,y_0)的流线。

3-5　已知流场的速度场为$u=(x+1)t^2, v=(y+2)t^2$，试确定$t=1$时，通过点(2,1)的迹线方程和流线方程。

3-6　已知二维不可压缩流动的速度场分布如下：

$$u=-\frac{y}{x^2+y^2},\quad v=\frac{x}{x^2+y^2}$$

(1)判断流动是否有旋(原点除外)。

(2)求过点(1,1)的流线与迹线方程，并画出来。

3-7　已知速度场$\boldsymbol{V}=\left(x^2+y+z\right)\boldsymbol{e}_x+\left(2x^2+y^2+z^2\right)\boldsymbol{e}_y+\left(4xy-2yz-2zx\right)\boldsymbol{e}_z$，试求在(1,1,1)点流体微团的旋转角速度和角变形率。

3-8　已知速度场$u=u_0\sin\dfrac{\pi y}{2a}, v=0$，求其线变形率、角变形率。

3-9　已知平面运动流速场为$u=2xy, v=a-y^2$，请问该流动是否定常，是否有旋？并求其加速度。

3-10　已知流动的速度场为$u=2y+3z, v=2z+3x, w=2x+3y$，试求旋转角速度、角变形率及涡线方程。

3-11　已知流场的速度分布为$\boldsymbol{V}=\left(xy^2\right)\boldsymbol{e}_x+\left(-3y^3\right)\boldsymbol{e}_y+\left(xy\right)\boldsymbol{e}_z$，请问该流动属于几维流动，并求空间(1,2,3)点的加速度。

3-12　已知二维不可压缩流体无旋流动的流速分布如下：$u=Ax+By, v=Cx+Dy$，其中，A、B、C、D均为不等于零的常系数。(1)试确定A、B、C、D所满足的关系；(2)求势函数；(3)求过(A,A)点的流线方程和迹线方程。

第 4 章　雷诺输运公式与连续性方程

4.1　系统与控制体

理论力学以质点、质点系和刚体作为研究对象，工程热力学以闭口系统或开口系统为研究对象，它们的共同点在于都是以确定不变的物质集合作为研究对象。在流体力学的研究中，系统是指某一确定流体质点集合的总体。系统的边界把系统和外界分开，系统随流体运动而运动，其边界形状和所包围空间随运动而变化。在系统的边界上，没有流体流出或流入，即系统与外界没有质量交换。例如，在一个气缸内，气缸内壁与活塞所包围的气体可视为一个系统，如图 4-1 所示。活塞移动时，系统边界的大小在改变，但其所包含的气体(即流体质点)却始终不变。由此可见，系统相当于工程热力学中的封闭系统，对应于流体运动的拉格朗日描述。但在大多数流体力学的实际问题中，感兴趣的是流体对流场中的物体或空间某区域的作用和影响。例如，在车辆工程中，通常关心的是发动机、动力舱、乘员室、车身周围等特定空间区域内空气的流动状况。因此，在处理流体力学问题时，往往采用欧拉描述更为方便，与之相应，需要引入控制体的概念。

控制体是流场中某一确定的空间区域，控制体的边界称为控制面。控制体的大小、形状可根据流动情况和边界位置任意选定。例如，在变截面通道内，可划出其中待研究的任意一段为控制体，如图 4-2 虚线所示。控制体选定后，它的形状和位置相对于所选择的坐标系一般是固定不变的。但控制体和控制面是抽象概念，对流动没有影响。控制体内的流体可流进或流出控制体，因此，控制体内的流体是随时间变化的。

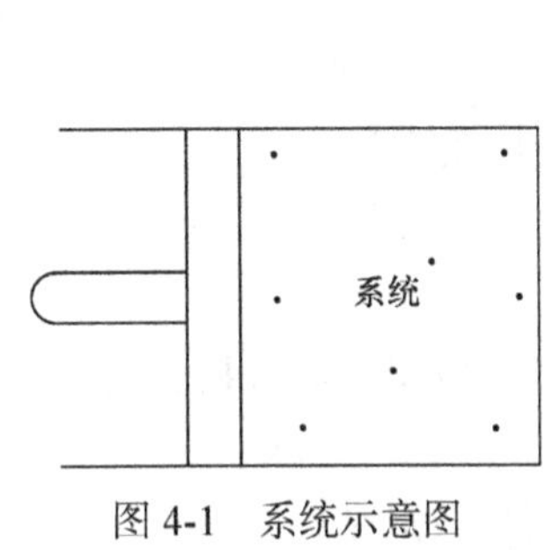

图 4-1　系统示意图

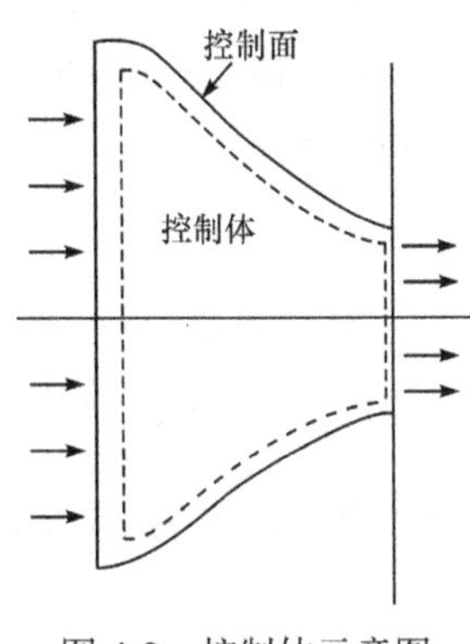

图 4-2　控制体示意图

4.2　雷诺输运定理

4.2.1　雷诺输运方程

4.1 节给出了系统和控制体的定义，本节将对两者中流体参数之间的关联关系，即雷诺输运定理进行介绍。图 4-3 为流体系统通过控制体的情况，流体系统在 t 时刻位于图 4-3(a)中封闭虚线所示的区域。令系统在 t 时刻所占据的空间刚好与所选择的控制体重合，t 时刻系统内的流体即控制体内部的流体。t 时刻之后，流体系统运动离开原有位置，在 $t+\Delta t$ 时刻，系统运动到图 4-3(b)中封闭虚线所示区域。

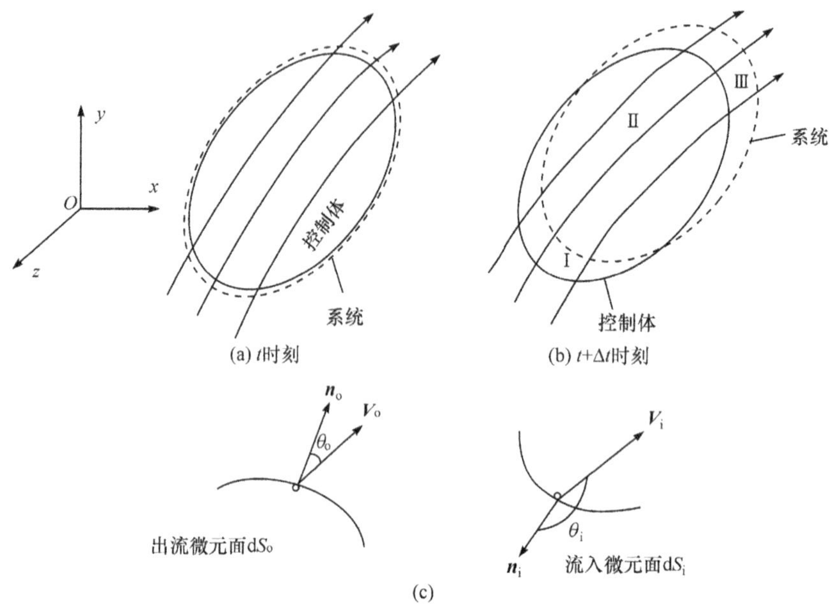

图 4-3 流体系统通过控制体的情形

令 Q 是系统内流体的任一物理量，如质量、能量或动量等。现在推导系统内物理量 Q 随时间的变化率与控制体内物理量 Q 随时间的变化率之间的关系。如图 4-3(b)所示，可把 t 时刻和 $t+\Delta t$ 时刻的系统分成三个区域。在 t 时刻，系统边界与控制体边界重合，系统可分为Ⅰ和Ⅱ两个区域，在 $t+\Delta t$ 时刻，系统可分为Ⅱ和Ⅲ两个区域，其中区域Ⅱ为 t 和 $t+\Delta t$ 两时刻的系统所共有。系统内物理量 Q 随时间的变化率可通过 $\Delta t\to 0$ 时物理量 Q 的变化与时间间隔 Δt 比值的极限求得，即

$$\frac{\mathrm{D}}{\mathrm{D}t}\iiint_{\forall_{\mathrm{S}}}Q\mathrm{d}\forall=\lim_{\Delta t\to 0}\frac{\left(\iiint_{\forall_{\mathrm{S}}}Q\mathrm{d}\forall\right)^{t+\Delta t}-\left(\iiint_{\forall_{\mathrm{S}}}Q\mathrm{d}\forall\right)^{t}}{\Delta t} \tag{4.2.1}$$

其中，$\forall_{\mathrm{S}}$ 为系统体积，上标 t 和 $t+\Delta t$ 分别代表不同的时刻。根据前面分析，有

$$\begin{aligned}\left(\iiint_{\forall_{\mathrm{S}}}Q\mathrm{d}\forall\right)^{t+\Delta t}&=\left(\iiint_{\forall_{\mathrm{II}}+\forall_{\mathrm{III}}}Q\mathrm{d}\forall\right)^{t+\Delta t}=\left(\iiint_{\forall_{\mathrm{CV}}-\forall_{\mathrm{I}}+\forall_{\mathrm{III}}}Q\mathrm{d}\forall\right)^{t+\Delta t}\\&=\left(\iiint_{\forall_{\mathrm{CV}}}Q\mathrm{d}\forall\right)^{t+\Delta t}+\left(\iiint_{\forall_{\mathrm{III}}-\forall_{\mathrm{I}}}Q\mathrm{d}\forall\right)^{t+\Delta t}\end{aligned} \tag{4.2.2}$$

其中，$\forall_{\mathrm{CV}}$ 为控制体体积，$\forall_{\mathrm{I}}$、$\forall_{\mathrm{II}}$ 和 $\forall_{\mathrm{III}}$ 分别为图 4-3(b)中Ⅰ、Ⅱ和Ⅲ三个区域的体积。将式(4.2.2)代入式(4.2.1)中，并考虑 t 时刻系统与控制体重合，可得

$$\begin{aligned}\frac{\mathrm{D}}{\mathrm{Dt}}\iiint_{\forall_{\mathrm{S}}} Q\mathrm{d}\forall &= \lim_{\Delta t\to 0}\frac{1}{\Delta t}\left[\left(\iiint_{\forall_{\mathrm{CV}}} Q\mathrm{d}\forall\right)^{t+\Delta t}-\left(\iiint_{\forall_{\mathrm{CV}}} Q\mathrm{d}\forall\right)^{t}\right]+\lim_{\Delta t\to 0}\frac{1}{\Delta t}\left[\left(\iiint_{\forall_{\mathrm{III}}-\forall_{\mathrm{I}}} Q\mathrm{d}\forall\right)^{t+\Delta t}\right]\\ &= \frac{\partial}{\partial t}\iiint_{\forall_{\mathrm{CV}}} Q\mathrm{d}\forall+\lim_{\Delta t\to 0}\frac{1}{\Delta t}\left(\iiint_{\forall_{\mathrm{III}}-\forall_{\mathrm{I}}} Q\mathrm{d}\forall\right)^{t+\Delta t}\end{aligned} \tag{4.2.3}$$

式(4.2.3)右端第一项是对控制体进行积分，由于控制体选定后不随时间变化，故积分与求导可互换

$$\frac{\partial}{\partial t}\iiint_{\forall_{\mathrm{CV}}} Q\mathrm{d}\forall=\iiint_{\forall_{\mathrm{CV}}}\frac{\partial Q}{\partial t}\mathrm{d}\forall \tag{4.2.4}$$

式(4.2.3)右端第二项表示 $\Delta t\to 0$ 时物理量 Q 通过控制体边界面的净流出率(流出率与流入率之差)。在图 4-3 中，令流入控制面的流速为 $\boldsymbol{V}_{\mathrm{i}}$，其与流入微元表面 $\mathrm{d}S_{\mathrm{i}}$ 的外法向 $\boldsymbol{n}_{\mathrm{i}}$ 间的夹角为 θ_{i}；流出控制面的流速为 $\boldsymbol{V}_{\mathrm{o}}$，其与流出微元表面 $\mathrm{d}S_{\mathrm{o}}$ 的外法向 $\boldsymbol{n}_{\mathrm{o}}$ 的夹角为 θ_{o}。那么，Δt 时间内物理量 Q 通过微元面 $\mathrm{d}S_{\mathrm{i}}$ 流入控制体的流率为 $Q(V_{\mathrm{i}}n_{\mathrm{i}}\cos\theta_{\mathrm{i}})\mathrm{d}S_{\mathrm{i}}\Delta t=Q(\boldsymbol{V}_{\mathrm{i}}\cdot\boldsymbol{n}_{\mathrm{i}})\mathrm{d}S_{\mathrm{i}}\Delta t$。同理，物理量 Q 通过微元面 $\mathrm{d}S_{\mathrm{o}}$ 流出控制体的流率为 $Q(V_{\mathrm{o}}n_{\mathrm{o}}\cos\theta_{\mathrm{o}})\mathrm{d}S_{\mathrm{o}}\Delta t=Q(\boldsymbol{V}_{\mathrm{o}}\cdot\boldsymbol{n}_{\mathrm{o}})\mathrm{d}S_{\mathrm{o}}\Delta t$。将物理量 Q 的流入率和流出率代入式(4.2.3)右端第二项中，可得

$$\begin{aligned}\lim_{\Delta t\to 0}\frac{1}{\Delta t}\left(\iiint_{\forall_{\mathrm{III}}-\forall_{\mathrm{I}}} Q\mathrm{d}\forall\right)^{t+\Delta t} &= \left(\iint_{S_{\mathrm{o}}} Q(\boldsymbol{V}_{\mathrm{o}}\cdot\boldsymbol{n}_{\mathrm{o}})\mathrm{d}S_{\mathrm{o}}+\iint_{S_{\mathrm{i}}} Q(\boldsymbol{V}_{\mathrm{i}}\cdot\boldsymbol{n}_{\mathrm{i}})\mathrm{d}S_{\mathrm{i}}\right)^{t}\\ &= \left(\iint_{S} Q(\boldsymbol{V}\cdot\boldsymbol{n})\mathrm{d}S\right)^{t}\end{aligned} \tag{4.2.5}$$

将式(4.2.5)代入式(4.2.3)中，并结合式(4.2.4)，可以得到

$$\frac{\mathrm{D}}{\mathrm{D}t}\iiint_{\forall_{\mathrm{S}}} Q\mathrm{d}\forall=\iiint_{\forall_{\mathrm{CV}}}\frac{\partial Q}{\partial t}\mathrm{d}\forall+\iint_{S} Q(\boldsymbol{V}\cdot\boldsymbol{n})\mathrm{d}S \tag{4.2.6}$$

式(4.2.6)表示系统内物理量 Q 随时间的变化率，等于控制体内该物理量随时间的变化率加上通过控制面该物理量的净流出率，通常将式(4.2.6)称为雷诺输运方程。

4.2.2 雷诺输运方程的意义

由第 3 章可知，流体质点的随体导数等于当地导数与迁移导数之和，实际上这与雷诺输运方程表示的结论在本质上是一致的。换言之，系统内物理量 Q 对时间的随体导数也由两部分组成：一部分为控制体内物理量 Q 随时间的变化率，相当于当地导数；另一部分为物理量 Q 通过控制面的净流出率，相当于迁移导数。物理量 Q 可以是标量(如质量、能量等)，也可以是矢量(如动量、角动量等)。雷诺输运方程与流体质点随体导数的差别仅在于应用对象不同。流体质点随体导数是对流体质点和空间坐标点而言，适用于微分法分析；雷诺输运方程则是对系统和控制体而言，适用于控制体法分析。在定常流动条件下，有

$$\iiint_{\forall_{\mathrm{CV}}}\frac{\partial Q}{\partial t}\mathrm{d}\forall=0 \tag{4.2.7}$$

代入式(4.2.6)中可得

$$\frac{\mathrm{D}}{\mathrm{D}t}\iiint_{\forall_{\mathrm{S}}} Q\mathrm{d}\forall = \iint_{S} Q(\boldsymbol{V}\cdot\boldsymbol{n})\mathrm{d}S \tag{4.2.8}$$

从式(4.2.8)可知，在定常流动条件下，系统内物理量Q的变化只与通过控制面的流动有关，与控制体内部的详细流动情况无关。

质量守恒定律、动量守恒定律、能量守恒定律为流体运动所应遵循的基本原理，但这些定律都是针对流体系统而言，对应于拉格朗日描述。雷诺输运方程将流体系统和流体控制体关联起来，成为拉格朗日描述的“系统”过渡到欧拉描述的“控制体”的桥梁。在本章和第5～6章中，将应用雷诺输运方程推导对应于欧拉描述(即针对流体控制体成立)的流体运动连续性方程、能量方程、动量方程以及动量矩方程。

4.3　流体流动的连续性方程

4.3.1　积分形式连续性方程

连续性方程是质量守恒定律在流体流动中的应用，是流动过程中流体系统内既无流体质量产生又无流体质量消耗的数学描述。由于系统的质量不生不灭，则有

$$\frac{\mathrm{D}}{\mathrm{D}t}\iiint_{\forall_{\mathrm{S}}} \rho\mathrm{d}\forall = 0 \tag{4.3.1}$$

其中，ρ为流体的密度；$\forall_{\mathrm{S}}$为系统的体积。将雷诺输运方程(式(4.2.6))代入式(4.3.1)，可得

$$\iiint_{\forall_{\mathrm{CV}}} \frac{\partial\rho}{\partial t}\mathrm{d}\forall + \iint_{S} \rho(\boldsymbol{V}\cdot\boldsymbol{n})\mathrm{d}S = 0 \tag{4.3.2}$$

式(4.3.2)为积分形式的连续性方程，表示流体通过控制面的净质量流出率等于控制体内流体质量的减少率。在上述的推导过程中未作任何简化假设，故只要流体满足连续介质假设，式(4.3.2)都适用。

例题 4-1　已知石油在内径0.2m的输油管道截面上的流速为2m/s，求另一内径为0.1m的截面上的流速及管道内的体积流量。

解：石油可近似视为不可压缩流体，根据不可压缩流体的连续性方程$V_1A_1 = V_2A_2$，可知

$$V_2 = V_1(d_1/d_2)^2 = 2\times(0.2/0.1)^2 = 8(\mathrm{m/s})$$

体积流量：

$$Q = \frac{\pi}{4}V_1d_1^2 = \frac{\pi}{4}\times 0.2^2\times 2 = 0.0628(\mathrm{m^3/s})$$

解毕。

4.3.2　微分形式连续性方程

从积分形式连续性方程出发，可推导连续性方程的微分形式。任取控制体$\forall_{\mathrm{CV}}$，在其上满足质量守恒方程(4.3.2)，利用高斯公式，可将式(4.3.2)左端第二项面积分化为体积分，即

$$\iint_{S} \rho(\boldsymbol{V}\cdot\boldsymbol{n})\mathrm{d}S = \iiint_{\forall_{\mathrm{CV}}} \nabla\cdot(\rho\boldsymbol{V})\mathrm{d}\forall \tag{4.3.3}$$

代入式(4.3.2)中可得

$$\iiint_{\forall_{\mathrm{CV}}}\left(\frac{\partial\rho}{\partial t}+\nabla\cdot(\rho\boldsymbol{V})\right)\mathrm{d}\forall=0 \tag{4.3.4}$$

式(4.3.4)对任意控制体都成立，则对任意流体微元也成立，可得

$$\frac{\partial\rho}{\partial t}+\nabla\cdot(\rho\boldsymbol{V})=0 \tag{4.3.5}$$

进一步展开$\nabla\cdot(\rho\boldsymbol{V})=\boldsymbol{V}\cdot\nabla\rho+\rho\nabla\cdot\boldsymbol{V}$，代入式(4.3.5)可以得到

$$\frac{\partial\rho}{\partial t}+\boldsymbol{V}\cdot\nabla\rho+\rho\nabla\cdot\boldsymbol{V}=0 \tag{4.3.6}$$

也可以写成

$$\frac{\mathrm{D}\rho}{\mathrm{D}t}+\rho\nabla\cdot\boldsymbol{V}=0 \tag{4.3.7}$$

例题 4-2　不可压缩流体在二维平面流动，y方向的速度分量为$v=y^2-y-x$，试求x方向的速度分量，假定$x=0$时$u=0$。

解：不可压缩流体平面流动的连续性方程为

$$\frac{\partial u}{\partial x}+\frac{\partial v}{\partial y}=0$$

代入$v=y^2-y-x$，得

$$\frac{\partial u}{\partial x}+2y-1=0$$

对x积分，

$$u=(1-2y)x+C(y)$$

由于$x=0$时$u=0$，

$$0=(1-2y)\times0+C(y)$$

$$C(y)=0$$

$$u=(1-2y)x=x-2xy$$

解毕。

4.3.3　不可压缩流体的连续性方程

对于不可压缩流体，有$\mathrm{D}\rho/\mathrm{D}t=0$，那么方程(4.3.7)可进一步化简为

$$\nabla\cdot\boldsymbol{V}=\boldsymbol{0} \tag{4.3.8}$$

考虑图 4-4 所示流管内不可压缩流体的流动，在截面S_1处速度为$\boldsymbol{V}_1$，截面S_2处速度为$\boldsymbol{V}_2$，选图中虚线所示的截面S_1、截面S_2和流管表面S_3作为控制面，根据高斯公式并结合式(4.3.8)有

$$\iint_{S_1+S_2+S_3}\boldsymbol{V}\cdot\boldsymbol{n}\mathrm{d}S=\iiint_{\forall}\nabla\cdot\boldsymbol{V}\mathrm{d}\forall=0 \tag{4.3.9}$$

由于没有流体通过流管管壁部分的控制面，即在侧面S_3上有$\boldsymbol{V}\cdot\boldsymbol{n}=0$。若考虑一个微元流管，令流管截面上速度均匀分布，则在截面S_1处有$\boldsymbol{V}_1\cdot\boldsymbol{n}_1=-V_1$，在截面$S_2$处有$\boldsymbol{V}_2\cdot\boldsymbol{n}_2=V_2$代入式(4.3.9)中可以得到

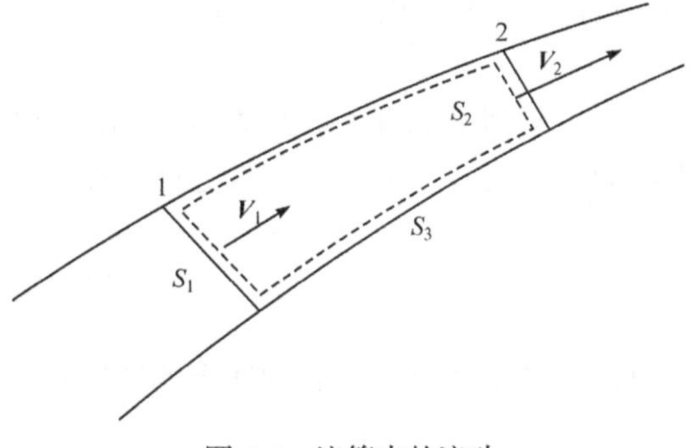

图 4-4　流管中的流动

$$V_1S_1 = V_2S_2 \tag{4.3.10}$$

式(4.3.10)为不可压缩流体一维流动的连续性方程，在计算管内流体流动时会经常用到。由式(4.3.10)可知，不可压缩流体在管内流动时，对于同一根管子，管径粗的截面上平均流速低，管径细的截面上平均流速高。

 科技前沿(4)——拉瓦尔喷管

 人物介绍(4)——雷诺

习 题

4-1 如图 4-5 所示，水在三岔管道中流过，假设流动是定常的，入口、出口流速分布是均匀的。在 $t = 20\text{s}$ 时控制体与系统重合，如图 4-5 中虚线所示。(1)请给出入口、出口截面积之间的关系；(2)请画出 $t = 20.2\text{s}$ 时系统的边界。

4-2 送风管道的截面积 $A_1 = 1\text{m}^2$，体积流量 $Q_1 = 108000\text{m}^3/\text{h}$，静压（表压）$p_1 = 0.267\text{N/cm}^2$，风温 $t_1 = 28℃$。管道经过一段距离以及弯管、大小节、收缩管段后，截面积变为 $A_2 = 0.64\text{m}^2$、静压下降为 $p_2 = 0.133\text{N/cm}^2$，温度变为 $t_2 = 24℃$。测得当地大气压为 $p_\text{a} = 760\text{mmHg}$。求截面积 A_2 处的质量流量 G_2、体积流量 Q_2，以及两个截面上的平均流速 v_1、v_2。

4-3 如图 4-6 所示，在容器中液面恒定前提下，试比较 1 和 2 两点的流速，并说明原因：(a)在等直径竖管中；(b)在渐扩形竖管中；(c)在底孔出流流束中。

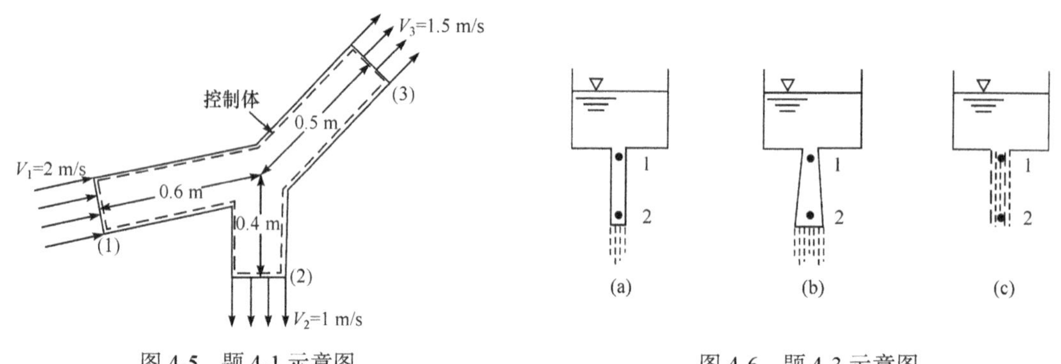

图 4-5 题 4-1 示意图　　　　图 4-6 题 4-3 示意图

4-4 标准状态下空气以 $30\text{m}^3/\text{min}$ 的恒定速度被压气机压缩，压气机出、入口静压之比为 10，气体在压气机内经历等熵过程。要求压气机出口平均速度不超过 30m/s，求出口最小直径。

4-5 黏性不可压缩流体在等截面圆管内流动，圆管半径为 R。在入口处速度均匀分布，大小为 v_1；在某一离入口足够长的截面 2 上，速度发展为抛物面分布，即

$$v_2 = v_\text{m}\left[1-\left(\frac{r}{R}\right)^2\right]$$

其中，v_m 为截面 2 处圆管轴线上的速度；v_2 为截面 2 上距轴线 r 处的速度，已知流体的密度为 ρ，试求 v_m。

4-6　已知不可压缩平面流动的速度分布为$u=x^2+2x-4y, v=-2xy-2y$，试确定流动是否满足连续性方程。

4-7　已知三维不可压缩流场中，三个方向的速度分量为u、v、w，且有$u=3z^2-3xy+4, v=y^2+2z$，且在$z=0$时，$w=0$，求w。

4-8　对于某一靠近平壁面的二维剪切流，x向坐标沿壁面，y向坐标与壁面垂直。x向速度分量为$u=U\left(\dfrac{2y}{ax}-\dfrac{y^2}{a^2x^2}\right)$，其中$a$为常数，请由连续性方程导出$y$向速度分量$v(x,y)$，假设$y=0$时$v=0$。

4-9　流体在变截面管道中做一维定常流动，截面位置由管轴坐标s表示，截面流速用u表示，如图 4-7 所示。试从雷诺输运定理出发，导出其积分形式及微分形式的连续性方程。

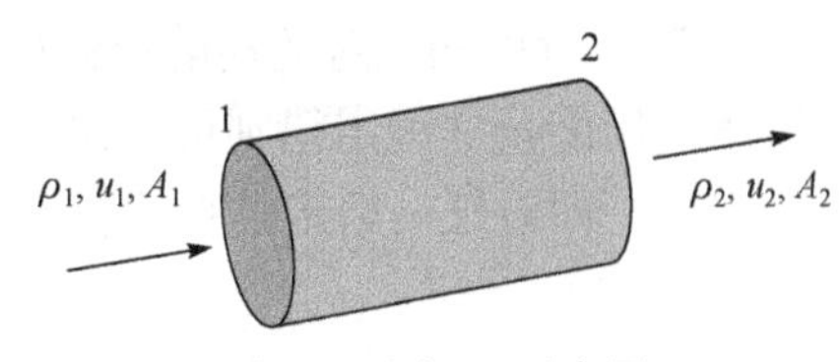

图 4-7　题 4-9 示意图

4-10　试证明速度场$\left(\dfrac{x}{R^3},\dfrac{y}{R^3},\dfrac{z}{R^3}\right)$满足不可压缩流体的连续性方程，其中$R=\sqrt{x^2+y^2+z^2}$。

第 5 章　能量方程与伯努利方程

5.1　流体流动的能量方程

5.1.1　积分形式能量方程

从第 4 章可知，对运动的流体应用质量守恒定律可导出连续性方程。在本章中，对运动的流体应用能量守恒定律则可导出能量方程。能量守恒定律的一种基本表达方式就是热力学第一定律，即对任一给定的系统，存在

$$\frac{\mathrm{D}E}{\mathrm{D}t}=\dot{Q}+\dot{W} \tag{5.1.1}$$

其中，$\mathrm{D}E/\mathrm{D}t$ 为能量对时间的全导数；$\dot{Q}$ 和 $\dot{W}$ 为单位时间内系统吸收的热量和外界环境对系统所做的功。这里规定：系统吸收热量时 $\dot{Q}$ 为正值，系统放出热量时 $\dot{Q}$ 为负值；外界环境对系统做功时 $\dot{W}$ 为正值，系统对外界环境做功时 $\dot{W}$ 为负值。那么，式(5.1.1)的物理表述是：单位时间内系统吸收的热量与外界环境对系统所做功之和，等于系统能量的增量，其中能量 E 与系统的状态有关。只要热力状态确定，能量 E 是系统确定状态的函数，即 E 是空间和时间的函数，可用 $\mathrm{D}E/\mathrm{D}t$ 表示能量对时间的全导数。式(5.1.1)右端的热量 $\dot{Q}$ 和功 $\dot{W}$ 与过程有关，只有在系统状态变化的过程中，系统才会吸收(或放出)热量，与此同时系统对外界环境(或外界环境对系统)做功，所以 $\dot{Q}$ 和 $\dot{W}$ 仅是时间的函数。对式(5.1.1)中系统能量的变化项 $\mathrm{D}E/\mathrm{D}t$ 应用雷诺输运方程，可将其转化为对控制体的公式，若令 $E=\rho e$，e 为单位质量流体的能量，那么雷诺输运方程可以写成

$$\frac{\mathrm{D}E}{\mathrm{D}t}=\iiint\limits_{\forall_{\mathrm{CV}}}\frac{\partial(\rho e)}{\partial t}\mathrm{d}\forall+\iint\limits_{S}\rho e(\boldsymbol{V}\cdot\boldsymbol{n})\mathrm{d}S \tag{5.1.2}$$

将式(5.1.2)代入式(5.1.1)得

$$\iiint\limits_{\forall_{\mathrm{CV}}}\frac{\partial(\rho e)}{\partial t}\mathrm{d}\forall+\iint\limits_{S}\rho e(\boldsymbol{V}\cdot\boldsymbol{n})\mathrm{d}S=\dot{Q}+\dot{W} \tag{5.1.3}$$

式(5.1.3)表示单位时间内输入系统的热量与外界环境对系统所做功之和，等于控制体内能量随时间的变化率与通过控制体表面的能量流率之和。在重力场中，系统单位质量的能量可表示为

$$e=e_u+gz+\frac{V^2}{2} \tag{5.1.4}$$

其中，e_u 为单位质量的内能；gz 为单位质量的势能；$V^2/2$ 为单位质量的动能；z 为竖直方向流体质点坐标。由前可知，热量 $\dot{Q}$ 为单位时间内通过控制面由热传导传入的热量以及由热辐射或内热源传给系统的热量，功 $\dot{W}$ 为单位时间内作用在控制面上的表面力所做的功，可表

示为

$$\dot{W}=\iint_S(\boldsymbol{\sigma}_n\cdot\boldsymbol{V})\mathrm{d}S \tag{5.1.5}$$

其中，$\boldsymbol{\sigma}_n$ 为作用在控制面上的表面应力，可将其分解为垂直于控制体面的法向应力 $\boldsymbol{p}_n$ 和切向于表面的切应力 $\boldsymbol{\tau}$。理想流体的切应力 $\boldsymbol{\tau}=\boldsymbol{0}$，而法向应力为压强：

$$\boldsymbol{p}_n=-p\boldsymbol{n} \tag{5.1.6}$$

其中，p 为流体压强，其中负号表示流体压强沿作用面的内法线方向，故对理想流体

$$\dot{W}=\iint_S -p(\boldsymbol{V}\cdot\boldsymbol{n})\mathrm{d}S \tag{5.1.7}$$

将式(5.1.7)代入式(5.1.3)得

$$\iiint_{\forall_{\mathrm{CV}}}\frac{\partial(\rho e)}{\partial t}\mathrm{d}\forall+\iint_S(\rho e+p)(\boldsymbol{V}\cdot\boldsymbol{n})\mathrm{d}S=\dot{Q} \tag{5.1.8}$$

如果不考虑系统与外界的热量交换，并且流动是定常的，则有

$$\iint_S(e\rho+p)(\boldsymbol{V}\cdot\boldsymbol{n})\mathrm{d}S=0 \tag{5.1.9}$$

将式(5.1.4)代入式(5.1.9)得

$$\iint_S\rho\left(e_u+gz+\frac{V^2}{2}+\frac{p}{\rho}\right)(\boldsymbol{V}\cdot\boldsymbol{n})\mathrm{d}S=0 \tag{5.1.10}$$

式(5.1.10)就是在重力场中理想流体做绝热定常流动的积分形式能量方程，其中$(\boldsymbol{V}\cdot\boldsymbol{n})$也可写为$V_n$，表示垂直于控制体微元面的速度。

5.1.2　微分形式能量方程

微分形式的能量守恒方程本节不进行推导，直接给出方程表达式：

$$\rho\frac{\mathrm{D}}{\mathrm{D}t}e=\rho\frac{\mathrm{D}}{\mathrm{D}t}\left(e_u+\frac{V^2}{2}+gz\right)=\rho\boldsymbol{f}_m\cdot\boldsymbol{V}+\nabla\cdot(\boldsymbol{\sigma}\cdot\boldsymbol{V})+\nabla\cdot(k\nabla T)+\rho\dot{q} \tag{5.1.11}$$

其中，$\boldsymbol{f}_m$ 为单位质量流体受到的质量力(重力除外)；$\boldsymbol{\sigma}=\begin{bmatrix}\sigma_{xx}&\sigma_{xy}&\sigma_{xz}\\\sigma_{yx}&\sigma_{yy}&\sigma_{yz}\\\sigma_{zx}&\sigma_{zy}&\sigma_{zz}\end{bmatrix}$ 为表面力张量；k 为热导率；$\dot{q}$ 为单位质量的辐射传热率。感兴趣的读者可自行推导。

5.2　伯努利方程及其应用

5.2.1　伯努利方程

将重力场作用下理想流体的绝热、定常流动的能量方程应用到一根微元流管上，即将微元流管作为控制体。在微元流管壁面上有 $V_n=0$，在微元流管流入截面 A_1 上有 $V_n=-V_1$，在微元流管流出截面 A_2 上有 $V_n=V_2$，式(5.1.10)可以化简为

$$\iint_{A_2} \rho V \left(e_u + \frac{V^2}{2} + \frac{p}{\rho} + gz \right) \mathrm{d}S - \iint_{A_1} \rho V \left(e_u + \frac{V^2}{2} + \frac{p}{\rho} + gz \right) \mathrm{d}S = 0 \tag{5.2.1}$$

在微元截面 A_1 和 A_2 上，被积函数可以近似视为常数，可得

$$\left(e_u + \frac{V^2}{2} + \frac{p}{\rho} + gz \right)^{(2)} \iint_{A_2} \rho V \mathrm{d}S - \left(e_u + \frac{V^2}{2} + \frac{p}{\rho} + gz \right)^{(1)} \iint_{A_1} \rho V \mathrm{d}S = 0$$

根据定常流动的连续性方程可知 $\iint_{A_2} \rho V \mathrm{d}S = \iint_{A_1} \rho V \mathrm{d}S$ ，上式可进一步化简为

$$\left(e_u + \frac{V^2}{2} + \frac{p}{\rho} + gz \right)^{(2)} - \left(e_u + \frac{V^2}{2} + \frac{p}{\rho} + gz \right)^{(1)} = 0 \tag{5.2.2}$$

由于流动无旋，微元流管的极限情况下可以收缩为中心流线。在不可压缩理想流体与外界无热交换的条件下，流体内能 e_u 等于常数，因此式(5.2.2)可以进一步化简为

$$\left(\frac{V^2}{2} + \frac{p}{\rho} + gz \right)^{(2)} - \left(\frac{V^2}{2} + \frac{p}{\rho} + gz \right)^{(1)} = 0 \tag{5.2.3}$$

或写成如下形形式

$$\frac{V^2}{2} + \frac{p}{\rho} + gz = \text{const} \tag{5.2.4}$$

式(5.2.4)常称为伯努利方程或伯努利积分，它是伯努利于 1738 年首次提出的，是流体力学中一个非常著名的公式。伯努利方程表达的物理意义是：不可压缩理想流体在重力场中做绝热、定常流动时，沿流线单位质量流体的动能、位势能和压强势能之和是常数。需要指出一点，根据伯努利方程推导时的简化与假设，理想不可压缩流体在势力场(如重力场)作用下做定常流动时，伯努利方程沿流线成立。

5.2.2　伯努利方程的应用

伯努利方程指出了不可压缩理想流体在势力场中做定常流动时，同一条流线上各点之间的能量关系。若没有外力作用，在理想不可压缩流体的管内流动中，速度大的截面处压强低；速度小的截面处压强高。流体静压强可通过仪器直接测量获得，故利用伯努利方程可以求得流体的速度。因此，伯努利方程在工程计算中非常有用，下面举一些简单例子予以说明。

例题 5-1　如图 5-1 所示，设有盛液的巨大容器(如水库或贮液罐)，在液面下容器底部有一个排液小孔，假定液体黏性可以忽略，已知液面上压强 p_1 ，孔口外压强 p_2 ，孔口面积 a ，计算小孔泻出的流量。

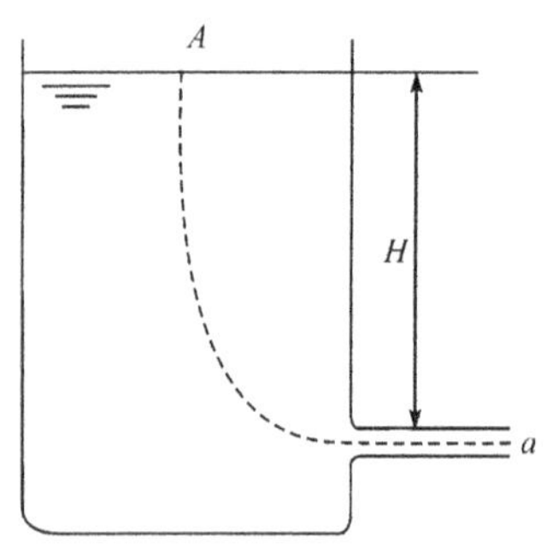

图 5-1　例题 5-1 示意图

解：在液面和孔口间利用不可压缩流体流动的连续性方程，则有

$$V_1 A = V_2 a$$

其中，A 为容器中液面的面积，盛液的容器很大，$a / A \ll 1$ ，因而 $V_1 \ll V_2$ ， V_1 可以忽略不计。这表明容器液面几乎保持不变，因而可以把流动近似为定常的。应用定常理想不可压缩流体管内流动的伯努利方程：

$$\frac{p_1}{\rho_1}+\frac{V_1^2}{2}+gz_1=\frac{p_2}{\rho_2}+\frac{V_2^2}{2}+gz_2$$

其中，$z_1-z_2=H$，已知$V_1 \ll V_2$并且忽略流体的可压缩性，即$\rho_1=\rho_2=\rho$，故有

$$\frac{V_2^2}{2}=\frac{p_1-p_2}{\rho}+gH$$

即孔口泄流速度为

$$V_2=\sqrt{2(p_2-p_1)/\rho+2gH}$$

由于孔口外压强和液面压强相等，均为大气压，即$p_1=p_2$，上式可以进一步化简为

$$V_2=\sqrt{2gH}$$

上式表明，理想不可压缩流体在重力场作用下，在水面以下H处小孔出流的速度等于同样高度下物体在真空中自由落体的速度。小孔泄流的体积流量为

$$Q=V_2a=a\sqrt{2gH}$$

解毕。

例题 5-2　图 5-2 为一种连接在管路中测量不可压缩流体定常流动体积流量的常用仪器，通常称为文丘里管。已知入口与喉部面积，通过测定其入口与喉部压差可以计算得到通过文丘里管的流量。

解：对于理想、不可压缩流体的定常流动，假定在管流截面上流速均匀分布。根据不可压缩流体管流的连续性方程，有

$$V_1A_1=V_2A_2$$

再根据伯努利方程，有

$$\frac{p_1}{\rho_1}+\frac{V_1^2}{2}+gz_1=\frac{p_2}{\rho_2}+\frac{V_2^2}{2}+gz_2$$

假设文丘里管为水平放置$z_1=z_2$，令流体密度为ρ，于是有

$$\frac{V_2^2-V_1^2}{2}=\frac{p_1-p_2}{\rho}$$

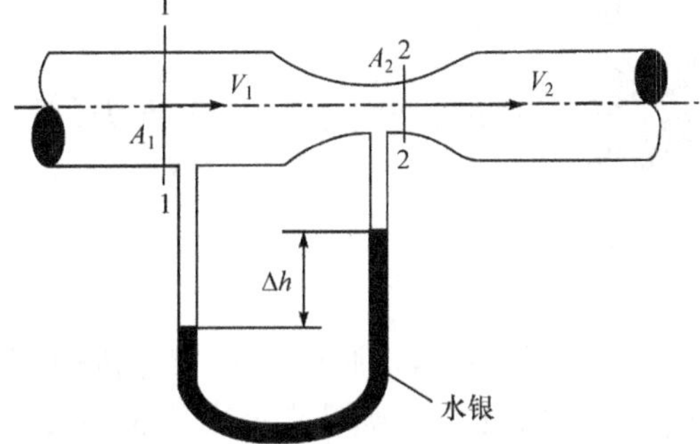

图 5-2　例题 5-2 示意图

将连续性方程代入伯努利方程可得$\dfrac{V_2^2}{2}-\left(\dfrac{A_2}{A_1}\right)^2\dfrac{V_2^2}{2}=\dfrac{p_1-p_2}{\rho}$

假设压差p_1-p_2采用 U 形管测得，即有

$$p_1-p_2=(\rho'-\rho)gH$$

其中，ρ'为 U 形管中液体的密度；H为 U 形管液面的高度差，于是可得喉部流速为

$$V_2=\sqrt{\frac{2(\rho'-\rho)gH}{\rho\left[1-\left(\frac{A_2}{A_1}\right)^2\right]}}$$

相应的流体体积流量为

$$Q=A_2V_2=A_2\sqrt{\frac{2(\rho'-\rho)gH}{\rho\left[1-\left(\frac{A_2}{A_1}\right)^2\right]}}$$

解毕。

上式是理想文丘里管的流量计算公式。对于真实流体，由于流体黏性的存在，流动在截面上呈非均匀分布，因此实际文丘里管的流量公式需要修正。工程中常用的计算公式为

$$Q = \eta A_2 \sqrt{\frac{2(\rho' - \rho)gH}{\rho\left[1 - \left(\frac{A_2}{A_1}\right)^2\right]}}$$

其中，η 为修正系数，设计良好的文丘里管修正系数 $\eta > 0.90$。工程应用中，通常情况下，理想文丘里管的流量公式所得近似结果已经相当好了。

例题 5-3　利用水银 U 形管压强计，测得输水管路中文丘里管压差为 $H = 5\text{cm Hg}$。已知 $A_2 / A_1 = 1/4$，$A_2 = 50\text{cm}^2$，计算通过文丘里管喉部的流速和流量，这里取修正系数 $\eta = 0.92$。

解　已知水银和水的密度关系为 $\rho' / \rho = 13.6$，利用例题 5-2 计算得到的公式，可得

$$V_2 = \sqrt{\frac{2(\rho' - \rho)gH}{\rho\left[1 - \left(\frac{A_2}{A_1}\right)^2\right]}} = \sqrt{\frac{2 \times 12.6 \times 9.8 \times 0.05}{1 - \left(\frac{1}{4}\right)^2}} = 3.63(\text{m/s})$$

$$Q = \eta A_2 V_2 = 0.92 \times 0.0050 \times 3.63 = 0.0167\ (\text{m}^3/\text{s})$$

解毕。

科技前沿(5)——F1 空气动力学设计

人物介绍(5)——伯努利家族

习　　题

5-1　如图 5-3 所示，有一只消防水枪向上倾角 $\alpha = 30°$，水管直径 $d = 150\ \text{mm}$，压力表读数 $p = 3\text{mH}_2\text{O}$，喷嘴直径 $d = 75\text{mm}$，求：(1) 喷嘴处出口流速；(2) 喷至最高点的高程及在最高点的射流断面直径。

5-2　如图 5-4 所示，油沿管线流动，A 断面上流速为 2m/s，不计损失，求开口 C 管中的液面高度。

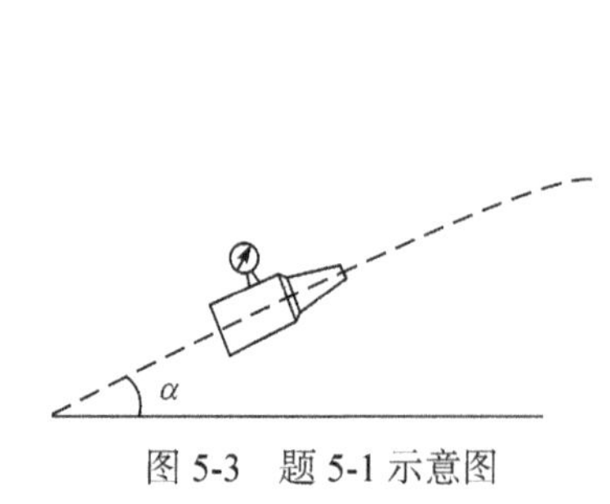

图 5-3　题 5-1 示意图

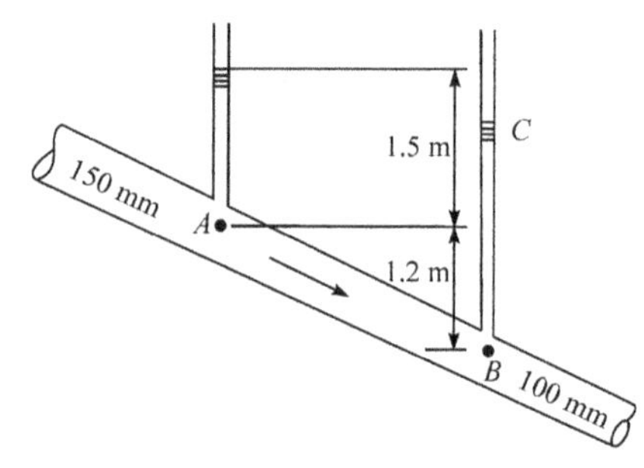

图 5-4　题 5-2 示意图

5-3　如图 5-5 所示，用水银压差计测量管中水流某流线上的流速。该流线上 A 点的压差计读数为 $\Delta h = 60\text{mmHg}$，不计其他损失，求流速 u。若管中流体是密度为 0.8 g/cm^3 的油，Δh

读数不变，求流速u'。

5-4　图 5-6 为一个向下倾斜的文丘里流量计，截面 1 的直径为D，截面 2 的直径为d，距水平基准线的距离分别为z_1和z_2。假设被测流体的密度为ρ，压差计内的流体的密度为ρ_f，读数为Δh，不计流动能量损失，求流量表达式。

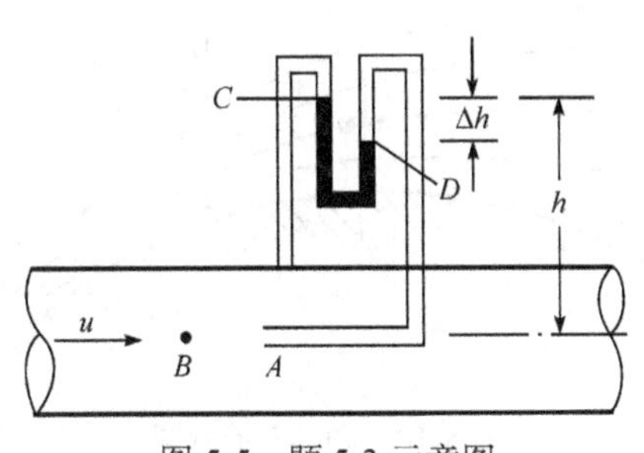

图 5-5　题 5-3 示意图

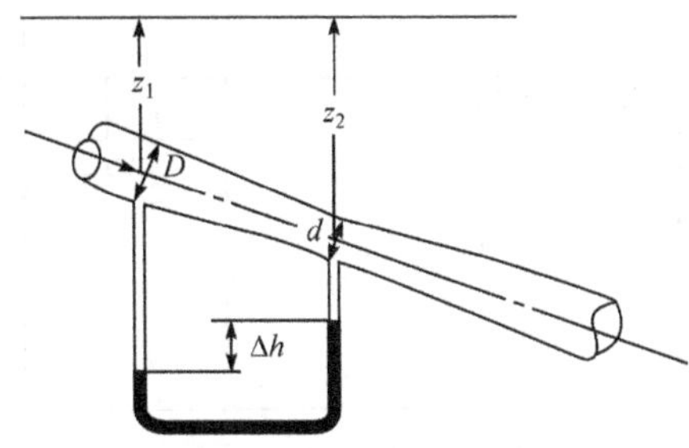

图 5-6　题 5-4 示意图

5-5　如图 5-7 所示，用一个带有水银压差计的文丘里管测定倾斜管内水流的流量。已知$d_1 = 0.10\text{m}$，$d_2 = 0.05\text{m}$，压差计读数$h = 0.04\text{m}$，文丘里管的流量修正系数为 0.98，试求流量Q。

5-6　如图 5-8 所示，一个大容器与一个收缩管道相连，管道收缩段通过孔A与一个小管道连接，小管道插入下方容器的液体中。假设大容器和收缩管内的液体密度为ρ_1，液面与收缩管轴线高度差为h_1。下方容器内的液体密度为ρ_2，管道收缩处和出口的流通面积分别是S_1和S_2，问：当收缩管轴线与容器内液面的高度差h_2为多少时，容器内的液体会通过孔A被吸入收缩管内？假设液体为理想、不可压缩流体，受重力作用且流动为定常的。

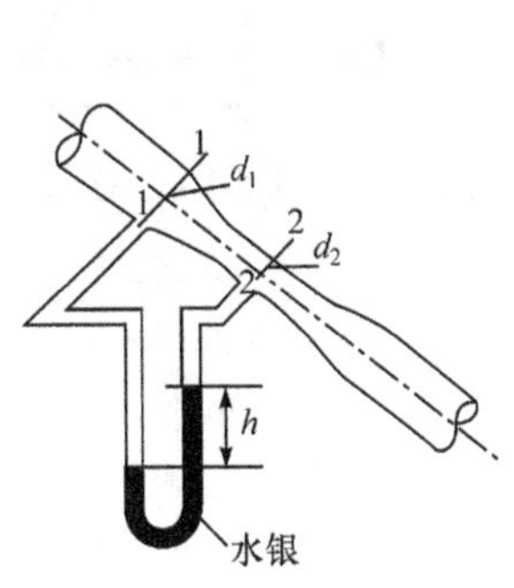

图 5-7　题 5-5 示意图

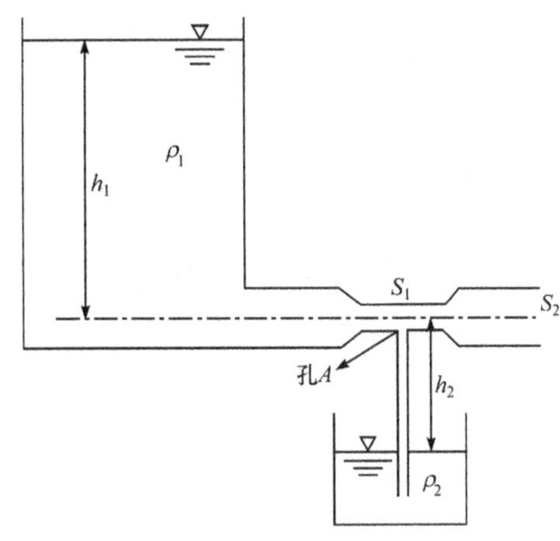

图 5-8　题 5-6 示意图

5-7　如图 5-9 所示，盛水容器上方有一个虹吸管，直径$d = 15\text{cm}$，$a = 2\text{m}$，$h = 6\text{m}$。试求：(1)管内的体积流量；(2)管内最高点S的压强；(3)若h不变，点S继续升高(即a增大，而上端管口始终浸入水中)，使虹吸管内的水不能连续流动的a为多大？(提示：15℃下，水的汽化压强为1697Pa，大气压强$P_0 = 101325\text{Pa}$。)

5-8　水利工程师通常需要知道水流过明渠时的流量。估测流量最简单的办法就是在明渠中放置障碍物——堰，然后让水漫过障碍物，并测量其障碍物最高点的水流深度d_A。如图 5-10 所示，堰的型线中最高点为A。假设堰和自由面的坡度都很小，堰上水流速度均匀分布，大小为V。若d为水流的深度，h为该点水面到上游远端水面的垂直距离。可近似认为远端B处水流速度为 0。假设水的运动满足伯努利方程，求流过该明渠单位宽度的体积流量Q。

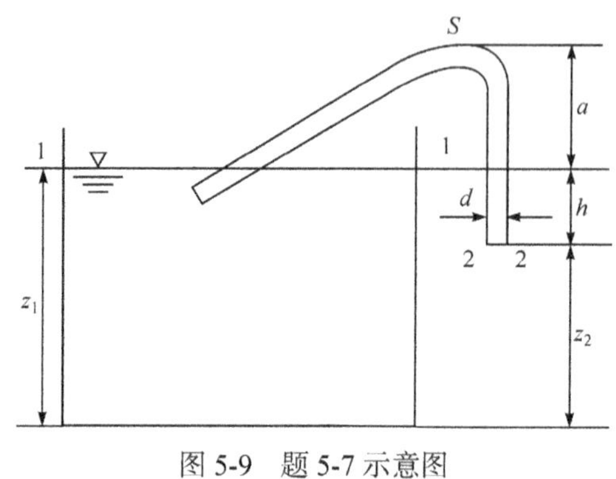

图 5-9　题 5-7 示意图

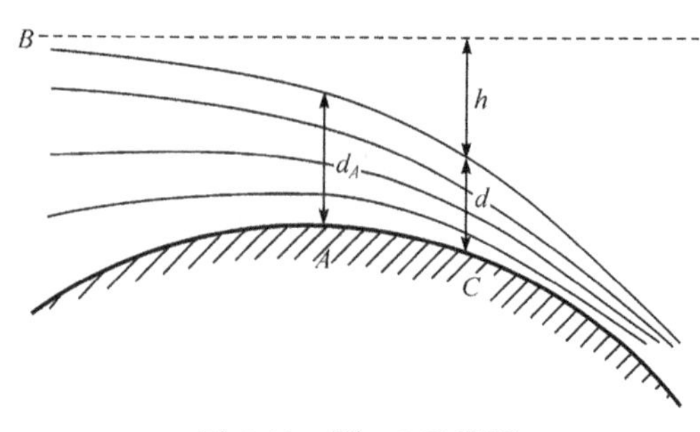

图 5-10　题 5-8 示意图

5-9　如图 5-11 所示，敞口容器的横截面积与高度的关系为$A_1(h)=2+h$。容器的侧下方有一个横截面积为$A_2=0.01\text{m}^2$的小孔，$A_2 \ll A_1$。小孔处有一个阀门，初始时阀门关闭，容器内水面高度$h_0=1\text{m}$。忽略流体的黏性和阀门损失等，求打开阀门后排尽液体所需时间。

5-10　如图 5-12 所示，水池水位高$h=4\text{m}$，池壁开有一个小孔，孔口到水面高度差为y，从孔口射出的水流到达地面的水平距离$x=2\text{m}$，忽略其他损失，求：(1) y的值；(2) h不变的情况下，y为多少时水柱射出的水平距离最远?

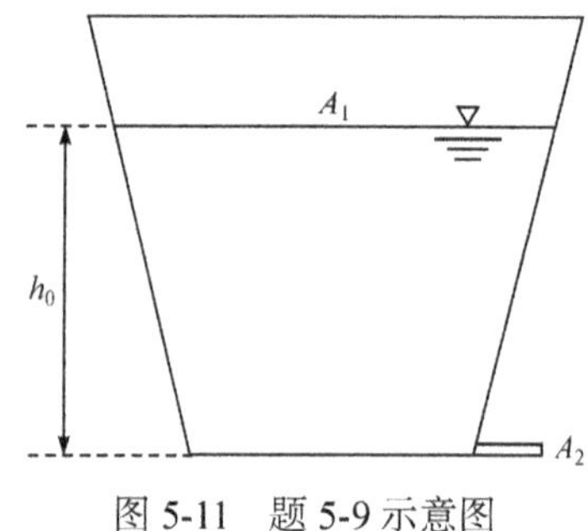

图 5-11　题 5-9 示意图

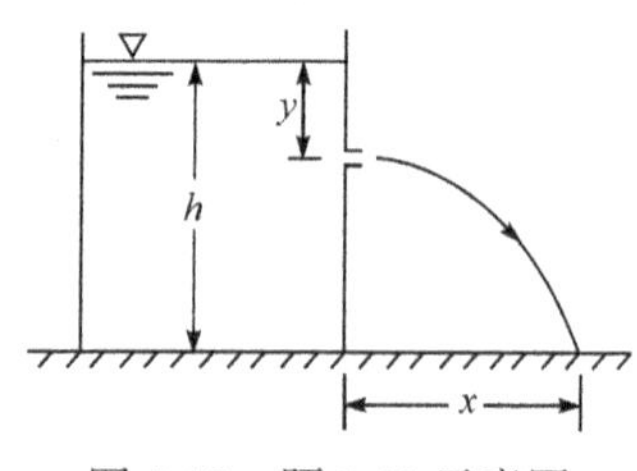

图 5-12　题 5-10 示意图

第 6 章　动量方程及动量矩方程

6.1　流体运动的动量方程

6.1.1　积分形式动量方程

动量方程适用于求解流体与固体之间的相互作用，是动量守恒定律应用于流体流动问题的结果。根据动量守恒定律，系统内流体动量随时间的变化率等于作用在系统上外力之和，即有

$$\frac{\mathrm{D}}{\mathrm{D}t}\iiint_{\forall_{\mathrm{S}}}\rho\boldsymbol{V}\mathrm{d}\forall=\sum(\boldsymbol{F})_{\mathrm{S}} \tag{6.1.1}$$

其中，$\iiint_{\forall_{\mathrm{S}}}\rho\boldsymbol{V}\mathrm{d}\forall$ 为系统的动量；$\sum(\boldsymbol{F})_{\mathrm{S}}$ 为作用在系统上外力的矢量和。借助雷诺输运方程，把这一针对系统的方程转换成适用于控制体的方程。仅需将雷诺输运方程中物理量 Q 取为单位体积流体的动量 $\rho\boldsymbol{V}$，即 $Q=\rho\boldsymbol{V}$。代入式(4.2.6)中，即可得积分形式动量方程：

$$\frac{\mathrm{D}}{\mathrm{D}t}\iiint_{\forall_{\mathrm{S}}}\rho\boldsymbol{V}\mathrm{d}\forall=\frac{\partial}{\partial t}\iiint_{\forall_{\mathrm{CV}}}\rho\boldsymbol{V}\mathrm{d}\forall+\iint_{S}\rho\boldsymbol{V}(\boldsymbol{V}\cdot\boldsymbol{n})\mathrm{d}S=\sum(\boldsymbol{F})_{\mathrm{S}} \tag{6.1.2}$$

对于定常流动，

$$\frac{\partial}{\partial t}\iiint_{\forall_{\mathrm{CV}}}\rho\boldsymbol{V}\mathrm{d}\forall=0$$

将式(6.1.2)代入式(6.1.1)中，可得定常流动条件下的动量方程为

$$\sum(\boldsymbol{F})_{\mathrm{S}}=\iint_{S}\rho\boldsymbol{V}(\boldsymbol{V}\cdot\boldsymbol{n})\mathrm{d}S \tag{6.1.3}$$

式(6.1.3)表示，在定常流动时，作用于控制体上的合力等于流出、流入控制面的净动量流率。值得注意的是，式(6.1.3)是一个矢量方程。在笛卡儿直角坐标系下，可分解成沿 x、y、z 三个坐标轴方向的分量方程，即

$$\begin{cases}\sum F_x=\iint_{S}\rho u(\boldsymbol{V}\cdot\boldsymbol{n})\mathrm{d}S\\\sum F_y=\iint_{S}\rho v(\boldsymbol{V}\cdot\boldsymbol{n})\mathrm{d}S\\\sum F_z=\iint_{S}\rho w(\boldsymbol{V}\cdot\boldsymbol{n})\mathrm{d}S\end{cases} \tag{6.1.4}$$

式(6.1.4)的物理意义与式(6.1.3)相同，即在定常流动条件下，作用于控制体上的合力沿三个坐标轴的分量(投影)与流出和流入控制面的净动量流率在三个坐标轴的分量(投影)相等。下面分别对合力项和净动量流率项进行分析讨论。

1. 合力项

动量方程中的合力项 $\sum(\boldsymbol{F})_{\mathrm{S}}$ 表示作用在系统上所有外力的矢量和。在推导雷诺输运方程时，系统与控制体在初始时刻是重合的，因此，作用在系统上的合力可看作作用在控制体上的合力。它包括作用在控制体上的所有质量力和作用在控制面上的所有表面力，即

$$\sum(\boldsymbol{F})_{\mathrm{S}}=\sum(\boldsymbol{F}_m+\boldsymbol{F}_s)_{\mathrm{S}} \tag{6.1.5}$$

令 $\boldsymbol{f}_m$ 表示单位质量的质量力，则总质量力可表示为

$$\boldsymbol{F}_m=\iiint\limits_{\forall_{\mathrm{CV}}}\boldsymbol{f}_m\rho\mathrm{d}\forall \tag{6.1.6}$$

若质量力仅是重力且令其方向沿坐标 z 轴负向，那么单位质量的质量力可以写成 $\boldsymbol{f}_m=-g\boldsymbol{e}_z$。控制体上的表面力由下列两种力组成：①控制面上固体表面所产生的力；②控制面上周围流体的压强和黏性应力。计算时需要特别注意压强的方向，控制面上外部压强垂直于表面并指向控制体内部，而控制面的单位矢量 $\boldsymbol{n}$ 定义为外法向，两者刚好相反。因此，压力的公式为

$$\boldsymbol{F}_p=\iint\limits_S p(-\boldsymbol{n})\mathrm{d}S \tag{6.1.7}$$

若在全闭合控制面上作用均匀压强 p_u（如大气压强 p_{a}），因控制面是闭合的，所以围绕控制面的均匀压强所产生的静压力为 $\boldsymbol{F}_{pu}=0$，即

$$\boldsymbol{F}_{pu}=\iint\limits_S p_u(-\boldsymbol{n})\mathrm{d}S=-p_u\iint\limits_S\boldsymbol{n}\mathrm{d}S=0 \tag{6.1.8}$$

因此，若作用在控制面上的总压强包含这个均匀压强 p_u。为简化计算，可将总压强减去均匀压强(如大气压强 p_{a})，然后计算压力，其结果是相同的。若 $p_u=p_{\mathrm{a}}$，则

$$\boldsymbol{F}_p=\iint\limits_S(p-p_{\mathrm{a}})(-\boldsymbol{n})\mathrm{d}S=\iint\limits_S p_{\mathrm{g}}(-\boldsymbol{n})\mathrm{d}S \tag{6.1.9}$$

其中，p_{g} 为相对压强(或表压)。用此法可简化压力的计算。

2. 净动量流率项

式(6.1.3)中，控制体的净动量流率项 $\iint\limits_S\rho\boldsymbol{V}(\boldsymbol{V}\cdot\boldsymbol{n})\mathrm{d}S$ 是对控制面的面积分。通常情况下，当控制面上流体速度分布不均匀时，要通过积分才能求出。但若适当选择控制体，使 $\boldsymbol{V}$ 和 ρ 在控制面上均匀分布，这时净动量流率为流出和流入控制体的动量流率之差，可通过式(6.1.10)计算：

$$\iint\limits_S\rho\boldsymbol{V}(\boldsymbol{V}\cdot\boldsymbol{n})\mathrm{d}S=\sum(\rho Q\boldsymbol{V})_{\mathrm{o}}-\sum(\rho Q\boldsymbol{V})_{\mathrm{i}} \tag{6.1.10}$$

其中，下标 o 和 i 分别代表控制体出口和入口。式(6.1.10)是矢量方程，求解时同样可将其在笛卡儿直角坐标系中分解为沿 x、y、z 三个坐标方向的分量

$$\begin{cases}\iint\limits_S \rho u(\boldsymbol{V}\cdot\boldsymbol{n})\mathrm{d}S=\sum(\rho Qu)_\mathrm{o}-\sum(\rho Qu)_\mathrm{i}\\ \iint\limits_S \rho v(\boldsymbol{V}\cdot\boldsymbol{n})\mathrm{d}S=\sum(\rho Qv)_\mathrm{o}-\sum(\rho Qv)_\mathrm{i}\\ \iint\limits_S \rho w(\boldsymbol{V}\cdot\boldsymbol{n})\mathrm{d}S=\sum(\rho Qw)_\mathrm{o}-\sum(\rho Qw)_\mathrm{i}\end{cases}\tag{6.1.11}$$

在使用式(6.1.11)时，应特别注意坐标方向与速度分量u、v、w方向之间的关系。如果坐标方向与速度分量方向一致，动量流率项为正值；如果坐标方向与速度分量方向相反，动量流率项为负值。动量方程适用于求解流体与固体之间的相互作用问题。在应用动量方程时，应选择合适的控制体，确定合适的坐标系。然后，将已知外力、动量向所确定的坐标轴投影，求得在该方向上的分量。假定待求力的方向与所确定的坐标方向一致，若最后计算结果是正值，则待求力的方向与假定一致，沿坐标轴正向；若计算结果是负值，则待求力的方向与假定相反，即沿坐标轴负向。

例题 6-1　如图 6-1 所示的弯管中，水流量$Q=0.08\ \mathrm{m^3/s}$(流动方向为$A_1\to A_2$)。管直径$d_1=0.3\ \mathrm{m}$，$d_2=0.2\ \mathrm{m}$，转角$\theta=30°$，截面A_1中心点的相对压强$p_1-p_\mathrm{a}=12\ \mathrm{kPa}$。不考虑重力影响，试求管壁对水流的作用力$F$。

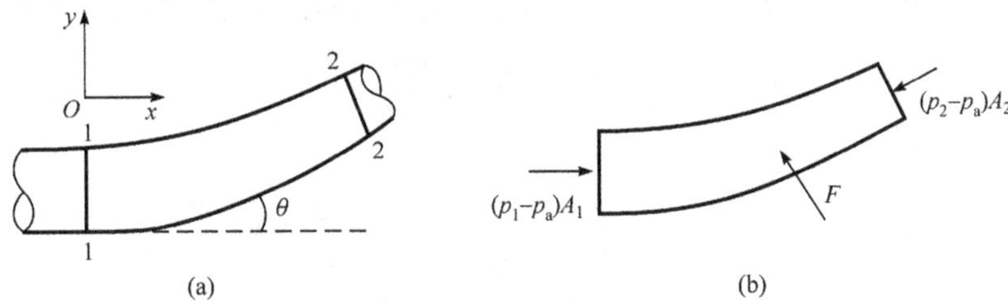

图 6-1　例题 6-1 示意图

解：计算截面 1-1、截面 2-2 的截面积和流体平均运动速度，即

$$A_1=\frac{\pi d_1^2}{4}=\frac{0.3^2\pi}{4}\ \mathrm{m^2}=0.0707\ \mathrm{m^2}$$

$$A_2=\frac{\pi d_2^2}{4}=\frac{0.2^2\pi}{4}\ \mathrm{m^2}=0.0314\ \mathrm{m^2}$$

$$V_1=\frac{Q}{A_1}=\frac{0.08}{0.0707}\ \mathrm{m/s}=1.13\ \mathrm{m/s}$$

$$V_2=\frac{Q}{A_2}=\frac{0.08}{0.0314}\ \mathrm{m/s}=2.55\ \mathrm{m/s}$$

对截面 1-1 和截面 2-2，根据伯努利方程，可得

$$\frac{p_1}{\rho}+\frac{V_1^2}{2}=\frac{p_2}{\rho}+\frac{V_2^2}{2}$$

由上式可以求出截面A_2中心点的相对压强为

$$p_2-p_\mathrm{a}=p_1-p_\mathrm{a}+\frac{\rho}{2}(V_1^2-V_2^2)=\left[12\times10^3+\frac{1000}{2}\times(1.13^2-2.55^2)\right]\ \mathrm{Pa}=9387\ \mathrm{Pa}$$

流动为定常状态，如图 6-1(b)所示，取管内的空间为控制体，由动量方程计算沿 x 和 y 方向力的分量 F_x 和 F_y：

$$F_x = -(p_1 - p_a)A_1 + (p_2 - p_a)A_2\cos\theta + \rho Q(V_2\cos\theta - V_1)$$
$$= [-12\times10^3\times0.0707 + 9387\times0.0314\cos30° + 1000\times0.08\times(2.55\cos30° - 1.13)]\text{N} = -507\text{N}$$
$$F_y = (p_2 - p_a)A_2\sin\theta + \rho Q V_2\sin\theta$$
$$= (9387\times0.0314\sin30° + 1000\times0.08\times2.55\sin30°)\text{N} = 249\text{N}$$

最终可以知合力 F 的大小为

$$F = \sqrt{F_x^2 + F_y^2} = 565\text{N}$$

该合力与 x 轴的夹角为

$$\alpha = \arctan\frac{F_y}{F_x} = \arctan\frac{249}{-507} = 153.84°$$

解毕。

6.1.2 微分形式动量方程

为推导微分形式动量方程，在流体中任意选取一个正六面体流体微元(简称微元六面体)，如图 6-2 所示，各边长分别为 dx、dy、dz 。对这一微元六面体应用牛顿第二定律得

$$\sum \boldsymbol{F} = \rho \text{d}x\text{d}y\text{d}z\frac{\text{D}\boldsymbol{V}}{\text{D}t} \tag{6.1.12}$$

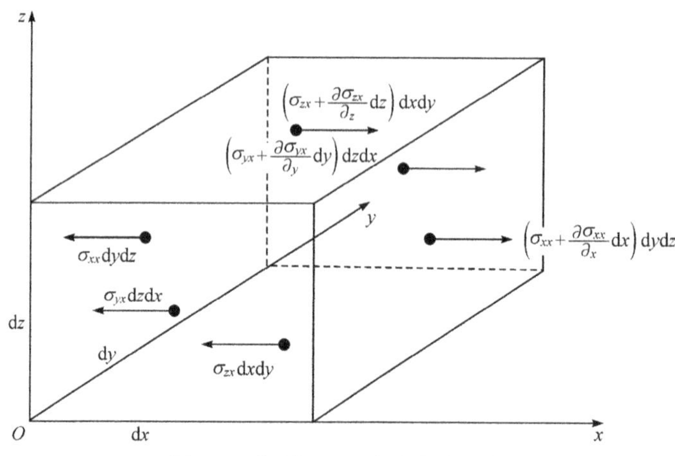

图 6-2　控制面上 x 方向的表面力

考虑 x 方向的动量平衡关系，有

$$\sum F_x = (\text{d}F_m)_x + (\text{d}F_s)_x = \rho\text{d}x\text{d}y\text{d}z\frac{\text{D}u}{\text{D}t} \tag{6.1.13}$$

其中，$(\text{d}F_m)_x = \rho f_x\text{d}x\text{d}y\text{d}z$ 为作用在微元六面体上质量力沿 x 方向的分量；$(\text{d}F_s)_x$ 为作用在微元六面体上表面力沿 x 方向的分量。在黏性流体中，根据作用面的法线方向(简称法向)与表面力的方向是否相同，可将表面力分成两部分：法向应力与切应力，并用应力的两个下标分别表示应力作用面的法向和应力方向，第一个下标表示应力作用面的法向，第二个下标表示

应力方向，例如，σ_{xy} 表示作用在 yz 平面(法向为 x 正向)上的应力在 y 方向的分量。应力 $\sigma_{xx},\sigma_{yy},\sigma_{zz}$ 都有相同的两个下标,表示应力方向与作用面法向一致,称为法向应力或正应力；应力 $\sigma_{xy},\sigma_{yz},\sigma_{zx}$ 的两个下标不同，表示应力的方向平行于作用面，称为切应力。参考图 6-2，由微元六面体六个控制面上的应力引起的沿 x 方向的表面力 $(\mathrm{d}F_s)_x$ 可归纳成表 6-1。

表 6-1　控制面上的表面力沿 x 方向的分量

控制面	表面力				净表面力
yz	左面	$-\sigma_{xx}\mathrm{d}y\mathrm{d}z$	右面	$\left(\sigma_{xx}+\dfrac{\partial\sigma_{xx}}{\partial x}\mathrm{d}x\right)\mathrm{d}y\mathrm{d}z$	$\dfrac{\partial\sigma_{xx}}{\partial x}\mathrm{d}x\mathrm{d}y\mathrm{d}z$
xz	前面	$-\sigma_{yx}\mathrm{d}z\mathrm{d}x$	后面	$\left(\sigma_{yx}+\dfrac{\partial\sigma_{yx}}{\partial y}\mathrm{d}y\right)\mathrm{d}z\mathrm{d}x$	$\dfrac{\partial\sigma_{yx}}{\partial y}\mathrm{d}x\mathrm{d}y\mathrm{d}z$
xy	下面	$-\sigma_{zx}\mathrm{d}x\mathrm{d}y$	上面	$\left(\sigma_{zx}+\dfrac{\partial\sigma_{zx}}{\partial z}\mathrm{d}z\right)\mathrm{d}x\mathrm{d}y$	$\dfrac{\partial\sigma_{zx}}{\partial z}\mathrm{d}x\mathrm{d}y\mathrm{d}z$

根据表 6-1，可以得到沿 x 方向净表面力为

$$(\mathrm{d}F_s)_x=\left(\frac{\partial\sigma_{xx}}{\partial x}+\frac{\partial\sigma_{yx}}{\partial y}+\frac{\partial\sigma_{zx}}{\partial z}\right)\mathrm{d}x\mathrm{d}y\mathrm{d}z \tag{6.1.14}$$

对于黏性流体，应力由流体静压强和黏性应力组成。由于静压强 p 的方向垂直于它的作用面，所以它仅对法向应力 σ_{xx} 有贡献，对切应力 σ_{yx} 和 σ_{zx} 没有影响。黏性应力对法向应力、切应力都有贡献，用 $\tau_{xx},\tau_{yx},\tau_{zx}$ 表示相应的黏性应力，则有

$$\sigma_{xx}=-p+\tau_{xx},\quad \sigma_{yx}=\tau_{yx},\quad \sigma_{zx}=\tau_{zx} \tag{6.1.15}$$

其中，$-p$ 表示静压强始终沿作用面的内法向。将式(6.1.15)代入式(6.1.14)，得

$$(\mathrm{d}F_s)_x=\left(-\frac{\partial p}{\partial x}+\frac{\partial\tau_{xx}}{\partial x}+\frac{\partial\tau_{yx}}{\partial y}+\frac{\partial\tau_{zx}}{\partial z}\right)\mathrm{d}x\mathrm{d}y\mathrm{d}z \tag{6.1.16}$$

将式(6.1.16)和 $(\mathrm{d}F_m)_x$ 的表达式代入式(6.1.13)中，左右同除以 $\mathrm{d}x\mathrm{d}y\mathrm{d}z$，可得 x 向微分形式的动量方程：

$$\rho\frac{\mathrm{D}u}{\mathrm{D}t}=\rho f_x-\frac{\partial p}{\partial x}+\frac{\partial\tau_{xx}}{\partial x}+\frac{\partial\tau_{yx}}{\partial y}+\frac{\partial\tau_{zx}}{\partial z} \tag{6.1.17}$$

同理可得 y 向、z 向的微分形式动量方程：

$$\rho\frac{\mathrm{D}v}{\mathrm{D}t}=\rho f_y-\frac{\partial p}{\partial y}+\frac{\partial\tau_{xy}}{\partial x}+\frac{\partial\tau_{yy}}{\partial y}+\frac{\partial\tau_{zy}}{\partial z} \tag{6.1.18}$$

$$\rho\frac{\mathrm{D}w}{\mathrm{D}t}=\rho f_z-\frac{\partial p}{\partial z}+\frac{\partial\tau_{xz}}{\partial x}+\frac{\partial\tau_{yz}}{\partial y}+\frac{\partial\tau_{zz}}{\partial z} \tag{6.1.19}$$

6.2　流体运动的动量矩方程

动量矩守恒定律给出作用在流体质点上的净力矩与质点角动量随时间变化率之间的关系。

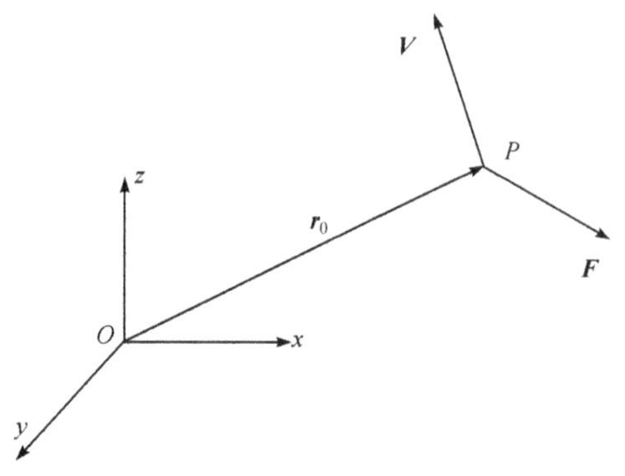

图 6-3 动量矩原理示意图

如图 6-3 所示，距原点 O 矢径为 $\boldsymbol{r}_0$ 的空间 P 点处质量为 m_P 的流体质点，其运动速度为 $\boldsymbol{V}$ 且受到外力 $\boldsymbol{F}$ 的作用，则力 $\boldsymbol{F}$ 对点 O 的力矩 $\boldsymbol{M}_0$ 与流体质点对 O 点的角动量随时间的变化率相等，即

$$\boldsymbol{M}_0 = \boldsymbol{r}_0 \times \boldsymbol{F} = \frac{\mathrm{d}}{\mathrm{d}t}\left[\boldsymbol{r}_0 \times \left(m_P \boldsymbol{V}\right)\right] \tag{6.2.1}$$

对于由许多质点组成的流体系统，动量矩守恒定律可用式(6.2.2)表示：

$$\sum\left(\boldsymbol{M}_0\right)_{\mathrm{S}} = \frac{\mathrm{D}}{\mathrm{D}t}\iiint_{\forall_{\mathrm{S}}} \boldsymbol{r}_0 \times \rho \boldsymbol{V} \mathrm{d}\forall \tag{6.2.2}$$

其中，$\sum\left(\boldsymbol{M}_0\right)_{\mathrm{s}}$ 为作用在系统上的外力矩的矢量和；$\iiint_{\forall_{\mathrm{S}}} \boldsymbol{r}_0 \times \rho \boldsymbol{V} \mathrm{d}\forall$ 为系统的角动量。与动量方程的处理方法类似，可应用雷诺输运方程，把对系统的动量矩方程转换成对控制体的动量矩方程。雷诺输运方程中系统的物理量 Q 取为单位体积角动量 $\boldsymbol{r}_0 \times \rho \boldsymbol{V}$，即 $Q = \boldsymbol{r}_0 \times \rho \boldsymbol{V}$，并代入雷诺输运方程，即可得

$$\frac{\mathrm{D}}{\mathrm{D}t}\iiint_{\forall_{\mathrm{S}}}\left(\boldsymbol{r}_0 \times \rho \boldsymbol{V}\right)\mathrm{d}\forall = \frac{\partial}{\partial t}\iiint_{\forall_{\mathrm{CV}}}\left(\boldsymbol{r}_0 \times \rho \boldsymbol{V}\right)\mathrm{d}\forall + \iint_S \left(\boldsymbol{r}_0 \times \rho \boldsymbol{V}\right)\cdot\left(\boldsymbol{V}\cdot\boldsymbol{n}\right)\mathrm{d}S \tag{6.2.3}$$

代入式(6.2.2)，有

$$\sum\left(\boldsymbol{M}_0\right)_{\mathrm{S}} = \frac{\partial}{\partial t}\iiint_{\forall_{\mathrm{CV}}}\left(\boldsymbol{r}_0 \times \rho \boldsymbol{V}\right)\mathrm{d}\forall + \iint_S \left(\boldsymbol{r}_0 \times \rho \boldsymbol{V}\right)\cdot\left(\boldsymbol{V}\cdot\boldsymbol{n}\right)\mathrm{d}S \tag{6.2.4}$$

对定常流动 $\frac{\partial}{\partial t}\iiint_{\forall_{\mathrm{CV}}}\left(\boldsymbol{r}_0 \times \rho \boldsymbol{V}\right)\mathrm{d}\forall = 0$，式(6.2.4)成为

$$\sum\left(\boldsymbol{M}_0\right)_{\mathrm{S}} = \iint_S \left(\boldsymbol{r}_0 \times \rho \boldsymbol{V}\right)\cdot\left(\boldsymbol{V}\cdot\boldsymbol{n}\right)\mathrm{d}S \tag{6.2.5}$$

式(6.2.5)为定常流动的动量矩方程，等号左边合力矩的下标 S 代表对系统的力矩。但由于在推导雷诺方程时，初始时刻系统与控制体是重合的，故 $\sum\left(\boldsymbol{M}_0\right)$ 也可以看作作用在控制体上所有外力矩的矢量和。因此，式(6.2.5)的物理意义为：定常流动时，作用在控制体上所有外力矩的矢量和，等于流入、流出控制面的净角动量流率。

在分析转动流体机械时，往往仅需要采用沿转轴方向的动量矩方程。此时，可以选择在柱坐标中分析问题，并将坐标 z 轴与流体机械的转轴重合。如果叶轮入口、出口截面 1 与 2 处流动都是均匀的(或取平均值)，并且考虑到只有与 $\boldsymbol{r}$ 垂直的速度分量才会产生转矩，式(6.2.5)沿 z 轴的投影形式可以写成

$$\sum M_{\text{轴}} = \left(r_2 v_{\theta 2} - r_1 v_{\theta 1}\right) Q \tag{6.2.6}$$

其中，Q 为流经流体机械的质量流量；$v_{\theta 1}$ 与 $v_{\theta 2}$ 为流体在入口、出口截面 1 与 2 处的绝对速度的切向分量；r_1 与 r_2 为 $v_{\theta 1}$ 与 $v_{\theta 2}$ 至转轴的距离。通常情况下，速度分量 $v_{\theta 1}$ 与 $v_{\theta 2}$ 的符号选取遵循如下规则：当它们与叶片切向速度 v 同方向时取正，反之为负。这样，对于泵、风扇、鼓风机、压缩机等，$M_{\text{轴}}$ 为正；而对于涡轮机，$M_{\text{轴}}$ 为负，这与流体功的输入与输出相对应，

相关内容将在 6.3 节详细展开。

例题 6-2　如图 6-4 所示，草坪洒水器在水平面（xy 平面）内绕 z 轴等角速度旋转，转速为 120r/min 。水从中心垂直流入，经过转臂两端的喷嘴喷出，水流量 $Q_\text{i}=0.006\text{m}^3/\text{s}$ ，喷嘴出口截面积 $A_0=0.001\text{m}^2$ ，洒水器臂长 $R=0.2\text{m}$ ，水的密度 $\rho=1000\text{kg/m}^3$ 。试求：(1)使洒水器维持 120r/min 的等角速度旋转，外界需加的阻力矩为多少？(2)如果阻力矩为零，则洒水器的旋转角速度将增至多少？

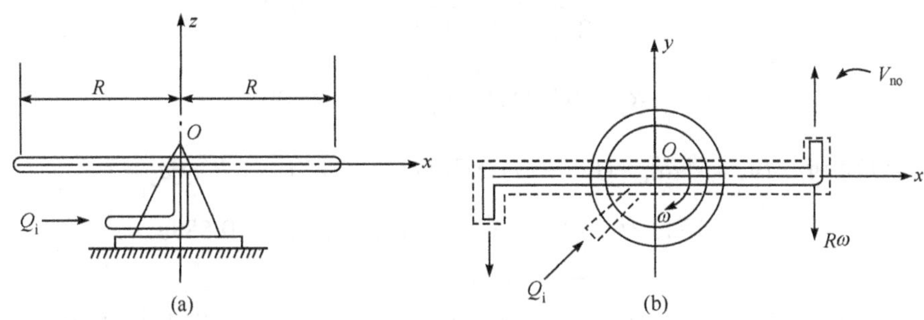

图 6-4　例题 6-2 示意图

解：选择笛卡儿直角坐标系如图 6-4 所示，其中 z 轴坐标为喷水器的旋转轴。选择围绕喷水器的空间作为控制体，如图 6-4(b) 中虚线所示。

(1) 维持 120r/min 的等角速度旋转需加的阻力矩由动量矩方程给出

$$\sum \boldsymbol{M}_0=\iint_S(\boldsymbol{r}_0\times\rho\boldsymbol{V})\cdot(\boldsymbol{V}\cdot\boldsymbol{n})\text{d}S$$

力矩的矢量和项为

$$\sum \boldsymbol{M}_0=\boldsymbol{r}_0\times\boldsymbol{F}_s+\boldsymbol{r}_0\times\boldsymbol{F}_m+\boldsymbol{T}$$

其中，$\boldsymbol{r}_0\times\boldsymbol{F}_s$ 为表面力对 O 点的力矩。由于控制体四周作用有大气，压力对中心（旋转轴）的力矩之和为零；$\boldsymbol{r}_0\times\boldsymbol{F}_m$ 为质量力对 O 点的力矩，由于质量力对旋转轴 O 点对称，所以由质量力引起的力矩也为零；$\boldsymbol{T}$ 为外界对控制体施加的力矩，假定沿 z 轴正向，即 $\boldsymbol{T}=T\boldsymbol{e}_z$ ，所以

$$\sum \boldsymbol{M}_0=\boldsymbol{T}$$

动量矩的通量为

$$\iint_S(\boldsymbol{r}_0\times\rho\boldsymbol{V})(\boldsymbol{V}\cdot\boldsymbol{n})\text{d}S=(\boldsymbol{r}_0\times\boldsymbol{V})_{\text{o}_1}\rho Q_{\text{o}_1}+(\boldsymbol{r}_0\times\boldsymbol{V})_{\text{o}_2}\rho Q_{\text{o}_2}-(\boldsymbol{r}_0\times\boldsymbol{V})_\text{i}\rho Q_\text{i}$$

其中，下标 o_1 、o_2 分别表示洒水器的两个出口，i 则表示入口。对入口，$\boldsymbol{r}_{\text{oi}}=\boldsymbol{0}$ ，所以 $(\boldsymbol{r}_0\times\boldsymbol{V})_\text{i}=\boldsymbol{0}$ ，即控制体入口角动量流率为零。出口的角动量是对称的，故

$$(\boldsymbol{r}_0\times\rho\boldsymbol{V})_{\text{o}_1}Q_{\text{o}_1}=(\boldsymbol{r}_0\times\rho\boldsymbol{V})_{\text{o}_2}Q_{\text{o}_2}=(\boldsymbol{r}_0\times\rho\boldsymbol{V})_\text{o}Q_\text{o}$$

因此

$$\iint_S(\boldsymbol{r}_0\times\rho\boldsymbol{V})(\boldsymbol{V}\cdot\boldsymbol{n})\text{d}S=2(\boldsymbol{r}_0\times\rho\boldsymbol{V})_\text{o}Q_\text{o}$$

可得外力矩为

$$T\boldsymbol{e}_z=2(\boldsymbol{r}_0\times\rho\boldsymbol{V})_\text{o}Q_\text{o}$$

根据流动的对称性及连续性方程，

$$Q_\text{o}=Q_{\text{o}_1}=Q_{\text{o}_2}=\frac{1}{2}Q_\text{i}$$

$(\boldsymbol{r}_0)_\text{o}$ 为喷嘴出口到 O 点的力臂，以洒水器的右臂为例，

$$(\boldsymbol{r}_0)_\text{o} = R\boldsymbol{e}_x = 0.2\boldsymbol{e}_x$$

$\boldsymbol{V}_0$ 为喷嘴出口处水的绝对速度，等于水在洒水器出口的相对速度加上喷嘴运动的牵连速度，即

$$\boldsymbol{V}_0 = (V_\text{no} - R\omega)\boldsymbol{e}_y$$

其中，

$$V_\text{no} = \frac{1}{2}\frac{Q_\text{i}}{A_0} = \frac{1}{2}\times\frac{6\times10^{-3}}{0.001} = 3(\text{m/s})$$

$$R\omega = 0.2\times120\times\frac{2\pi}{60} = 2.51(\text{m/s})$$

最终可以得到 $T\boldsymbol{e}_z = 2[R\boldsymbol{e}_x \times (V_\text{no} - R\omega)\boldsymbol{e}_y]\rho Q_\text{o} = \rho Q_\text{i}[RV_\text{no} - R^2\omega]\boldsymbol{e}_z$

$$= 1000\times6\times10^{-3}\times[0.2\times3 - 0.2\times2.51]\boldsymbol{e}_z = 0.588\boldsymbol{e}_z$$

即

$$T = 0.588\ \text{N}\cdot\text{m}\ （逆时针）$$

因此，要对控制体施加逆时针方向的力矩 $0.588\,\text{N}\cdot\text{m}$，才能使洒水器以 $120\,\text{r/min}$ 的转速等角速度旋转。

(2) 当阻力矩为零时可得

$$T = \rho Q_\text{i}[RV_\text{no} - R^2\omega] = 0$$

$$\omega = \frac{V_\text{no}}{R} = \frac{Q_\text{i}}{2A_0R} = \frac{6\times10^{-3}}{2\times0.001\times0.2} = 15(\text{rad/s})$$

因此洒水器的旋转角速度将增至

$$n = \frac{\omega}{2\pi}\times60 = \frac{15\times60}{2\pi} = 143.24(\text{r/min})$$

解毕。

6.3 叶轮机械的欧拉公式

工程中常用的压气机、水泵等机械利用旋转叶轮对流体做功，以提高流体的动能或压强；而汽轮机、水轮机等动力机械则利用高速或高焓气体推动旋转叶轮做功。这两类机械统称叶轮式流体机械，简称叶轮机械。以流动的形式分类，叶轮机械又可以分成轴流式和离心式。流体沿旋转轴方向通过叶轮的机械称为轴流式，流体沿垂直于旋转轴的平面上通过叶轮的机械称为离心式。

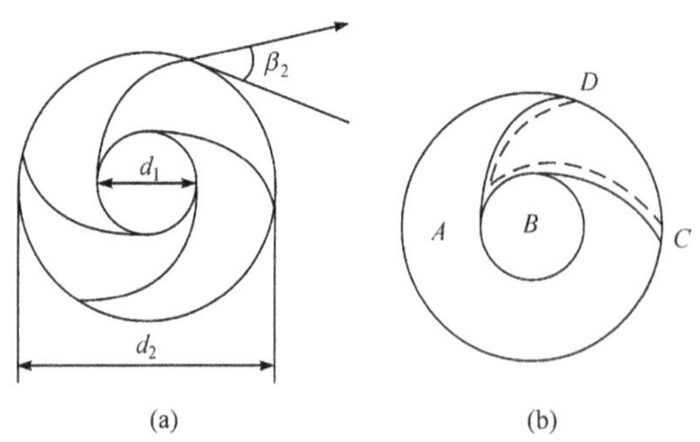

图 6-5 (a)叶轮机械示意图和(b)一个叶片通道控制体

图 6-5(a)是一个离心式叶轮机械的示意图，流体在纸面内通过叶轮，叶轮绕垂直于纸面的轴线以等角速度旋转。叶轮入口直径为 d_1，叶轮上有 N 个叶片，叶轮出口直径为 d_2。相对于

旋转叶轮，流体流入及流出的相对速度为 w_1 和 w_2，它们与叶轮周向速度之间的夹角分别称为入口安装角 β_1 和出口安装角 β_2，流经叶轮的流体质量流量为 $\dot{M}$。接下来，将介绍如何采用流体力学的积分型动量矩方程来计算叶轮对流体所做的功。

实际叶轮中的流动比较复杂，因此需要进行一些简化以求得简便的工程计算公式。首先，假定叶片很薄，其厚度对流动的影响忽略不计；其次，假定任意两叶片间的流动都相同，即流动参数沿周向均匀分布；最后，假定流动是平面流，即流动参数沿轴向不变。取固结于叶轮的旋转坐标系，在其中以两叶片的壁面和入口、出口截面 $ABCD$ 建立控制体，如图 6-5(b)所示。令流动是平面的，轴向取单位长度。由于存在惯性效应，在旋转坐标系中质量力除重力外还应包括惯性力。对于等速旋转的叶轮，牵连加速度只有向心加速度，故惯性力强度为

$$-\boldsymbol{a}=-\boldsymbol{\omega}\times(\boldsymbol{\omega}\times\boldsymbol{r})-2\boldsymbol{\omega}\times\boldsymbol{w}=\omega^2\boldsymbol{r}+2\boldsymbol{w}\times\boldsymbol{\omega} \tag{6.3.1}$$

其中，$\boldsymbol{\omega}$ 为叶轮旋转角速度矢量；$\boldsymbol{w}$ 为流体相对于旋转叶轮的运动速度；$\boldsymbol{r}$ 为平面极坐标位置矢量。式(6.3.1)右端第一项为离心惯性力强度，第二项为科氏惯性力强度。

在旋转坐标系中，流体做定常流动，在图 6-5(b)所示控制体上建立质量守恒方程或连续性方程，可以得到

$$\iint_S \rho(\boldsymbol{w}\cdot\boldsymbol{n})\mathrm{d}S=0$$

在叶片表面上，速度无穿透，$\boldsymbol{w}\cdot\boldsymbol{n}=0$，故连续性方程可以化简为

$$-\iint_{S_1}\rho_1\boldsymbol{w}_1\cdot\boldsymbol{n}_1\mathrm{d}S=\iint_{S_2}\rho_2\boldsymbol{w}_2\cdot\boldsymbol{n}_2\mathrm{d}S=\dot{M}/N \tag{6.3.2}$$

由于忽略了叶片的厚度，所以 $S_1=\pi d_1/N$，$S_2=\pi d_2/N$，N 为叶轮上的叶片数，在极坐标中式(6.3.2)还可写成

$$\int_0^{2\pi/N}\rho\boldsymbol{w}\cdot\boldsymbol{r}\mathrm{d}\theta=\dot{M}/N \tag{6.3.3}$$

为求叶轮对流体所做的功，首先应采用动量矩方程求出叶轮对流体作用的力矩。在随叶轮旋转的坐标系中，相对运动定常，故局部导数项为零。动量矩方程可化简为

$$\iint_S(\boldsymbol{r}\times\rho\boldsymbol{w})(\boldsymbol{w}\cdot\boldsymbol{n})\mathrm{d}S=\iiint_{\forall}\rho\boldsymbol{r}\times\boldsymbol{f}_m\mathrm{d}\forall+\iint_S\boldsymbol{r}\times(f_s\boldsymbol{n})\mathrm{d}S \tag{6.3.4}$$

接下来分别计算式(6.3.4)中各项。

(1)由于在叶片表面上有 $\boldsymbol{w}\cdot\boldsymbol{n}=0$，式(6.3.4)等号左端动量矩输运量可以写成

$$\iint_S(\boldsymbol{r}\times\rho\boldsymbol{w})(\boldsymbol{w}\cdot\boldsymbol{n})\mathrm{d}S=\iint_{S_1}(\boldsymbol{r}_1\times\rho\boldsymbol{w}_1)(\boldsymbol{w}_1\cdot\boldsymbol{n}_1)\mathrm{d}S+\iint_{S_2}(\boldsymbol{r}_2\times\rho\boldsymbol{w}_2)(\boldsymbol{w}_2\cdot\boldsymbol{n}_2)\mathrm{d}S \tag{6.3.5}$$

令在叶片入口、出口 S_1、S_2 面上流动均匀分布，那么可得 $\boldsymbol{r}_1\times\rho\boldsymbol{w}_1=-\rho_1 r_1 w_1\cos\beta_1\boldsymbol{e}_z$、$\boldsymbol{r}_2\times\rho\boldsymbol{w}_2=-\rho_2 r_2 w_2\cos\beta_2\boldsymbol{e}_z$，其中 $\boldsymbol{e}_z$ 代表与纸面垂直的单位矢量，代入式(6.3.5)后可得

$$\iint_{S_1}(\boldsymbol{r}_1\times\rho\boldsymbol{w}_1)(\boldsymbol{w}_1\cdot\boldsymbol{n}_1)\mathrm{d}S=\boldsymbol{r}_1\times\boldsymbol{w}_1\iint_{S_1}\rho_1(\boldsymbol{w}_1\cdot\boldsymbol{n}_1)\mathrm{d}S=\frac{-\boldsymbol{r}_1\times\boldsymbol{w}_1\dot{M}}{N}=\frac{\dot{M}}{N}r_1w_1\cos\beta_1\boldsymbol{e}_z$$

$$\iint_{S_2}(\boldsymbol{r}_2\times\rho\boldsymbol{w}_2)(\boldsymbol{w}_2\cdot\boldsymbol{n}_2)\mathrm{d}S=\boldsymbol{r}_2\times\boldsymbol{w}_2\iint_{S_2}\rho_2(\boldsymbol{w}_2\cdot\boldsymbol{n}_2)\mathrm{d}S=\frac{\boldsymbol{r}_2\times\boldsymbol{w}_2\dot{M}}{N}=-\frac{\dot{M}}{N}r_2w_2\cos\beta_2\boldsymbol{e}_z$$

总的动量矩输运量为

$$\iint_S (\boldsymbol{r}\times\rho\boldsymbol{w})(\boldsymbol{w}\cdot\boldsymbol{n})\mathrm{d}S=\frac{\dot{M}}{N}(r_1w_1\cos\beta_1-r_2w_2\cos\beta_2)\boldsymbol{e}_z \tag{6.3.6}$$

(2) 式(6.3.4)等号右侧第一项为作用在流体上的质量力矩：

$$\iiint_{\forall}\rho\boldsymbol{r}\times\boldsymbol{f}\mathrm{d}\forall=\iiint_{\forall}\rho\boldsymbol{r}\times\left(\omega^2\boldsymbol{r}-2\boldsymbol{\omega}\times\boldsymbol{w}\right)\mathrm{d}\forall \tag{6.3.7}$$

根据矢量运算法则，式(6.3.7)等号右侧第一项为零，第二项可展开为

$$-2\boldsymbol{r}\times(\boldsymbol{\omega}\times\boldsymbol{w})=-2\left[(\boldsymbol{r}\cdot\boldsymbol{w})\boldsymbol{\omega}-(\boldsymbol{r}\cdot\boldsymbol{\omega})\boldsymbol{w}\right]$$

由于向径 $\boldsymbol{r}$ 与旋转角速度垂直，即 $\boldsymbol{r}\cdot\boldsymbol{\omega}=0$，故可以得到质量力产生的力矩为

$$\iiint_{\forall}\rho\boldsymbol{r}\times\boldsymbol{f}\mathrm{d}\forall=-2\iiint_{\forall}\rho(\boldsymbol{r}\cdot\boldsymbol{w})\boldsymbol{\omega}\mathrm{d}\forall=-2\omega\boldsymbol{e}_z\iiint_{\forall}\rho(\boldsymbol{r}\cdot\boldsymbol{w})\mathrm{d}\forall \tag{6.3.8}$$

将式(6.3.8)写成柱坐标系中的形式，轴向取单位长度，可得质量力矩积分式为

$$\iiint_{\forall}\rho\boldsymbol{r}\times\boldsymbol{f}\mathrm{d}\forall=-2\int_{r_1}^{r_2}\mathrm{d}r\int_0^{2\pi/N}\rho r(\boldsymbol{r}\cdot\boldsymbol{w})\omega\mathrm{d}\theta=-2\omega\boldsymbol{e}_z\int_{r_1}^{r_2}r\mathrm{d}r\int_0^{2\pi/N}\rho(\boldsymbol{r}\cdot\boldsymbol{w})\mathrm{d}\theta$$

将连续性方程(6.3.2)代入质量力矩积分式，可得质量力矩等于

$$\iiint_{\forall}\rho\boldsymbol{r}\times\boldsymbol{f}\mathrm{d}\forall=\frac{-2\omega\dot{M}}{N}\boldsymbol{e}_z\int_{r_1}^{r_2}r\mathrm{d}r=\frac{-\omega\dot{M}}{N}\left(r_2^2-r_1^2\right)\boldsymbol{e}_z \tag{6.3.9}$$

(3) 式(6.3.4)等号右侧作用在流体上的表面力矩为

$$\iint_S\boldsymbol{r}\times(f_s\boldsymbol{n})\mathrm{d}S=\iint_{S_1}\boldsymbol{r}_1\times(-p\boldsymbol{n}_1)\mathrm{d}S+\iint_{S_2}\boldsymbol{r}_2\times(-p\boldsymbol{n}_2)\mathrm{d}S+\frac{L}{N}\boldsymbol{e}_z \tag{6.3.10}$$

由于在进、出口 S_1、S_2 面上，$\boldsymbol{n}_1=-\boldsymbol{e}_{r_1},\boldsymbol{n}_2=-\boldsymbol{e}_{r_2}$，故 $\boldsymbol{r}_1\times\boldsymbol{n}_1=\boldsymbol{0},\boldsymbol{r}_2\times\boldsymbol{n}_2=\boldsymbol{0}$，即进、出口面上压力矩为零。因而，流体表面力矩积分 $\iint_S\boldsymbol{r}\times(f_s\boldsymbol{n})\mathrm{d}S$ 等于叶片作用在流体上的力矩 $\frac{L}{N}\boldsymbol{e}_z$，其中，$L$ 为总的力矩大小，故有

$$\iint_S\boldsymbol{r}\times(f_s\boldsymbol{n})\mathrm{d}S=\frac{L}{N}\boldsymbol{e}_z \tag{6.3.11}$$

将动量矩输运量、作用在流体的质量力矩和表面力矩代入动量矩方程(6.3.4)，可得

$$\frac{\dot{M}}{N}(r_1w_1\cos\beta_1-r_2w_2\cos\beta_2)\boldsymbol{e}_z=\frac{L}{N}\boldsymbol{e}_z-\frac{\dot{M}}{N}(r_2^2-r_1^2)\omega\boldsymbol{e}_z \tag{6.3.12}$$

化简式(6.3.12)，可以得到叶轮对流体作用的总力矩为

$$L=\dot{M}\left[r_1w_1\cos\beta_1-\omega r_1^2-(r_2w_2\cos\beta_2-\omega r_2^2)\right] \tag{6.3.13}$$

叶轮对流体所做功率等于作用力矩乘以角速度，即 $P=L\omega$，将式(6.3.13)代入可得

$$P=\dot{M}\omega\left[r_1w_1\cos\beta_1-\omega r_1^2-\left(r_2w_2\cos\beta_2-\omega r_2^2\right)\right] \tag{6.3.14}$$

式(6.3.13)和式(6.3.14)称为欧拉叶轮机械公式，其中 β_1、β_2、r_1 和 r_2 为叶轮的几何参数；$\dot{M}$ 为质量流量；ω 为叶轮转速。这些量给定后，只要算出 w_1 和 w_2 便能得到叶片对流体作用的力矩和功率。

在叶轮机械中，常用速度三角形方法来求叶片的进、出口相对速度 w_1 和 w_2。在叶轮中流体质点的相对运动速度是 $\boldsymbol{w}$，流体质点相对于固定坐标系的绝对速度用 $\boldsymbol{c}$ 表示，叶轮旋转坐

标系中的牵连速度为 $\boldsymbol{\omega}\times\boldsymbol{r}$ ，三者之间关系为

$$\boldsymbol{c}=\boldsymbol{w}+\boldsymbol{\omega}\times\boldsymbol{r} \tag{6.3.15}$$

用几何方法表示式(6.3.15)的速度关系式称为速度三角形，如图 6-6 所示。其中 $\boldsymbol{u}$ 表示周向速度 $\boldsymbol{\omega}\times\boldsymbol{r}$ ，它沿圆周切向。叶片进、出口处的切线方向与叶轮周向速度方向的交角 β_1 和 β_2 定义为叶片安装角。在进、出口处，流体绝对速度 $\boldsymbol{c}$ 与叶轮周向速度方向的交角定义为进气角和出气角，并用 α_1 、α_2 表示。由图 6-6 所示的速度三角形几何关系，可得

$$u_1-w_1\cos\beta_1=r_1\omega-w_1\cos\beta_1=c_1\cos\alpha_1=c_{1u}$$

同理，

$$u_2-w_2\cos\beta_2=r_2\omega-w_2\cos\beta_2=c_2\cos\alpha_2=c_{2u}$$

代入式(6.3.13)和式(6.3.14)，叶轮功率公式可改写为

$$L=\dot{M}\left(r_2c_2\cos\alpha_2-r_1c_1\cos\alpha_1\right) \tag{6.3.16}$$

$$P=L\omega=\dot{M}\left(u_2c_{2u}-u_1c_{1u}\right) \tag{6.3.17}$$

其中，c_{1u} 、c_{2u} 为进、出口流体绝对速度的沿圆周切向的分量；u_1 、u_2 为入口、出口处的叶轮旋转的圆周速度。

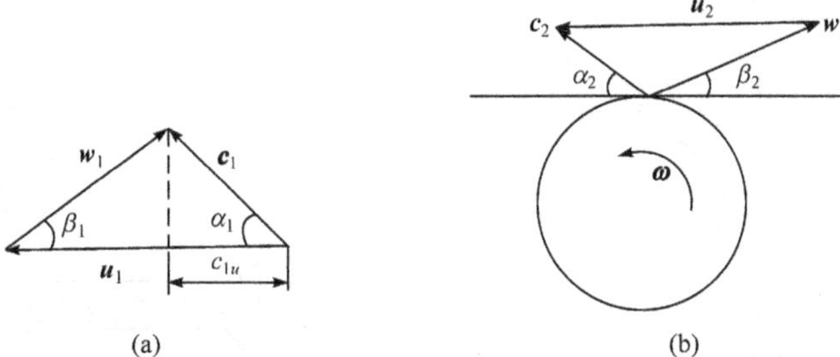

图 6-6　速度三角形

如果 $P>0$ ，根据式(6.3.17)，有 $u_2c_{2u}-u_1c_{1u}>0$ 。

此时代表叶轮对流体做功，这种机械称为压缩机。同理，根据式(6.3.17)，如果 $P<0$ ，可知有

$$u_2c_{2u}-u_1c_{1u}<0$$

此时代表流体对叶轮做功，这种机械为膨胀机或涡轮机。

科技前沿(6)——航空发动机

人物介绍(6)——欧拉

习　　题

6-1　如图 6-7 所示，一股射流以速度 V_0 水平射到倾斜光滑平板上，射流的体积流量为 Q_0 。求沿板面两侧的分流量 Q_1 和 Q_2 的表达式以及射流对板面的作用力(忽略流体撞击的损失和重力影响，并假设射流内的压强在分流前后没有变化)。

6-2　高压管末端的喷嘴如图 6-8 所示。其中出口直径 $d=10\text{cm}$ ，管段直径 $D=40\text{cm}$ ，喷嘴内流体流量 $Q=0.4\text{m}^3/\text{s}$ ，喷嘴和管以法兰盘连接，共用 12 个螺栓，不计水和管嘴的重量，求每个螺栓的受力大小和方向。

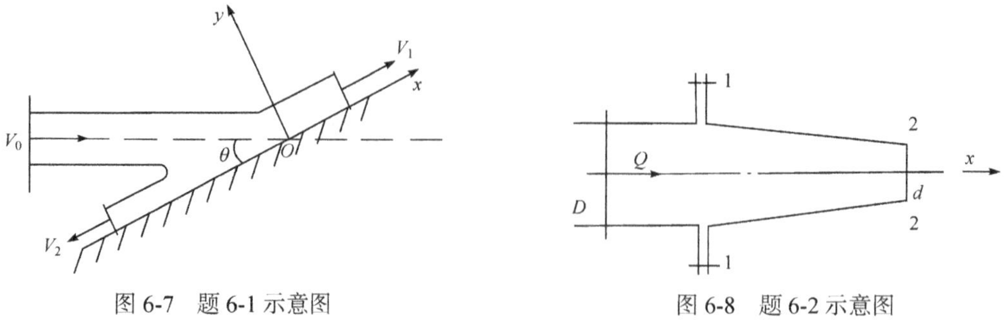

图 6-7　题 6-1 示意图　　　　图 6-8　题 6-2 示意图

6-3　将一块平板伸到水柱内，水柱被截后流动如图 6-9 所示，其中板面垂直于水柱轴线。已知水柱流量为 $Q = 0.012\text{m}^3/\text{s}$，水流速度 $V = 10\text{m/s}$，被截取的流量 $Q_1 = 0.004\text{m}^3/\text{s}$，忽略重力及摩擦力，试确定水柱作用在板上的合力 R 及水流的偏转角 α。

6-4　如图 6-10 所示，水射流以速度 v 从喷嘴射出，垂直冲击到一块平板上。该平板以速度 $u = 0.6\text{m/s}$ 沿射流的方向运动，射流的横截面积为 A，直径 $d = 0.225\,\text{m}$，流量 $Q = 0.14\text{m}^3/\text{s}$，求射流对平板的作用力及功率。

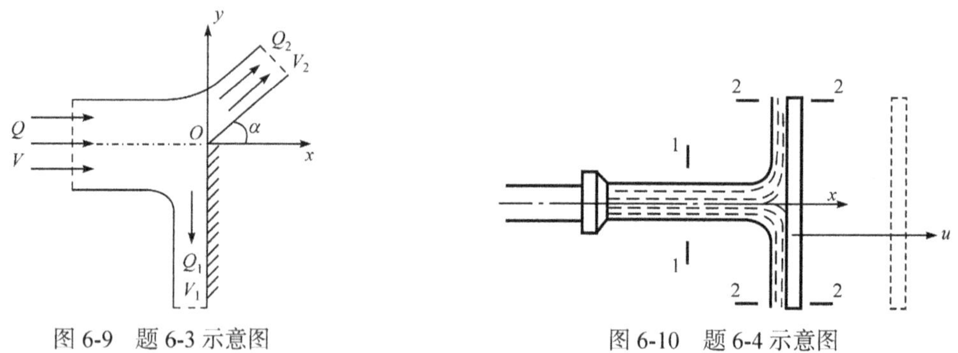

图 6-9　题 6-3 示意图　　　　图 6-10　题 6-4 示意图

6-5　如图 6-11 所示，水射流以速度 v 冲击弯曲对称叶片，不计重力及摩擦，试求：(1) 喷嘴及叶片都固定；(2) 喷嘴固定，叶片以速度 u 后退，这两种情况下，射流对叶片的作用力。

6-6　如图 6-12 所示，空重为 W 的容器内盛有体积为 V 的水，其密度为 ρ，入口、出口管直径均为 D，入口、出口体积流量均为 Q，将此容器放在秤上，试求台秤的示数如何?

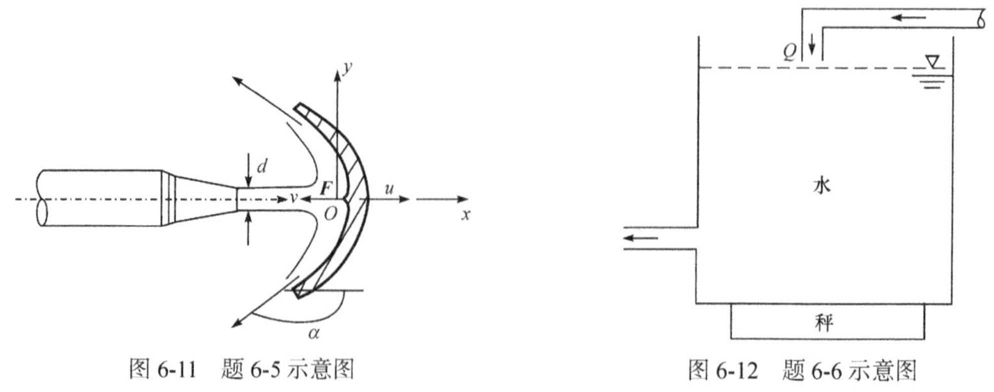

图 6-11　题 6-5 示意图　　　　图 6-12　题 6-6 示意图

6-7　偏心管接头如图 6-13 所示，管直径为 d，管距为 $2h$，流体密度为 ρ，流速为 V，压强为 p。不计重力和流体黏性的影响，试求为防止管接头转动而需要施加的力矩。

6-8　一个三臂喷水器如图 6-14 所示，其中喷水器的半径 $R=150\,\text{mm}$，喷水管的直径 $d=7\,\text{mm}$，夹角 $\theta=30°$。从中间吸入的水流量为 $1.2\times10^{-3}\,\text{m}^3/\text{s}$，若不计轴环的摩擦力，则其稳定的转速为多少？

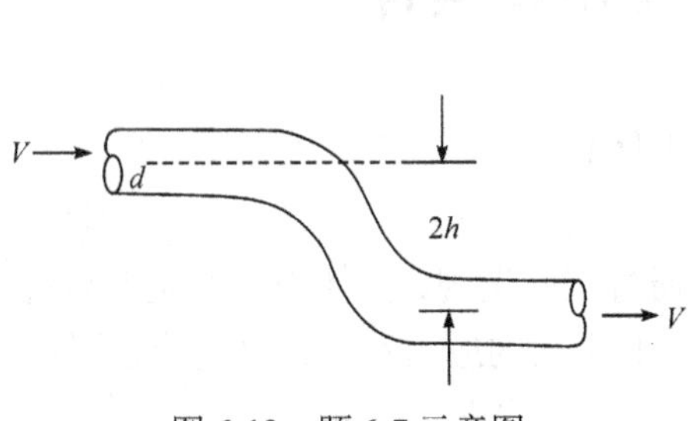

图 6-13　题 6-7 示意图

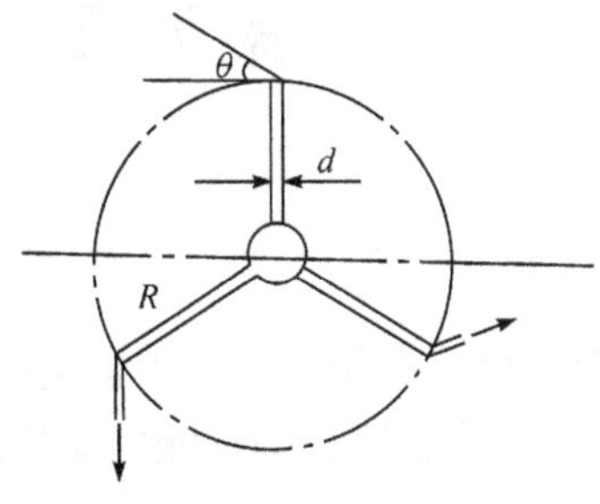

图 6-14　题 6-8 示意图

6-9　如图 6-15 所示，洒水器的旋转半径为 $R=200\text{mm}$，喷嘴直径 $d=8\text{mm}$，喷射方向 $\theta=45°$，每个喷嘴的射流量 $Q=0.28\text{L/s}$。(1)若已知摩擦力矩为 $0.2\text{N}\cdot\text{m}$，求转速 n；(2)若在喷水时不让它旋转且忽略摩擦，应施加多大的力矩？

6-10　如图 6-16 所示两臂长度不等的旋转洒水器，其中 $l_1=1.2\,\text{m}$，$l_2=1.5\,\text{m}$。若喷口直径为 $d=25\,\text{mm}$ 且每个喷口的水流量为 $Q=3\times10^{-3}\,\text{m}^3/\text{s}$。不计摩擦力矩，试求洒水器的转速。

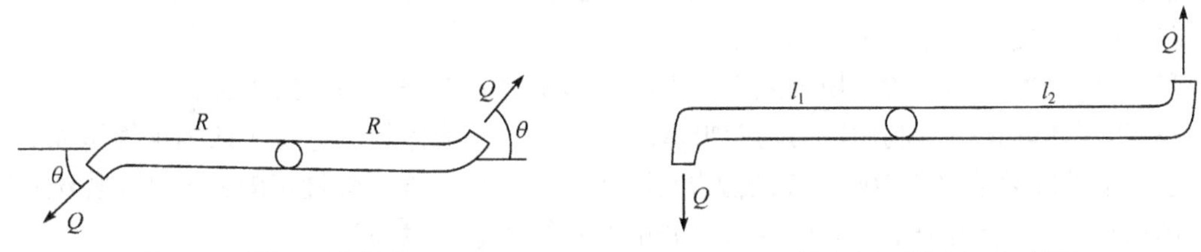

图 6-15　题 6-9 示意图　　　图 6-16　题 6-10 示意图

6-11　如图 6-17 所示离心式风机，其中 $d_1=280\text{mm}$，$d_2=320\text{mm}$，叶片高度 $b=20\text{mm}$。入口角 $\beta_1=30°$，出口角 $\beta_2=90°$。若风机逆时针旋转，转速为 3000r/min，入口相对速度为 $w_1=75\text{m/s}$，空气密度 $\rho=1.23\text{kg/m}^3$，求风机的功率。

6-12　图 6-18 为径流式涡轮机，其内、外半径分别为 $r_1=150\text{mm}, r_2=400\text{mm}$。叶片内、外高分别为 $b_1=50\text{mm}, b_2=30\text{mm}$。此涡轮机入口水流径向和切向速度分别为 $V_{r2}=12\text{m/s}$，$V_{t2}=30\text{m/s}$，出口切向速度为 $V_{t1}=5\text{m/s}$，涡轮机的转速为 1800r/min，不计能量损失，计算该涡轮机产生的功率。

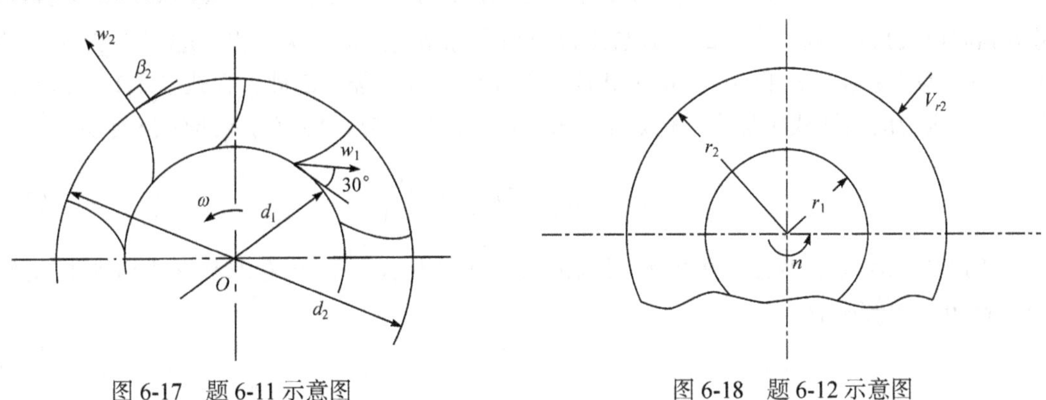

图 6-17　题 6-11 示意图　　　图 6-18　题 6-12 示意图

第 7 章　基本方程及定解条件

7.1　流体本构方程

1.2 节中已经介绍过牛顿平板实验的相关内容。通过实验发现，流体中的切应力与流体运动的角变形率成正比，即牛顿内摩擦定律。采用本书所定义的应力符号，该定律也可以写成如下形式：

$$\tau_{yx} = \mu \frac{\partial u}{\partial y} \tag{7.1.1}$$

其中，μ为动力黏度；$\partial u/\partial y$为牛顿平板实验中平行剪切流的角变形率。式(7.1.1)是最简单的应力与变形率之间的关系式，仅适用于平行剪切流动。要得到一般形式的应力与变形率之间的关系式还需运用理论推演的手段。英国科学家斯托克斯在 1845 年把牛顿内摩擦定律推广到了任意的三维流动。他认为，应力与变形率之间的关系应该满足以下三个条件：

(1)应力与变形率之间呈正比关系；

(2)流体是各向同性的，换言之，应力与变形率之间的关系与方向无关；

(3)当流体静止时，利用应力与变形率之间的关系，流体的正应力应该等于静压强。

这三个条件通常也称为斯托克斯假设(注：此处的正应力σ为黏性正应力τ和压强p之和)。

由假设(1)，应力分量与对应变形率分量之间的关系可以写为

$$\sigma_{xx} = a\varepsilon_x + b \tag{7.1.2}$$

$$\sigma_{yy} = a\varepsilon_y + b \tag{7.1.3}$$

$$\sigma_{zz} = a\varepsilon_z + b \tag{7.1.4}$$

$$\tau_{xy} = \tau_{yx} = a\gamma_z \tag{7.1.5}$$

$$\tau_{yz} = \tau_{zy} = a\gamma_x \tag{7.1.6}$$

$$\tau_{zx} = \tau_{xz} = a\gamma_y \tag{7.1.7}$$

其中，ε_x、ε_y、ε_z和γ_x、γ_y、γ_z为 3.4 节中所定义的线变形率和角变形率；a和b为待定常数。考虑到假设(2)，可知式(7.1.2)～式(7.1.7)应与坐标系的选取无关。再考虑到假设(3)，当流体静止时其线变形率等于零，此时的正应力等于流体静压强，因此，在式(7.1.2)～式(7.1.4)中三个正应力的表达式中加入了待定常数b。根据式(7.1.5)，切应力τ_{yx}应该表示为

$$\tau_{yx} = a\gamma_z = \frac{a}{2}\left(\frac{\partial v}{\partial x} + \frac{\partial u}{\partial y}\right) \tag{7.1.8}$$

将式(7.1.8)与由牛顿平板实验得到的式(7.1.1)相比较，并考虑到在牛顿平板实验中$\partial v / \partial x = 0$，可知必有

$$a = 2\mu \tag{7.1.9}$$

运用式(7.1.9)所给出的a，由式(7.1.2)～式(7.1.4)可以得到三个正应力分量的表达式为

$$\sigma_{xx}=2\mu\frac{\partial u}{\partial x}+b \tag{7.1.10}$$

$$\sigma_{yy}=2\mu\frac{\partial v}{\partial y}+b \tag{7.1.11}$$

$$\sigma_{zz}=2\mu\frac{\partial w}{\partial z}+b \tag{7.1.12}$$

再把三个正应力分量相加得到

$$\sigma_{xx}+\sigma_{yy}+\sigma_{zz}=2\mu\left(\frac{\partial u}{\partial x}+\frac{\partial v}{\partial y}+\frac{\partial w}{\partial z}\right)+3b \tag{7.1.13}$$

当流体静止时，正应力等于流体静压强，即有

$$\sigma_{xx}=\sigma_{yy}=\sigma_{zz}=-p_m \tag{7.1.14}$$

由于黏性正应力的存在，运动流体的压力在数值上一般不等于正应力，但有

$$p_m=-\frac{\sigma_{xx}+\sigma_{yy}+\sigma_{zz}}{3}=p-\left(\lambda+\frac{2\mu}{3}\right)\left(\frac{\partial u}{\partial x}+\frac{\partial v}{\partial y}+\frac{\partial w}{\partial z}\right) \tag{7.1.15}$$

其中，λ为第二黏度，斯托克斯提出假设认为$\lambda=-\frac{2}{3}\mu$，这一关系式得到广泛采用但直到今天都没有被严格证明。比较式(7.1.13)～式(7.1.15)，解出常数b，即

$$b=-p-\frac{2\mu}{3}\left(\frac{\partial u}{\partial x}+\frac{\partial v}{\partial y}+\frac{\partial w}{\partial z}\right) \tag{7.1.16}$$

把式(7.1.9)中a和式(7.1.16)中b的表达式代入式(7.1.2)～式(7.1.7)中，就可以得到应力与变形率之间的关系，其中三个正应力分量为

$$\sigma_{xx}=-p+2\mu\frac{\partial u}{\partial x}-\frac{2\mu}{3}\left(\frac{\partial u}{\partial x}+\frac{\partial v}{\partial y}+\frac{\partial w}{\partial z}\right) \tag{7.1.17}$$

$$\sigma_{yy}=-p+2\mu\frac{\partial v}{\partial y}-\frac{2\mu}{3}\left(\frac{\partial u}{\partial x}+\frac{\partial v}{\partial y}+\frac{\partial w}{\partial z}\right) \tag{7.1.18}$$

$$\sigma_{zz}=-p+2\mu\frac{\partial w}{\partial z}-\frac{2\mu}{3}\left(\frac{\partial u}{\partial x}+\frac{\partial v}{\partial y}+\frac{\partial w}{\partial z}\right) \tag{7.1.19}$$

三对切应力分量为

$$\tau_{xy}=\tau_{yx}=\mu\left(\frac{\partial v}{\partial x}+\frac{\partial u}{\partial y}\right) \tag{7.1.20}$$

$$\tau_{yz}=\tau_{zy}=\mu\left(\frac{\partial w}{\partial y}+\frac{\partial v}{\partial z}\right) \tag{7.1.21}$$

$$\tau_{zx}=\tau_{xz}=\mu\left(\frac{\partial u}{\partial z}+\frac{\partial w}{\partial x}\right) \tag{7.1.22}$$

应力与变形率之间的关系式(7.1.17)～式(7.1.22)通常称为本构方程。广义地讲，反映物质物理属性的关系式可统称为本构方程。而在流体力学中，它一般专指应力与变形率之间的关系。在固体力学中，本构方程指的是应力与应变之间的关系，也就是广义胡克定律。

如果流体是不可压缩的，可知有

$$\frac{\partial u}{\partial x}+\frac{\partial v}{\partial y}+\frac{\partial w}{\partial z}=0 \tag{7.1.23}$$

此时式(7.1.17)～式(7.1.19)可进一步化简为

$$\sigma_{xx}=-p+2\mu\frac{\partial u}{\partial x} \tag{7.1.24}$$

$$\sigma_{yy}=-p+2\mu\frac{\partial v}{\partial y} \tag{7.1.25}$$

$$\sigma_{zz}=-p+2\mu\frac{\partial w}{\partial z} \tag{7.1.26}$$

实践证明，对于大多数流体的流动，本构方程都能够较好地描述应力与变形率之间的关系。然而，自然界中也有一些流体不满足这个定律。通常将满足这个定律的流体称为牛顿流体，不满足这个定律的流体称为非牛顿流体。

7.2 流体的热力学状态方程

在 7.1 节介绍的流体本构方程中含有压强 p，对于可压缩流体的流动问题，压强 p 通常与流体密度 ρ、温度 T 等热力学状态量相关。表征流体处于热力学平衡态时压强 p、流体密度 ρ、温度 T 等三个热力学参量的函数关系式称为状态方程。不同流体有不同的状态方程。对于气体而言，当其所受压力趋于零且密度极低时，气体分子之间相互作用力可以忽略不计，气体分子的体积也可忽略。此时，其力学行为与理想气体相似，即其状态方程满足

$$p=\rho RT \tag{7.2.1}$$

其中，R 为气体常数，与气体的相对分子质量有关，$R=R_u/M$，$R_u=8.314\text{J}/(\text{mol}\cdot\text{K})$ 为摩尔气体常数，M 为气体的摩尔质量。实际情况下，随着气体受到压力的增大，气体的状态方程都会偏离理想气体状态方程。随着工业的发展，气体受高压过程的应用日趋增多，对实际气体状态方程的理论或实验研究都得到了促进和发展。目前，相关的状态方程已提出了上百个，但仅有十多个得到广泛应用。

7.2.1 van der Waals 状态方程

van der Waals 状态方程是 1873 年由荷兰物理学家 van der Waals 提出的一种实际气体状态方程，它是对理想气体状态方程的一种改进，考虑了理想气体模型中忽略的气体分子体积以及分子间相互作用力，从而能够更好地描述气体的宏观物理属性：

$$\left(p+\frac{a}{V^2}\right)(V-b)=RT \tag{7.2.2}$$

其中，$V=M/\rho$ 为气体的摩尔体积；a 和 b 分别反映了气体分子之间的相互作用力和分子的体积，可以通过实验测定。

7.2.2 Redlich-Kwong 状态方程

Redlich-Kwong 状态方程是由 1949 年瑞里奇(O.Redlich)和邝(J.N.S.Kwong)对 van der Waals

状态方程进行改进得到的。后人在此基础上进行了深入研究，提出了一系列状态方程，可统一表示成如下形式：

$$p=\frac{RT}{V-b+c}-\frac{a}{\left(V^2+\delta V+\varepsilon\right)} \tag{7.2.3}$$

其中，p 为绝对压力；V 为摩尔体积；T 为热力学温度；R 为气体常数；其余参数 a、b、c、δ、ε 根据具体情况分别给出，与流体的临界温度、临界压力等有关系。在实际工程应用中，式(7.2.3)可以在远离理想气体状态下计算非极性气体的状态，并且在混合物计算与相平衡近似计算中取得相当好的结果。但对极性气体的计算精度较差。当式(7.2.3)中各参数取值如下：

$$a(T)=\frac{a_0}{\left(T/T_{\mathrm{c}}\right)^{0.5}},\quad a_0=\frac{0.42747R_u^2T_{\mathrm{c}}^2}{P_{\mathrm{c}}},\quad \delta=b=\frac{0.08664R_uT_{\mathrm{c}}}{P_{\mathrm{c}}}$$

其余参数 c、ε 为零，且 T_{c}、P_{c} 为临界温度和临界压力时，式(7.2.3)称为 Redlich-Kwong 状态方程。当式(7.2.3)中参数取不同取值时，可以得到一系列衍生方程。

7.2.3　维里 Virial 状态方程

1901 年，卡末林·昂尼斯提出以幂级数形式来表达状态方程，即

$$pV=RT\left(1+\frac{B}{V}+\frac{C}{V^2}+\frac{D}{V^3}+\cdots\right) \tag{7.2.4}$$

其中，系数 B、C、D 等仅视为温度的函数，称为第二、第三、第四…维里系数，式(7.2.4)所示形式的状态方程称为维里(Virial)状态方程。维里状态方程的项数可以按照方程的精确程度来选定，相应系数可依据实验数据拟合确定。维里系数的物理意义在统计物理学中有一定的解释，例如，第二维里系数反映一对分子间的相互作用造成的气体性质与理想气体的偏差，第三维里系数反映三个分子间的相互作用造成的偏差，等等。因此，维里系数还可以用理论导出，目前，用统计力学方法可以计算到第三维里系数。

7.2.4　对比状态方程

研究表明，各种物质的热力性质存在一定的相似性，即热力学相似。它表现在用无量纲的对比参数来表达热力性质时，各种物质的热力性质可以用同一个方程式来表达，方程中不包含任何与物质种类有关的常数。对比状态方程就是用无量纲的对比参数表达的各种物质通用的状态方程式，其中，

对比压力为
$$p_{\mathrm{r}}=\frac{p}{p_{\mathrm{c}}} \tag{7.2.5}$$

对比温度为
$$T_{\mathrm{r}}=\frac{T}{T_{\mathrm{c}}} \tag{7.2.6}$$

对比摩尔体积为
$$V_{\mathrm{r}}=\frac{V}{V_{\mathrm{c}}} \tag{7.2.7}$$

压缩因子为
$$Z=\frac{pV}{RT} \tag{7.2.8}$$

上述对比压力、对比温度、对比摩尔体积等参数均是与气体临界点相同参数的比值。压

缩因子 Z 则是气体体积与按理想气体状态方程计算得的体积的比值。压缩因子表达了实际气体性质与理想气体性质的偏差，Z 偏离 1 越远，气体的性质偏离理想气体越远。实验结果表明，具有相同对比压力和对比温度时，不同气体的压缩因子基本相等(平均偏差在 5%以内)。这个由实验得出的规律称为对应态定律，其数学表达为

$$Z = f\left(p_{\mathrm{r}}, T_{\mathrm{r}}\right) \tag{7.2.9}$$

式(7.2.9)即对比状态方程的表达形式。对比状态方程的优点是通用性，对各种工质只需知道它们的临界点参数就可以进行热力性质计算。因为各种物质间的热力学相似性只是近似的，仅包含两个对比参数的对比状态方程不能给出较精确的计算结果。为此，一些研究者在方程中引入一些表征气体分子结构或运动特征的无量纲量，组成有较多参数的、精度较高的对比状态方程。

7.3 流体力学基本方程组和边界条件

前面介绍了流体流动需要满足的连续性方程、动量方程、动量矩方程以及能量方程，同时介绍了与流体物质属性相关的流体本构方程和热力学状态方程，它们组成求解流体流动问题的基本方程组，通过补充相应的定解条件，如边界条件和初始条件，就可以通过基本方程组对流动问题进行求解。

7.3.1 动量方程

将牛顿流体的本构关系式(7.1.17)～式(7.1.22)代入微分形式动量方程(6.1.17)～式(6.1.19)，即可得到牛顿流体的动量方程，在笛卡儿直角坐标系中，以 x 方向分量形式为例，可以写成

$$\begin{aligned}\rho\frac{\mathrm{D}u}{\mathrm{D}t} = {} & \rho f_x - \frac{\partial p}{\partial x} + \frac{\partial}{\partial x}\left[2\mu\frac{\partial u}{\partial x} - \frac{2\mu}{3}\left(\frac{\partial u}{\partial x} + \frac{\partial v}{\partial y} + \frac{\partial w}{\partial z}\right)\right] \\ & + \frac{\partial}{\partial y}\left[\mu\left(\frac{\partial v}{\partial x} + \frac{\partial u}{\partial y}\right)\right] + \frac{\partial}{\partial z}\left[\mu\left(\frac{\partial u}{\partial z} + \frac{\partial w}{\partial x}\right)\right]\end{aligned} \tag{7.3.1}$$

7.3.2 能量方程

将牛顿流体的本构关系式(7.1.17)～式(7.1.22)代入能量方程(5.1.11)中，可得到牛顿流体的能量方程

$$\frac{\mathrm{D}e}{\mathrm{D}t} = \dot{q} - \frac{p}{\rho}\nabla\cdot\boldsymbol{V} + \frac{1}{\rho}\varPhi + \frac{1}{\rho}\nabla\cdot\left(k\nabla T\right) \tag{7.3.2}$$

其中，$\varPhi$ 为由于流体黏性引起的能量耗散，称为耗散函数。由热力学第二定律，可以断定，对于一切流体和一切流动，都有

$$\varPhi > 0 \tag{7.3.3}$$

7.3.3 流体力学方程组

根据流体运动的连续性方程、动量方程(Navier-Stokes方程)和能量方程，再加上流体的热力学状态方程，就得到了完备的流体力学方程组。在笛卡儿直角坐标系中写出其分量形式如下。

(1)连续性方程：

$$\frac{\partial\rho}{\partial t}+\frac{\partial(\rho u)}{\partial x}+\frac{\partial(\rho v)}{\partial y}+\frac{\partial(\rho w)}{\partial z}=0 \tag{7.3.4}$$

(2)动量方程：

$$\begin{aligned}\rho\left(\frac{\partial u}{\partial t}+u\frac{\partial u}{\partial x}+v\frac{\partial u}{\partial y}+w\frac{\partial u}{\partial z}\right)=&-\frac{\partial p}{\partial x}+\frac{\partial}{\partial x}\left[\left(-\frac{2}{3}\mu\right)\left(\frac{\partial u}{\partial x}+\frac{\partial v}{\partial y}+\frac{\partial w}{\partial z}\right)\right]\\&+\frac{\partial}{\partial x}\left[2\mu\frac{\partial u}{\partial x}\right]+\frac{\partial}{\partial y}\left[\mu\left(\frac{\partial u}{\partial y}+\frac{\partial v}{\partial x}\right)\right]\\&+\frac{\partial}{\partial z}\left[\mu\left(\frac{\partial u}{\partial z}+\frac{\partial w}{\partial x}\right)\right]+\rho f_x\end{aligned} \tag{7.3.5}$$

$$\begin{aligned}\rho\left(\frac{\partial v}{\partial t}+u\frac{\partial v}{\partial x}+v\frac{\partial v}{\partial y}+w\frac{\partial v}{\partial z}\right)=&-\frac{\partial p}{\partial y}+\frac{\partial}{\partial y}\left[\left(-\frac{2}{3}\mu\right)\left(\frac{\partial u}{\partial x}+\frac{\partial v}{\partial y}+\frac{\partial w}{\partial z}\right)\right]\\&+\frac{\partial}{\partial x}\left[\mu\left(\frac{\partial v}{\partial x}+\frac{\partial u}{\partial y}\right)\right]+\frac{\partial}{\partial y}\left[2\mu\frac{\partial v}{\partial y}\right]\\&+\frac{\partial}{\partial z}\left[\mu\left(\frac{\partial w}{\partial y}+\frac{\partial v}{\partial z}\right)\right]+\rho f_y\end{aligned} \tag{7.3.6}$$

$$\begin{aligned}\rho\left(\frac{\partial w}{\partial t}+u\frac{\partial w}{\partial x}+v\frac{\partial w}{\partial y}+w\frac{\partial w}{\partial z}\right)=&-\frac{\partial p}{\partial z}+\frac{\partial}{\partial z}\left[\left(-\frac{2}{3}\mu\right)\left(\frac{\partial u}{\partial x}+\frac{\partial v}{\partial y}+\frac{\partial w}{\partial z}\right)\right]\\&+\frac{\partial}{\partial x}\left[\mu\left(\frac{\partial u}{\partial z}+\frac{\partial w}{\partial x}\right)\right]+\frac{\partial}{\partial y}\left[\mu\left(\frac{\partial v}{\partial z}+\frac{\partial w}{\partial y}\right)\right]\\&+\frac{\partial}{\partial z}\left[2\mu\frac{\partial w}{\partial z}\right]+\rho f_z\end{aligned} \tag{7.3.7}$$

(3)能量方程：

$$\begin{aligned}\rho\left(\frac{\partial e}{\partial t}+u\frac{\partial e}{\partial x}+v\frac{\partial e}{\partial y}+w\frac{\partial e}{\partial z}\right)=&-p\left(\frac{\partial u}{\partial x}+\frac{\partial v}{\partial y}+\frac{\partial w}{\partial z}\right)+\Phi\\&+\frac{\partial}{\partial x}\left(k\frac{\partial T}{\partial x}\right)+\frac{\partial}{\partial y}\left(k\frac{\partial T}{\partial y}\right)+\frac{\partial}{\partial z}\left(k\frac{\partial T}{\partial z}\right)\end{aligned} \tag{7.3.8}$$

需要指出，这里能量方程中忽略了热辐射以及流动过程中由于化学反应所产生的热量。耗散函数 Φ 在笛卡儿直角坐标系中的表达形式为

$$\begin{aligned}\Phi=&\left(\mu_v-\frac{2}{3}\mu\right)\left(\frac{\partial u}{\partial x}+\frac{\partial v}{\partial y}+\frac{\partial w}{\partial z}\right)^2+2\mu\left[\left(\frac{\partial u}{\partial x}\right)^2+\left(\frac{\partial v}{\partial y}\right)^2+\left(\frac{\partial w}{\partial z}\right)^2\right]\\&+\mu\left[\left(\frac{\partial u}{\partial y}+\frac{\partial v}{\partial x}\right)^2+\left(\frac{\partial u}{\partial z}+\frac{\partial w}{\partial x}\right)^2+\left(\frac{\partial v}{\partial z}+\frac{\partial w}{\partial y}\right)^2\right]\end{aligned} \tag{7.3.9}$$

在方程(7.3.4)～方程(7.3.8)中，未知参数为 ρ 、 p 、 u 、 v 、 w 、 T 和 e 。内能 e 和温度 T 之间的关系以及压力和密度之间的关系可由热力学关系式(如 $e=C_V T$ ，其中 C_V 为定容比热)和状态方程给出。

上面给出了一般情况下描述牛顿流体运动的基本方程组，对于一些特殊的流体或流动状态，上述方程还可进行相应的简化。例如，对于重力场作用下（$\boldsymbol{g}=g\boldsymbol{e}_x$）的均质不可压缩流体（$\rho=\text{const}$）的流动，上述方程可简化如下。

（1）连续性方程：

$$\frac{\partial u}{\partial x}+\frac{\partial v}{\partial y}+\frac{\partial w}{\partial z}=0 \tag{7.3.10}$$

（2）动量方程：

$$\begin{aligned}\rho\left(\frac{\partial u}{\partial t}+u\frac{\partial u}{\partial x}+v\frac{\partial u}{\partial y}+w\frac{\partial u}{\partial z}\right)=&-\frac{\partial p}{\partial x}+\frac{\partial}{\partial x}\left(2\mu\frac{\partial u}{\partial x}\right)+\frac{\partial}{\partial y}\left[\mu\left(\frac{\partial u}{\partial y}+\frac{\partial v}{\partial x}\right)\right]\\&+\frac{\partial}{\partial z}\left[\mu\left(\frac{\partial u}{\partial z}+\frac{\partial w}{\partial x}\right)\right]+\rho g\end{aligned} \tag{7.3.11}$$

$$\begin{aligned}\rho\left(\frac{\partial v}{\partial t}+u\frac{\partial v}{\partial x}+v\frac{\partial v}{\partial y}+w\frac{\partial v}{\partial z}\right)=&-\frac{\partial p}{\partial y}+\frac{\partial}{\partial x}\left[\mu\left(\frac{\partial v}{\partial x}+\frac{\partial u}{\partial y}\right)\right]+\frac{\partial}{\partial y}\left[2\mu\frac{\partial v}{\partial y}\right]\\&+\frac{\partial}{\partial z}\left[\mu\left(\frac{\partial w}{\partial y}+\frac{\partial v}{\partial z}\right)\right]\end{aligned} \tag{7.3.12}$$

$$\begin{aligned}\rho\left(\frac{\partial w}{\partial t}+u\frac{\partial w}{\partial x}+v\frac{\partial w}{\partial y}+w\frac{\partial w}{\partial z}\right)=&-\frac{\partial p}{\partial z}+\frac{\partial}{\partial z}\left(2\mu\frac{\partial w}{\partial z}\right)+\frac{\partial}{\partial x}\left[\mu\left(\frac{\partial u}{\partial z}+\frac{\partial w}{\partial x}\right)\right]\\&+\frac{\partial}{\partial y}\left[\mu\left(\frac{\partial v}{\partial z}+\frac{\partial w}{\partial y}\right)\right]\end{aligned} \tag{7.3.13}$$

（3）能量方程：

$$\rho C_V\left(\frac{\partial T}{\partial t}+u\frac{\partial T}{\partial x}+v\frac{\partial T}{\partial y}+w\frac{\partial T}{\partial z}\right)=\Phi+\frac{\partial}{\partial x}\left(k\frac{\partial T}{\partial x}\right)+\frac{\partial}{\partial y}\left(k\frac{\partial T}{\partial y}\right)+\frac{\partial}{\partial z}\left(k\frac{\partial T}{\partial z}\right) \tag{7.3.14}$$

从方程（7.3.10）～方程（7.3.14）中可以看出，此时未知函数为 p 、u 、v 和 w ，即方程个数与未知函数个数相当，问题已经封闭。换句话说，对于均质不可压缩的流动问题，流场的温度分布可以在获得速度场之后单独通过能量方程（7.3.14）进行求解，即流体的运动状态与温度分布求解过程可以解耦。

当流体的黏性可以忽略不计时，即 $\mu=0,k=0$ ，代入方程（7.3.4）～式（7.3.8）中，可以得到理想流体流动的基本方程如下。

（1）连续性方程：

$$\frac{\partial\rho}{\partial t}+\frac{\partial(\rho u)}{\partial x}+\frac{\partial(\rho v)}{\partial y}+\frac{\partial(\rho w)}{\partial z}=0 \tag{7.3.15}$$

（2）动量方程：

$$\rho\left(\frac{\partial u}{\partial t}+u\frac{\partial u}{\partial x}+v\frac{\partial u}{\partial y}+w\frac{\partial u}{\partial z}\right)=-\frac{\partial p}{\partial x}+\rho f_x \tag{7.3.16}$$

$$\rho\left(\frac{\partial v}{\partial t}+u\frac{\partial v}{\partial x}+v\frac{\partial v}{\partial y}+w\frac{\partial v}{\partial z}\right)=-\frac{\partial p}{\partial y}+\rho f_y \tag{7.3.17}$$

$$\rho\left(\frac{\partial w}{\partial t}+u\frac{\partial w}{\partial x}+v\frac{\partial w}{\partial y}+w\frac{\partial w}{\partial z}\right)=-\frac{\partial p}{\partial z}+\rho f_z \tag{7.3.18}$$

(3)能量方程：

$$\rho C_V\left(\frac{\partial e}{\partial t}+u\frac{\partial e}{\partial x}+v\frac{\partial e}{\partial y}+w\frac{\partial e}{\partial z}\right)=-p\left(\frac{\partial u}{\partial x}+\frac{\partial v}{\partial y}+\frac{\partial w}{\partial z}\right) \tag{7.3.19}$$

方程(7.3.15)～方程(7.3.19)称为理想流体运动的欧拉方程。关于理想不可压缩流体流动问题的求解将在第 11 章中进行详细讨论。

7.3.4　初始条件和边界条件

7.3.3 节介绍了流体力学基本方程组，它是支配流体运动的普适方程，要确定某种具体流动状态，就要找出流体力学基本方程组的一组确定的解。流体力学基本方程组是非线性偏微分方程，因此需要给定适当的初始条件和边界条件才能够得到确定的解。然而，到目前为止，由于该方程组非常复杂，实际流动区域的几何结构多种多样，给出流体力学基本方程组定解条件的一般提法至今仍是一件相当困难的事情。在这里将不从数学上讨论流体力学基本方程组解的存在性、唯一性和稳定性的一般条件，而只是根据求解具体问题的需要，给出几种常见的初始条件和边界条件。

1. 初始条件

求解非定常流动问题通常需要给出初始条件。初始条件即流场的初始状态。在初始时刻 $t=t_0$，一般情况下应给出速度场和热力学状态的分布：

$$\boldsymbol{V}=\boldsymbol{V}(x,y,z),\quad p=p(x,y,z),\quad \rho=\rho(x,y,z),\quad T=T(x,y,z) \tag{7.3.20}$$

对于定常流动来说，流场和时间无关，因此不需要提供初始条件，由定常流动的基本方程和边界条件就可以解出定常流场。

2. 边界条件

边界条件是包围流场每一边界上的流场信息，对于不同种类的流动，边界条件也不同。图 7-1 给出了在流动分析中最常遇到的三类边界条件。

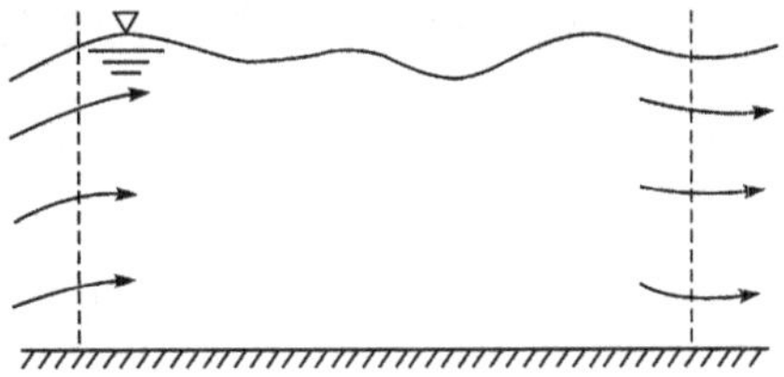

图 7-1　边界条件示意图

1)固体壁面

黏性流体与不可渗透、无滑移的固体壁面相接触，壁面处流体速度为

$$\boldsymbol{V}=\boldsymbol{V}_{\mathrm{w}} \tag{7.3.21}$$

其中，$\boldsymbol{V}_{\mathrm{w}}$ 为固壁的运动速度。

2)入口与出口

在求解域内流场信息时，流动的入口和出口截面上的速度与压强的分布通常也需要知道。有时流动入口边界条件也可选用上游无穷远处的值，例如，理想流体绕无限长圆柱的二维流动，将圆柱体上游无穷远处作为入口条件，给定 V_∞、p_∞。

3)液体-气体交界面

液体-气体交界面上的边界条件主要有两个，一个为运动学条件，即交界面两侧液体和气

体速度应相等，即

$$V_l = V_g \tag{7.3.22}$$

另一个为应力平衡条件，即交界面两侧液体和气体表面力应和表面张力相平衡。根据上述初始条件和边界条件，可以对基本微分方程组积分，并确定积分常数，得到符合实际流动的结果。需要指出，若此时液体和气体交界面位置是未知的，那么还需要补充关于液体和气体交界面的光滑保持性条件。

7.3.5 柱坐标系和球坐标系流体力学基本方程

在流体力学的某些问题中，采用曲线坐标系描述要比采用笛卡儿直角坐标系更为简便。一般曲线坐标系理论建立在张量分析理论基础上，已经超出了本书范畴。这里直接给出两种最常用的正交曲线坐标系(即柱坐标系和球坐标系)中，流体力学基本方程的表达形式和相关物理量的运算法则。柱坐标系(R,ϕ,z)、球坐标系(R,θ,ϕ)和笛卡儿直角坐标系之间的关系如图 7-2 所示。

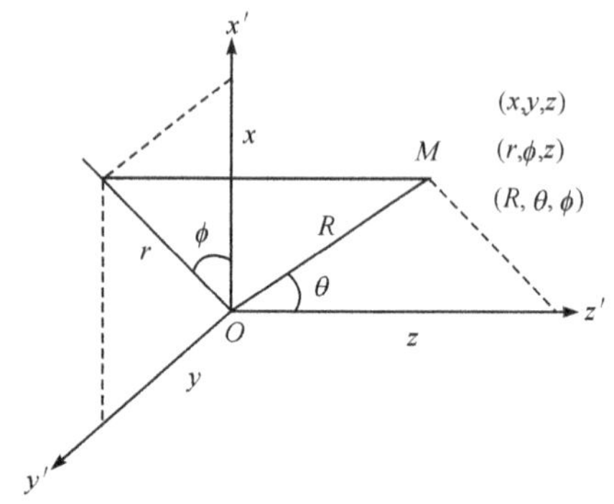

图 7-2　柱坐标系、球坐标系和笛卡儿直角坐标系之间的关系

1. 柱坐标系

根据图7-2，可得到柱坐标系(R,ϕ,z)与笛卡儿直角坐标系(x,y,z)之间的变换关系：

$$x = r\cos\phi,\quad y = r\sin\phi,\quad z = z \tag{7.3.23}$$

柱坐标系下流场速度向量可表示为

$$\boldsymbol{V} = V_r\boldsymbol{e}_r + V_\phi\boldsymbol{e}_\phi + V_z\boldsymbol{e}_z \tag{7.3.24}$$

其中，$\boldsymbol{e}_r$、$\boldsymbol{e}_\phi$ 和 $\boldsymbol{e}_z$ 分别为柱坐标系的基矢量；V_r、V_ϕ 和 V_z 为速度沿三个基矢量方向的投影分量。柱坐标系下，标量场的梯度、矢量场的散度和旋度、标量场的拉普拉斯运算表达式如下：

$$\nabla f = \frac{\partial f}{\partial r}\boldsymbol{e}_r + \frac{1}{r}\frac{\partial f}{\partial \phi}\boldsymbol{e}_\phi + \frac{\partial f}{\partial z}\boldsymbol{e}_z \tag{7.3.25}$$

$$\nabla\cdot\boldsymbol{a} = \frac{\partial a_r}{\partial r} + \frac{a_r}{r} + \frac{1}{r}\frac{\partial V_\phi}{\partial \phi} + \frac{\partial V_z}{\partial z} \tag{7.3.26}$$

$$\nabla\times\boldsymbol{a} = \left(\frac{1}{r}\frac{\partial a_z}{\partial \phi} - \frac{\partial a_\phi}{\partial z}\right)\boldsymbol{e}_r + \left(\frac{\partial a_r}{\partial z} - \frac{\partial a_z}{\partial r}\right)\boldsymbol{e}_\phi + \left(\frac{\partial a_\phi}{\partial r} + \frac{a_\phi}{r} - \frac{1}{r}\frac{\partial a_r}{\partial \phi}\right)\boldsymbol{e}_z \tag{7.3.27}$$

$$\Delta f = \frac{\partial^2 f}{\partial r^2} + \frac{1}{r}\frac{\partial f}{\partial r} + \frac{1}{r^2}\frac{\partial^2 f}{\partial \phi^2} + \frac{\partial^2 f}{\partial z^2} \tag{7.3.28}$$

$$\Delta\boldsymbol{a} = \left(\Delta a_r - \frac{a_r}{r^2} - \frac{2}{r^2}\frac{\partial a_\phi}{\partial \phi}\right)\boldsymbol{e}_r + \left(\Delta a_\phi + \frac{2}{r^2}\frac{\partial a_r}{\partial \phi} - \frac{a_\phi}{r^2}\right)\boldsymbol{e}_\phi + \Delta a_z\boldsymbol{e}_z \tag{7.3.29}$$

由方程(7.3.10)～方程(7.3.14)可得柱坐标下，不可压缩牛顿流体流动的基本方程组如下。

(1)连续性方程：

$$\frac{\partial rV_r}{\partial r} + \frac{\partial V_\phi}{\partial \phi} + r\frac{\partial V_z}{\partial z} = 0 \tag{7.3.30}$$

(2)动量方程：

$$\frac{\partial V_r}{\partial t}+V_r\frac{\partial V_r}{\partial r}+\frac{V_\phi}{r}\frac{\partial V_r}{\partial \phi}+V_z\frac{\partial V_r}{\partial z}-\frac{V_\phi^2}{r}=-\frac{1}{\rho}\frac{\partial p}{\partial r}+f_r+\frac{\mu}{\rho}\left(\Delta V_r-\frac{V_r}{r^2}-\frac{2}{r^2}\frac{\partial V_\phi}{\partial \phi}\right) \tag{7.3.31}$$

$$\frac{\partial V_\phi}{\partial t}+V_r\frac{\partial V_\phi}{\partial r}+\frac{V_\phi}{r}\frac{\partial V_\phi}{\partial \phi}+V_z\frac{\partial V_\phi}{\partial z}+\frac{V_rV_\phi}{r}=-\frac{1}{\rho}\frac{\partial p}{r\partial \phi}+f_\phi+\frac{\mu}{\rho}\left(\Delta V_\phi-\frac{V_\phi}{r^2}+\frac{2}{r^2}\frac{\partial V_r}{\partial \phi}\right) \tag{7.3.32}$$

$$\frac{\partial V_z}{\partial t}+V_r\frac{\partial V_z}{\partial r}+\frac{V_\phi}{r}\frac{\partial V_z}{\partial \phi}+V_z\frac{\partial V_z}{\partial z}=-\frac{1}{\rho}\frac{\partial p}{\partial z}+f_z+\frac{\mu}{\rho}\Delta V_z \tag{7.3.33}$$

(3)能量方程：

$$\frac{\partial e}{\partial t}+V_r\frac{\partial e}{\partial r}+\frac{V_\phi}{r}\frac{\partial e}{\partial \phi}+V_z\frac{\partial e}{\partial z}=\frac{k}{\rho}\Delta T+\varPhi \tag{7.3.34}$$

其中，

$$\varDelta=\frac{\partial^2}{\partial r^2}+\frac{1}{r}\frac{\partial}{\partial r}+\frac{1}{r^2}\frac{\partial^2}{\partial \phi^2}+\frac{\partial^2}{\partial z^2}$$

能量耗散函数为

$$\varPhi=2\mu\left[\left(\frac{\partial V_r}{\partial r}\right)^2+\left(\frac{1}{r}\frac{\partial V_\phi}{\partial \phi}+\frac{V_r}{r}\right)^2+\left(\frac{\partial V_z}{\partial z}\right)^2\right]$$
$$+\mu\left[\left(\frac{1}{r}\frac{\partial V_z}{\partial \phi}+\frac{\partial V_\phi}{\partial z}\right)^2+\left(\frac{\partial V_r}{\partial z}+\frac{\partial V_z}{\partial r}\right)^2+\left(\frac{1}{r}\frac{\partial V_r}{\partial \phi}+\frac{\partial V_\phi}{\partial r}-\frac{V_\phi}{r}\right)^2\right]$$

2. 球坐标系

由图7-2可得到球坐标系（R,θ,ϕ）与笛卡儿直角坐标系（x,y,z）之间的变换关系如下：

$$x=R\sin\theta\cos\phi,\quad y=R\sin\theta\sin\phi,\quad z=R\cos\theta \tag{7.3.35}$$

球坐标系下流场速度矢量可表示为

$$\boldsymbol{V}=V_R\boldsymbol{e}_R+V_\theta\boldsymbol{e}_\theta+V_\phi\boldsymbol{e}_\phi \tag{7.3.36}$$

其中，$\boldsymbol{e}_R$、$\boldsymbol{e}_\theta$ 和 $\boldsymbol{e}_\phi$ 分别为球坐标系的基矢量；V_R、V_θ 和 V_ϕ 为速度沿三个基矢量方向的投影分量。标量场的梯度、矢量场的散度和旋度、标量场的拉普拉斯运算的表达式如下：

$$\nabla f=\frac{\partial f}{\partial R}\boldsymbol{e}_R+\frac{1}{R}\frac{\partial f}{\partial \theta}\boldsymbol{e}_\theta+\frac{1}{R\sin\theta}\frac{\partial f}{\partial \phi}\boldsymbol{e}_\phi \tag{7.3.37}$$

$$\nabla\cdot\boldsymbol{a}=\frac{\partial a_R}{\partial R}+\frac{1}{R}\frac{\partial a_\theta}{\partial \theta}+\frac{1}{R\sin\theta}\frac{\partial a_\phi}{\partial \phi}+\frac{2a_R}{R}+\frac{a_\theta\cot\theta}{R} \tag{7.3.38}$$

$$\begin{aligned}\nabla\times\boldsymbol{a}=&\left(\frac{1}{R}\frac{\partial a_\phi}{\partial \theta}+\frac{a_\phi\cot\theta}{R}-\frac{1}{R\sin\theta}\frac{\partial a_\theta}{\partial \phi}\right)\boldsymbol{e}_R+\left(\frac{1}{R\sin\phi}\frac{\partial a_R}{\partial \theta}-\frac{\partial a_\phi}{\partial R}-\frac{a_\phi}{R}\right)\boldsymbol{e}_\theta\\&+\left(\frac{\partial a_\theta}{\partial R}+\frac{a_\theta}{R}-\frac{1}{R}\frac{\partial a_R}{\partial \theta}\right)\boldsymbol{e}_\phi\end{aligned} \tag{7.3.39}$$

$$\Delta f=\frac{\partial^2 f}{\partial R^2}+\frac{2}{R}\frac{\partial f}{\partial R}+\frac{\cot\theta}{R^2}\frac{\partial f}{\partial \theta}+\frac{1}{R^2}\frac{\partial^2 f}{\partial \theta^2}+\frac{1}{R^2\sin^2\theta}\frac{\partial^2 f}{\partial \phi^2} \tag{7.3.40}$$

$$\Delta \boldsymbol{a}=\left[\Delta a_R-\frac{2a_R}{R}-\frac{2}{R^2\sin\theta}\frac{\partial\left(a_\theta\sin\theta\right)}{\partial\theta}-\frac{2}{R^2\sin\theta}\frac{\partial a_\phi}{\partial\phi}\right]\boldsymbol{e}_R+\left(\Delta a_\theta+\frac{2}{R^2}\frac{\partial a_R}{\partial\theta}-\frac{a_\theta}{R^2\sin^2\theta}-\frac{2\cos\theta}{R^2\sin^2\theta}\frac{\partial a_\phi}{\partial\phi}\right)\boldsymbol{e}_\theta+\left(\Delta a_\phi+\frac{2}{R^2\sin\theta}\frac{\partial a_R}{\partial\phi}+\frac{2\cos\theta}{R^2\sin^2\theta}\frac{\partial a_\theta}{\partial\phi}-\frac{a_\phi}{R^2\sin^2\theta}\right)\boldsymbol{e}_\phi \tag{7.3.41}$$

由方程(7.3.10)～方程(7.3.14)可得球坐标系下，不可压缩牛顿流体流动的基本方程组如下。

(1)连续性方程：

$$\frac{1}{R^2}\frac{\partial}{\partial R}(R^2V_R)+\frac{1}{R\sin\theta}\frac{\partial}{\partial\theta}(V_\theta\sin\theta)+\frac{1}{R\sin\theta}\left(\frac{\partial V_\phi}{\partial\phi}\right)=0 \tag{7.3.42}$$

(2)动量方程：

$$\frac{\partial V_R}{\partial t}+V_R\frac{\partial V_R}{\partial R}+\frac{V_\theta}{R}\frac{\partial V_R}{\partial\theta}+\frac{V_\phi}{R\sin\theta}\frac{\partial V_R}{\partial\phi}-\frac{V_\theta^2+V_\phi^2}{R}=-\frac{1}{\rho}\frac{\partial p}{\partial R}+f_R+\frac{\mu}{\rho}\left[\Delta V_R-\frac{2V_R}{R^2}-\frac{2}{R^2\sin\theta}\frac{\partial(V_\theta\sin\theta)}{\partial\theta}-\frac{2}{R^2\sin\theta}\frac{\partial V_\phi}{\partial\phi}\right] \tag{7.3.43}$$

$$\frac{\partial V_\theta}{\partial t}+V_R\frac{\partial V_\theta}{\partial R}+\frac{V_\theta}{R}\frac{\partial V_\theta}{\partial\theta}+\frac{V_\phi}{R\sin\theta}\frac{\partial V_\theta}{\partial\phi}+\frac{V_RV_\theta}{R}-\frac{V_\phi^2}{R}\cot\theta=-\frac{1}{\rho}\frac{1}{R}\frac{\partial p}{\partial\theta}+f_\theta+\frac{\mu}{\rho}\left(\Delta V_\theta+\frac{2}{R^2}\frac{\partial V_R}{\partial\theta}-\frac{V_\theta}{R^2\sin^2\theta}-\frac{2\cos\theta}{R^2\sin^2\theta}\frac{\partial V_\phi}{\partial\phi}\right) \tag{7.3.44}$$

$$\frac{\partial V_\phi}{\partial t}+V_R\frac{\partial V_\phi}{\partial R}+\frac{V_\theta}{R}\frac{\partial V_\phi}{\partial\theta}+\frac{V_\phi}{R\sin\theta}\frac{\partial V_\phi}{\partial\phi}+\frac{V_RV_\phi}{R}+\frac{V_\theta V_\phi}{R}\cot\theta=-\frac{1}{\rho}\frac{1}{R\sin\theta}\frac{\partial p}{\partial\phi}+f_\phi+\frac{\mu}{\rho}\left(\Delta V_\phi+\frac{2}{R^2\sin\theta}\frac{\partial V_R}{\partial\phi}-\frac{V_\phi}{R^2\sin^2\theta}+\frac{2\cos\theta}{R^2\sin^2\theta}\frac{\partial V_\theta}{\partial\phi}\right) \tag{7.3.45}$$

(3)能量方程：

$$\frac{\partial e}{\partial t}+V_R\frac{\partial e}{\partial R}+\frac{V_\theta}{R}\frac{\partial e}{\partial\theta}+\frac{V_\phi}{R\sin\theta}\frac{\partial e}{\partial\phi}=\frac{k}{\rho}\Delta T+\Phi+\dot{q} \tag{7.3.46}$$

其中，

$$\Delta=\frac{\partial^2}{\partial R^2}+\frac{2}{R}\frac{\partial}{\partial R}+\frac{\cot\theta}{R^2}\frac{\partial}{\partial\theta}+\frac{1}{R^2}\frac{\partial^2}{\partial\theta^2}+\frac{1}{R^2\sin^2\theta}\frac{\partial^2}{\partial\phi^2}$$

相应的能量耗散函数在球坐标系中的表达式为

$$\Phi=\mu\left\{2\left[\left(\frac{\partial V_R}{\partial R}\right)^2+\left(\frac{1}{R}\frac{\partial V_\theta}{\partial\theta}+\frac{V_R}{R}\right)^2+\left(\frac{1}{R\sin\theta}\frac{\partial V_\phi}{\partial\phi}+\frac{V_R}{R}+\frac{V_\theta\cot\theta}{R}\right)\right]^2+\left[\frac{1}{R\sin\theta}\frac{\partial V_\theta}{\partial\phi}+\frac{\sin\theta}{R}\frac{\partial}{\partial\theta}\left(\frac{V_\phi}{\sin\theta}\right)\right]^2+\left[\frac{1}{R\sin\theta}\frac{\partial V_R}{\partial\phi}+R\frac{\partial}{\partial R}\left(\frac{V_\phi}{R}\right)\right]^2+\left[R\frac{\partial}{\partial R}\left(\frac{V_\theta}{R}\right)+\frac{1}{R}\frac{\partial V_R}{\partial\theta}\right]^2\right\}$$

科技前沿(7)——计算流体动力学

人物介绍(7)——纳维和斯托克斯

习　题

7-1　根据理想流体流动的动量方程 $\frac{\partial \boldsymbol{V}}{\partial t}+\boldsymbol{V}\cdot\nabla\boldsymbol{V}=\boldsymbol{f}-\frac{1}{\rho}\nabla p$（欧拉方程），以及矢量分析运算式 $\nabla(\boldsymbol{a}\cdot\boldsymbol{b})=\boldsymbol{a}\times(\nabla\times\boldsymbol{b})+\boldsymbol{b}\times(\nabla\times\boldsymbol{a})+(\boldsymbol{a}\cdot\nabla)\boldsymbol{b}+(\boldsymbol{b}\cdot\nabla)\boldsymbol{a}$，推导 Lamb 型的理想流体动量方程 $\frac{\partial \boldsymbol{V}}{\partial t}-\boldsymbol{V}\times\boldsymbol{\Omega}+\nabla\left(\frac{|\boldsymbol{V}|^2}{2}\right)=\boldsymbol{f}-\frac{1}{\rho}\nabla p$，其中 $\boldsymbol{\Omega}$ 为旋度。

7-2　在柱坐标系 (r,θ,z) 下，推导三维流体连续性方程的微分形式。

7-3　黏性不可压缩流体做平面缓慢运动，若惯性力与质量力的作用可以忽略不计，试证明 p 满足如下方程：

$$\frac{\partial^2 p}{\partial x^2}+\frac{\partial^2 p}{\partial y^2}=0$$

7-4　放置在 x 轴线上的无限大平板的上方为均质不可压缩牛顿流体。设平板在自身平面内以速度 $u=U\cos(\omega t)$ 做振荡运动，U 和 ω 均为常数。不考虑重力和压强因素，试验证流场中的速度分布 $u=U\mathrm{e}^{-y\sqrt{\frac{\omega}{2\nu}}}\cos\left(\omega t-y\sqrt{\frac{\omega}{2\nu}}\right)$，$v=0$ 是否满足 Navier-Stokes 方程及边界条件。

7-5　如图 7-3 所示，已知在两个半径分别为 r_1 和 r_2 的同轴无限长圆柱面之间充满密度为 ρ、黏度为 μ 的黏性不可压缩流体。圆柱面分别以角速度 ω_1、ω_2 绕轴旋转。由于黏性的作用，流体随之做圆周运动，运动充分发展后可认为是定常的，忽略质量力作用，请在柱坐标系中简化流体的连续性方程，并验证此流动是否满足连续性方程。

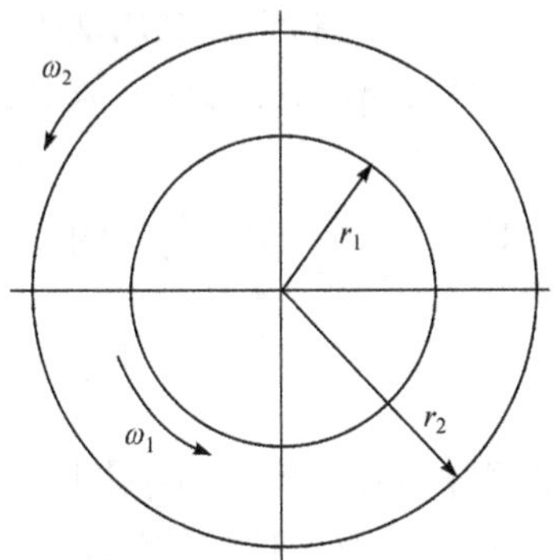

图 7-3　题 7-5 示意图

第 8 章　相似理论与量纲分析

理论分析、实验研究和数值计算是研究流体力学问题的三种基本方法，相应的有理论流体力学、实验流体力学和计算流体动力学三大分支。理论分析通过数学方法求解描述流体流动过程的基本方程获得解析结果，实验研究通过实验获取流体的运动规律，数值计算通过计算机和数值方法求解流体力学基本方程来模拟与分析流体运动。流体力学和其他学科一样，早期主要采用理论分析和实验研究两种手段。由于流体流动的现象很复杂，在很多情况下往往难以通过理论分析进行求解。早期大量的流体力学问题只能用实验的方法进行求解。然而，实验研究有很大的局限性，直接实验的结果只能用于特定的实验条件或只能推广到与实验条件相同的流动现象中。对有些流动(如马赫数>10的高超声速流动)来说，受条件的限制，开展直接实验研究变得异常困难。即使有些流动现象可以在实验室中进行全尺寸的实验，如一辆轿车或一架战斗机，但往往耗资巨大。对一些特殊的研究对象，如三峡大坝、远洋货轮、大型客机，则完全无法用直接实验的方法去探索其中的流动现象和流动规律。另外，直接实验方法常常只能得出个别量之间的规律性关系，难以抓住现象的本质。

采用以相似原理为基础的模型实验方法，则可以在一定程度上突破上述局限性。该方法是在相似原理的基础上，按一定原则改变流动参数，例如，将原型尺寸放大、缩小或更换流体介质等，然后进行模型实验并根据相似原理整理实验数据，找出模型中流体的流动规律。再将这些规律推广到与模型实验相似的各种实际流动问题中。以相似原理为基础的模型实验方法在流体力学中有着广泛的应用，例如，利用船模实验研究各种舰船的阻力特性，利用风洞飞机模型实验研究飞机的气动阻力和升力特性，利用锅炉水模型研究炉内的水动特性等。本章介绍的相似原理和量纲分析是指导实验研究的理论基础。

8.1　量 纲 分 析

8.1.1　量纲

每个物理量都有它的量纲，量纲分为基本量纲和导出量纲两类。对于一个物理过程而言，基本量纲并不唯一，只要该物理过程中所有物理量的量纲都可通过它们的组合表示出来，而它们又相互独立，就可以作为基本量纲。

在流体力学问题中，最常采用长度$[L]$、质量$[M]$、时间$[T]$为基本量纲，若涉及传热问题，那么基本量纲中还需要加上温度$[\Theta]$。其他物理量的量纲均可由基本量纲推导出来，例如，压力的量纲是$[p]=ML^{-1}T^{-2}$。一般情况下，对于流体力学中的任意一个物理量A，其量纲可以用式(8.1.1)表示：

$$[A]=M^aL^bT^c \tag{8.1.1}$$

通常称式(8.1.1)为量纲公式，其中，a、b、c可为正、负、整数或分数，具体取值取决于物理量的定义和本质，例如，密度的量纲为$[\rho]=ML^{-3}$。流体力学中常见物理量的量纲见表 8-1。

表 8-1　流体力学常用量的量纲

导出量	量纲
速度 V	$[V]=LT^{-1}$
力 F	$[F]=MLT^{-2}$
压强 p	$[p]=ML^{-1}T^{-2}$
密度 ρ	$[\rho]=ML^{-3}$
动力黏度 μ	$[\mu]=ML^{-1}T^{-1}$
运动黏度 ν	$[\nu]=L^2T^{-1}$

若式(8.1.1)中 $a=b=c=0$，则 A 称为无量纲数或无量纲量。无量纲量可以是两个同类物理量的比值，也可由有量纲量通过乘积组合而成，组合的结果使 $a=b=c=0$。量纲分析的目的之一就是要找到正确组合各有关量形成无量纲量的方法。值得注意的是，有些方程中的常数是有量纲的，如气体常数 R，根据气体状态方程 $p=\rho RT$，R 的量纲为 $L^2T^{-2}\Theta^{-1}$。

8.1.2　量纲齐次性原理及应用

量纲分析的理论基础是量纲齐次性原理。它可表述为：表达物理规律的函数关系(或方程式)中，每一项都必须具有相同的量纲，称为量纲齐次式。例如，牛顿第二定律：

$$f=ma \tag{8.1.2}$$

其左、右两项的量纲必定是一致的。根据量纲齐次性原理，量纲不同的物理量之间只能进行乘、除，不能进行加、减运算。在式(8.1.2)所示牛顿第二定律中，质量 m 和加速度 a 的量纲是不同的，两者相乘以后得到力的量纲，故而可与力进行加、减运算。量纲齐次性原理的另一表述为：一个正确而完整的物理方程，其各项的量纲都是相同的。可用这一原理来校核物理方程和经验公式的正确性与完整性。一个不完全的物理方程，常常量纲也是不一致的。对于量纲齐次的方程，只要用方程任一项的量纲去除其余各项，就可使方程的每一项都变成无量纲量，从而将方程化为无量纲方程。基于量纲齐次性原理，通过量纲分析和换算，将原来含有较多物理量的方程转化为含有较少无量纲量的方程，从而缩减方程变量、简化实验研究。下面举例来说明。

实验观察表明，流体绕小球的定常流动中，影响小球受到的阻力 D 的因素有来流速度 u、流体密度 ρ、动力黏度 μ 和小球直径 d。于是有

$$D=D(u,d,\mu,\rho)$$

将阻力展开成级数的形式，可得

$$D=\sum_{i=0}^{\infty}\alpha_i\mu^{a_i}\rho^{b_i}d^{c_i}u^{d_i}$$

其中，α_i 为无量纲的系数。取上式两边物理量的量纲，可以写出量纲关系式：

$$MLT^{-2}=\left(ML^{-1}T^{-1}\right)^{a_i}\left(ML^{-3}\right)^{b_i}(L)^{c_i}\left(LT^{-1}\right)^{d_i}$$

根据量纲齐次性原理，由等式两边物理量的量纲相等可以得到

$$\begin{cases} a_i + b_i = 1 \\ -a_i - 3b_i + c_i + d_i = 1 \\ -a_i - d_i = -2 \end{cases}$$

三个方程中有四个未知量，可令其中一个量为参变量(此处令 d_i 为参变量)，可得方程的解为

$$a_i = 2 - d_i, \quad b_i = d_i - 1, \quad c_i = d_i$$

将上式代入前面的级数展开式中，可得

$$D = \sum_{i=0}^{\infty} \alpha_i \mu^{a_i} \rho^{b_i} d^{c_i} u^{d_i} = \rho u^2 d^2 \sum_{i=0}^{\infty} \alpha_i \left(\frac{\rho u d}{\mu}\right)^{d_i - 2}$$

引入无量纲量

$$C_D = \frac{D}{\rho u^2 d^2} \text{ 和 } Re = \frac{\rho u d}{\mu}$$

分别称为阻力系数和雷诺数。可将阻力的级数表达形式写成阻力系数与雷诺数之间的函数关系，即

$$C_D = f(Re)$$

以上分析表明，五个物理量之间的关系可简化为两个无量纲量之间的关系。

8.1.3 **π 定理**

瑞利在 1877 年首先提出了将量纲分析作为一种综合物理现象影响因素的方法。此后，白金汉在 1914 年提出的 π 定理则奠定量纲分析理论基础，因此 π 定理也称为白金汉定理。π 定理可表述为：若某物理过程由 n 个物理量描述，把它写成数学表达式，即 $f(x_1, x_2, \cdots, x_n) = 0$，设这些物理量包含 r 个基本量纲，则该物理过程可用 $n - m$ 个无量纲数组成的关系式来描述，即 $F(\pi_1, \pi_2, \cdots, \pi_{n-m}) = 0$，其中无量纲数是这样组成的：在变量 $x_1, x_2, \cdots, x_n$ 中选择 m（$m \leqslant r$）个量纲不同的变量作为重复变量，并把重复变量与其余变量逐个组成无量纲量 π，共可组成 $n - m$ 个无量纲量。这里 m 是 n 个物理量的量纲矩阵的秩。例如，选择 x_1, x_2, x_3 为重复变量，那么这 $n - m$ 个无量纲量如下：

$$\pi_1 = x_1^{a_1} x_2^{b_1} x_3^{c_1} x_4$$

$$\pi_2 = x_1^{a_2} x_2^{b_2} x_3^{c_2} x_5$$

$$\vdots$$

$$\pi_{n-m} = x_1^{a_{n-m}} x_2^{b_{n-m}} x_3^{c_{n-m}} x_n$$

根据物理方程的量纲齐次原理，确定待指定指数 a、b、c，也就确定了每个无量纲量 π，并且最后可以得到由 $n - m$ 个无量纲量组成的无量纲方程。一般来说，要将某物理过程用无量纲量组成的函数关系式表达出来，根据 π 定理，需要以下几个步骤：

(1)列出量纲齐次性方程中全部 n 个变量；

(2)选定基本量纲，如 L、M、T；

(3)列出所有 n 个变量的量纲，确定在其中出现的基本量纲数 r；

(4)求出 n 个变量的量纲矩阵的秩，即在各 π 中重复出现的基本变量的个数 m；

(5)选定 m 个基本变量，它们必须包括所有的基本量纲，与剩下的变量逐一组成 $n-m$ 个无量纲量 π；

(6)确定无量纲量及其方程，$F(\pi_1,\pi_2,\cdots,\pi_{n-m})=0$。

下面通过一个具体的实例来说明 π 定理的运用。

例题 8-1 黏性不可压缩流体在管内做定常流动时，管内流体的压降损失 Δp 与管内径 d、管道长度 l、管壁粗糙度 ε、管内流体平均流速 U 以及流体密度 ρ 和黏度 μ 有关。试用 π 定理求解该物理问题的无量纲方程。

解：本问题的基本求解过程如下：

(1)根据题意，有量纲齐次性方程 $\Delta p=f(d,l,\varepsilon,U,\rho,\mu)$。问题相关物理变量总数为 $n=7$。

(2)选定基本量纲为 M、L 和 T。

(3)列出所有参数的量纲，如表 8-2 所示。

表 8-2 参数量纲

参数	$[\Delta p]$	$[d]$	$[l]$	$[\varepsilon]$	$[U]$	$[\rho]$	$[\mu]$
量纲	$ML^{-1}T^{-2}$	L	L	L	LT^{-1}	ML^{-3}	$ML^{-1}T^{-1}$

其中出现的基本量纲数为 $r=3$。

(4)为了确定在各 π 中重复出现的物理量的数目 m，写出量纲矩阵，如表 8-3 所示。

表 8-3 量纲矩阵

基本量纲	$[\Delta p]$	$[d]$	$[l]$	$[\varepsilon]$	$[U]$	$[\rho]$	$[\mu]$
M	1	0	0	0	0	1	1
L	−1	1	1	1	1	−3	−1
T	−2	0	0	0	−1	0	−1

m 是量纲矩阵的秩，即最高阶非零行列式的阶。由于

$$\begin{vmatrix} 1 & 0 & 0 \\ -1 & 1 & 1 \\ -2 & 0 & -1 \end{vmatrix} = -1$$

故 $m=3$。

(5)选定 3 个包括所有基本量纲的物理量作为重复变量(这里选用 ρ、U 和 d)，其余物理量逐个与重复变量组合形成无量纲量 π，对于本问题共有 $n-m=4$ 个无量纲量。

(6)确定无量纲量及其方程：

$$\pi_1=\rho^{a_1}U^{b_1}d^{c_1}\Delta p=\left(ML^{-3}\right)^{a_1}\left(LT^{-1}\right)^{b_1}\left(L\right)^{c_1}\left(ML^{-1}T^{-2}\right)=M^0L^0T^0$$

可得

$$a_1=-1,\quad b_1=-2,\quad c_1=0$$

有

$$\pi_1=\frac{\Delta p}{\rho U^2}$$

同理

$$\pi_2=\rho^{a_2}U^{b_2}d^{c_2}l=\left(ML^{-3}\right)^{a_2}\left(LT^{-1}\right)^{b_2}\left(L\right)^{c_2}\left(L\right)=M^0L^0T^0$$

可得

$$a_2=0,\quad b_2=0,\quad c_2=-1$$

有 $$\pi_2 = \frac{l}{d}$$

同理， $$\pi_3 = \rho^{a_3} U^{b_3} d^{c_3} \varepsilon = \left(ML^{-3}\right)^{a_3} \left(LT^{-1}\right)^{b_3} \left(L\right)^{c_3} \left(L\right) = M^0 L^0 T^0$$

可得 $$a_3 = 0, \quad b_3 = 0, \quad c_3 = -1$$

有 $$\pi_3 = \frac{\varepsilon}{d}$$

同理， $$\pi_4 = \rho^{a_4} U^{b_4} d^{c_4} \mu = \left(ML^{-3}\right)^{a_4} \left(LT^{-1}\right)^{b_4} \left(L\right)^{c_4} \left(ML^{-1}T^{-1}\right) = M^0 L^0 T^0$$

可得 $$a_4 = -1, \quad b_4 = -1, \quad c_4 = -1$$

有 $$\pi_4 = \frac{\mu}{\rho U d}$$

由上述π_1、π_2、π_3和π_4可以组成本问题的无量纲量完备系。最终可以得到本问题的无量纲方程：

$$F\left(\pi_1, \pi_2, \pi_3, \pi_4\right) = F\left(\frac{\Delta p}{\rho U^2}, \frac{l}{d}, \frac{\varepsilon}{d}, \frac{\mu}{\rho U d}\right) = 0$$

解毕。

从上述量纲分析方法可看出，对于一些较复杂的物理现象和过程，即使无法建立微分方程式，但只要知道这些现象和过程中包含的物理量，就能求出相关的无量纲数，为解决问题理出头绪。量纲分析法在流体力学理论分析和模型实验研究等领域得到广泛应用，成为一种有效的研究手段。除此之外，它还可用于：①物理量量纲的推导；②校核由理论分析推导出的方程中各项的量纲是否正确；③确定模型实验的相似条件，指导实验资料的整理等方面。量纲分析尽管有助于分析复杂现象中各物理量之间的关系，但只是一个工具，并不能代替对物理现象本身的研究。

例题 8-2 通过汽轮机叶片的气流会产生噪声，其功率为P。该噪声与汽轮机旋转速度ω、叶轮直径D、空气密度ρ以及声速a有关，试求噪声功率表达式。

解：根据已知，令噪声功率表达式为$F(P, \omega, D, \rho, a) = 0$。对于本问题，有三个基本量纲$L$、$M$、$T$，选择$\omega$、$D$、$\rho$为基本物理量，可得两个无量纲量

$$\pi_1 = \frac{P}{\omega^{a_1} \rho^{b_1} D^{c_1}}, \quad \pi_2 = \frac{a}{\omega^{a_2} \rho^{b_2} D^{c_2}}$$

对π_1、$[ML^2T^{-3}] = [T^{-1}]^{a_1} [ML^{-3}]^{b_1} [L]^{c_1}$，求解得

$$a_1 = 3, \quad b_1 = 1, \quad c_1 = 5$$

同理，可求得π_2中

$$a_2 = 1, \quad b_2 = 0, \quad c_2 = 1$$

因此，两个无量纲参数可以写成

$$\pi_1 = \frac{P}{\omega^3 \rho D^5}, \quad \pi_2 = \frac{a}{\omega D}$$

那么可以得到 $$\frac{P}{\omega^3 \rho D^5} = f\left(\frac{a}{\omega D}\right)$$

进而得到噪声功率表达式为

$$P = \rho\omega^3 D^5 f\left(\frac{a}{\omega D}\right)$$

解毕。

8.2　常用无量纲参数及基本方程的无量纲化

把第 7 章中介绍的流体运动基本方程(7.3.4)～方程(7.3.8)以及相应的初始条件和边界条件中的各个物理量，以相应的同类物理量进行度量，就可把有量纲物理量转化为无量纲物理量，其中用于进行度量的物理量称为特征物理量。

8.2.1　常用无量纲参数

前面提到了若干无量纲参数。在流体力学中，一些重要的无量纲参数往往以杰出科学家或工程师的名字命名，下面给出流体力学中常用的几个无量纲参数。

1. 雷诺数

以英国工程师雷诺(Reynolds)的名字命名。根据雷诺数，可以对流动的形态进行判别。雷诺数的表达式可写成如下形式：

$$Re = \frac{\rho V l}{\mu}$$

它代表了流场中惯性力与黏性力的量级之比。如果 Re 大，则惯性力起主要作用，流动状态多呈现湍流；如果 Re 小，则黏性力起主要作用，流动多是层流状态。图 8-1 给出了一些流动的雷诺数范围，供大家参考。

2. 欧拉数

由瑞士数学家欧拉(Euler)提出，如果压强或压强梯度对流动起主要作用，可用欧拉数进行相应的分析，欧拉数的表达式为

$$Eu = \frac{p}{\rho V^2}$$

它代表了流场中压力与惯性力的量级比值。

3. 弗劳德数

由英国造船工程师弗劳德(Froude)提出，它是在重力影响较大的流动现象中常常需要考虑的一个无量纲参数，弗劳德数的表达式为

$$Fr = \frac{V}{\sqrt{gl}}$$

它代表了惯性力与重力的量级比值，反映了重力对流动的影响。

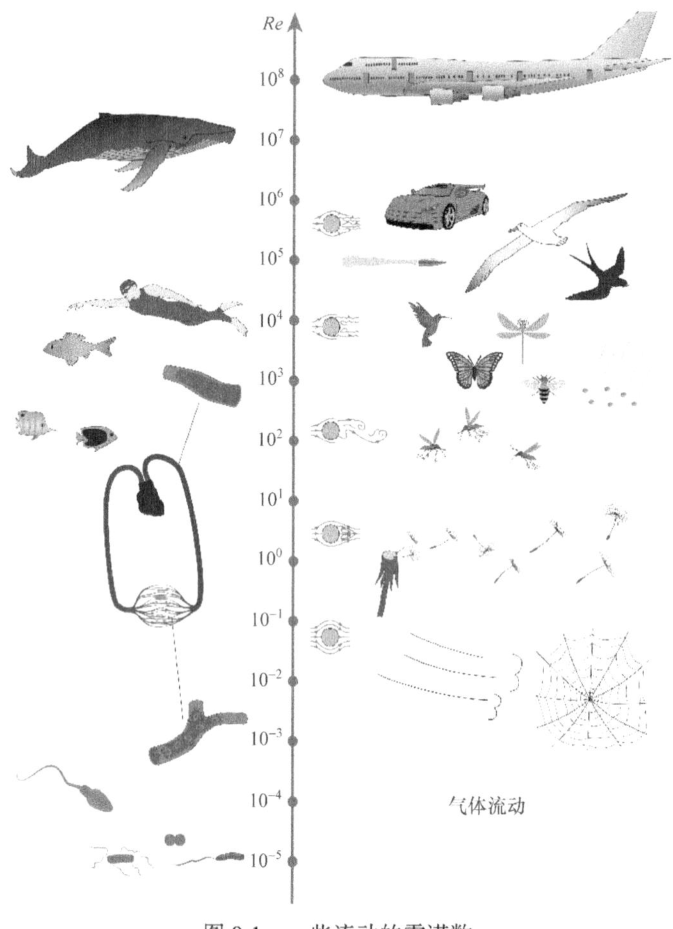

图 8-1 一些流动的雷诺数

4. 韦伯数

在流动问题中，当表面张力产生的影响不能忽略时，需要引入的一个无量纲参数，称为韦伯(Weber)数，其表达式为

$$We = \frac{\rho V^2 l}{\sigma}$$

它代表了惯性力与表面张力的量级比值，反映了表面张力对流动的影响。

5. 斯特劳哈尔数

斯特劳哈尔(Strouhal)数是与流场的非定常特性有关的无量纲参数，其表达式为

$$Sr = \frac{L}{Vt}$$

斯特劳哈尔数是流动非定常的标志，它代表了局部惯性力和对流惯性力的量级之比。例如，对于周期振动圆柱的绕流问题，可取圆柱振动周期为特征时间 t_0，圆柱直径 D 为特征长度，来流速度 V_0 为特征速度，那么斯特劳哈尔数为 $Sr = D/(V_0 t_0)$。

6. 普朗特数

以著名流体力学专家普朗特(Prandtl)的名字命名，是与流体热传导有关的无量纲参数，其表达式一般可以写成

$$Pr=\frac{\mu C_p}{k}$$

它代表了流场中传导换热与对流换热的量级之比。

7. 马赫数

奥地利物理学家马赫(Mach)在研究可压缩流体流动时，提出了马赫数的定义。它是流体运动速度与当地声速的比值，具体的表达式为

$$Ma=\frac{V}{\alpha}$$

它代表了惯性力与弹性力的量级之比。对于气体流动问题，当气体运动速度较低时($Ma\leqslant 0.3$)，其压缩效应可以忽略不计(即流动可以视为不可压缩流动)；当气体运动速度较高时($Ma>0.3$)，就不能忽略压缩性对流动特性的影响。图 8-2 给出了一些物体运动的马赫数，生活中常见的流动速度都远低于声速，因此，马赫数对流动的影响很小，此时的模型实验主要考虑雷诺数的影响。

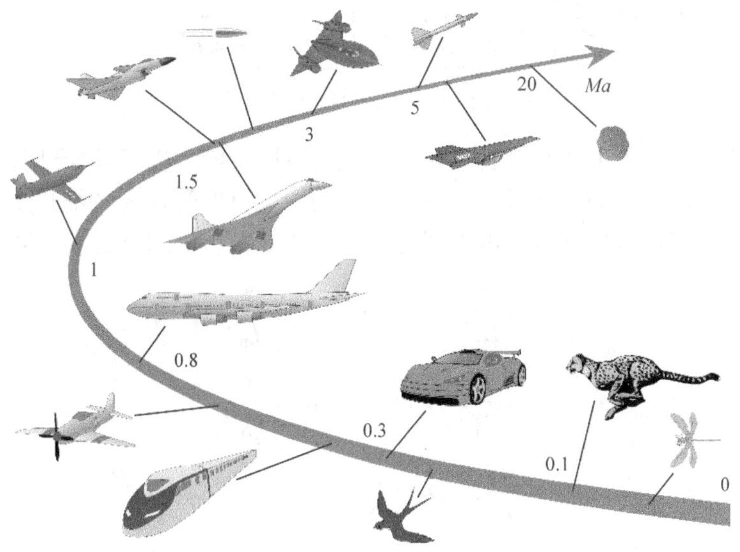

图 8-2　一些物体运动的马赫数

下面对以上几种常用的无量纲参数进行总结，如图 8-3 所示。

8.2.2　基本方程的无量纲化

在流体运动的一般问题中，通常包含下列特征物理量。

L_0：特征长度；

V_0：特征速度；

t_0：特征时间；

p_0：特征压力；

ρ_0：特征密度；

T_0：特征温度；

μ_0：特征动力黏度；

C_{V0}：特征定容比热容；

C_{p0}：特征定压比热容；

k_0：特征热导率；

f_0：特征体积力。

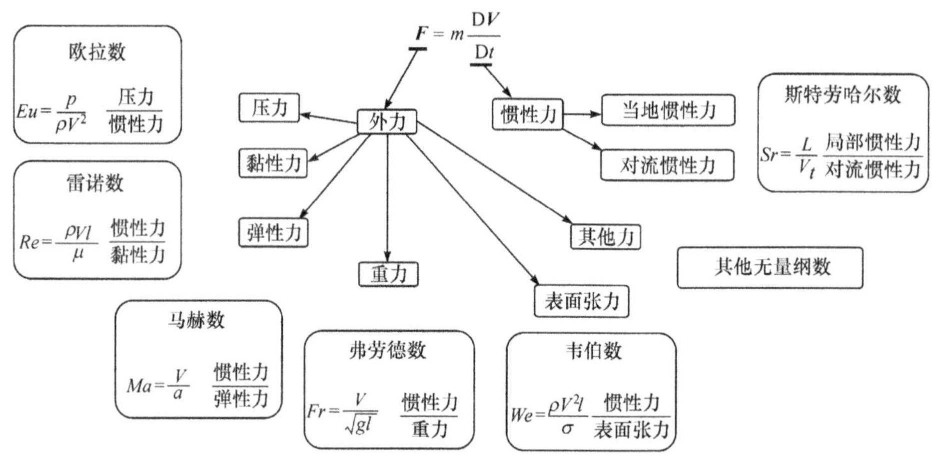

图 8-3　流体力学中常见的无量纲参数

根据具体的流动问题，上述特征物理量的形式将有所不同。以特征长度为例，在物体绕流问题中，可取物体的长度为特征长度；在管道流动中，可取管径为特征长度。以这些特征物理量度量各相应的有量纲物理量，可得到无量纲物理量如下(其中*表示无量纲物理量)：

$$x^* = \frac{x}{L_0},\quad y^* = \frac{y}{L_0},\quad z^* = \frac{z}{L_0}$$

$$u^* = \frac{u}{V_0},\quad v^* = \frac{v}{V_0},\quad w^* = \frac{w}{V_0}$$

$$t^* = \frac{t}{t_0},\quad p^* = \frac{p}{p_0},\quad \rho^* = \frac{\rho}{\rho_0},\quad T^* = \frac{T}{T_0},\quad \mu^* = \frac{\mu}{\mu_0}$$

$$C_V^* = \frac{C_V}{C_{V0}},\quad C_p^* = \frac{C_p}{C_{p0}},\quad k^* = \frac{k}{k_0},\quad f^* = \frac{f}{f_0}$$

将上述无量纲物理量代入连续性方程(7.3.4)、Navier-Stokes 方程(方程(7.3.5)～方程(7.3.7))和能量方程(7.3.8)中，可以得到如下无量纲流动基本方程。

(1)连续性方程：

$$Sr\frac{\partial \rho^*}{\partial t^*} + \frac{\partial\left(\rho^* u^*\right)}{\partial x^*} + \frac{\partial\left(\rho^* v^*\right)}{\partial y^*} + \frac{\partial\left(\rho^* w^*\right)}{\partial z^*} = 0 \tag{8.2.1}$$

(2)动量方程：

$$
\begin{aligned}
&Sr\frac{\partial u^*}{\partial t^*}+u^*\frac{\partial u^*}{\partial x^*}+v^*\frac{\partial u^*}{\partial y^*}+w^*\frac{\partial u^*}{\partial z^*}\\
&=-Eu\frac{1}{\rho^*}\frac{\partial p^*}{\partial x^*}+Frf_x+\frac{1}{Re}\frac{1}{\rho^*}\frac{\partial}{\partial x^*}\left[\left(-\frac{2}{3}\mu^*\right)\left(\frac{\partial u^*}{\partial x^*}+\frac{\partial v^*}{\partial y^*}+\frac{\partial w^*}{\partial z^*}\right)\right]\\
&\quad+\frac{1}{Re}\frac{1}{\rho^*}\frac{\partial}{\partial x^*}\left[2\mu^*\frac{\partial u^*}{\partial x^*}\right]+\frac{1}{Re}\frac{1}{\rho^*}\frac{\partial}{\partial y^*}\left[\mu^*\left(\frac{\partial u^*}{\partial y^*}+\frac{\partial v^*}{\partial x^*}\right)\right]\\
&\quad+\frac{1}{Re}\frac{1}{\rho^*}\frac{\partial^*}{\partial z^*}\left[\mu^*\left(\frac{\partial u^*}{\partial z^*}+\frac{\partial w^*}{\partial x^*}\right)\right]
\end{aligned}
\tag{8.2.2}
$$

$$
\begin{aligned}
&Sr\frac{\partial v^*}{\partial t^*}+u^*\frac{\partial v^*}{\partial x^*}+v^*\frac{\partial v^*}{\partial y^*}+w^*\frac{\partial v^*}{\partial z^*}\\
&=-Eu\frac{1}{\rho^*}\frac{\partial p^*}{\partial y^*}+Fr\cdot f_y+\frac{1}{Re}\frac{1}{\rho^*}\frac{\partial}{\partial y^*}\left[\left(-\frac{2}{3}\mu^*\right)\left(\frac{\partial u^*}{\partial x^*}+\frac{\partial v^*}{\partial y^*}+\frac{\partial w^*}{\partial z^*}\right)\right]\\
&\quad+\frac{1}{Re}\frac{1}{\rho^*}\frac{\partial}{\partial x^*}\left[\mu^*\left(\frac{\partial v^*}{\partial x^*}+\frac{\partial u^*}{\partial y^*}\right)\right]+\frac{1}{Re}\frac{1}{\rho^*}\frac{\partial}{\partial y^*}\left[2\mu^*\frac{\partial v^*}{\partial y^*}\right]\\
&\quad+\frac{1}{Re}\frac{1}{\rho^*}\frac{\partial^*}{\partial z^*}\left[\mu^*\left(\frac{\partial w^*}{\partial y^*}+\frac{\partial v^*}{\partial z^*}\right)\right]
\end{aligned}
\tag{8.2.3}
$$

$$
\begin{aligned}
&Sr\frac{\partial w^*}{\partial t^*}+u^*\frac{\partial w^*}{\partial x^*}+v^*\frac{\partial w^*}{\partial y^*}+w^*\frac{\partial w^*}{\partial z^*}\\
&=-Eu\frac{1}{\rho^*}\frac{\partial p^*}{\partial z^*}+Fr\cdot f_z+\frac{1}{Re}\frac{1}{\rho^*}\frac{\partial}{\partial z^*}\left[\left(-\frac{2}{3}\mu^*\right)\left(\frac{\partial u^*}{\partial x^*}+\frac{\partial v^*}{\partial y^*}+\frac{\partial w^*}{\partial z^*}\right)\right]\\
&\quad+\frac{1}{Re}\frac{1}{\rho^*}\frac{\partial}{\partial x^*}\left[\mu^*\left(\frac{\partial u^*}{\partial z^*}+\frac{\partial w^*}{\partial x^*}\right)\right]+\frac{1}{Re}\frac{1}{\rho^*}\frac{\partial}{\partial y^*}\left[\mu^*\left(\frac{\partial v^*}{\partial z^*}+\frac{\partial w^*}{\partial y^*}\right)\right]\\
&\quad+\frac{1}{Re}\frac{1}{\rho^*}\frac{\partial^*}{\partial z^*}\left[2\mu^*\frac{\partial w^*}{\partial z^*}\right]
\end{aligned}
\tag{8.2.4}
$$

(3)能量方程：

$$
\begin{aligned}
Sr\frac{\partial T^*}{\partial t^*}+u^*\frac{\partial T^*}{\partial x^*}+v^*\frac{\partial T^*}{\partial y^*}+w^*\frac{\partial T^*}{\partial z^*}&=-\left(\frac{p_0}{\rho_0 C_{V_0}T_0}\right)\frac{p^*}{\rho^* C_V^*}\left(\frac{\partial u^*}{\partial x^*}+\frac{\partial v^*}{\partial y^*}+\frac{\partial w^*}{\partial z^*}\right)\\
&\quad+\frac{1}{RePr}\left(\frac{C_{p0}}{C_{V0}}\right)\frac{1}{\rho^* C_V^*}\left[\frac{\partial}{\partial x^*}\left(k^*\frac{\partial T^*}{\partial x^*}\right)\right.\\
&\quad\left.+\frac{\partial}{\partial y^*}\left(k^*\frac{\partial T^*}{\partial y^*}\right)+\frac{\partial}{\partial z^*}\left(k^*\frac{\partial T^*}{\partial z^*}\right)\right]+\Phi^*
\end{aligned}
\tag{8.2.5}
$$

将无量纲物理量代入方程(7.3.9)，可得到耗散函数 Φ 的无量纲表达形式：

$$
\begin{aligned}
\Phi^* = &\frac{1}{Re}\left(\frac{V_0^2}{C_{V0}T_0}\right)\frac{1}{\rho^* C_V^*}\left(\frac{\mu_{v0}}{\mu_0}\mu_v^* - \frac{2}{3}\mu^*\right)\left(\frac{\partial u^*}{\partial x^*}+\frac{\partial v^*}{\partial y^*}+\frac{\partial w^*}{\partial z^*}\right)^2 \\
&+\frac{1}{Re}\left(\frac{V_0^2}{C_{V0}T_0}\right)\frac{2\mu^*}{\rho^* C_V^*}\left[\left(\frac{\partial u^*}{\partial x^*}\right)^2+\left(\frac{\partial v^*}{\partial y^*}\right)^2+\left(\frac{\partial w^*}{\partial z^*}\right)^2\right] \\
&+\frac{1}{Re}\left(\frac{V_0^2}{C_{V0}T_0}\right)\frac{\mu^*}{\rho^* C_V^*}\left[\left(\frac{\partial u^*}{\partial y^*}+\frac{\partial v^*}{\partial x^*}\right)^2+\left(\frac{\partial u^*}{\partial z^*}+\frac{\partial w^*}{\partial x^*}\right)^2+\left(\frac{\partial v^*}{\partial z^*}+\frac{\partial w^*}{\partial y^*}\right)^2\right]
\end{aligned} \tag{8.2.6}
$$

8.3　流动相似基本原理

8.3.1　流动相似条件

相似概念最初见于几何学中，后来人们将几何学中相似的概念推广到了其他物理现象之中。通常情况下，对于具有相同物理过程的两个物理现象，在空间的各个对应点和对应时刻，若其各个物理量大小成比例，方向一致，则称两个物理现象相似。具体到流体力学中，若两种流动相似，一般应满足如下条件。

1. 几何相似

流场边界几何相似并且一切对应的线性尺寸成比例，即

$$C_l = \frac{l_1'}{l_1} = \frac{l_2'}{l_2} = \frac{l_3'}{l_3} = \cdots = \frac{l_n'}{l_n} \tag{8.3.1}$$

其中，l_i' 和 l_i 分别为两个流场中对应几何边界的长度尺寸，$i=1,2,\cdots,n$；C_l 为几何相似比例常数，相应地可得两个流场面积相似比例常数和体积相似比例常数为

$$C_A = \frac{A_1'}{A_1} = \frac{A_2'}{A_2} = \frac{A_3'}{A_3} = \cdots = \frac{A_n'}{A_n} = C_l^2 \tag{8.3.2}$$

$$C_\forall = \frac{\forall_1'}{\forall_1} = \frac{\forall_2'}{\forall_2} = \frac{\forall_3'}{\forall_3} = \cdots = \frac{\forall_n'}{\forall_n} = C_l^3 \tag{8.3.3}$$

2. 运动相似

在非定常流动中，流场中各点的速度随时间而变化。图 8-4 为两种管内流体的平均流速随时间的变化曲线。若二者平均速度变化的时间间隔互成比例，有时间相似比例常数：

$$C_t = \frac{t_1'}{t_1} = \frac{t_2'}{t_2} = \frac{t_3'}{t_3} = \cdots = \frac{t_n'}{t_n} \tag{8.3.4}$$

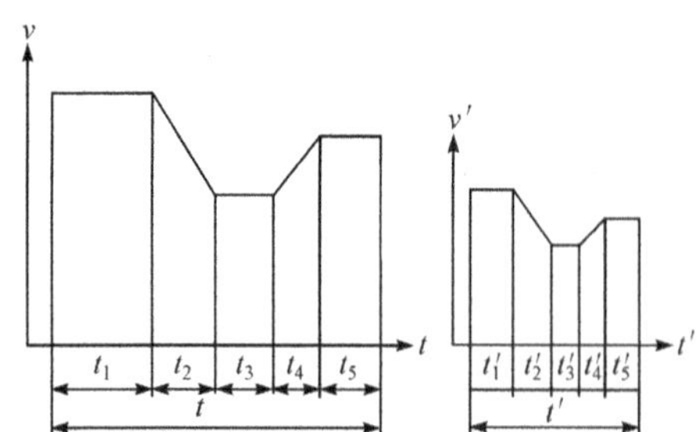

图 8-4　两种管内流体的平均流速随时间的变化曲线

其中，t_i' 和 t_i 为两种流动相对应的时间间隔，$i=1,2,\cdots,n$。

在两个流场中，对应空间点、对应时刻的速度(加速度)方向一致、大小成比例，则称两个速度场(加速度场)相似。图 8-5 为流体在两个直径不同的圆

管中做层流运动时的速度分布曲线，二者的速度方向都平行于管中心线，并且空间各对应点在对应时刻的速度成比例：

$$C_V = \frac{V_1'}{V_1} = \frac{V_2'}{V_2} = \frac{V_3'}{V_3} = \cdots = \frac{V_n'}{V_n} \tag{8.3.5}$$

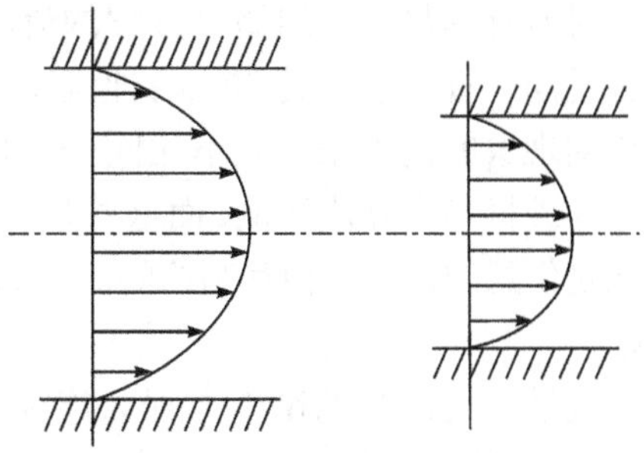

其中，C_V 为速度相似比例常数，与之相应的加速度相似比例常数和流量相似比例常数之间的关系如下：

图 8-5　不同直径圆管中流体的速度分布

$$C_a = \frac{V_1'/t_1'}{V_1/t_1} = \frac{V_2'/t_2'}{V_2/t_2} = \frac{V_3'/t_3'}{V_3/t_3} = \cdots = \frac{V_n'/t_n'}{V_n/t_n} = \frac{C_V}{C_t} \tag{8.3.6}$$

$$C_Q = \frac{V_1' l_1'^2}{V_1 l_1^2} = \frac{V_2' l_2'^2}{V_2 l_2^2} = \frac{V_3' l_3'^2}{V_3 l_3^2} = \cdots = \frac{V_n' l_n'^2}{V_n l_n^2} = C_V C_l^2 \tag{8.3.7}$$

3. 动力相似

动力相似也称为力场相似，即在两个流场中，对应空间点、对应时刻作用在流体上的各种力的方向一致，大小互成比例。如图 8-6 所示，两个流动在空间对应点上取出几何相似的两个流体微团，作用于其上的各对应作用力方向一致、大小成比例，即

$$C_F = \frac{p_1'}{p_1} = \frac{p_2'}{p_2} = \frac{\sigma_1'}{\sigma_1} = \frac{\sigma_2'}{\sigma_2} = \cdots = \frac{f'}{f} \tag{8.3.8}$$

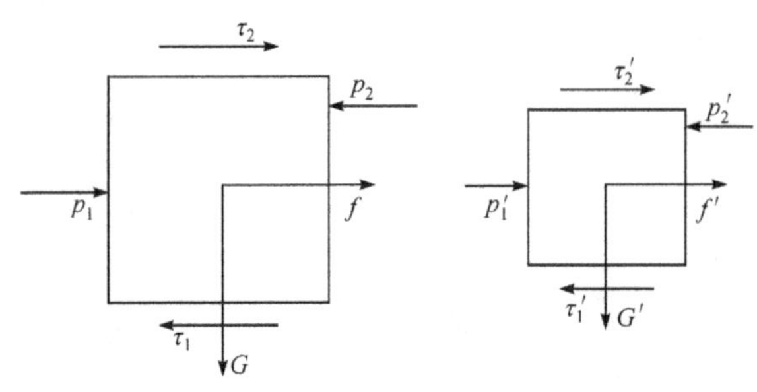

图 8-6　作用在流体质点上的力相似

其中，C_F 为力相似比例常数。在实际流动现象的相似中，除上述几何相似、时间相似、运动相似、力相似等条件外，还可包括流动过程中其他物理量的相似，如温度、密度和黏度的相似。对于所有物理量，相似是指这些物理量的场相似。标量场的相似表示空间对应点在对应时刻的物理量大小成比例；矢量场的相似需要对应空间点在对应时刻物理量的大小成比例，方向一致；相似比例常数 C_l 、C_F 和 C_V 等，称为相似倍数，它们与所选取的坐标系和时间无关。由于物理现象复杂，通常情况下，物理量的场相似要比几何相似复杂得多。

8.3.2　流动相似定理

相似的现象都属于同一类现象，它们应遵循同一种客观规律，能用同一组微分方程进行描述。通过求解微分方程，原则上可以获得对同一类型各种流动都适用的通解。但若要求得某一具体流动的特解，还必须给出相应的附加条件，即定解条件。很显然，相似现象的定解条件也必相似。这里的定解条件包括几何条件(形状与大小)、物理条件(密度、黏度等)、边界条件(入口、出口及壁面处流速的大小)以及初始条件(起始时刻流速、温度、物性参数)。原则上，定解条件能够在服从同一种物理规律的无数流动现象中单一确定出某一具体流动现

象。对所有满足同一组微分方程的流动现象，若其中两种流动现象的定解条件完全相同，则二者是同一种流动；若辨识两种流动现象的定解条件相似，则二者是相似的流动；若辨识两种流动现象的定解条件既不相同也不相似，那么二者就既不相同也不相似。由于描述相似现象的物理量各自互成比例，而这些量又满足同一组微分方程，所以各物理量的比值(相似倍数)不能是任意的，而是相互制约的。下面将根据 8.2 节中给出的无量纲基本方程导出流场的相似准则。

流动需要满足的基本方程为连续性方程(7.3.4)、Navier-Stokes 方程(方程(7.3.5)～方程(7.3.7))和能量方程(7.3.8)。这里以某一不可压缩流动满足的 x 方向动量方程为例进行说明，如方程(8.3.9)所示：

$$\rho\left(\frac{\partial u}{\partial t}+u\frac{\partial u}{\partial x}+v\frac{\partial u}{\partial y}+w\frac{\partial u}{\partial z}\right)=-\frac{\partial p}{\partial x}+\frac{\partial}{\partial x}\left(2\mu\frac{\partial u}{\partial x}\right)+\frac{\partial}{\partial y}\left[\mu\left(\frac{\partial u}{\partial y}+\frac{\partial v}{\partial x}\right)\right]+\frac{\partial}{\partial z}\left[\mu\left(\frac{\partial u}{\partial z}+\frac{\partial w}{\partial x}\right)\right]+\rho g \tag{8.3.9}$$

与其相似的另一个流动同样满足

$$\rho'\left(\frac{\partial u'}{\partial t'}+u'\frac{\partial u'}{\partial x'}+v'\frac{\partial u'}{\partial y'}+w'\frac{\partial u'}{\partial z'}\right)=-\frac{\partial p'}{\partial x'}+\frac{\partial}{\partial x'}\left[2\mu'\frac{\partial u'}{\partial x'}\right]+\frac{\partial}{\partial y'}\left[\mu'\left(\frac{\partial u'}{\partial y'}+\frac{\partial v'}{\partial x'}\right)\right]+\frac{\partial}{\partial z'}\left[\mu'\left(\frac{\partial u'}{\partial z'}+\frac{\partial w'}{\partial x'}\right)\right]+\rho' g' \tag{8.3.10}$$

其中，g 为重力。由于上述两个流动相似，根据相似的基本概念，有

$$C_l=\frac{x'}{x}=\frac{y'}{y}=\frac{z'}{z} \tag{8.3.11}$$

$$C_V=\frac{u'}{u}=\frac{v'}{v}=\frac{w'}{w} \tag{8.3.12}$$

$$C_t=\frac{t'}{t}=\frac{C_l}{C_V} \tag{8.3.13}$$

$$C_\rho=\frac{\rho'}{\rho},\quad C_p=\frac{p'}{p},\quad C_\mu=\frac{\mu'}{\mu},\quad C_g=\frac{g'}{g} \tag{8.3.14}$$

将式(8.3.11)～式(8.3.14)代入方程(8.3.10)中，整理后可得

$$\frac{C_V^2}{C_l}\rho\left(\frac{\partial u}{\partial t}+u\frac{\partial u}{\partial x}+v\frac{\partial u}{\partial y}+w\frac{\partial u}{\partial z}\right)=-\frac{C_p}{C_\rho C_l}\frac{\partial p}{\partial x}+\frac{C_V C_\mu}{C_\rho C_l^2}\frac{\partial}{\partial x}\left(2\mu\frac{\partial u}{\partial x}\right)+\frac{C_V C_\mu}{C_\rho C_l^2}\frac{\partial}{\partial y}\left[\mu\left(\frac{\partial u}{\partial y}+\frac{\partial v}{\partial x}\right)\right]+\frac{C_V C_\mu}{C_\rho C_l^2}\frac{\partial}{\partial z}\left[\mu\left(\frac{\partial u}{\partial z}+\frac{\partial w}{\partial x}\right)\right]+C_g\rho g \tag{8.3.15}$$

要使描述两个流动现象的方程一致，那么方程(8.3.9)与方程(8.3.15)相比，可得到

$$\frac{C_V^2}{C_l}=\frac{C_p}{C_\rho C_l}=\frac{C_V C_\mu}{C_\rho C_l^2}=C_g=1,\quad C_p=\frac{p'}{p},\quad C_\mu=\frac{\mu'}{\mu} \tag{8.3.16}$$

这说明了各相似比例常数不能任意选取，而是受式(8.3.16)约束。根据式(8.3.16)，可得

(1) $C_V^2/(C_gC_l)=1$，即有
$$\frac{V}{\sqrt{gl}}=\frac{V'}{\sqrt{g'l'}} \tag{8.3.17}$$

根据前面流场基本无量纲参数的定义，可知 $Fr=Fr'$，即流场及其相似流场的弗劳德数相等。

(2) $C_V^2C_\rho/C_p=1$，即有
$$\frac{p}{\rho V^2}=\frac{p'}{\rho' V'^2} \tag{8.3.18}$$

有 $Eu=Eu'$，即流场及其相似流场的欧拉数相等。

(3) $C_lC_\rho C_V/C_\mu=1$，即有
$$\frac{\rho Vl}{\mu}=\frac{\rho' V'l'}{\mu'} \tag{8.3.19}$$

有 $Re=Re'$，即流场及其相似流场的雷诺数相等。

可见，对于两个相似的不可压缩定常流动，它们的弗劳德数、欧拉数、雷诺数必相等。Fr、Eu 和 Re 都是流动的基本无量纲参数，因此，流动的无量纲参数是否相等是判断两个流动现象是否相似的根据。综上所述，两种流动现象相似的充分必要条件是：对于同种类的流动现象，能够用同一组微分方程进行描述且定解条件相似，而由定解条件中的物理量组成的无量纲参数在数值上也相等。

8.3.3　相似原理的应用

相似原理是实验研究的理论基础，通过相似原理，可解决实验研究中的一系列问题。应用相似原理进行实验研究的具体步骤归纳起来有如下几点。

(1) 根据流动相似的基本原则，首先判断哪些无量纲参数（相似参数）是主要（决定性）的，哪些是次要的、可忽略的。例如，物体在空气中低速运动时，只有 Re 起决定作用；物体在高速气流中运动时，则主要考虑 Ma 的影响。

(2) 根据决定性相似参数相等的条件设计实验。包括设计模型、选择实验设备及实验条件、选择模型实验中的工作介质、确定运动状态等。

(3) 确定实验中需要测量的物理量以及对实验数据的整理。根据流动相似的基本原理，彼此相似的现象必定具有数值相同的相似参数，即实验中要测定各相似参数所包含的一切物理量，并把它整理成相似参数。

(4) 实验结果的换算。根据相似原理，可把模型实验的结果在相似参数相等的条件下换算到实物系统中。

8.4　模 型 实 验

相似原理与量纲分析方法解决了模型实验中的一系列问题。要进行模型实验，首先要合理设计实验模型、选择模型实验中的流体介质，才能够保证模型实验流动与原型流动相似。根据流动相似定理，设计模型和选择介质必须使定解条件相似，而由定解条件中的物理量组成的相似参数在数值上相等。实验过程中需要测定哪些物理量，实验数据如何处理，才能反映客观实质呢？流动相似定理表明，彼此相似的流动现象必定具有数值相等的相似参数。因此，在实验中应测定各相似参数中所包含的物理量，并把它们整理成相似参数。模型实验结

果如何整理才能找到规律性，以便推广应用到原型流动中去呢？由 π 定理可知，描述某物理现象的各种变量的关系可以表示成数目较少的无量纲量之间的关系式。对于彼此相似的流动现象，它们的无量纲量满足的方程式也相同。因此，实验结果应当整理成相似参数之间的关系式，便可推广应用到原型流动中去。

8.4.1 完全相似与部分相似

按照上述原则安排实验，使模型实验流动与原型流动的全部相似参数分别相等，那么模型实验流动与原型流动可以视为完全相似。这种严格的完全相似的要求，只有在模型和实物尺寸相同的情况下才有可能实现。例如，在黏性不可压缩流体定常流动问题中，要使模型实验流动与原型流动完全相似，则应满足雷诺数、弗劳德数、欧拉数等分别相等，即

$$\left(\frac{VL}{\nu}\right)_{\mathrm{m}}=\left(\frac{VL}{\nu}\right)_{\mathrm{p}},\quad \left(\frac{V}{\sqrt{gL}}\right)_{\mathrm{m}}=\left(\frac{V}{\sqrt{gL}}\right)_{\mathrm{p}},\quad \left(\frac{p}{\rho V^2}\right)_{\mathrm{m}}=\left(\frac{p}{\rho V^2}\right)_{\mathrm{p}}$$

满足相似参数相等也意味着各个物理量的比例系数存在下列制约的关系：

$$\left.\begin{aligned} C_\nu &= C_V C_l \\ C_V^2 &= C_g C_l \\ C_p &= C_\rho C_V^2 \end{aligned}\right\} \tag{8.4.1}$$

在设计模型实验时，如果选择三个基本比例系数（如 C_l, C_V, C_ρ）能满足式(8.4.1)给出的这三个制约方程，则模型实验流动与原型流动可实现完全相似。通常情况下，重力加速度的比例系数为 $C_g=1$，从式(8.4.1)中第 2 式可得

$$C_V^2 = C_l$$

代入式(8.4.1)中第 1 式，可得

$$C_\nu = C_l^{\frac{3}{2}}$$

虽然线性比例系数 C_l 可以任意选择，但要使流体运动黏度的比例系数 C_ν 保持 $C_l^{3/2}$ 的数值就不大容易。一般情况下，模型实验多用水或空气作为介质，如风洞、水洞、水槽等，上述要求难以满足；另外，模型实验流动与原型流动的流体往往采用同一种流体，此时 $C_\nu=1$，于是从式(8.4.1)中第 1 式及第 2 式可得

$$C_V = \frac{1}{C_l}$$

$$C_V = C_l^{\frac{1}{2}}$$

显然，只有 $C_l=1$ 时，C_V 才可能同时满足以上两式。然而，这种情况下，模型实验也就失去了意义。对于包含更多相似参数的情况，各种量比例系数的制约关系更复杂，要实现模型实验流动与原型流动在力学上完全相似，最终导致模型实验流动与原型流动完全一样几乎不可能实现。事实上，在许多工程问题中，各种相似参数的重要性并不等同。例如，若流动中存在气-液交界面（如气泡在液体中运动）或气-液交界面与固体壁面接触，当液体的表面张力起显著作用时，We 相似参数才会变得重要，而在一般流动问题中则不必考虑。忽略一些对流

动问题影响较小的相似参数，仅考虑起主要作用的相似参数，这种相似称为部分相似。保证模型实验流动与原型流动部分相似的实验方法便是近似模型法。

8.4.2　近似模型法

1. 雷诺相似

许多实际流动主要受黏性力、压力和惯性力的作用。例如，管道内流体的流动，由于不存在自由面，没有表面张力作用，可不考虑 *We* 相似参数。与此同时，重力不影响流场，故可不考虑 *Fr* 相似参数。如果流速与声速相比很低，流体的压缩性影响也可以忽略不计，即不必考虑作用在流体上的弹性力及相应的 *Ma* 相似参数。

从动力学相似的观点来看，若两个流场在空间对应点上作用的同种力的方向相同、大小成同一比例，则满足动力相似。对于仅考虑黏性力、压力和惯性力这三种力的情况，在空间对应点上，模型实验流动中的惯性力和黏性力应该和原型流动中的惯性力和黏性力成同一比例。因此，只要在空间对应点上满足雷诺数相等即可。从更具有普遍意义的相似定理来看，两个流动相似，则相似参数对应相等，由 π 定理得出的相似参数满足的方程也相同。在 $n-k$ 个相似参数中，其中 $n-k-1$ 个是独立相似参数或称为决定性相似参数(相当于函数的自变量)，一个为非独立相似参数或非决定性相似参数(相当于函数的因变量)。对于仅考虑黏性力、压力和惯性力作用的流动问题，将雷诺数以及其他与几何尺寸有关的无量纲参数看作独立相似参数，欧拉数可视为非独立相似参数。

在几何相似的前提下，流动现象相似的决定性相似参数仅为雷诺数，则模型实验必须遵守的相似称为雷诺相似。在满足雷诺相似的情况下，如果模型的缩放比例或介质选取不当，可能会出现模型实验流动的速度太大难以实施，亦或是模型实验流动的压缩性影响变得重要，实验会带来较大的误差甚至错误的结果。实验表明，当 *Re* 大到一定程度，即惯性力与黏性力之比大到一定程度时，黏性力的影响相对减弱。若继续提高 *Re* 将不会影响流动现象和流动特征。此时，阻力的相似并不要求雷诺数相等，即与雷诺数无关，这种情形称为自动模化状态或自模化状态。例如，在管道流动中，当流动雷诺数大到一定程度时，描述沿程机械能损失的阻力系数仅取决于管道的相对粗糙度。这时只要保证几何相似就能使流动相似，这给模型实验研究带来了很大的方便。

2. 弗劳德相似

对于存在自由面的流动问题，如明渠流动、堰流和由孔口流入大气的液体射流，船驶过水面引起的波浪运动等，此时重力、压力和惯性力占支配地位，液体的压缩性对这类流动现象影响微弱；只要流动的尺度不是非常小，表面张力也可以忽略不计；反映惯性力与黏性力之比的雷诺数很大，此时，黏性影响可以忽略不计。这时，流动相似的决定性相似参数是弗劳德数，满足弗劳德数相等的模型实验称为弗劳德相似。弗劳德相似要求

$$\left(\frac{V}{\sqrt{gl}}\right)_{\mathrm{m}}=\left(\frac{V}{\sqrt{gl}}\right)_{\mathrm{p}} \tag{8.4.2}$$

一般情况下，模型实验流动与原型流动的重力加速度相等，即 $g_{\mathrm{m}}=g_{\mathrm{p}}$，因此式(8.4.2)成为

$$\frac{V_{\mathrm{m}}}{V_{\mathrm{p}}}=\sqrt{\frac{l_{\mathrm{m}}}{l_{\mathrm{p}}}} \tag{8.4.3}$$

由式(8.4.3)可见，对于$l_{\mathrm{m}}/l_{\mathrm{p}}<1$的缩小模型实验，模型实验流动要求的速度比原型流动的速度低，与雷诺相似的要求恰恰相反。若采用与原型流动相同的流体介质进行模型实验，那么模型实验流动的雷诺数也比原型流动的雷诺数要小，这就有可能导致黏性力模型实验流动和原型流动中所起作用的重要程度存在差异。因此，在设计模型时，模型的几何尺寸也不能太小。

3. 其他相似

当流体的压缩性对流动现象起到重要作用时，则需要考虑的相似参数为马赫数。例如，在可压缩气流中，一般情况下，决定性相似参数为马赫数和雷诺数。要使模型实验流动与原型流动相似，应满足

$$\left(\frac{V}{a}\right)_{\mathrm{m}}=\left(\frac{V}{a}\right)_{\mathrm{p}} \quad \text{和} \quad \left(\frac{lV\rho}{\mu}\right)_{\mathrm{m}}=\left(\frac{lV\rho}{\mu}\right)_{\mathrm{p}}$$

同时满足以上两个条件，则需要　$\dfrac{l_{\mathrm{p}}}{l_{\mathrm{m}}}\dfrac{\rho_{\mathrm{p}}}{\rho_{\mathrm{m}}}\dfrac{\mu_{\mathrm{m}}}{\mu_{\mathrm{p}}}=\dfrac{V_{\mathrm{m}}}{V_{\mathrm{p}}}=\dfrac{a_{\mathrm{m}}}{a_{\mathrm{p}}}$

如果黏性影响可以忽略不计，或者流动状态处于自动模化的雷诺数范围，那么马赫数就是唯一的决定性相似参数。只要满足模型实验流动与原型流动的马赫数相等就能保证两种流动的压缩性效应相似。由于马赫数中不包含特征长度，所以它对模型的尺寸没有任何限制。此时，模型实验流动的介质可用与原型流动相同的介质，即有$a_{\mathrm{m}}=a_{\mathrm{p}},V_{\mathrm{m}}=V_{\mathrm{p}}$。

当流体的黏性影响可以忽略或者流动处于自模化的雷诺数范围，设计模型实验时，其黏性往往可以不必考虑，即不考虑雷诺数。如果是管道中的液体流动或者气体的低速流动，重力、弹性力及表面张力也不必要考虑，只需考虑代表压力与惯性力之比的欧拉数就可以了。在此情况下应有

$$\left(\frac{p}{\rho V^2}\right)_{\mathrm{m}}=\left(\frac{p}{\rho V^2}\right)_{\mathrm{p}}$$

其中，Δp为流场内两点间的压强差。在实际应用中，对于物体的绕流问题，常选取无穷远处来流的压强p_{∞}作为参考压强，即有$\Delta p=p-p_{\infty}$。同时，定义压强系数$\overline{p}=2\dfrac{p-p_{\infty}}{\rho V_{\infty}^2}$。对于有气穴现象的液体流动问题，参考压强可选为液体在该温度下的饱和蒸气压强p_{v}，此时模型实验流动和原型流动的欧拉数(或压强系数)应满足

$$2\left(\frac{p-p_{\mathrm{v}}}{\rho V_{\infty}^2}\right)_{\mathrm{m}}=2\left(\frac{p-p_{\mathrm{v}}}{\rho V_{\infty}^2}\right)_{\mathrm{p}}$$

该特殊形式的欧拉数称为气穴数，它是专门考虑气穴现象时的相似参数。

例题 8-3　内径为75mm的水平直管中，水流平均速度为3m/s，已知水的动力黏度$\mu=1.139\times10^{-3}\ \mathrm{Pa\cdot s}$，密度$\rho=999.1\mathrm{kg/m^3}$。若用相同的管道以空气为介质做模型实验，空气的动力黏度$\mu=1.788\times10^{-5}\ \mathrm{Pa\cdot s}$，密度$\rho=1.225\mathrm{kg/m^3}$。要使两种流动相似，气流平均速度应

为多大？若在管道 5 m 长范围测得气流压降为 906.4 Pa ，与之相似的水流在相同长度下压降为多大？

解：对于本问题，要使两种流动相似，只需要考虑雷诺相似，即

$$\left(\frac{\rho Vd}{\mu}\right)_{\mathrm{m}}=\left(\frac{\rho Vd}{\mu}\right)_{\mathrm{p}}$$

故 $$V_{\mathrm{m}}=\frac{d_{\mathrm{p}}}{d_{\mathrm{m}}}\frac{\rho_{\mathrm{p}}}{\rho_{\mathrm{m}}}\frac{\mu_{\mathrm{m}}}{\mu_{\mathrm{p}}}V_{\mathrm{p}}=\frac{0.075}{0.075}\times\frac{999.1}{1.225}\times\frac{1.788\times10^{-5}}{1.139\times10^{-3}}\times3=38.41(\mathrm{m/s})$$

对于两种相似流动之间的压力关系，则需要考虑对应点的欧拉数也相等，即

$$\left(\frac{\Delta p}{\rho V^2}\right)_{\mathrm{p}}=\left(\frac{\Delta p}{\rho V^2}\right)_{\mathrm{m}}$$

因此可得 $$(\Delta p)_{\mathrm{p}}=\frac{(\rho V^2)_{\mathrm{p}}}{(\rho V^2)_{\mathrm{m}}}(\Delta p)_{\mathrm{m}}=\frac{999.1\times3^2}{1.225\times38.41^2}\times906.4=4505(\mathrm{Pa})$$

解毕。

例题 8-4 为了估算水面上船舶的行驶阻力，用缩尺比例为 1:20 的船体模型在拖曳水池中做实验。设原型船体长 $l_{\mathrm{p}}=30\mathrm{m}$ ，运动速度为 $V_{\mathrm{p}}=5\mathrm{m/s}$ ，水的密度 $\rho_{\mathrm{p}}=1000\mathrm{kg/m^3}$ ，动力黏度 $\mu_{\mathrm{p}}=0.001\mathrm{Pa\cdot s}$ 。如何安排实验才能保证模型实验流场与原型流场动力相似？

解：由于流动定常，不需要考虑 *Sr* 相等。船体前进所受阻力中，兴波阻力与重力有关，黏性摩擦阻力与流体的黏性有关。因此，反映重力效应的 *Fr* 和反映流体黏性效应的 *Re* 是最重要的相似参数，即要求模型实验流场和原型流场中 *Fr* 和 *Re* 分别相等。

对于原型流场，可得

$$Fr_{\mathrm{p}}{}^2=\frac{V_{\mathrm{p}}^2}{gl_{\mathrm{p}}}=\frac{5^2}{9.8\times30}=0.085,\quad Re_{\mathrm{p}}=\frac{\rho_{\mathrm{p}}V_{\mathrm{p}}l_{\mathrm{p}}}{\mu_{\mathrm{p}}}=\frac{1000\times5\times30}{0.001}=1.50\times10^8$$

对于模型实验流场，可得

$$Fr_{\mathrm{m}}{}^2=\frac{V_{\mathrm{m}}^2}{gl_{\mathrm{m}}}=\frac{20V_{\mathrm{m}}^2}{9.8\times30},\quad Re_{\mathrm{m}}=\frac{\rho_{\mathrm{m}}V_{\mathrm{m}}l_{\mathrm{m}}}{\mu_{\mathrm{m}}}=\frac{V_{\mathrm{m}}l_{\mathrm{m}}}{\nu_{\mathrm{m}}}=\frac{1.118\times30}{20\nu_{\mathrm{m}}}$$

由于要求 $Fr_{\mathrm{p}}^2=Fr_{\mathrm{m}}^2$ ，可得 $$\frac{20V_{\mathrm{m}}^2}{9.8\times30}=0.085$$

即实验船速为 $$V_{\mathrm{m}}=1.118\mathrm{m/s}$$

由于要求 $Re_{\mathrm{p}}=Re_{\mathrm{m}}$ ，可得 $$\frac{1.118\times30}{20\nu_{\mathrm{m}}}=1.50\times10^8$$

由此解得实验介质的运动黏度为

$$\nu_{\mathrm{m}}=1.118\times10^{-8}\mathrm{m^2/s}$$

即在运动黏度为 $1.118\times10^{-8}\mathrm{m^2/s}$ 的拖曳水池中，以 $1.118\mathrm{m/s}$ 速度拖拽模型船只，可保证模型实验流场与原型流场动力相似。

解毕。

 科技前沿(8)——天地换算

 人物介绍(8)——瑞利和白金汉

习 题

8-1 试导出用基本量纲$[L]$、$[T]$、$[M]$、$[\Theta]$表示的体积流量、角速度、比焓、比熵的量纲。

8-2 证明方程$p+\rho gz+\frac{1}{2}\rho V^2=H(\text{const})$左端三项量纲相同，并确定$H$的量纲。

8-3 检查以下各组合数是否是无量纲组合。

① $\frac{Q}{l^2}\sqrt{\frac{\Delta p}{\rho}}$；② $\frac{\rho l}{\Delta p Q^2}$；③ $\frac{\Delta p l Q}{\rho}$；④ $\frac{\rho Q}{\Delta p l^2}$；⑤ $\frac{Q}{l^2}\sqrt{\frac{\rho}{\Delta p}}$

8-4 试导出密度ρ、速度v、长度l及动力黏度μ的无量纲组合。

8-5 某种情形下，经过孔口出流的流量Q与孔口直径d、流体压强p、流体密度ρ有关，试确定流量Q的表达式。

8-6 直径为d的圆球以匀速v通过密度为ρ、黏度为μ的液体，液体作用在圆球上的力F可认为与d、v、ρ、μ有关，试确定F的表达式。

8-7 流体通过水平毛细管的流量Q与管径d、动力黏度μ、压强梯度$\frac{\Delta p}{l}$有关，试求流量Q的表达式。

8-8 某充满液体的大容器底面有泄流孔口。今要用模型实验来确定液体流尽的时间，模型长度比尺缩小200倍，测得流尽时间为5min，试问原容器液体流尽时间。

8-9 汽车行驶速度为108km/h，拟在风洞中进行模型实验，风洞试验段风速为45m/s，求原型与模型之间的长度比例尺。若在模型上测得阻力为1.5 kN，求原型汽车所受的阻力。

8-10 模型船与实船的尺寸比例为1/50，若已知模型在速度为$V_{\mathrm{m}}=1.33\mathrm{m/s}$时，船模的拖曳阻力为$F_{\mathrm{m}}=9.81\mathrm{N}$，实验与实际情况中水的密度和黏度认为相同，试在下列两种情况下确定船的速度和阻力：(1)测量摩擦阻力，黏性力起主要作用；(2)测量波浪阻力，重力起主要作用。

8-11 天然气在水平管道内以平均流速$v_1=20\mathrm{m/s}$流动，为了测量沿管道的压降，用水做模型实验，取长度比例尺为$C_l=0.1$，试确定：(1)为保证流动相似，模型管道内水的流速应等于多少？(2)若测得模型实验中，每0.1m管长的压降$\Delta p_2=1\mathrm{kPa}$，则天然气管道中每米管长的压降Δp_1是多少？（天然气密度ρ_1=1.86kg/m^3，运动黏度$\nu_1=1.3\times10^{-5}\mathrm{m^2/s}$，水的运动黏度为$\nu_2=1.007\times10^{-6}\mathrm{m^2/s}$。）

8-12 原型流动中油的运动黏度为$\nu_{\mathrm{p}}=15\times10^{-5}\mathrm{m^2/s}$，其几何尺度为模型的5倍。如果确定原型流动和模型实验流动中的弗劳德数和雷诺数分别相等，试问模型中流体运动黏度ν_{m}等于多少？

第 9 章　黏性不可压缩流体的内部流动

流体在管道或槽道中的流动是工程中最广泛的一种流动，此时流体被固体壁面包围，这样的流动称为内部流动或简称内流。不可压缩流体的内部流动由于受到黏性的影响，将产生流动阻力。此外，黏性流体的流动形态可分为层流和湍流两种，它们有着完全不同的流动规律和阻力特性。本章主要介绍黏性不可压缩流体内部流动的阻力、层流与湍流的基本概念、单一圆管流动的阻力系数和流动损失特性以及串并联管路的流动损失特性等。

9.1　流 动 阻 力

由于黏性的影响，相对运动流体层之间存在黏性切应力，从而形成流动阻力。要维持黏性流体的流动，就要消耗机械能以克服流动阻力，因此，黏性流体流动过程中机械能将逐渐减少。此外，在不同流动雷诺数下，黏性流体的流动存在层流和湍流两种状态，相应的阻力特性也明显不同。

9.1.1　黏性不可压缩流体总流的伯努利方程

考虑黏性不可压缩流体的管道或槽道内的流动，由于黏性的影响，紧贴管道壁面的流体质点将黏附在固体壁面上，质点运动速度为零。然而，轴线附近的流体仍以较大的流速 V 流动。沿管道半径方向，存在一个流速由零到 V 的变化区域，即存在相对运动的流体层。在相对运动的流体层之间，由于黏性影响存在切向阻力，要维持流体的流动，就需要消耗机械能以克服阻力。此时，理想流体伯努利方程反映的流动过程中沿流线总机械能守恒的规律不再成立。

理想不可压缩流体在重力作用下做定常流动，则沿同一条流线总机械能守恒，对于同一流线上、下游(以下标 1、2 表示)两点应用伯努利方程可得

$$\frac{V_1^2}{2}+gz_1+\frac{p_1}{\rho}=\frac{V_2^2}{2}+gz_2+\frac{p_2}{\rho} \tag{9.1.1}$$

对于黏性流体，由于克服黏性阻力影响要消耗机械能。下游的机械能要小于上游的机械能，即有

$$\frac{V_1^2}{2}+gz_1+\frac{p_1}{\rho}>\frac{V_2^2}{2}+gz_2+\frac{p_2}{\rho} \tag{9.1.2}$$

或写成

$$\frac{V_1^2}{2g}+z_1+\frac{p_1}{\rho g}=\frac{V_2^2}{2g}+z_2+\frac{p_2}{\rho g}+h_{\mathrm{wl}} \tag{9.1.3}$$

其中，h_{wl} 为单位重量流体沿流线从上游流至下游时所消耗的机械能(J/N 或 m)，式(9.1.3)称为黏性流体沿流线的伯努利方程。在黏性不可压缩流体的管道或槽道流动中，流动的有效截面为有限值，这类流动又称为总流。总流是由无数微元流束(或流线)组成的有效截面为有限

值的流动。由于在管道(或槽道)中存在弯管、阀门等阻力件，总流流动不再是微元流束流动的简单叠加。因此，对总流流动应用伯努利方程时，需要注意以下两点。

(1)伯努利方程只能应用于流动变化缓慢(缓变流)的区域，不能在弯管、阀门等流动发生急剧变化(急变流)的区域应用伯努利方程。换言之，伯努利方程仅适用于流线间夹角很小、流线的曲率半径很大的流动，如图 9-1 所示。

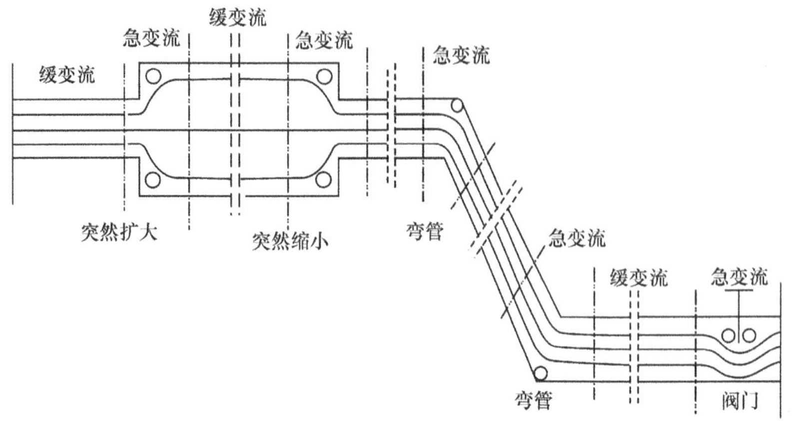

图 9-1　总流示意图

(2)由于总流截面上各点流速不一致，在伯努利方程中应该使用该截面上的平均流速$\overline{V}$，而且需乘上总流的动能修正系数α，其定义为

$$\alpha = \frac{1}{A}\int_A \left(\frac{V}{\overline{V}}\right)^3 \mathrm{d}A \tag{9.1.4}$$

其中，A为总流的有效截面积。在工业管道中，通常取$\alpha = 1.01 \sim 1.10$，湍流流动的α比层流流动的α更接近于 1，故在本书中若无特殊说明，均近似取$\alpha = 1.0$。引入动能修正系数α后，总流在两个缓变流截面处的伯努利方程可以写成

$$\alpha_1 \frac{\overline{V}_1^2}{2g} + z_1 + \frac{p_1}{\rho g} = \alpha_1 \frac{\overline{V}_2^2}{2g} + z_2 + \frac{p_2}{\rho g} + h_w \tag{9.1.5}$$

其中，α_1、α_2为两个截面上的动能修正系数，通常可近似取为 1；$\overline{V}$为平均流速，为简化起见，后面用V取代；h_w为流体流经两个缓变流截面时，单位重量流体平均损失的机械能，即由流动阻力引起的机械能损失，其表达式为

$$h_w = \frac{1}{Q}\int_Q h_{\mathrm{w1}} \mathrm{d}Q \tag{9.1.6}$$

式(9.1.5)就是黏性不可压缩流体总流的伯努利方程。它适用于重力作用下黏性不可压缩流体定常流动的总流两个任意缓变流截面，不必考虑在这两个缓变流截面之间有无急变流存在。由式(9.1.5)可知，为了克服黏性阻力，总流的总机械能是逐渐减小的。

9.1.2　流动阻力损失

从上述分析可知，黏性不可压缩流体的管道流动与理想流体管道流动的最大区别就是存在流动阻力，从而使流体流动过程中出现机械能损失，总机械能不再守恒。通常把黏性不可

压缩流体管道流动中，由流动阻力引起的机械能损失 h_w 称为流动阻力损失，简称阻力损失。它可以分解为沿缓变流流动的沿程阻力损失总和 $\sum h_f$ 以及在急变流处产生的局部阻力损失总和 $\sum h_j$ 两部分，即

$$h_w = \sum h_f + \sum h_j \tag{9.1.7}$$

1. 沿程阻力损失

沿程阻力损失简称沿程阻力或沿程损失，是发生在缓变流区域中由流体黏性力造成的机械能损失。单位重量流体的沿程阻力损失可用达西(Darcy)公式表示：

$$h_f = \lambda \frac{l}{D}\frac{V^2}{2g} \tag{9.1.8}$$

其中，l 为管道长度；D 为管道内径或当量直径；$V^2/(2g)$ 为流体的动压头(或称速度水头)；λ 为沿程阻力系数,它主要与流动的雷诺数、管道壁面粗糙度以及流动状态(层流或湍流)有关。由式(9.1.8)可知，h_f 与 l 成正比，故流体流经的管道越长，机械能的损失越大，这是沿程阻力的典型特征。

2. 局部阻力损失

局部阻力损失简称局部阻力或局部损失，是发生在流动状态发生急剧变化的急变流区域中的机械能损失。它主要由在弯头、闸门等管件处流体微团的碰撞、旋涡等造成。单位重量流体的局部阻力损失表示为

$$h_j = \zeta \frac{V^2}{2g} \tag{9.1.9}$$

其中，无量纲系数 ζ 为局部阻力系数，其值通常由实验确定。

例题 9-1　已知一个输油管的直径 $d = 0.1\text{m}$，长 $l = 10000\text{m}$，出口与入口高度差 $z_\text{o} - z_\text{i} = 12\text{m}$，输油量 $M = 8000\text{kg/h}$，油的密度 $\rho = 860\text{kg/m}^3$，入口端的油压为 $p_\text{i} = 4.9\times10^5\text{Pa}$。沿程阻力系数 $\lambda = 0.05$，求出口端的油压 p_o。

解：根据已知条件，可得输油管内流动的平均流速为

$$V = \frac{M}{3600\times\frac{\pi}{4}d^2\rho} = \frac{8000}{3600\times\frac{\pi}{4}\times0.1^2\times860} = 0.329(\text{m/s})$$

流动的沿程阻力损失为

$$h_f = \lambda\frac{l}{d}\frac{V^2}{2g} = 0.05\times\frac{10000}{0.1}\times\frac{0.329^2}{2\times9.8} = 27.61\ (\text{m})$$

在入、出口截面附近建立总流的伯努利方程：

$$\frac{V_\text{i}^2}{2g} + z_\text{i} + \frac{p_\text{i}}{\rho g} = \frac{V_\text{o}^2}{2g} + z_\text{o} + \frac{p_\text{o}}{\rho g} + h_w$$

根据已知条件，将 $z_\text{o} - z_\text{i} = 12\text{m}$、$p_\text{i} = 4.9\times10^5\text{Pa}$ 和 $V_\text{i} = V_\text{o} = 0.329\text{m/s}$ 代入，可得

$$p_\text{o} = p_\text{i} + \rho g\left(z_\text{i} - z_\text{o}\right) - \rho g h_w = 4.9\times10^5 - 860\times9.8\times\left(12+27.61\right) = 1.56\times10^5\ (\text{Pa})$$

即出口压力 $p_o = 1.56\times10^5\,\mathrm{Pa}$ 。

解毕。

9.2 黏性不可压流动的层流解析解

第 7 章中给出了一般情况下描述黏性均质不可压缩流体的流动需满足的流体力学基本方程组，即方程(7.3.10)～方程(7.3.14)。该方程组构成了求解流场压强 p 和速度未知函数 u、v 和 w 的封闭方程组。然而由于方程组中存在非线性项，其解析解的求解非常困难。迄今为止，可以得到解析解的流动例子非常有限。本节将以平行剪切流为例，介绍流动解析解的求解方法。在这些特殊的流动情况下，流动力学基本方程中的非线性项为零，数学上处理起来相对容易一些。

9.2.1 圆管内的定常层流流动

流体在圆管内的定常层流流动是不可压黏性流体力学中的经典问题之一。如图 9-2 所示，水平放置一个直径为 D 的长圆管，内有密度 ρ 、黏度 μ 的黏性不可压缩流体沿管道做层流流动，为简化问题，忽略重力影响。这种流动具有下列特征：

(1) 假设管道很长，管道两端的影响可以忽略不计，管内流动仅沿管道轴线方向；

(2) 假设管道截面为圆形，即呈轴对称，并且管内流动也呈现轴对称特性。

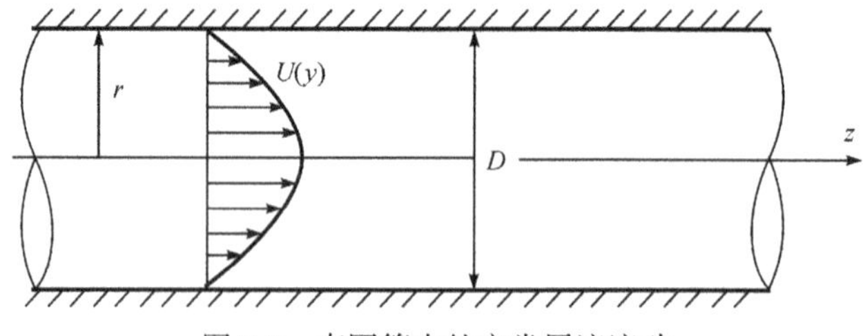

图 9-2 直圆管中的定常层流流动

根据流动特征(2)，选择在柱坐标系中分析本问题，其中坐标 z 轴与圆管轴线重合，如图 9-2 所示，结合流动特征(1)，有

$$V_r = V_\phi = 0, \quad \frac{\partial V_z}{\partial \phi} = \frac{\partial V_z}{\partial z} = 0 \tag{9.2.1}$$

由于流动定常，可得

$$\frac{\partial(\cdot)}{\partial t} = 0 \tag{9.2.2}$$

其中，$(\cdot)$ 代表流场速度、压力等物理量。将式(9.2.1)和式(9.2.2)代入柱坐标形式下的连续性方程(7.3.30)和动量方程(方程(7.3.31)～方程(7.3.33))中，可知连续性方程自动满足，动量方程可化简为

$$0 = -\frac{1}{\rho}\frac{\partial p}{\partial r} + g_r \tag{9.2.3}$$

$$0 = -\frac{1}{\rho}\frac{\partial p}{r\partial \phi} + g_\phi \tag{9.2.4}$$

$$0=-\frac{1}{\rho}\frac{\partial p}{\partial z}+g_z+\frac{\mu}{\rho}\left(\frac{\partial^2 V_z}{\partial r^2}+\frac{1}{r}\frac{\partial V_z}{\partial r}\right) \tag{9.2.5}$$

由式(9.2.5)可知，

$$V_z=V_z(r) \tag{9.2.6}$$

忽略重力的影响 $g_r=g_\phi=g_z=0$。将式(9.2.6)代入式(9.2.3)～式(9.2.5)中，可得

$$\frac{\partial p}{\partial r}=\frac{\partial p}{\partial \phi}=0 \tag{9.2.7}$$

$$0=-\frac{\partial p}{\partial z}+\mu\left(\frac{\partial^2 V_z}{\partial r^2}+\frac{1}{r}\frac{\partial V_z}{\partial r}\right) \tag{9.2.8}$$

从式(9.2.7)中可以看出压强 p 只是坐标 z 的函数，因此 $\partial p/\partial z=\mathrm{d}p/\mathrm{d}z$。将式(9.2.8)沿径向 r 积分，可得

$$V_z=\frac{1}{4\mu}\frac{\mathrm{d}p}{\mathrm{d}z}r^2+C_l\ln r+C_z \tag{9.2.9}$$

积分常数 C_l 和 C_z 可由圆管轴心位置速度有限条件和圆管壁面的黏附速度边界条件确定，即

$$r=0\text{时，}V_z\text{取值有限；}\ r=\frac{D}{2}\text{时，}V_z=0 \tag{9.2.10}$$

将式(9.2.9)代入边界条件(9.2.10)中，可得

$$C_l=0,\quad C_z=-\frac{1}{4\mu}\frac{\mathrm{d}p}{\mathrm{d}z}\frac{D^2}{4} \tag{9.2.11}$$

于是可得圆管中速度分布形式

$$V_z=\frac{1}{4\mu}\frac{\mathrm{d}p}{\mathrm{d}z}\left(r^2-\frac{D^2}{4}\right) \tag{9.2.12}$$

从式(9.2.12)中，可知管内速度最大点发生在管道轴线$(r=0)$上，

$$V_z\big|_{\max}=-\frac{D^2}{16\mu}\frac{\mathrm{d}p}{\mathrm{d}z} \tag{9.2.13}$$

相应圆管截面上流体的体积流量为

$$Q=\int_0^{D/2}2\pi V_z r\mathrm{d}r=\int_0^{D/2}\frac{\pi}{2\mu}\frac{\mathrm{d}p}{\mathrm{d}z}\left(r^2-\frac{D^2}{4}\right)r\mathrm{d}r=-\frac{\pi}{8\mu}\frac{\mathrm{d}p}{\mathrm{d}z}\frac{D^4}{16} \tag{9.2.14}$$

圆管截面上的平均速度为

$$\bar{V}_z=\frac{Q}{A}=-\frac{D^2}{32\mu}\frac{\mathrm{d}p}{\mathrm{d}z} \tag{9.2.15}$$

对比式(9.2.13)和式(9.2.15)，可知平均速度为最大速度的 1/2，即

$$\bar{V}_z=\frac{1}{2}V_z\big|_{\max} \tag{9.2.16}$$

因此，式(9.2.16)又可写成

$$\frac{\mathrm{d}p}{\mathrm{d}z}=-\frac{32\mu}{D^2}\bar{V}_z$$

对上式沿管道轴向积分，可得管道任意两个截面 $z=z_1$ 和 z_2 上的静压强与平均速度之间的关系：

$$p_1-p_2=\frac{32\mu}{D^2}\bar{V}_z(z_2-z_1) \tag{9.2.17}$$

这就是哈根-泊肃叶公式，若将平均速度以流量表示，式(9.2.17)还可写成

$$p_1 - p_2 = \mu \frac{128Q}{\pi D^4}(z_2 - z_1) \tag{9.2.18}$$

从式(9.2.18)可知，管道截面上的压强沿管道内流体流动方向是线性降低的，其下降速度与流量或平均速度有关。由此可知，为保持管内流动，必须维持轴向压强差以克服壁面摩擦力，故又称此压强差为压力损失。通常采用无量纲系数λ来表示压力损失，其定义为

$$\lambda = \frac{p_1 - p_2}{\frac{1}{2}\rho \overline{V}_z^2 \frac{z_2 - z_1}{D}} \tag{9.2.19}$$

将式(9.2.17)代入式(9.2.19)中，可得

$$\lambda = \frac{64}{Re} \tag{9.2.20}$$

其中，$Re = \rho \overline{V}_z D / \mu$ 为圆管内流体流动的雷诺数，上述分析的结果与圆管内层流流动的实验结果完全符合。

例题 9-2 石油沿长度为 50m、直径为 100mm 的水平管道流动，已知其密度和黏度分别为 $\rho = 950\text{kg/m}^3$、$\mu = 0.285\text{Pa}\cdot\text{s}$。试确定：(1)为保持层流流动状态所允许的最大流量；(2)相应管道入口、出口的静压强差。

解：(1)为保持层流流动状态的最大流量可由圆管内层流转捩的临界雷诺数来确定，即

$$Re = \frac{\rho \overline{V}_z D}{\mu} = 2000$$

将已知参数代入，可得

$$\overline{V}_z = 6\ \text{m/s}$$

故体积流量为

$$Q = \frac{\pi}{4} D^2 \overline{V}_z = 0.047\ \ \text{m}^3/\text{s}$$

(2)由于已知管道长度 $z_2 - z_1 = 50\text{m}$，由式(9.2.18)可确定进出口静压强差为

$$p_1 - p_2 = \mu \frac{128Q}{\pi D^4}(z_2 - z_1) = 2.729 \times 10^5\ \text{Pa}$$

解毕。

9.2.2 平行平板之间的定常层流流动

考虑流体在相距为 b 的两块无限大平行平板之间的定常层流流动，如图 9-3 所示，流体沿 x 轴方向流动，板间距沿 y 轴方向，取 z 轴为平板展向，以下 u、v、w 分别代表沿坐标 x、y、z 三个方向的速度分量。流动具有下列基本特征。

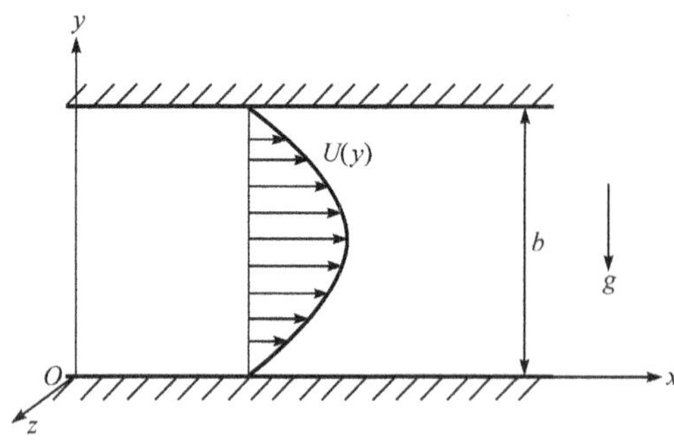

图 9-3 平行平板之间的定常层流流动

(1)平板沿展向 z 足够宽，两侧边界的影响可忽略，问题可简化成平面流动，即

$$w = 0,\quad \frac{\partial(\cdot)}{\partial z} = 0$$

其中，$(\cdot)$代表流场速度、压力等物理量。

(2)平板足够长，两端的影响可不考虑，流体运动只沿 x 轴方向有分量且速度分布只是 y 坐标的函数，即

$$u=u(y),\quad \frac{\partial u}{\partial x}=0,\quad v=0$$

(3)流动处于定常状态，即 $\dfrac{\partial(\cdot)}{\partial t}=0$

(4)重力沿 y 轴负方向，即 $g_x=g_z=0,\quad g_y=-g$

将上述条件代入方程(7.3.4)～方程(7.3.7)中，可知连续性方程自动满足，沿 x、y 和 z 三个坐标方向的动量方程分别可简化为

$$0=-\frac{1}{\rho}\frac{\partial p}{\partial x}+\frac{\mu}{\rho}\frac{\partial^2 u}{\partial y^2} \tag{9.2.21}$$

$$0=-g-\frac{1}{\rho}\frac{\partial p}{\partial y} \tag{9.2.22}$$

$$0=-\frac{1}{\rho}\frac{\partial p}{\partial z} \tag{9.2.23}$$

根据方程(9.2.23)，可知流场压强 p 与坐标 z 无关，即 $p=p(x,y)$。将方程(9.2.22)沿坐标 y 进行积分可得

$$p=-\rho g y+F(x) \tag{9.2.24}$$

将式(9.2.24)代入方程(9.2.21)中，可得

$$0=-\frac{1}{\rho}\frac{\mathrm{d}F}{\mathrm{d}x}+\frac{\mu}{\rho}\frac{\partial^2 u}{\partial y^2} \tag{9.2.25}$$

将式(9.2.25)沿坐标 y 积分，可得

$$u=\frac{1}{\mu}\frac{\mathrm{d}F}{\mathrm{d}x}y^2+Cy+D \tag{9.2.26}$$

其中，$\mathrm{d}F/\mathrm{d}x=\partial p/\partial x$；积分常数 C 和 D 由平板壁面的黏附速度边界条件确定，即 $y=0$ 和 $y=b$ 时，

$$u=0 \tag{9.2.27}$$

将式(9.2.26)代入边界条件(9.2.27)中，可得

$$C=-\frac{1}{\mu}\frac{\partial p}{\partial x}b,\quad D=0 \tag{9.2.28}$$

至此，可得平行平板间流体运动速度分布的表达式：

$$u=\frac{1}{\mu}\frac{\partial p}{\partial x}\left(y^2-by\right),\quad v=0,\quad w=0 \tag{9.2.29}$$

显然，速度呈抛物线分布，其中速度最大点出现在板中间位置 $y=b/2$，最大速度为

$$u_{\max}=-\frac{b^2}{4\mu}\frac{\partial p}{\partial x} \tag{9.2.30}$$

沿 z 方向单位厚度板间流体体积流量为

$$Q=\int_0^b\frac{1}{\mu}\frac{\partial p}{\partial x}\left(y^2-by\right)\mathrm{d}y=-\frac{b^3}{6\mu}\frac{\partial p}{\partial x} \tag{9.2.31}$$

板间平均速度为

$$\overline{u}=\frac{Q}{b\times1}=-\frac{b^2}{6\mu}\frac{\partial p}{\partial x} \tag{9.2.32}$$

从上述分析可看出，由于重力方向与流动方向垂直，重力仅影响平板间压强的分布，对速度分布无影响。

9.2.3　同轴环形空间的层流流动

如图 9-4 所示，在半径为r_2的足够长空心圆桶内，有一个半径为r_1的同轴圆桶。内、外圆桶间充满牛顿黏性不可压缩流体，内圆桶以等角速度ω绕轴旋转。本节介绍如何求解该流动的速度场及内圆桶所受的阻力矩。根据上述条件，流动具有下列特征：

(1) 内、外同心圆桶很长，圆桶两端的端部影响可忽略不计，任意与圆桶轴线垂直截面上的流动都相同，即仅需考虑截面上的平面流动；

(2) 由于边界条件相对于圆桶旋转轴线呈轴对称分布，故可令流场为轴对称分布且仅存在周向速度分量。

取柱坐标系进行分析，如图 9-4 所示。根据流动特征可以得到

$$V_r=V_z=0,\quad \frac{\partial(\cdot)}{\partial z}=\frac{\partial(\cdot)}{\partial\phi}=0 \tag{9.2.33}$$

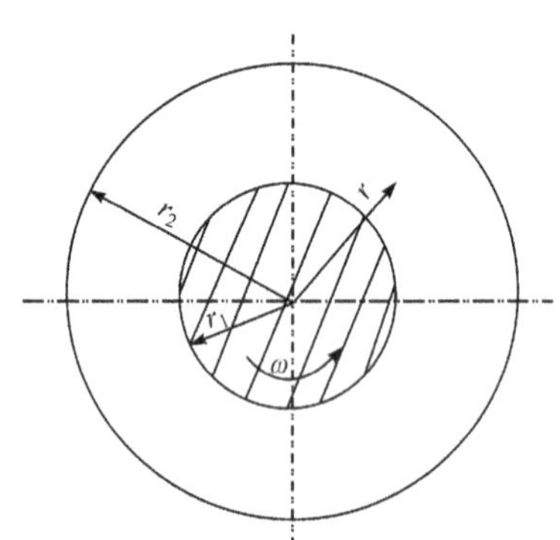

图 9-4　同心圆桶间剪切流动

考虑流动定常且忽略重力影响，可得

$$\frac{\partial(\cdot)}{\partial t}=0,\quad f_r=f_\phi=f_z=0 \tag{9.2.34}$$

其中，$(\cdot)$代表流场速度、压力等物理量。将式(9.2.33)和式(9.2.34)代入柱坐标系下流体运动的基本方程(方程(7.3.30)～方程(7.3.33))中，整理可得

$$\frac{\mathrm{d}p}{\mathrm{d}r}=\frac{\rho V_\phi^2}{r} \tag{9.2.35}$$

$$\frac{\mathrm{d}^2V_\phi}{\mathrm{d}r^2}+\frac{1}{r}\frac{\mathrm{d}V_\phi}{\mathrm{d}r}-\frac{V_\phi^2}{r^2}=0 \tag{9.2.36}$$

由于方程(9.2.36)中只包含周向速度未知量V_ϕ，可先对其进行求解。关于V_ϕ的边界条件为

内桶外壁面上　　$r=r_1$，$V_\phi=\omega r_1$　　(9.2.37)

外桶内壁面上　　$r=r_2$，$V_\phi=0$　　(9.2.38)

令方程(9.2.36)解的一般形式为r^n，其中，n为待定参数，将其代入方程(9.2.36)中，整理可得

$$(n+1)(n-1)r^{n-2}=0 \tag{9.2.39}$$

求解式(9.2.39)可以得到　　$n=\pm1$　　(9.2.40)

因此，方程(9.2.36)的解形式为　　$V_\phi=C_1r+\dfrac{C_2}{r}$　　(9.2.41)

其中，积分常数C_1和C_2可由V_ϕ的边界条件(式(9.2.37)和式(9.2.38))给出，即

$$C_1=-\frac{r_1^2\omega}{r_2^2-r_1^2},\quad C_2=\frac{r_1^2r_2^2\omega}{r_2^2-r_1^2} \tag{9.2.42}$$

于是可得内、外圆桶间周向速度V_ϕ表达式为

$$V_\phi=-\frac{r_1^2}{r_2^2-r_1^2}\omega r+\frac{r_1^2r_2^2}{r_2^2-r_1^2}\frac{\omega}{r} \tag{9.2.43}$$

将式(9.2.43)代入式(9.2.35)中并积分，可以得到内、外圆桶之间的压强分布为

$$p=\frac{\rho}{2}\left[\frac{r_1^4\omega^2}{\left(r_2^2-r_1^2\right)^2}r^2-\frac{r_1^4r_2^4\omega^2}{\left(r_2^2-r_1^2\right)^2}\frac{1}{r^2}-\frac{4r_1^4r_2^2\omega^2}{\left(r_2^2-r_1^2\right)^2}\ln r\right]+D \tag{9.2.44}$$

其中，积分常数D可以根据流场中参考点给定的压强进行确定。

接下来讨论当$r_2\to\infty$时的极限情况，即圆桶在无界空间中的旋转问题。根据式(9.2.43)，可知此时速度场可写成

$$V_\phi=\frac{\Gamma}{2\pi}\frac{1}{r} \tag{9.2.45}$$

其中，$\Gamma=2\pi r_1^2\omega$，为圆桶表面速度的环量，式(9.2.45)所示速度场与理想流体中强度为Γ的平面点涡速度场一致。由此可知，在此特殊情况下，黏性流体动力学问题的解有可能与理想流体无旋流动的解重合，但是这种情况是极少见的。根据式(9.2.44)，可得到圆桶在无界空间中旋转所引起的压强分布为

$$p=-\frac{\rho\Gamma^2}{8\pi^2}\frac{1}{r^2}+D \tag{9.2.46}$$

若令无穷远处$r\to\infty$时流场的压强为$p(r\to\infty)=p_\infty$，那么可以得到式(9.2.46)中常数$D=p_\infty$，代入式(9.2.46)中可以得到

$$p=p_\infty-\frac{\rho\Gamma^2}{8\pi^2}\frac{1}{r^2} \tag{9.2.47}$$

接下来讨论内圆桶受到的阻力矩。根据牛顿切应力公式可知，

$$\tau_{r\phi}=\mu\left(\frac{\partial V_\phi}{\partial r}-\frac{V_\phi}{r}\right) \tag{9.2.48}$$

将速度V_ϕ表达式(式(9.2.43))代入式(9.2.48)，可得

$$\tau_{r\phi}=-2\mu\frac{r_1^2r_2^2}{r_2^2-r_1^2}\frac{\omega}{r^2} \tag{9.2.49}$$

若取$r=r_1$，那么可得内桶外壁面上切应力为

$$\tau_{r\phi}\Big|_{r_1}=-2\mu\frac{r_2^2\omega}{r_2^2-r_1^2} \tag{9.2.50}$$

此时，流体作用在内桶外壁面上的切应力与$\boldsymbol{e}_\phi$方向相反，而内桶外壁面作用在流体上的切应力与$\boldsymbol{e}_\phi$方向相同。根据式(9.2.50)，通过积分可得到作用在内圆桶单位长度上的阻力矩为

$$M = 2\pi r_1 \left(e_\phi \tau_{r\phi}\big|_{r_1} \times r_1 e_r \right) = -2\pi r_1^2 e_z \tau_{r\phi}\big|_{r_1} = e_z \frac{4\pi\mu r_1^2 r_2^2}{r_2^2 - r_1^2}\omega \tag{9.2.51}$$

从式(9.2.51)可以看出，为了保持圆柱体转动，必须对圆柱体施加外力矩以克服流体对于圆柱的阻力矩。

现在讨论另一种特殊情况，即$r_2 - r_1 = h \ll r_1$。在实际工程中，这种情况相当于轴与轴承之间的空载润滑流动。由于$h = r_2 - r_1 \ll r_1$，故可将$r_2^2 = (r_1 + h)^2$展开并略去高阶小量，可得

$$r_2^2 - r_1^2 \approx 2r_1 h, r_1^2 r_2^2 \approx r_1^4 \left(1 + 2\frac{h}{r_1}\right) \approx r_1^4 \tag{9.2.52}$$

代入式(9.2.51)中，即可得单位长度圆柱体上受到的阻力矩为

$$M = e_z \frac{2\pi\mu r_1^3}{h}\omega \tag{9.2.53}$$

从式(9.2.53)可知，轴承所承受的阻力矩与μ、ω和r_1^3成正比，而与h成反比。

9.2.4　狭缝中的流动——轴承润滑*

在自然界和工程实际中，大量存在这样一类问题，其流动的雷诺数很小，例如，水滴、油雾、灰尘颗粒在空气中的运动，固体微粒在水中的运动，一种液滴在另一种液体中的运动以及轴承中润滑油薄膜的流动等。雷诺数 Re 的物理意义是单位质量流体受到的惯性力与黏性力的量级之比，即

$$\frac{|\mathrm{D}V/\mathrm{D}t|}{|\nu\nabla^2 V|} \sim \frac{V^2/L}{\nu V/L^2} = \frac{VL}{\nu} = \frac{\rho VL}{\mu} = Re \tag{9.2.54}$$

其中，$\nu = \mu/\rho$是流体的运动黏度。对于低雷诺数流动问题，由于$Re \ll 1$，Navier-Stokes 方程中惯性力项$\mathrm{D}V/\mathrm{D}t$与黏性力项$\nu\nabla^2 V$相比为小量。作为一种近似，可以忽略 Navier-Stokes 方程中的惯性力项，可得

$$f - \frac{1}{\rho}\nabla p + \frac{\mu}{\rho}\nabla^2 V = 0 \tag{9.2.55}$$

方程(9.2.55)又称为 Stokes 方程，它与连续性方程

$$\nabla \cdot V = 0 \tag{9.2.56}$$

共同构成了低雷诺数流动问题的基本方程组。下面以轴承润滑油薄膜的流动为例，对低雷诺数流动的求解过程进行说明。

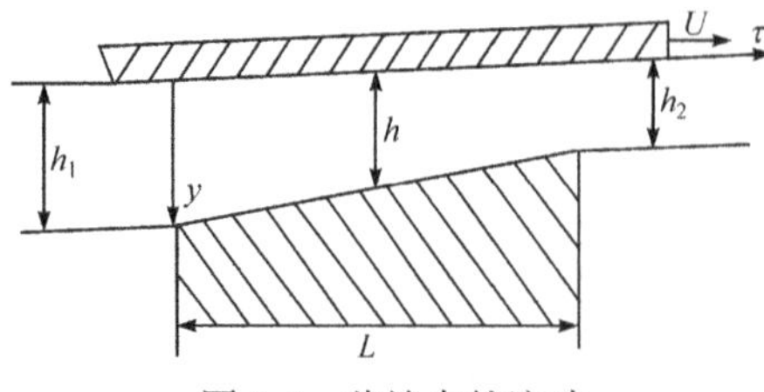

图 9-5　狭缝中的流动

图 9-5 为两块无限大平板之间的狭缝流动，若忽略端部效应，可将其视为二维流动。在笛卡儿直角坐标系中，忽略重力影响，Stokes 方程(9.2.55)和连续性方程(9.2.56)可写成

$$-\frac{1}{\rho}\frac{\partial p}{\partial x} + \frac{\mu}{\rho}\left(\frac{\partial^2 u}{\partial x^2} + \frac{\partial^2 u}{\partial y^2}\right) = 0 \tag{9.2.57}$$

$$-\frac{1}{\rho}\frac{\partial p}{\partial y}+\frac{\mu}{\rho}\left(\frac{\partial^2 v}{\partial x^2}+\frac{\partial^2 v}{\partial y^2}\right)=0 \tag{9.2.58}$$

$$\frac{\partial u}{\partial x}+\frac{\partial v}{\partial y}=0 \tag{9.2.59}$$

其中，u、v 为流体速度沿 x 和 y 坐标方向的分量；ρ 和 μ 分别为流体的密度和黏度。假设两平板间隙的楔角很小，可以认为 $u \gg v$ 且 $\partial/\partial y \gg \partial/\partial x$，那么有

$$\frac{\partial^2 u}{\partial y^2}\gg\frac{\partial^2 v}{\partial y^2},\quad \frac{\partial^2 u}{\partial x^2}\gg\frac{\partial^2 v}{\partial x^2},\quad \frac{\partial^2 u}{\partial y^2}\gg\frac{\partial^2 u}{\partial x^2},\quad \frac{\partial^2 v}{\partial y^2}\gg\frac{\partial^2 v}{\partial x^2} \tag{9.2.60}$$

将式(9.2.60)代入方程(9.2.57)～方程(9.2.59)中，可以得到

$$\frac{\partial p}{\partial x}\gg\frac{\partial p}{\partial y} \tag{9.2.61}$$

由于平板间隙尺寸很小，作为近似可以得到

$$\frac{\partial p}{\partial y}=0 \tag{9.2.62}$$

即压强沿液膜的厚度方向均匀分布，进一步化简动量方程和连续性方程可以得到

$$-\frac{1}{\rho}\frac{\partial p}{\partial x}+\frac{\mu}{\rho}\frac{\partial^2 u}{\partial y^2}=0 \tag{9.2.63}$$

$$\frac{\partial^2 v}{\partial y^2}=0 \tag{9.2.64}$$

$$\frac{\partial u}{\partial x}+\frac{\partial v}{\partial y}=0 \tag{9.2.65}$$

在狭缝上、下表面，相应黏附边界条件为

$$u\big|_{y=0}=U,\quad u\big|_{y=h}=0 \tag{9.2.66}$$

$$v\big|_{y=0}=v\big|_{y=h}=0 \tag{9.2.67}$$

根据方程(9.2.64)和边界条件(9.2.67)可知沿狭缝厚度 y 方向的速度分量为零，即

$$v=0 \tag{9.2.68}$$

将方程(9.2.63)沿 y 方向积分，可得

$$u=\frac{1}{2\mu}\frac{\mathrm{d}p}{\mathrm{d}x}y^2+C_1y+C_2 \tag{9.2.69}$$

其中，积分常数 C_1 和 C_2 由边界条件(9.2.66)确定，有

$$C_1=-\frac{U}{h}-\frac{1}{2\mu}\frac{\mathrm{d}p}{\mathrm{d}x}h,\quad C_1=U \tag{9.2.70}$$

代入式(9.2.69)中，可得两平板之间的速度分布为

$$u=\frac{1}{2\mu}\frac{\mathrm{d}p}{\mathrm{d}x}\left(y^2-hy\right)+\frac{U}{h}(h-y) \tag{9.2.71}$$

根据式(9.2.71)，单位宽度板间间隙 h 上流体的平均速度为

$$u_m = \frac{1}{h}\int_0^h u\mathrm{d}y = \frac{1}{h}\int_0^h \left[\frac{1}{2\mu}\frac{\mathrm{d}p}{\mathrm{d}x}\left(y^2 - hy\right) + \frac{U}{h}\left(h - y\right)\right]\mathrm{d}y = -\frac{h^2}{12\mu}\frac{\mathrm{d}p}{\mathrm{d}x} + \frac{U}{2} \tag{9.2.72}$$

由于在间隙中沿厚度 y 方向的速度 $v=0$，所以沿间隙通道的连续性方程可简化为

$$hu_m = Q \tag{9.2.73}$$

其中，Q 为单位宽度板间间隙 h 中通过的流量，结合式(9.2.72)和式(9.2.73)，有

$$\frac{\mathrm{d}p}{\mathrm{d}x} = \frac{6\mu U}{h^2} - \frac{12\mu Q}{h^3} \tag{9.2.74}$$

其中，板间间隙与两板楔角 α 之间的关系为

$$h = h_1 + \frac{h_2 - h_1}{L}x \tag{9.2.75}$$

根据方程(9.2.62)，把式(9.2.75)代入式(9.2.74)中并沿 x 方向进行积分，可得

$$p = \frac{6\mu L^2}{\left(h_1 - h_2\right)\left[h_1\left(L - x\right) + xh_2\right]^2}\left[L\left(h_1 U - Q\right) + \left(h_2 - h_1\right)Ux\right] + D \tag{9.2.76}$$

令间隙两端的压力边界条件为

$$p\big|_{x=0} = p\big|_{x=L} = 0 \tag{9.2.77}$$

代入式(9.2.75)中，可以得到积分常数 D 和流量 Q 的表达式为

$$D = \frac{6L\mu U}{h_2^2 - h_1^2},\quad Q = \frac{h_1 h_2}{h_1 + h_2}U \tag{9.2.78}$$

将式(9.2.78)代入式(9.2.76)中可得狭缝间隙内流体的压强分布为

$$p = \frac{6\mu UL\left(h_1 - h_2\right)x\left(L - x\right)}{\left(h_1 + h_2\right)\left[h_1\left(L - x\right) + xh_2\right]^2} \tag{9.2.79}$$

在图 9-5 中，$0 < x < L$ 且 $h_1 > h_2$，从式(9.2.79)中可知 $p > 0$，即狭缝间隙中流体压强为正值。积分式(9.2.79)，可得滑动板上受到的总压强为

$$F_y = \int_0^L p\mathrm{d}x = \frac{6\mu UL^2}{\left(h_1 - h_2\right)^2}\left(\ln\frac{h_1}{h_2} - 2\frac{h_1 - h_2}{h_1 + h_2}\right) \tag{9.2.80}$$

根据速度表达式(9.2.72)，可以得到作用在滑动板上的流体黏性切应力为

$$\begin{aligned}\tau_{yx}\big|_{y=0} &= \mu\left(\frac{\partial u}{\partial y} + \frac{\partial v}{\partial x}\right)\bigg|_{y=0} \\ &= -\frac{h_1 L + \left(h_2 - h_1\right)}{2L}\frac{6\mu UL^2\left(h_1 - h_2\right)\left[h_1\left(L - x\right) - xh_2\right]}{\left(h_1 + h_2\right)\left[h_1\left(L - x\right) + xh_2\right]^3}x - \mu\frac{UL}{h_1 x + \left(h_2 - h_1\right)x}\end{aligned} \tag{9.2.81}$$

将式(9.2.81)沿滑动板长度进行积分，得到滑动板上受到的总黏性阻力为

$$F_x = \int_0^L \tau_{yx}\mathrm{d}x = \frac{2\mu UL}{h_1 - h_2}\left(2\ln\frac{h_1}{h_2} - 3\frac{h_1 - h_2}{h_1 + h_2}\right) \tag{9.2.82}$$

上面分析了两块无限大平板之间的狭缝流动。现实中与之相应的是滑动轴承间隙中润滑油的运动，因此上述分析过程通常也称为滑动轴承的润滑理论。

9.3　层流与湍流

根据流动雷诺数的不同，黏性流体的流动有两种基本的流动形态：层流和湍流。在层流中，流体分层流动、互不掺混，流体质点的运动轨迹是光滑的。在湍流中，流体各部分之间剧烈掺混，流体质点的运动轨迹表现出随时间和空间的不规则变化。

雷诺于 1883 年通过圆管实验，首先发现并分辨出层流和湍流这两类完全不同性质的流动，从而促进了流动稳定性和湍流研究的发展。现在普遍认为层流在丧失流动稳定性之后，最终将转化为湍流。雷诺管流染色实验如图 9-6 所示，在一定压力梯度作用下，流体沿着一根水平放置的圆管流动，在管流入口的中心线上，通过注入染色剂使流体质点染色。利用不同管径和流体介质做同样的实验，雷诺发现管中的流态与无量纲参数雷诺数 Re 有关（$Re = 2\rho\bar{u}a/\mu$，其中 $\bar{u}$ 是平均流速，a 是圆管半径，ρ 和 μ 是流体介质密度和黏度）。当 Re 小于某个临界值 Re_c 时（大约在 $Re_c = 2000$），流动处于层流状态。染色线(streak line)是一条清晰的直线，从管道入口截面上任一位置进入管中的每个流体质点都沿着一条平行于中心轴线的直线匀速运动，质点速度大小随离开中心线的距离而变化，符合哈根-泊肃叶管流速度分布 $u/u_{max} = 1-(r/a)^2$，其中 u_{max} 是圆管中心线上流体流动的最大速度，如图 9-6(a)所示。当 Re 超过 Re_c 以后，中心染色线不再保持直线，在下游某处会出现横向波动和扩散，并逐渐与周围非染色流体混合，管流中出现了一段被染色的流体，它们与周围的层流有明显边界，称为湍流栓(turbulent slugs)。起初，湍流栓只是间歇地在管内随机地发生并漂流到下游。若用热线仪测量，当染色湍流栓流过探测仪时可以记录到高频的脉动。随着 Re 继续增大，湍流栓变长，发生概率也增大，直至最终间歇性消失，使整个管内流体全被染色，流动完全转化为湍流状态。湍流中流体质点在空间和时间上存在高度的无规则运动，发生强烈的速度脉动和动量混合，如图 9-6(b)所示。雷诺管流染色实验进一步发现，从层流转变为湍流的 Re_c 与外部扰动以及管道入口的形状、来流品质等均密切关联。一般情况下，存在一个 Re_c 的下限，大约为 $Re_c = 2000$。若流动雷诺数小于 Re_c，不论入口处管道形状怎样变化、壁面如何粗糙以及来流中的脉动强度如何，扰动都会逐渐衰减，管流始终保持层流状态。但是，实验并未发现 Re_c 的上限。换句话说，如果极其精细地使得入口处管道形状变化尽量平缓而光滑，并将背景环境的扰动降到最低程度，甚至可以使得流动在 $Re_c = 10^5$ 时仍保持层流而不转变为湍流。但是，此时的层流状态是极其脆弱的，轻微的扰动都可能破坏层流状态并使其转变为湍流。

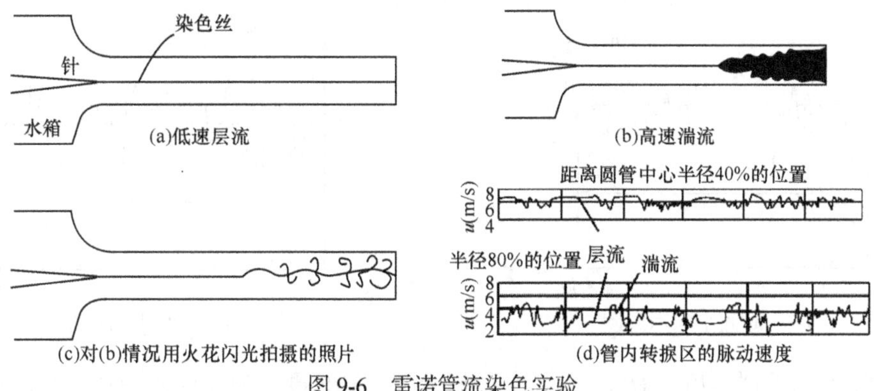

图 9-6　雷诺管流染色实验

9.4　湍流基本统计理论

湍流中流体各部分剧烈掺混，流体质点的运动轨迹表现出随时间和空间的不规则变化。对于不规则现象，通常采用统计平均方法研究它们的统计规律。统计平均方法有很多种，在湍流研究中最常用的统计平均方法有三种：时间平均法、空间平均法和系综平均法。

9.4.1　湍流的统计平均法

1. 时间平均法

在湍流场中某一点 $\boldsymbol{x}$ 处，测量流动物理量 U 随时间的变化，其时间平均值可定义为

$$\bar{U}(\boldsymbol{x};T,t_0)=\frac{1}{T}\int_{t_0}^{t_0+T}U(\boldsymbol{x},t)\mathrm{d}t \tag{9.4.1}$$

其中，T 为进行时间平均运算的时间区间尺度；t_0 为该区间的起点。如图 9-7 所示，一般情况下，空间任意点 $\boldsymbol{x}$ 处的时间平均值通常与 T 和 t_0 都有关系。这样的结果对复杂问题的简化并未带来实际好处。当时间区间 T 取得足够长时，其平均值与参考时刻 t_0 的选择无关，即有

$$\bar{U}(\boldsymbol{x})=\frac{1}{T}\int_{t_0}^{t_0+T}U(\boldsymbol{x},t)\mathrm{d}t \tag{9.4.2}$$

此时，湍流物理量的时间平均值不随时间变化，这样的湍流可以称为定常流动的湍流，简称定常湍流。例如，在圆管湍流流动中，若保持流量和驱动压差不变，则管内湍流流动呈现出定常湍流状态。很显然，时间平均只有用于定常湍流才能使问题真正得到简化。

2. 空间平均法

湍流的随机性不仅表现在时间上，也表现在空间分布上。例如，对于圆管中的湍流流动，若沿圆管轴线测量各点的流向速度，可以发现任意相同时刻沿轴线的速度分布也是不规则的，如图 9-8 所示。在管道轴线上取长度为 L 的一段，并在 L 上取空间平均，可得空间平均值定义为

$$\bar{U}(t;x_0,L)=\frac{1}{L}\int_{x_0}^{x_0+L}U(x,t)\mathrm{d}x \tag{9.4.3}$$

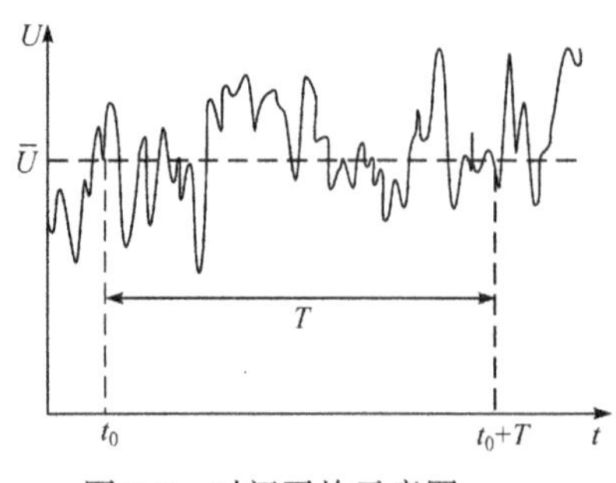

图 9-7　时间平均示意图

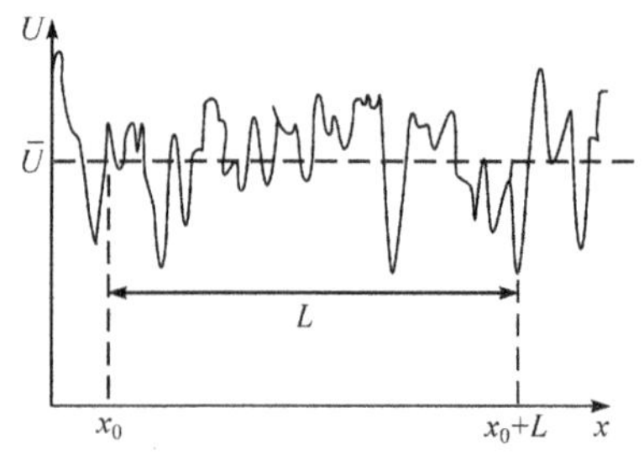

图 9-8　空间平均示意图

一般来讲，空间平均值 $\overline{U}(t;x_0,L)$ 与空间积分区间的长度 L 和起点 x_0 有关。当 L 足够长时，

其平均值与参照点 x_0 无关，即有

$$\bar{U}(t)=\frac{1}{L}\int_{x_0}^{x_0+L}U(x,t)\mathrm{d}x \tag{9.4.4}$$

此时，湍流的统计特性不随空间位置而改变，这样的湍流通常被视为在空间上是统计均匀的。严格来讲，空间平均只适用于统计均匀湍流，若湍流场在空间三个方向上都是统计均匀的，则称为均匀湍流。对于均匀湍流，流动物理量的空间平均值为其体积平均值：

$$\bar{U}(t)=\frac{1}{\forall}\iiint_{\forall}U(\boldsymbol{x},t)\mathrm{d}\forall \tag{9.4.5}$$

实际流动中很少有完全均匀的湍流，但是有不少可以近似视为均匀湍流的例子，例如，风洞工作段的核心区的平均流速等于常数，相应的湍流流动可近似视为均匀湍流。

3. 系综平均法

时间平均法适用于定常湍流，而空间平均法适用于均匀湍流。对于非定常、非均匀湍流流动，只能采用对于随机变量的系综平均法，也就是对重复多次的实验进行算术统计平均。例如，实验室中采用相同实验条件对于某一湍流流动进行大量实验，每一次实验在相同的位置和相应的时刻测出同一个物理量 U 的数值，然后将所有数值进行算术平均，就得到了物理量 U 的系综平均值 $\langle U\rangle$ 。具体数学表达式如下：

$$\langle U\rangle(\boldsymbol{x},t)=\frac{1}{N}\sum_{i=1}^{N}U^{(i)}(\boldsymbol{x},t) \tag{9.4.6}$$

其中，$U^{(i)}$ 为第 i 次实验所测得的物理量 U 的值；N 为重复实验的次数，很显然 N 的取值必须足够大，所得到的系综平均值 $\langle U\rangle$ 才可靠。

采用系综平均法进行湍流的统计平均需要基于大量的重复实验数据，这在实际操作中难于实现。与之相反，时间平均法和空间平均法相对较为容易实现，特别是时间平均法，在实验测量中最容易实现。但从前面的分析已知，时间平均法和空间平均法分别仅适用于定常湍流和均匀湍流。接下来，将介绍湍流统计平均的各态遍历假设，并建立上述三种统计平均之间的关系。

4. 各态遍历假设

一个随机变量在一个重复多次的实验中出现的所有可能状态能够在一次实验的相当长时间或相当大空间范围内以相同的概率出现，那么则称为各态遍历的。

例如，在 N 次重复实验中，速度测量值出现在 $[u_0,u_0+\Delta u]$ 的次数为 ΔN ；在一次总历时 T 的实验中，相应速度测量值出现在 $[u_0,u_0+\Delta u]$ 的时间为 ΔT ；在一次的总体积为 $\forall$ 的实验中，速度测量值出现在 $[u_0,u_0+\Delta u]$ 的体积为 $\Delta\forall$ 。那么根据各态遍历假设，可以知道，当 N 、T 和 $\forall$ 足够大时，有

$$\frac{\Delta N}{N}=\frac{\Delta T}{T}=\frac{\Delta\forall}{\forall} \tag{9.4.7}$$

根据式(9.4.7)，可以采用一次足够长时间实验结果的时间平均或足够大空间实验结果的空间平均来代替大量重复实验的系综平均，从而让时间平均和空间平均具有更普遍的意义。

对于非定常、非均匀的湍流场，若产生流动不均匀性的空间尺度 L_0 较湍流各态分布尺度 L

大得多，即 $L_0 \gg L$，那么在比 L_0 小得多的尺度 L 中，空间平均特性的变化可以忽略不计，只剩湍流本身在空间分布上的不规则变化，这样就可以认为在尺度 L 内湍流的变化是各态遍历的。湍流的系综平均值可以用尺度为 L 的空间平均值来代替。在比 L 小的尺度上，湍流是统计均匀的；而在比 L 大的尺度上，该统计平均是随空间位置变化的，即可以是非均匀的湍流场。类似地，如果流动非定常的时间尺度 T_0 比湍流的各态分布尺度 T 大得多，即 $T_0 \gg T$，那么可以用时间平均值来代替系综平均值，并且时间平均值本身在时间上是可变的，即可以是非定常湍流。举个例子，海洋潮汐运动的周期为 12h 或 24h，而最低的湍流脉动频率约 1Hz，此时若取统计平均的时间区间为 2min，那么就可以对湍流脉动特性的非定常演化过程进行描述了。在各态遍历假设下，时间平均值、空间平均值和系综平均值等价，即有

$$\bar{U}(\boldsymbol{x}) = \bar{U}(t) = \langle U \rangle (\boldsymbol{x}, t) \tag{9.4.8}$$

因此，可以用物理量的时间平均值或空间平均值来代替系综平均值。从实验角度看，从一次实验中一个点上测量某物理量的时间序列并求得其时间平均值，比在一次实验中的许多点上同时测量某物理量求得它的空间平均值或重复多次实验中同一点上某物理量测量值的算术平均要简单得多，因此在湍流实验研究中，多以时间平均来代替系综平均。基于各态遍历假设，时间平均、空间平均和系综平均之间相互等价，因此在本书中，若无特殊说明，对任意物理量 U 的湍流统计平均统一用 $\langle U \rangle$ 来表示。

9.4.2 平均值和脉动值

1. 平均值和脉动值的运算法则

前面已知，湍流流动的瞬时物理量 U 是随机变量，而它的统计平均值 $\langle U \rangle$ 是非随机量。那么可以将流动的物理量 U 进行如下的分解：

$$U(\boldsymbol{x}, t) = \langle U \rangle (\boldsymbol{x}, t) + U'(\boldsymbol{x}, t) \tag{9.4.9}$$

其中，U' 为随机变量与其统计平均值之间的差，即脉动值，它是随机变量。平均值是统计的决定变量。由定义可知，平均值和脉动值有如下性质：

(1) 平均值的统计平均等于平均值本身；

(2) 脉动值的统计平均等于零，即 $\langle U' \rangle = 0$；

(3) 脉动值的一次式与任何平均值乘积的统计平均为零，但脉动值的 n 次乘积的统计平均一般不等于零，即 $\langle \langle U \rangle U' \rangle = 0$，$\langle U'V' \rangle \neq 0$；

(4) 统计平均运算与求和运算、求导运算和积分运算可交换次序，即有

$$\langle U + V \rangle = \langle U \rangle + \langle V \rangle, \quad \left\langle \frac{\partial U}{\partial x} \right\rangle = \frac{\partial \langle U \rangle}{\partial x}, \quad \left\langle \frac{\partial U}{\partial t} \right\rangle = \frac{\partial \langle U \rangle}{\partial t}, \quad \left\langle \int U \mathrm{d}x \right\rangle = \int \langle U \rangle \mathrm{d}x \tag{9.4.10}$$

2. 湍流脉动值及其性质

湍流脉动值的统计平均等于零，因此湍流随机物理量的平均值不能够反映脉动值统计性质的差异。为了考察脉动值的统计特性以及不同脉动值之间相互作用的统计关系，需要对脉动值乘积的平均值进行分析。

通常将同一脉动值的 n 次乘积的统计平均称为 n 阶自关联，不同脉动值 n 次乘积的统计平均称为 n 阶互关联。下面介绍几个常用的关联。

1) 湍动能

脉动速度平方统计平均值的 1/2 称为流体质点单位质量的湍动能，简称湍动能，记为 k：

$$k=\frac{1}{2}\langle u_i'u_i'\rangle=\frac{1}{2}\left(\langle u_x'u_x'\rangle+\langle u_y'u_y'\rangle+\langle u_z'u_z'\rangle\right) \tag{9.4.11}$$

湍动能是速度脉动值的 2 阶自相关。容易证明，流体质点单位质量的动能平均值等于平均运动动能和湍动能之和，即

$$\begin{aligned}K&=\frac{1}{2}\langle u_iu_i\rangle=\frac{1}{2}\left\langle\left(\langle u_i\rangle+u_i'\right)\left(\langle u_i\rangle+u_i'\right)\right\rangle=\frac{1}{2}\left\langle\langle u_i\rangle\langle u_i\rangle\right\rangle+\left\langle\langle u_i\rangle u_i'\right\rangle+\frac{1}{2}\langle u_i'u_i'\rangle\\&=\frac{1}{2}\left\langle\langle u_i\rangle\langle u_i\rangle\right\rangle+\frac{1}{2}\langle u_i'u_i'\rangle=\frac{1}{2}\langle u_i\rangle\langle u_i\rangle+\frac{1}{2}\langle u_i'u_i'\rangle\end{aligned} \tag{9.4.12}$$

其中，$\langle u_i\rangle\langle u_i\rangle/2$ 为流体质点单位质量的平均运动动能；湍动能实际上代表了流体质点脉动所具有的能量。

2) 湍流度

湍流脉动速度均方根与当地平均速度绝对值的比值，称为湍流度，记为 e，表达式为

$$e=\frac{\sqrt{\langle u_i'u_i'\rangle}}{\left|\langle u_i\rangle\right|} \tag{9.4.13}$$

湍流度表示当地脉动速度的相对强度。

9.5　湍流基本方程*

湍流虽然是不规则的，但雷诺认为湍流的瞬时不规则速度场仍然满足 Navier-Stokes 方程。因此，可根据统计平均方法，对 Navier-Stokes 方程进行系综平均，得到湍流场中平均量满足的方程。

9.5.1　不可压缩湍流平均运动的基本方程

根据式(9.4.9)，将湍流场的瞬时速度分解为平均速度与脉动速度之和，以笛卡儿直角坐标系中表达式为例，则有

$$u=\langle u\rangle+u',\quad v=\langle v\rangle+v',\quad w=\langle w\rangle+w',\quad p=\langle p\rangle+p' \tag{9.5.1}$$

将式(9.5.1)代入不可压缩流体流动的基本方程组(方程(7.3.10)～方程(7.3.13))中，并进行系综平均运算(下简称平均)，可得不可压缩湍流统计平均量满足的基本方程。

1. 连续性方程

将式(9.5.1)代入式(7.3.10)中，则有

$$\frac{\partial\left(\langle u\rangle+u'\right)}{\partial x}+\frac{\partial\left(\langle v\rangle+v'\right)}{\partial y}+\frac{\partial\left(\langle w\rangle+w'\right)}{\partial z}=0 \tag{9.5.2}$$

根据平均值和脉动值的运算法则，对式(9.5.2)进行平均可以得到

$$\frac{\partial\langle u\rangle}{\partial x}+\frac{\partial\langle v\rangle}{\partial y}+\frac{\partial\langle w\rangle}{\partial z}=0 \tag{9.5.3}$$

式(9.5.3)即不可压缩流体湍流平均运动的质量守恒方程。将式(9.5.2)减去式(9.5.3)，有

$$\frac{\partial u'}{\partial x}+\frac{\partial v'}{\partial y}+\frac{\partial w'}{\partial z}=0 \tag{9.5.4}$$

可见，不可压缩流体湍流流动的平均速度和脉动速度分别都满足质量守恒方程。

2. 动量方程

忽略体积力并假设流体黏度为常数，将式(9.5.1)代入式(7.3.11)～式(7.3.13)中进行平均，有

$$\begin{aligned}&\frac{\partial\langle u\rangle}{\partial t}+\langle u\rangle\frac{\partial\langle u\rangle}{\partial x}+\langle v\rangle\frac{\partial\langle u\rangle}{\partial y}+\langle w\rangle\frac{\partial\langle u\rangle}{\partial z}\\&=-\frac{1}{\rho}\frac{\partial\langle p\rangle}{\partial x}+\frac{\partial}{\partial x}\left(2\nu\frac{\partial\langle u\rangle}{\partial x}\right)+\frac{\partial}{\partial y}\left[\nu\left(\frac{\partial\langle u\rangle}{\partial y}+\frac{\partial\langle v\rangle}{\partial x}\right)\right]+\frac{\partial}{\partial z}\left[\nu\left(\frac{\partial\langle u\rangle}{\partial z}+\frac{\partial\langle w\rangle}{\partial x}\right)\right]\\&\quad-\frac{1}{\rho}\left(\frac{\partial\langle\rho u'u'\rangle}{\partial x}+\frac{\partial\langle\rho u'v'\rangle}{\partial x}+\frac{\partial\langle\rho u'w'\rangle}{\partial x}\right)\end{aligned} \tag{9.5.5}$$

$$\begin{aligned}&\frac{\partial\langle v\rangle}{\partial t}+\langle u\rangle\frac{\partial\langle v\rangle}{\partial x}+\langle v\rangle\frac{\partial\langle v\rangle}{\partial y}+\langle w\rangle\frac{\partial\langle v\rangle}{\partial z}\\&=-\frac{1}{\rho}\frac{\partial\langle p\rangle}{\partial y}+\frac{\partial}{\partial x}\left[\nu\left(\frac{\partial\langle v\rangle}{\partial x}+\frac{\partial\langle u\rangle}{\partial y}\right)\right]+\frac{\partial}{\partial y}\left(2\nu\frac{\partial\langle v\rangle}{\partial y}\right)+\frac{\partial}{\partial z}\left[\nu\left(\frac{\partial\langle w\rangle}{\partial y}+\frac{\partial\langle v\rangle}{\partial z}\right)\right]\\&\quad-\frac{1}{\rho}\left(\frac{\partial\langle\rho u'v'\rangle}{\partial x}+\frac{\partial\langle\rho v'v'\rangle}{\partial y}+\frac{\partial\langle\rho w'v'\rangle}{\partial z}\right)\end{aligned} \tag{9.5.6}$$

$$\begin{aligned}&\frac{\partial\langle w\rangle}{\partial t}+\langle u\rangle\frac{\partial\langle w\rangle}{\partial x}+\langle v\rangle\frac{\partial\langle w\rangle}{\partial y}+\langle w\rangle\frac{\partial\langle w\rangle}{\partial z}\\&=-\frac{1}{\rho}\frac{\partial\langle p\rangle}{\partial z}+\frac{\partial}{\partial z}\left(2\nu\frac{\partial\langle w\rangle}{\partial z}\right)+\frac{\partial}{\partial x}\left[\nu\left(\frac{\partial\langle u\rangle}{\partial z}+\frac{\partial\langle w\rangle}{\partial x}\right)\right]+\frac{\partial}{\partial y}\left[\nu\left(\frac{\partial\langle v\rangle}{\partial z}+\frac{\partial\langle w\rangle}{\partial y}\right)\right]\\&\quad-\frac{1}{\rho}\left(\frac{\partial\langle\rho u'w'\rangle}{\partial x}+\frac{\partial\langle\rho v'w'\rangle}{\partial y}+\frac{\partial\langle\rho w'w'\rangle}{\partial z}\right)\end{aligned} \tag{9.5.7}$$

其中，ρ 为流体密度；ν 为流体运动黏度。方程(9.5.5)～方程(9.5.7)是湍流平均运动的动量方程，常称为雷诺方程。与方程(7.3.11)～方程(7.3.13)相比，雷诺方程右端多了最后一项 $\langle\rho u_i'u_j'\rangle$，其中下标 $i, j=1,2,3$，分别代表坐标的三个方向，$\langle\rho u_i'u_j'\rangle$ 是由瞬时速度的非线性对流项引起的。根据量纲齐次性原理可知 $\langle\rho u_i'u_j'\rangle$ 具有应力的量纲，因此，通常将 $\langle\rho u_i'u_j'\rangle$ 称为雷诺应力，其物理含义是由湍流脉动引起的单位面积上的动量输运率。很显然，与黏性应力项类似，雷诺应力项也是一个未知量，其中黏性应力可以通过流体本构方程与变形率之间建立联系。类似地，对于雷诺应力，同样必须补充关于它的物理方程，才能使湍流方程封闭。一百多年来，流体研究者做了大量工作，试图解决湍流方程的封闭问题，但至今也未解决。虽然雷诺方程比对应的层流流动基本方程多了雷诺应力项，但它避免了处理更为复杂的瞬间脉动问题。尽管雷诺方程存在封闭问题，仍然在工程中获得了广泛的应用。

将湍流瞬时量满足的 Navier-Stokes 方程减去方程(9.5.5)～方程(9.5.7)，即可得到脉动速

度场满足的方程，其统一分量形式如下：

$$\frac{\partial u_i'}{\partial t}+\left\langle u_j\right\rangle\frac{\partial u_i'}{\partial x_j}+u_j'\frac{\partial\left\langle u_i\right\rangle}{\partial x_j}=-\frac{1}{\rho}\frac{\partial p'}{\partial x_i}+\nu\frac{\partial^2 u_i'}{\partial x_j\partial x_j}-\frac{1}{\rho}\frac{\partial}{\partial x_j}\left(\left\langle\rho u_i'u_j'\right\rangle-\rho u_i'u_j'\right)\tag{9.5.8}$$

其中，下标 $i, j=1,2,3$，分别代表坐标的三个方向，方程(9.5.8)中出现的两个相同下标代表求和(Einstein 求和约定)。很显然，方程(9.5.8)同雷诺方程一样，存在 $\left\langle\rho u_i'u_j'\right\rangle$ 雷诺应力项，脉动方程也是不封闭的。

9.5.2　不可压缩湍流雷诺应力方程

雷诺应力反映了湍流脉动引起的动量输运，它必然遵守一定的动力学关系。从 Navier-Stokes 方程出发，可导出雷诺应力满足的基本方程以及湍动能输运方程。根据湍流脉动量满足的方程(9.5.8)，用 u_j' 乘以 u_i' 满足的动量方程，加上 u_i' 乘以 u_j' 满足的动量方程，再对所得结果进行统计平均，可以得到雷诺应力满足的基本方程如下：

$$\begin{aligned}\frac{\partial\left\langle u_i'u_j'\right\rangle}{\partial t}+\left\langle u_k\right\rangle\frac{\partial\left\langle u_i'u_j'\right\rangle}{\partial x_k}=&-\frac{\partial}{\partial x_k}\left(\frac{\left\langle p'u_i'\right\rangle}{\rho}\delta_{jk}+\frac{\left\langle p'u_j'\right\rangle}{\rho}\delta_{ik}+\left\langle u_i'u_j'u_k'\right\rangle-\nu\frac{\partial\left\langle u_i'u_j'\right\rangle}{\partial x_k}\right)\\&-\left\langle u_i'u_k'\right\rangle\frac{\partial\left\langle u_j\right\rangle}{\partial x_k}-\left\langle u_j'u_k'\right\rangle\frac{\partial\left\langle u_i\right\rangle}{\partial x_k}+\left\langle\frac{p'}{\rho}\left(\frac{\partial u_i'}{\partial x_j}+\frac{\partial u_j'}{\partial x_i}\right)\right\rangle-2\nu\left\langle\frac{\partial u_i'}{\partial x_k}\frac{\partial u_j'}{\partial x_k}\right\rangle\end{aligned}\tag{9.5.9}$$

方程(9.5.9)称为雷诺应力方程。在雷诺应力方程中，令下标 $i=j$ 进行求和缩并，并应用不可压缩湍流平均运动和脉动运动满足的连续性方程(式(9.5.3)和式(9.5.4))，则可得

$$\begin{aligned}\frac{\partial\left\langle u_i'u_i'\right\rangle}{\partial t}+\left\langle u_j\right\rangle\frac{\partial\left\langle u_i'u_i'\right\rangle}{\partial x_j}=&-\frac{\partial}{\partial x_j}\left(2\frac{\left\langle p'u_j'\right\rangle}{\rho}+\left\langle u_i'u_i'u_j'\right\rangle-\nu\frac{\partial\left\langle u_i'u_i'\right\rangle}{\partial x_j}\right)\\&-2\left\langle u_i'u_j'\right\rangle\frac{\partial\left\langle u_i\right\rangle}{\partial x_j}-2\nu\left\langle\frac{\partial u_i'}{\partial x_j}\frac{\partial u_i'}{\partial x_j}\right\rangle\end{aligned}\tag{9.5.10}$$

将湍动能定义式(9.4.11)代入方程(9.5.10)中，可以得到

$$\frac{\partial k}{\partial t}+\left\langle u_j\right\rangle\frac{\partial k}{\partial x_j}=-\frac{\partial}{\partial x_j}\left(\frac{\left\langle p'u_j'\right\rangle}{\rho}+\frac{1}{2}\left\langle u_i'u_i'u_j'\right\rangle-\nu\frac{\partial k}{\partial x_j}\right)-\left\langle u_i'u_j'\right\rangle\frac{\partial\left\langle u_i\right\rangle}{\partial x_j}-\nu\left\langle\frac{\partial u_i'}{\partial x_j}\frac{\partial u_i'}{\partial x_j}\right\rangle\tag{9.5.11}$$

方程(9.5.11)描述了湍动能在平均流场中的运输过程，称为湍动能输运方程，其中各项的主要物理含义如下。

(1)方程左端表示流体微团沿平均运动轨迹运动时，湍动能随时间的变化率，即湍动能的质点导数。

(2)方程右端第一项表示压力脉动、雷诺应力和脉动黏性应力对湍动能的输运作用，称为扩散项，通常记为 D_k，即

$$D_k=-\frac{\partial}{\partial x_j}\left(\frac{\left\langle p'u_j'\right\rangle}{\rho}+\frac{1}{2}\left\langle u_i'u_i'u_j'\right\rangle-\nu\frac{\partial k}{\partial x_j}\right)\tag{9.5.12}$$

(3)方程右端第二项表示湍动能的生成项，通常记为 P_k，即

$$P_k = -\left\langle u_i' u_j' \right\rangle \frac{\partial \langle u_i \rangle}{\partial x_j} \tag{9.5.13}$$

它是湍动能在平均切变场上所做的功，如果平均速度场是均匀场，也就是说

$$\frac{\partial \langle u_i \rangle}{\partial x_j} = 0$$

那么就没有湍动能生成$(P_k = 0)$。

(4)方程右端第三项表示湍动能的耗散项，通常记为E_k。在湍动能输运方程(9.5.11)中$E_k < 0$，即这一项总是负值，它使得湍动能随时间增加逐渐衰减。通常把$\nu\left\langle (\partial u_i' / \partial x_j)^2 \right\rangle$称为湍动能的耗散项，记为$\varepsilon$。

从上面分析可知，当平均速度场是均匀场时，湍流脉动动能生成项$P_k = 0$，而湍流脉动动能始终是逐渐衰减的，因此在均匀的平均速度场中，湍流的脉动动能将一直持续衰减。换句话说，平均流场必须存在剪切应变率，才能向湍流脉动场输送能量。虽然雷诺应力方程(9.5.9)补充了六个方程，但这组方程本身又引进了新的高阶统计关联量：$\left\langle u_i' u_j' u_k' \right\rangle$、$\left\langle p' u_i' \right\rangle$、$\left\langle p' \left(\partial u_i' / \partial x_j + \partial u_j' / \partial x_i \right) \right\rangle$以及$\left\langle \partial u_i' / \partial x_k \partial u_j' / \partial x_k \right\rangle$等，因此雷诺方程和雷诺应力方程联立仍然不能将问题封闭，而且会引入更多的统计未知量。可以预见，用统计的方法导出的方程组将永远无法封闭，越是高阶的统计方程含有的统计未知量越多。应用统计理论来预测平均流场时，为了使问题封闭，必须对未知统计量进行合理的假设，这些假设通常称为湍流封闭模式。

9.6 湍 流 模 式*

湍流的瞬时运动极其复杂，很难对它直接进行求解。在实际应用中，通常主要关心的是相关物理量的统计平均值。换言之，对湍流的平均运动更加感兴趣。由 9.5 节可知，湍流统计平均量的输运方程(雷诺方程和雷诺应力方程)中，总是含有更高阶的统计关联量，若能建立这些高阶统计关联量与低阶统计关联量之间的关系，就可使湍流平均运动方程组封闭。在实际情况中没有任何物理定律可用于建立这些关系，只能以实验观测为基础，通过量纲分析等手段，在合理猜测的基础上，提出假设并建立模型，即湍流模式。例如，在雷诺方程中若能建立雷诺应力$\left\langle \rho u_i' u_j' \right\rangle$和平均速度场$\langle u_i \rangle$之间的关联关系，那么雷诺方程就封闭了。再如，在雷诺应力方程中，若能建立高阶未知的统计关联量和雷诺应力之间的关系，那么雷诺方程和雷诺应力方程就封闭了。下面将对常见的湍流模式进行简要介绍。

9.6.1 涡黏模式

1. Boussinesq 涡黏模式

Boussinesq 在 1877 年基于比拟的思想，把流体微团的湍流脉动比拟为分子运动的涨落，即流体微团的平均运动速度比拟为分子的宏观平均速度，将湍流脉动动量的输运比拟为分子运动的涨落所致动量输运。由于分子运动涨落所致动量输运的宏观统计平均为黏性应力，与之相应，湍流脉动动量输运的宏观统计平均则为雷诺应力。根据上述比拟思想，雷诺应力可表示为

$$-\left\langle u_i'u_j'\right\rangle = 2\nu_T\left\langle S_{ij}\right\rangle - \frac{2}{3}k\delta_{ij} \tag{9.6.1}$$

其中，ν_T 为涡黏度，它与分子运动黏度 ν 具有相同的量纲；$\left\langle S_{ij}\right\rangle = \left(\partial\left\langle u_i\right\rangle/\partial x_j + \partial\left\langle u_j\right\rangle/\partial x_i\right)/2$ 为平均剪切应变率张量；k 为湍动能。式(9.6.1)中，当 $i \neq j$ 时，最后一项为零；而当 $i = j$ 时，对于不可压缩流动，根据连续性方程有 $\left\langle S_{ii}\right\rangle = 0$，式(9.6.1)即为湍动能定义式。虽然湍流雷诺应力表达式(9.6.1)与牛顿流体本构方程形式上一致，但与运动黏度 ν 不同，涡黏度 ν_T 不是流体介质的物性参数，它与湍流的统计平均速度场有关，而且 ν_T 仍是一个未知变量，为使问题封闭可解，还需建立 ν_T 与统计平均速度场之间的关系。

分子运动和湍流流动虽然在形式上相像，但它们之间存在本质差别。湍流脉动场与平均场之间存在动量、能量的交换，但是分子运动与宏观流动之间却不存在这种交换。分子运动的动能并不来自宏观运动，流体黏度 μ 或 ν 是分子运动的特性，与宏观运动无关。相反，湍流的涡黏度 ν_T 不但与湍流脉动密切相关，还和统计平均流场有关。因此，这种基于比拟思想的涡黏性理论具有物理本质上的缺陷。

2. 混合长度理论

1925 年 Prandtl 在湍流涡黏模式方面开展研究，并提出混合长度理论。如图 9-9 所示的简单平行流动中，由于湍流随机运动，流体微团将上下跳动。流体微团的脉动速度沿 x 轴方向的分量取决于当地平均速度梯度和流体微团跳动的距离，即

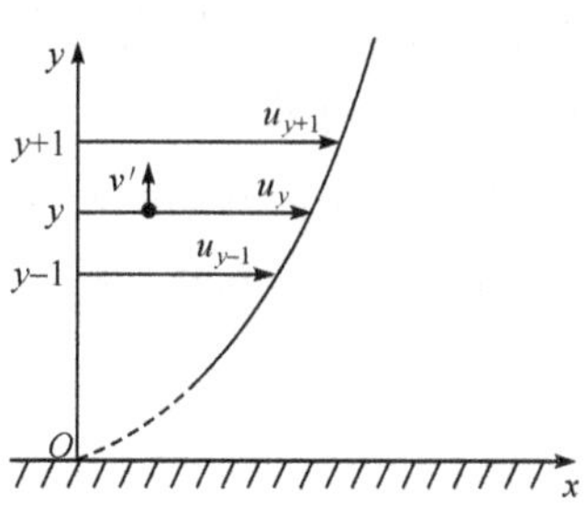

图 9-9　湍流脉动速度分布

$$u' \approx l\frac{\partial\langle u\rangle}{\partial y} \tag{9.6.2}$$

其中，l 为混合长度，它表示了这样的一个空间尺度，即在该尺度内流体微团沿 y 方向跳动时，基本不丧失其原有的速度。实验测量表明，流体微团的脉动速度沿 y 轴方向分量的 v' 与 u' 量级相当，即

$$v' \approx l\frac{\partial\langle u\rangle}{\partial y} \tag{9.6.3}$$

上面对 u' 和 v' 的大小进行了估计，实际上两者的符号方向是相反的，因此可得

$$-\left\langle u'v'\right\rangle = l^2\left|\frac{\partial\langle u\rangle}{\partial y}\right|\frac{\partial\langle u\rangle}{\partial y} \tag{9.6.4}$$

对比式(9.6.1)，可得此时涡黏度为

$$\nu_T = l^2\left|\frac{\partial\langle u\rangle}{\partial y}\right| \tag{9.6.5}$$

若 l 不随速度变化，从式(9.6.4)中可以看出，湍流中的雷诺切应力与平均速度梯度的平方成比例，这与实际实验中的测试结果基本一致。实验数据表明，脉动尺度与平均切变场有关，不同的平均切变场中，混合长度 l 的分布规律将有所不同。以固体壁面附近的流动为例子，有

$$l = \kappa y \tag{9.6.6}$$

其中，y 为距离固体壁面的垂直距离；κ 称为 Karman 常数，$\kappa = 0.4 \sim 0.41$。若考虑无壁面的自由湍流切变层流动，例如，湍流射流，那么有

$$l = \delta \tag{9.6.7}$$

其中，δ 为自由切变层的特征厚度。

3. 湍动能-耗散率模式

在涡黏模式中，通过确定涡黏度使雷诺方程封闭。在混合长度理论中，将确定涡黏度的过程转化为对混合长度 l 的求解。混合长度 l 反映了湍流脉动的特征尺度，针对具体流动，可通过拟合实验结果得到其具体表达式，如式(9.6.6)和式(9.6.7)所示。然而，式(9.6.6)和式(9.6.7)所得结果不具有一般性，很难应用于比较复杂的湍流流动。

从前面分析知，湍流脉动动能(湍动能)是通过平均剪切应变率，由平均流场向湍流脉动场输运的，即湍动能的输入来自平均流场，属于大尺度的脉动。与此同时，湍流脉动动能由于黏性耗散作用，始终是逐渐衰减的，这一耗散过程主要产生在小尺度脉动中。湍流脉动的特征尺度可通过湍动能 k 和湍动能的耗散率 ε 来估计。根据量纲分析，$k^{3/2}/\varepsilon$ 具有长度的量纲，可取为湍流脉动的特征长度，即 $l \sim k^{3/2}/\varepsilon$，相应湍流脉动的特征速度为 $u' \sim k^{1/2}$。根据式(9.6.2)和式(9.6.5)，可以得到涡黏度：

$$\nu_T \sim l^2 \left|\frac{\partial \langle u \rangle}{\partial y}\right| \sim lu' \sim \frac{k^2}{\varepsilon}$$

或写成

$$\nu_T = C_\mu \frac{k^2}{\varepsilon} \tag{9.6.8}$$

式(9.6.8)表示湍流的涡黏度可用当地湍动能和湍动能耗散率来表示，这种涡黏模式称为湍动能-耗散率模式或 k-ε 模式，其中，C_μ 为待定常数。

为使问题封闭，还需给出关于湍动能 k 和湍动能耗散率 ε 满足的方程。湍动能输运方程由方程(9.5.11)给出，其中湍动能的扩散项含有高阶统计关联量，需对其进行模化。通常来讲，扩散项使得湍动能由空间分布较强的区域向较弱的区域传输，这一过程最简单的形式就是假设扩散项与湍动能空间梯度呈线性关系，进一步假设湍动能扩散与平均动量输运具有类似性质，且其扩散系数与涡黏度 ν_T 成正比，可对扩散项模化如下：

$$-\frac{\langle p'u'_j \rangle}{\rho} - \frac{1}{2}\langle u'_i u'_i u'_j \rangle = \frac{\nu_T}{\sigma_k}\frac{\partial k}{\partial x_j} \tag{9.6.9}$$

其中，σ_k 为经验常数。将式(9.6.1)代入湍动能输运方程(9.5.11)，其中湍动能的生成项 P_k 可简化为

$$P_k = -\langle u'_i u'_k \rangle \frac{\partial \langle u_i \rangle}{\partial x_k} = 2\nu_T \langle S_{ij} \rangle \tag{9.6.10}$$

其中，$\langle S_{ij} \rangle = \left(\partial \langle u_i \rangle / \partial x_j + \partial \langle u_j \rangle / \partial x_i\right)/2$ 为平均运动的剪切应变率。将式(9.6.9)和式(9.6.10)代入湍动能输运方程(9.5.11)中，可得湍动能的模化方程：

$$\frac{\partial k}{\partial t} + \langle u_j \rangle \frac{\partial k}{\partial x_j} = \frac{\partial}{\partial x_j}\left[\left(\frac{\nu_T}{\sigma_k} + \nu\right)\frac{\partial k}{\partial x_j}\right] + 2\nu_T \langle S_{ij} \rangle^2 - \varepsilon \tag{9.6.11}$$

湍动能耗散率可通过对脉动方程(9.5.8)求导后推出，由于过程较为烦琐，这里不进行具体介绍。此外，湍动能的耗散机制复杂，难以对其方程中每一项都进行模化，采用与湍动能输运方程类比的方法，这里给出其常用的形式：

$$\frac{\partial \varepsilon}{\partial t}+\left\langle u_j\right\rangle\frac{\partial \varepsilon}{\partial x_j}=\frac{\partial}{\partial x_j}\left[\left(\frac{\nu_T}{\sigma_\varepsilon}+\nu\right)\frac{\partial \varepsilon}{\partial x_j}\right]+C_{\varepsilon 1}\frac{\varepsilon}{k}\left(2\nu_T\left\langle S_{ij}\right\rangle^2\right)-C_{\varepsilon 2}\frac{\varepsilon^2}{k} \tag{9.6.12}$$

其中，$C_{\varepsilon 1}$、$C_{\varepsilon 2}$和σ_ε为经验常数。k-ε 模式中涉及多个经验常数，目前常用取值为

$$C_\mu=0.09,\quad \sigma_k=1.0,\quad C_{\varepsilon 1}=1.45,\quad C_{\varepsilon 2}=1.90,\quad \sigma_\varepsilon=1.30 \tag{9.6.13}$$

9.6.2 雷诺应力模式

混合长度理论和k-ε 模式，都属于涡黏模式范畴。涡黏模式模型简单，计算量相对较小，在工程上获得了广泛的应用，特别是k-ε 模式，是目前工程上应用最为广泛的湍流模式之一，并在此基础上演化出了多种衍生模式。然而，涡黏模式中雷诺应力只和当地平均运动的剪切应变率有关，并且忽略了流动的历史效应，因此不能准确反映湍流的输运机理。对于复杂湍流流动情况，模式预测结果精度较低甚至完全错误。为提高湍流预测精度，一个可能的途径是从雷诺应力方程出发，通过模化封闭雷诺应力方程中的高阶统计关联项来获得封闭的平均运动方程组。

1. 雷诺应力模式

这里简要介绍雷诺应力方程(9.5.9)中右端各项常用的封闭模式，其中右端第一项扩散项通常记为D_{ij}，即

$$D_{ij}=-\frac{\partial}{\partial x_k}\left(\frac{\left\langle p'u_i'\right\rangle}{\rho}\delta_{jk}+\frac{\left\langle p'u_j'\right\rangle}{\rho}\delta_{ik}+\left\langle u_i'u_j'u_k'\right\rangle-\nu\frac{\partial\left\langle u_i'u_j'\right\rangle}{\partial x_k}\right)$$

对于D_{ij}，通常采用梯度形式的模式进行封闭，令雷诺应力扩散速度与其梯度成正比，可得

$$D_{ij}=\frac{\partial}{\partial x_k}\left[\left(C_s\frac{k^2}{\varepsilon}+\nu\right)\frac{\partial\left\langle u_i'u_j'\right\rangle}{\partial x_k}\right] \tag{9.6.14}$$

其中，C_s为经验常数。方程(9.5.9)右端第二项表示雷诺应力与平均场剪切应变率的相互作用对雷诺应力的贡献，称为生成项，通常记为P_{ij}，即

$$P_{ij}=-\left\langle u_i'u_k'\right\rangle\frac{\partial\left\langle u_j\right\rangle}{\partial x_k}-\left\langle u_j'u_k'\right\rangle\frac{\partial\left\langle u_i\right\rangle}{\partial x_k} \tag{9.6.15}$$

方程(9.5.9)右端第三项为压力脉动和脉动剪切应变率的关联项，称为再分配项。其对湍动能的增长率没有贡献，仅在雷诺应力各个分量之间起到调节作用，通常记为Φ_{ij}，即

$$\Phi_{ij}=\left\langle\frac{p'}{\rho}\left(\frac{\partial u_i'}{\partial x_j}+\frac{\partial u_j'}{\partial x_i}\right)\right\rangle \tag{9.6.16}$$

根据湍流场中压力脉动值p'相对于平均流场的变化速度，可将其分解成快速压力项和慢

速压力项。前者对平均流场速度梯度(即平均流场的任何变化)可以直接做出反应；而后者仅与脉动速度相关。于是可将再分配项 Φ_{ij} 分解为快速压力与脉动速度剪切变形率的关联项(通常称为压力-变形的快速项)和慢速压力以及脉动速度剪切变形率的关联项(通常称为压力-变形的慢速项)，对上述两项分别进行模化，有

$$\Phi_{ij}^{\mathrm{r}} = -C_2\left(P_{ij} - \frac{2}{3}P_k\delta_{ij}\right) \tag{9.6.17}$$

$$\Phi_{ij}^{\mathrm{s}} = -C_R\frac{\varepsilon}{k}\left(\left\langle u_i'u_j'\right\rangle - \frac{2}{3}k\delta_{ij}\right) \tag{9.6.18}$$

其中，P_k 为湍动能的生成项；ε 为湍动能的耗散率。C_2 与 C_R 均为经验常数。

雷诺应力方程(9.5.9)右端最后一项为耗散项，记为 ε_{ij}，即

$$\varepsilon_{ij} = -2\nu\left\langle\frac{\partial u_i'}{\partial x_k}\frac{\partial u_j'}{\partial x_k}\right\rangle \tag{9.6.19}$$

雷诺应力的耗散输运过程包含众多未知因素，因而雷诺应力方程中耗散项的模化最为困难。目前最常用的简单各向同性的近似模型为

$$\varepsilon_{ij} = -\frac{2}{3}\varepsilon\delta_{ij} \tag{9.6.20}$$

将以上各模化公式代入雷诺应力方程(9.5.9)中，并结合湍动能耗散率 ε 满足的方程(9.6.12)，可得雷诺应力满足的封闭方程组，即雷诺应力模式。

2. 代数应力模式

利用雷诺应力模式求解湍流流动的平均场，比涡黏模式要多解六个雷诺应力的偏微分方程，对计算资源和时间的要求大大增加，这使得雷诺应力模式在工程中的应用受到限制。为了降低雷诺应力模式的计算量，人们提出了代数应力模式理论。假定雷诺应力的输运过程处于局部的平衡状态，雷诺应力的时间和空间导数项均可以忽略不计。此时雷诺应力方程中仅有生成项、再分配项和耗散项相互平衡，雷诺应力方程简化为

$$(1-C_2)P_{ij} - C_R\frac{\varepsilon}{k}\left(\left\langle u_i'u_j'\right\rangle - \frac{2}{3}k\delta_{ij}\right) - \frac{2}{3}(\varepsilon - C_2P_k)\delta_{ij} = 0 \tag{9.6.21}$$

方程(9.6.21)给出了雷诺应力满足的一组代数方程组，故称为代数应力模式。相比于雷诺应力模式，通过代数应力模式求解雷诺应力，可以大大减少计算量。目前，湍流模式是模拟和预测湍流流动的重要工具。但从上述分析过程可见，湍流模式还存在众多问题，如人为假设过多、模式适应性不强等。发展简单易用、适应性强的湍流模式，依然是湍流模式理论发展的目标。

9.7 管内湍流流动损失

9.7.1 圆管内的速度分布

在工程实际中，管道内流体的流动问题普遍存在。当流动雷诺数较大时，管内流动处于湍流流动状态。对于光滑圆管内充分发展的湍流流动，其平均流动具有如下特点：①平均速

度场是定常的平行流动；②除压强外，一切平均量均是管道半径坐标的函数。在柱坐标系中，圆管内湍流流动的雷诺平均方程可以简化为

$$\frac{1}{\rho}\frac{\partial\langle p\rangle}{\partial z}=-\frac{1}{r}\frac{\mathrm{d}}{\mathrm{d}r}\left(r\langle u_r'u_z'\rangle\right)+\frac{\mu}{\rho}\left(\frac{\mathrm{d}^2\langle u_z\rangle}{\mathrm{d}r^2}+\frac{1}{r}\frac{\mathrm{d}\langle u_z\rangle}{\mathrm{d}r}\right) \tag{9.7.1}$$

$$\frac{1}{\rho}\frac{\partial\langle p\rangle}{\partial r}=-\frac{1}{r}\frac{\mathrm{d}}{\mathrm{d}r}\left(r\langle u_r'u_r'\rangle\right)+\frac{\langle u_\phi'u_\phi'\rangle}{r} \tag{9.7.2}$$

由于流体存在黏性效应，在管道壁面上速度为零，可有

$$r=R\text{时，}\ \langle u_z\rangle=\langle u_r'u_z'\rangle=\langle u_r'u_r'\rangle=\langle u_\phi'u_\phi'\rangle=0 \tag{9.7.3}$$

将方程(9.7.2)沿管道半径进行积分，并将边界条件式(9.7.3)代入，可得

$$\langle p\rangle(r,z)+\rho\langle u_r'u_r'\rangle+\rho\int_R^r\frac{\langle u_r'u_r'\rangle-\langle u_\phi'u_\phi'\rangle}{r}\mathrm{d}r=\langle p\rangle_{\mathrm{w}}(z) \tag{9.7.4}$$

其中，$\langle p\rangle_{\mathrm{w}}$ 为管道壁面上的压强；R 为管道半径。由于流动存在“除压强外，一切平均量均是管道半径坐标的函数”的特点，式(9.7.4)左端除第一项$\langle p\rangle$外，其余项均与轴向坐标 z 无关，即有

$$\frac{\partial\langle p\rangle}{\partial z}=\frac{\mathrm{d}\langle p\rangle_{\mathrm{w}}}{\mathrm{d}z} \tag{9.7.5}$$

将式(9.7.5)代入基本方程(9.7.1)中，有

$$\frac{1}{\rho}\frac{\mathrm{d}\langle p\rangle_{\mathrm{w}}}{\mathrm{d}z}=-\frac{1}{r}\frac{\mathrm{d}}{\mathrm{d}r}\left(r\langle u_r'u_z'\rangle\right)+\frac{\mu}{\rho}\left(\frac{\mathrm{d}^2\langle u_z\rangle}{\mathrm{d}r^2}+\frac{1}{r}\frac{\mathrm{d}\langle u_z\rangle}{\mathrm{d}r}\right) \tag{9.7.6}$$

方程(9.7.6)沿 r 进行积分，并考虑流动的轴对称性，在轴线上$\langle u_r'u_z'\rangle=\mathrm{d}\langle u_z\rangle/\mathrm{d}z=0$，有

$$\frac{r}{2}\frac{\mathrm{d}\langle p\rangle_{\mathrm{w}}}{\mathrm{d}z}=-\rho\langle u_r'u_z'\rangle+\mu\frac{\mathrm{d}\langle u_z\rangle}{\mathrm{d}r} \tag{9.7.7}$$

由于在管道壁面上$(r=R)$，有$\langle u_r'u_z'\rangle=0$，方程(9.7.7)在壁面上可进一步化简为

$$\frac{\mathrm{d}\langle p\rangle_{\mathrm{w}}}{\mathrm{d}z}=\frac{2\mu}{R}\frac{\mathrm{d}\langle u_z\rangle}{\mathrm{d}r}\bigg|_{r=R}=\frac{2\tau_{\mathrm{w}}}{R}=\frac{4\tau_{\mathrm{w}}}{D} \tag{9.7.8}$$

其中，$D=2R$ 为管道直径；$\tau_{\mathrm{w}}=\mu\mathrm{d}\langle u_z\rangle/\mathrm{d}r$ 为壁面切应力。将方程(9.7.8)代入方程(9.7.7)中，可得

$$2\frac{\tau_{\mathrm{w}}}{D}r=-\rho\langle u_r'u_z'\rangle+\mu\frac{\mathrm{d}\langle u_z\rangle}{\mathrm{d}r} \tag{9.7.9}$$

至此，只需要补充适当的雷诺应力表达式，根据方程(9.7.9)即可求出圆管内湍流流动的速度分布和压力梯度。

从方程(9.7.9)中可以看出，在紧贴壁面$(r\approx D/2)$的流体薄层中，黏性切应力和雷诺应力之和近似等于壁面剪切应力，通常将其称为近壁等剪切应力层。为了反映壁面附近湍流的流动属性，进行如下的坐标变换，即将坐标原点设置于管道壁面，令

$$y=R-r \tag{9.7.10}$$

此时，相应有$u_r'=-u_y'$，那么方程(9.7.9)可以写成

$$\rho\left\langle u_y' u_z' \right\rangle - \mu \frac{\mathrm{d}\left\langle u_z \right\rangle}{\mathrm{d}y} = \left(1 - \frac{y}{R}\right)\tau_{\mathrm{w}} \tag{9.7.11}$$

定义壁面摩擦速度为

$$u_\tau^2 = \frac{\left|\tau_{\mathrm{w}}\right|}{\rho} \tag{9.7.12}$$

由于管道流动中压强梯度 $\mathrm{d}\left\langle p \right\rangle_{\mathrm{w}} / \mathrm{d}z < 0$，壁面剪切应力 $\tau_{\mathrm{w}} < 0$，可知

$$u_\tau^2 = -\frac{\tau_{\mathrm{w}}}{\rho} \tag{9.7.13}$$

将式(9.7.13)代入方程(9.7.9)中，可得

$$\left\langle u_y' u_z' \right\rangle - \frac{\mu}{\rho} \frac{\mathrm{d}\left\langle u_z \right\rangle}{\mathrm{d}y} = -\left(1 - \frac{y}{R}\right) u_\tau^2 \tag{9.7.14}$$

方程(9.7.14)左端第一项与第二项分别表示雷诺应力和黏性切应力，因此方程(9.7.14)左端即总剪切应力。方程(9.7.14)右端表示该剪切应力从壁面线性递减到轴线上为零。将方程(9.7.14)用壁面摩擦速度 u_τ、μ 和 ρ 进行无量纲化可得

$$\frac{\left\langle u_y' u_z' \right\rangle}{u_\tau^2} - \frac{\mathrm{d}\left\langle u_z \right\rangle^+}{\mathrm{d}y^+} = -\left(1 - \bar{y}\right) \tag{9.7.15}$$

其中，
$$\left\langle u_z \right\rangle^+ = \frac{\left\langle u_z \right\rangle}{u_\tau}, \quad y^+ = \frac{\rho u_\tau y}{\mu} = \frac{u_\tau y}{\nu}, \quad \bar{y} = \frac{y}{R}$$

将 y^+ 称为壁面无量纲坐标，其值通常远远大于 $\bar{y}$ 并且与流动的雷诺数密切相关。以流动雷诺数 $Re = 10^5$ 为例，在管道中心轴线位置 $\bar{y} = 1$，$y^+ \approx 2000$；而在管道壁面处，$\bar{y} = 0.01$，$y^+ \approx 20$。由于流体黏性的作用，在壁面上流体速度仍为零，黏性作用也使得在紧贴壁面处存在一个很薄的流体层。在这一流体层中，湍流脉动掺混效应引起的雷诺应力远小于黏性应力。因此，这一流体层也称为黏性底层。在黏性底层中，$\bar{y} \to 0$ 并且湍流脉动掺混效应很弱，方程(9.7.14)左端第一项可以忽略不计，即 $\left\langle u_y' u_z' \right\rangle \approx 0$，于是方程(9.7.14)可简化为

$$\frac{\mathrm{d}\left\langle u_z \right\rangle^+}{\mathrm{d}y^+} = 1 \tag{9.7.16}$$

根据壁面上速度边界条件 $\left\langle u_z \right\rangle^+ |_{y^+=0} = 0$，可得

$$\left\langle u_z \right\rangle^+ = y^+ \tag{9.7.17}$$

从式(9.7.17)可知，在黏性底层中湍流流动的平均速度是线性分布的。大量实验研究表明，在 $y^+ < 5$ 时，近壁速度线性分布基本可得很好的满足，黏性底层通常还可称为线性底层。虽然黏性底层中的速度分布与层流流动状态中速度分布类似，但这区域内仍有较强的湍流脉动存在。

在线性底层之外，若 $\bar{y} \ll 1$，$y^+ \gg 1$，此时忽略方程(9.7.14)中的小量，可得

$$\left\langle u_y' u_z' \right\rangle = -u_\tau^2 \tag{9.7.18}$$

即此时黏性应力远远小于雷诺应力。根据混合长度理论，将方程(9.6.4)和方程(9.6.6)代入

式(9.7.18)中，可得

$$\kappa^2 y^2 \left(\frac{\mathrm{d}\langle u_z \rangle}{\mathrm{d}y}\right)^2 = u_\tau^2 \tag{9.7.19}$$

无量纲化以后，有

$$\kappa^2 y^{+2} \left(\frac{\mathrm{d}\langle u_z \rangle^+}{\mathrm{d}y^+}\right)^2 = 1 \text{或} \frac{\mathrm{d}\langle u_z \rangle^+}{\mathrm{d}y^+} = \frac{1}{\kappa y^+} \tag{9.7.20}$$

式(9.7.20)开方后积分可得平均速度的对数分布表达式：

$$\langle u_z \rangle^+ = \frac{1}{\kappa}\ln y^+ + B \tag{9.7.21}$$

式(9.7.21)所给出的平均速度对数分布形式与圆管内近壁剪切层内速度分布实验测试结果具有很好的一致性，其适用于圆管中 $y^+ > 30$ ，$\overline{y} < 0.3$ 的流动区域，其中常数 κ 和 B 通过实验确定，通常情况下取值约为 $\kappa = 0.4$ 、 $B = 5.5$ 。

从前面可知，当 $\overline{y} < 0.3$ 且 $y^+ < 5$ 时，流场的平均速度呈线性分布，该区域称为线性底层；当 $\overline{y} < 0.3$ 并且 $y^+ > 30$ 时，流场的速度分布呈对数分布，该区域称为对数层。当 $\overline{y} < 0.3$ 并且 $5 \leqslant y^+ \leqslant 30$ 时，该区域是线性底层与对数层的过渡区域，通常称为缓冲层，在缓冲层内内分子黏性引起的剪切应力与湍流脉动引起的雷诺应力作用相当。根据实验结果，可得缓冲层中的速度分布表达形式为

$$\langle u_z \rangle^+ = 5\ln y^+ - 3.05 \tag{9.7.22}$$

图 9-10 给出了圆管壁面附近剪切应力层中的平均速度分布曲线。从管道壁面开始，平均速度从线性增长逐渐过渡到对数增长，这是壁面附近湍流平均速度分布的典型特性。在平面槽道流以及低压力梯度湍流边界层流动的壁面附近区域，湍流平均速度分布同样具有上述特性。换言之，上述圆管壁面附近湍流平均速度分布特性是近壁湍流的一般特性。

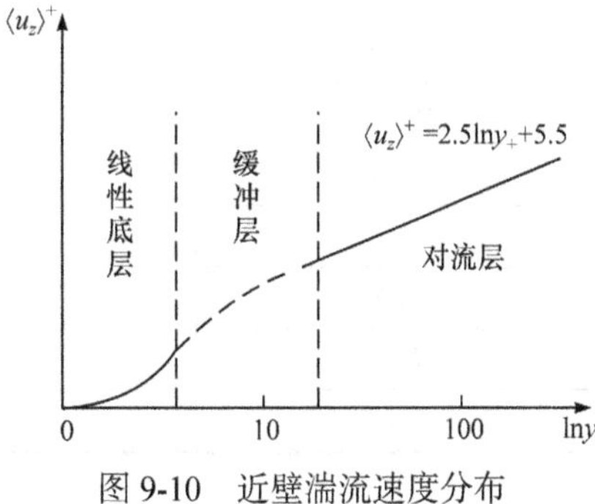

图 9-10　近壁湍流速度分布

前面讨论了近壁区域($\overline{y} < 0.3$)湍流平均速度的分布特性。当 $\overline{y} \geqslant 0.3$ 时，在流动远离壁面的区域，壁面影响微弱，此区域称为中心区。中心区平均速度分布常用的表达形式为

$$\frac{\langle u_z \rangle_{\max} - \langle u_z \rangle}{u_\tau} = A^* \ln \overline{y} + B^* \tag{9.7.23}$$

需要指出的是，式(9.7.23)中采用管道半径 R 作为特征长度。根据实验结果，常数 A^* 和 B^* 通常取值为 $A^* = -2.44$ ， $B^* = 0.8$ 。

9.7.2　水力粗糙和水力光滑

前面考虑了光滑圆管内的湍流流动，并且给出圆管内湍流平均速度分布和阻力系数。在实际应用中，管道由于加工或者腐蚀等多种因素，表面往往不是光滑的。由 9.7.1 节已知，在

近壁区域中紧贴壁面的线性底层中，平均速度呈线性分布且切应力以分子黏性切应力为主。通常情况下，线性底层的厚度非常小，一般不到1mm。实验研究发现，线性底层的厚度δ与雷诺数Re、管道沿程阻力系数λ等有关，有半经验公式如下：

$$\frac{\delta}{D}=\frac{32.8}{Re\sqrt{\lambda}} \tag{9.7.24}$$

其中，D为管道直径。虽然线性底层很薄，但它对管内湍流流动的壁面摩擦阻力与损失有相当重要的作用。很显然，这种作用与管道壁面粗糙度密切相关。管壁粗糙凸出部分的平均高度称为管壁的绝对粗糙度，记为ε；绝对粗糙度ε与管径D的比值称为管壁的相对粗糙度，即ε/D。表9-1给出了一些常用管道壁面的绝对粗糙度ε。当$\delta \leqslant \varepsilon$时，即管壁粗糙凸出部分的平均高度大于线性底层厚度时，管壁粗糙凸出部分大部暴露在缓冲层或对数层中。流体流过壁面凸出部分，将产生碰撞、冲击，对雷诺应力具有很大的干扰，此时管壁粗糙度对管内湍流流动将产生显著的影响。通常将这种情况下的管道称为水力粗糙管。相应的管道内流动状态称为水力粗糙状态。相反，当$\delta > \varepsilon$，即管壁粗糙凸出部分的平均高度小于线性底层厚度时，管壁的粗糙凸出部分基本淹没在线性底层中，它对外部缓冲层和对数层的影响很小，流体就像在完全光滑的管道中流动。此时，将管道称为水力光滑管，管道内的湍流流动状态称为水力光滑状态。

表 9-1　常用管道管壁的绝对粗糙度ε　　（单位：mm）

管道材料及状况	ε	管道材料及状况	ε
新钢管、不锈钢管	0.0015～0.01	塑料板风管	0.01
新无缝钢管	0.04～0.17	橡皮软管	0.01～0.03
旧无缝钢管	0.20	陶土排水管	0.45～6.0
精制镀锌钢管	0.15	混凝土管	0.30～3.0
普通镀锌钢管	0.30	纯水泥表面	0.25～1.25
钢板风管	0.15	混凝土槽	0.80～9.0
生锈钢管	0.5	石棉水泥管	0.9
生锈铁管	1.0	胶合板、矿渣石膏板风管	1.0
新铸铁管	0.25	砖砌风道	5～10
输水用镀锌铁管	0.25～1.25	矿渣混凝土风道	1.5

从上述分析可知，管壁粗糙度对流动阻力损失的影响只有在流动处于水力粗糙状态时才有所体现。考虑粗糙度的圆管湍流是一个比较复杂的问题，通常通过水力计算手册可以获得相应的工程计算公式，也可通过著名的穆迪(Moody)图来计算圆管流动的阻力系数。

9.7.3 沿程阻力系数和局部阻力系数

1. 沿程阻力系数与穆迪图

对黏性不可压缩流体的内部流动，无论是层流流动还是湍流流动，其流动阻力都可分解为沿程阻力和局部阻力两部分，在阻力系数λ和ζ确定后，沿程阻力和局部阻力可分别按式(9.1.8)和式(9.1.9)进行计算。与管道内层流流动不同，管道内湍流流动的沿程阻力系数难以通过解析方法获得，只能针对不同流态，通过实验总结出沿程阻力系数，这就是工程上广泛采用的穆迪图。穆迪通过系统的实验测量，以相对粗糙度 ε / D 作为参变量，将沿程阻力系数 λ 总结成雷诺数 Re 的函数，并绘制出图 9-11 所示的工程计算曲线。该图根据流动的雷诺数，可以分成如下的五个区域。下面分别讨论各个区域沿程阻力系数 λ 的特性和计算方法。

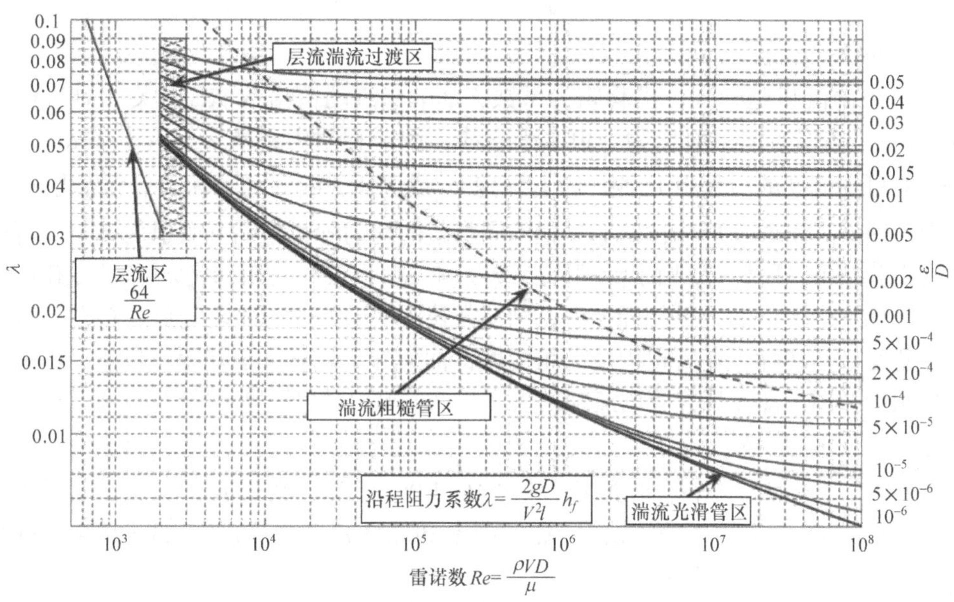

图 9-11　穆迪图

资料来源：维基百科

1) $Re \leqslant 2000$

此时，流动处于层流状态，不论管道的相对粗糙度 ε / D 为多少，沿程阻力系数都服从 $\lambda = 64 / Re$ 的分布，且随雷诺数 Re 的增长线性下降。

2) $2000 < Re \leqslant 4000$

沿程阻力系数突然增加，流动处于层流向湍流过渡的状态。此时，流动可能处于层流或湍流状态，阻力系数没有确定的变化规律，管道壁面切应力随环境因素的变化很大。

3) $4000 < Re \leqslant 22.2\left(D / \varepsilon\right)^{8/7}$

流动处于湍流光滑管区，壁面凹凸不平部分淹没在线性底层中，壁面相对粗糙度 ε / D 对管内湍流流动几乎无影响。沿程阻力系数只与雷诺数 Re 有关，与相对粗糙度 ε / D 无关。当雷诺数处于 $4 \times 10^3 < Re < 10^6$ 时，布拉休斯(Blasius)给出了沿程阻力系数的总结公式：

$$\lambda = \frac{0.3164}{Re^{0.25}} \tag{9.7.25}$$

将式(9.7.25)代入式(9.1.8)中，可得沿程阻力损失 h_f 与速度 $V^{-1.75}$ 成正比，故湍流光滑管区又称为 1.75 次方阻力区。

4) $22.2\left(D / \varepsilon\right)^{8/7} < Re \leqslant 597\left(D / \varepsilon\right)^{9/8}$

流动从湍流光滑管区向湍流粗糙管区转变，随着 Re 增加，线性底层逐渐变薄，壁面粗糙度凸出部分最终暴露在线性底层之外并对流动产生影响。此时，雷诺数 Re 和壁面相对粗糙度 ε / D 对沿程阻力系数均有影响。在图 9-11 所示穆迪图上，这个区域对应左边光滑管曲线到右边由粗糙管起始点连成的虚线之间的整个区域。各曲线以ε/D作为参变量，反映出沿程阻力系数λ随雷诺数Re的变化。在此区域内沿程阻力系数λ可按式(9.7.26)计算：

$$\lambda = 0.0055\left[1+\left(2000\frac{\varepsilon}{D}+\frac{10^6}{Re}\right)^{1/3}\right] \tag{9.7.26}$$

5) $Re > 597(D/\varepsilon)^{9/8}$

流动进入湍流粗糙管区，沿程阻力系数λ基本与流动雷诺数 Re 无关，只与相对粗糙度ε/D有关，在穆迪图上对应为一束水平直线。因沿程阻力系数λ与雷诺数Re无关，根据式(9.1.8)可知流动的沿程阻力损失h_f与流速V^2成正比，故该区又称为平方阻力区。

在穆迪图发表以前，尼古拉茨通过把不同粒径的均匀砂粒粘贴到管道内壁上，再按相似准则整理实验结果，同样得到了沿程阻力系数λ随 Re 以及相对粗糙度ε/D的变化曲线，其基本规律与穆迪图揭示的大致相同。但由于尼古拉茨实验中通过将均匀砂粒粘贴到管壁上模拟管壁粗糙度，与实际工业管道内壁的粗糙度特性和分布尚有一定差距。目前，在工程应用中大多采用穆迪图，即先计算管内流动的雷诺数 Re 和相对粗糙度ε/D，再通过穆迪图查找得到相应的沿程阻力系数λ。

例题 9-3　计划铺设一个输水管道，流量$Q=1.06\ \mathrm{m^3/s}$，在长为 2438m 的管道上给定的压降为 63.53mH_2O。当选用新的铸铁管(无镀覆层，粗糙度$\varepsilon=0.3\mathrm{mm}$)时，试求应采用的管径。设水的运动黏度$\nu=1.0\times10^{-6}\ \mathrm{m^2/s}$。

解：假设考虑的管道较长，认为管道压降主要由沿程水力损失引起，即有

$$\frac{\Delta p}{\rho g}=h_f=\lambda\frac{l}{D}\frac{\bar{V}^2}{2g}$$

管内水流速度$\bar{V}$可由流量Q计算得到

$$\bar{V}=Q\Big/\left(\frac{\pi}{4}D^2\right)$$

代入沿程水力损失公式并化简可得　　$D^5=3.57\lambda$

此时流动的 Re 为

$$Re=\frac{\bar{V}D}{\nu}=\left(\frac{1.06}{\frac{\pi}{4}D^2}\right)\frac{D}{1.0\times10^{-6}}$$

化简上式得

$$Re=\frac{1.35\times10^6}{D}$$

这里有三个未知量：λ、D和 Re，可利用穆迪图迭代求解，设$\lambda=0.02$，则

$$D=(3.57\times0.02)^{1/5}=0.590\ (\mathrm{m})$$

$$Re=\frac{1.35\times10^6}{0.590}=2.29\times10^6$$

$$\frac{\varepsilon}{D}=\frac{0.3}{590}=0.00051$$

根据所得Re和ε/D，由穆迪图查得$\lambda=0.0165$，与假设值相差较大，重复上述计算过程：

$$\lambda = 0.0165 \rightarrow D = 0.567\text{m} \rightarrow Re = 2.38\times10^{6},\quad \frac{\varepsilon}{D} = 0.000529 \rightarrow \lambda = 0.0165$$

最终从穆迪图查出的λ和第二次假设值相符，因此可得应采用的管道直径为

$$D = 0.567\text{m}$$

在工程上，实际的管径则应选用稍大于上述计算值的标准管径。

解毕。

例题 9-4　水在直径为 500mm 绝对粗糙度$\varepsilon = 0.03\text{mm}$的普通焊接钢管中流动，如果水头损失梯度为 0.006，试求体积流量Q，设水的运动黏度$\nu = 1.0\times10^{-6}\ \text{m}^2/\text{s}$。

解：已知$\varepsilon = 0.03\ \text{mm}$，$\varepsilon / D = 0.00006$。已知摩擦损失梯度为 0.006，即$\dfrac{h_f}{l} = 0.006$。由$\dfrac{h_f}{l} = \dfrac{\lambda}{D}\dfrac{\bar{V}^2}{2g}$可得$0.006 = \dfrac{\lambda}{0.5}\times\dfrac{\bar{V}^2}{2\times9.8}$，即$\bar{V} = 0.242\lambda^{-0.5}$。

当$\varepsilon / D = 0.00006$时，查穆迪图可知，$\lambda = 0.0112$。令$\lambda = 0.0112$，可得

$$\bar{V} = 0.242\lambda^{-0.5} = 2.29\ \text{m/s},\quad Re = \frac{D\bar{V}}{\nu} = \frac{0.5\times2.29}{1\times10^{-6}} = 1.145\times10^{6}$$

返回穆迪图，由$\varepsilon / D = 0.00006$和$Re = 1.145\times10^{6}$可查得，$\lambda = 0.0131$。令$\lambda = 0.013$，可得

$$\bar{V} = 0.242\lambda^{-0.5} = 2.12\ \text{m/s},\quad Re = \frac{D\bar{V}}{\nu} = \frac{0.5\times2.12}{1\times10^{-6}} = 1.06\times10^{6}$$

返回穆迪图，由$\varepsilon / D = 0.00006$和$Re = 1.06\times10^{6}$可查得，$\lambda = 0.0131$，与上一次假设值基本相符，故$\bar{V} = 2.12\ \text{m/s}$，则体积流量为

$$Q = A\bar{V} = \frac{\pi}{4}\times0.5^2\times2.12 = 0.416\ (\text{m}^3/\text{s})$$

解毕。

例题 9-5　有一根直径为 500mm 普通焊接钢管，长度为 2000m，绝对粗糙度$\varepsilon = 0.03\text{mm}$，以 $0.2\text{m}^3/\text{s}$ 的体积流量输运水，若水的运动黏度为$\nu = 1.0\times10^{-6}\ \text{m}^2/\text{s}$，试求沿程阻力损失$h_f$。

解：已知$\varepsilon = 0.03\ \text{mm}$，$\varepsilon / D = 0.00006$。管内流动的平均速度为

$$\bar{V} = \frac{Q}{A} = \frac{0.2}{\dfrac{\pi}{4}\times0.5^2} = 1.02\ (\text{m/s})$$

管内流动的雷诺数为

$$Re = \frac{D\bar{V}}{\nu} = \frac{0.5\times1.02}{1\times10^{-6}} = 5.1\times10^{5}$$

当$\varepsilon / D = 0.00006$，$Re = 5.1\times10^{5}$时，由穆迪图可知，$\lambda = 0.014$。故摩擦头损失为

$$h_f = \lambda\frac{l}{D}\frac{\bar{V}^2}{2g} = 0.014\times\frac{2000}{0.5}\times\frac{1.02^2}{2\times9.8} = 2.973\ (\text{m})$$

解毕。

2. 局部阻力系数

当管道流动中存在由节流元件以及阀门引起的急变流动时，该区域的流动损失可通过式(9.1.9)进行计算，此时需要首先确定局部阻力系数ζ。由于引起急变流动的管道元件多样，且急变流动十分复杂，很难从理论上获得局部阻力系数的计算公式，局部阻力系数大多由实验得出。表 9-2 给出各种常用管道阻力件的局部阻力系数。

表 9-2 常用管道阻力件的局部阻力系数

闸阀						截止阀						蝶阀					
开度/%	20	40	60	80	100	开度%	20	40	60	80	100	开度%	20	40	60	80	100
ζ	16	3.2	1.1	0.3	0.1	ζ	24	7.5	4.8	4.1	3.9	ζ	65	16	4	0.8	0.3

截面突然扩大			截面突然缩小	
A_1/A_2	ζ_1	ζ_2	A_2/A_1	ζ_2
1	0	0	0.01	0.05
0.90	0.01	0.0123	0.10	0.45
0.80	0.04	0.0625	0.20	0.40
0.70	0.09	0.184	0.30	0.35
0.60	0.16	0.444	0.40	0.30
0.50	0.25	1	0.50	0.25
0.40	0.36	2.25	0.60	0.20
0.30	0.49	5.44	0.70	0.15
0.20	0.64	16	0.80	0.10
0.10	0.81	81	0.90	0.05
0	1	∞	1.0	0
$\zeta_1=(1-A_1/A_2)^2$；$\zeta_2=(A_2/A_1-1)^2$			$\zeta_2=0.5(1-A_2/A_1)$	

直角汇流三通						直角分流三通		
$\zeta_{13}=1.55(Q_2/Q_1)-(Q_2/Q_3)^2$ $\zeta_{23}=K\left\{\left[1+(Q_2A_3)(Q_3A_2)\right]^2-2\left[1-(Q_2/Q_3)\right]\right\}$ 对应 $V_3^2/(2g)$						$\zeta_{12}=K\left[1+(V_2/V_1)^2\right]$ $\zeta_{12}=K\left[0.34+(V_2/V_1)^2\right]$ $\zeta_{13}=0.24(1-V_3/V_1)^2$ 对应 $V_1^2/(2g)$		
A_1/A_2	0～0.2	0.3～0.4	0.6	0.8	1.0	V_2/V_1	≤0.8	>0.8
K	1.00	0.75	0.70	0.65	0.60	K	0.1	0.9

续表

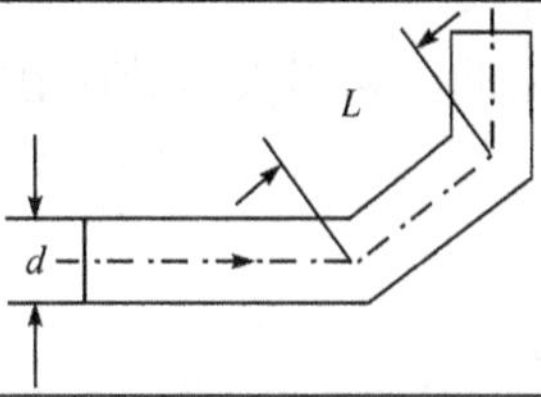

有中间过渡的 90°折管

$\frac{L}{d}$	0	0.25	1.0	1.5	2.0	3.0	4.0
ζ	1.30	0.95	0.40	0.37	0.39	0.44	0.45

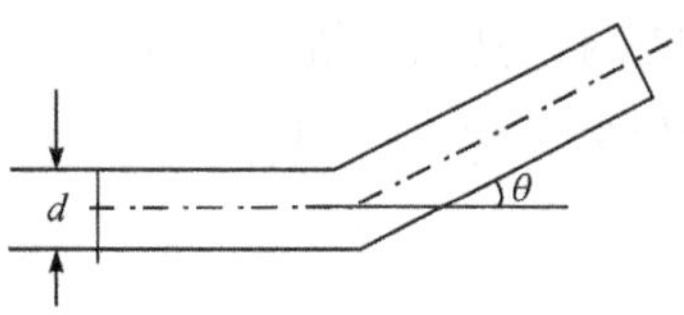

折管

θ /(°)	20	30	45	50	60	90
ζ	0.1	0.2	0.32	0.5	0.66	1.3

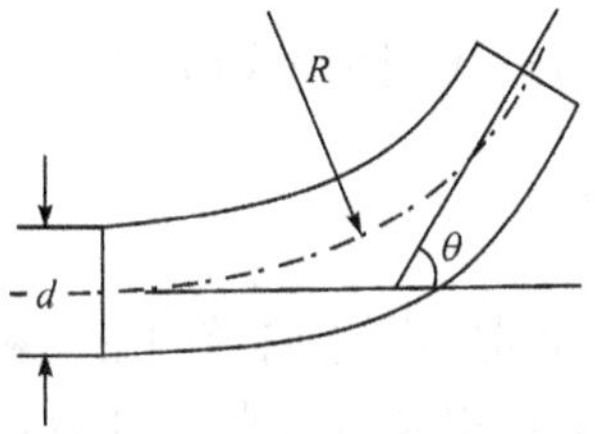

弧形弯管

$\zeta = 0.73ab$

θ /(°)	20	30	45	60	90	120
a	0.30	0.43	0.62	0.77	0.98	1.16
R/d	1	2	4	5	8	10
b	0.3	0.2	0.14	0.11	0.10	0.09

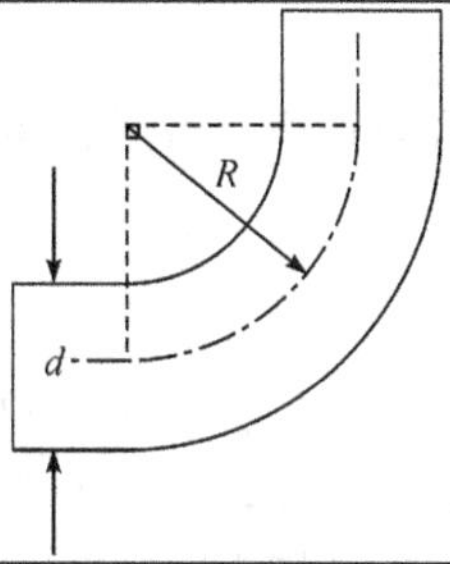

直角弯头

$\theta < 90°, \zeta = \theta / \zeta_{90°}$

d/R	0.2	0.4	0.6	0.8	1.0
$\zeta_{90°}$	0.132	0.137	1.157	0.204	0.291
d/R	1.2	1.4	1.6	1.8	2.0
$\zeta_{90°}$	0.434	0.66	0.98	1.41	1.98

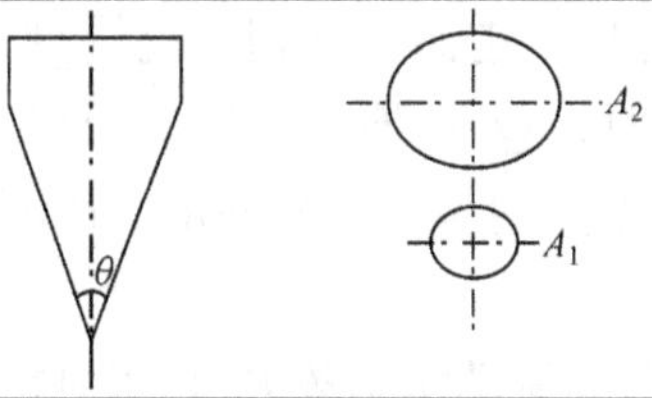

圆形截面渐扩管

A_1/A_2	不同 θ 时的 ζ_1					
	10°	15°	20°	25°	30°	45°
1.25	0.01	0.02	0.03	0.04	0.05	0.06
1.50	0.02	0.03	0.05	0.08	0.11	0.13
1.75	0.03	0.05	0.07	0.11	0.15	0.20
2.00	0.04	0.06	0.10	0.15	0.21	0.27
2.25	0.05	0.08	0.13	0.19	0.27	0.34
2.50	0.06	0.10	0.15	0.23	0.32	0.40

$\theta > 45°, \zeta_1 = (1 - A_1 / A_2)^2$

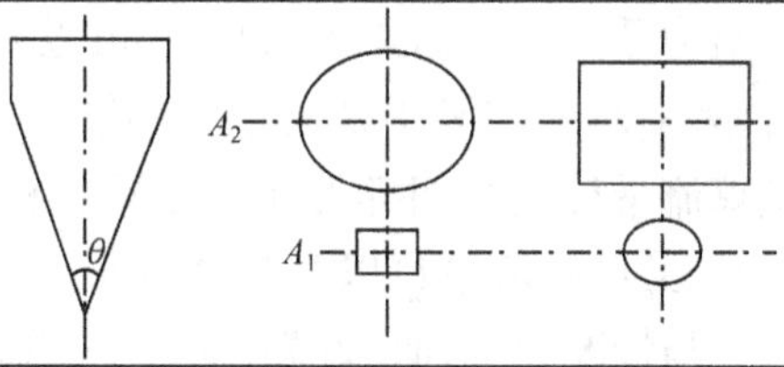

变形截面渐扩管

A_2/A_1	不同 θ 时的 ζ_1				
	10°	15°	20°	25°	30°
1.25	0.02	0.02	0.02	0.03	0.04
1.50	0.03	0.04	0.05	0.06	0.08
1.75	0.05	0.05	0.07	0.10	0.11
2.00	0.06	0.07	0.09	0.13	0.15
2.25	0.08	0.08	0.12	0.17	0.19
2.50		0.10	0.14	0.20	0.23
2.75		0.12	0.16	0.23	0.27
3.00		0.13	0.19	0.27	0.31
3.25		0.15	0.21	0.30	0.35
3.50		0.17	0.24	0.34	0.39
3.75		0.18	0.26	0.37	0.43
4.00		0.20	0.28	0.40	0.47

9.7.4　管内流动的能量损失

前面讨论已知，黏性流体流经圆形截面管道时所产生的流动损失为沿程阻力损失 h_f 和局部阻力损失 h_j 之和，即有

$$h_w = h_f + h_j = \lambda \frac{l}{D}\frac{V^2}{2g} + \sum \zeta \frac{V^2}{2g} \tag{9.7.27}$$

其中，沿程阻力系数是雷诺数 Re 和相对粗糙度 ε / D 的函数；g 为重力加速度。通常情况下局部阻力系数 ζ 也是定值。故流动损失 h_w 可以视为流动雷诺数 Re 、相对粗糙度 ε / D 、流速 V 和管道长度 l 的函数：

$$h_w = f\left(Re, \varepsilon/D, l, V\right) \tag{9.7.28}$$

对于圆形截面管道，雷诺数可进一步表示为 $Re = 4Q/(\pi\nu D)$ ，因此式(9.7.28)可写成如下形式：

$$h_w = f\left(Q, D, \varepsilon/D, l, \nu\right) \tag{9.7.29}$$

方程(9.7.29)中一共有 h_w 、 Q 、 D 、 l 、 ν 和 ε 六个变量。通常情况下管道的绝对粗糙度 ε 、长度 l 和流体的运动黏度 ν 为已知量，而流动损失 h_w 、流量 Q 以及管道直径 D 为未知量。具体可以分为如下三种情况。

(1)已知流量 Q 以及管道直径 D ，求流动损失 h_w 。

根据已知量，可得流动的雷诺数 $Re = 4Q/(\pi\nu D)$ 以及相对粗糙度 ε / D 。根据穆迪图，可以得到沿程阻力系数 λ ，再由式(9.7.27)可以得到流动损失。

(2)已知管道直径 D 以及流动损失 h_w ，求流量 Q 。

试取一个流量 Q' ，求得流动的雷诺数 Re ，由相对粗糙度 ε / D ，根据穆迪图可以得到沿程阻力系数。根据式(9.7.27)，可以求得管内流动速度 V ，进而得到相应流量 $Q'' = \pi D^2 V/4$ 。若 $|Q' - Q''| < \varDelta$ (其中 $\varDelta$ 为给定小量)，则计算结束。此时， Q'' 即所求流量。否则，以 Q'' 作为试算流量替代 Q' 并重复上述步骤，直至得到两次迭代得到的流量之差满足上述不等式。

(3)已知流量 Q 以及流动损失 h_w ，求管道直径 D 。

与情况(2)类似，首先试取一个管道直径 D' ，进而求解流动雷诺数 Re 和相对粗糙度 ε / D 。根据穆迪图，可以得到沿程阻力系数，代入式(9.7.27)中检验是否满足，若式(9.7.27)左右两端相等，则计算结束。否则调整管道直径 D' ，重新进行试算，直至得到满足式(9.7.27)的结果。

上述三种情况中，情况(3)在设计过程中常常碰到，即在已知管道输送流量以及输送泵的能力的情况下，设计输送管道的直径。

例题 9-6　已知密度 $\rho = 680\text{kg/m}^3$ ，运动黏度 $\nu = 5.25 \times 10^{-7}\text{m}^2/\text{s}$ 的汽油在50℃下流经一根内径 $D = 100\text{mm}$ 、绝对粗糙度 $\varepsilon = 0.17\text{mm}$ 、长 $l = 400\text{m}$ 的铸铁管，汽油的体积流量为 $Q = 0.012\text{m}^3/\text{s}$ ，试求经过该管道的压降。

解：本题给出的是上述三种情况中的情况(1)。根据已知条件，可知管道的相对粗糙度为

$$\frac{\varepsilon}{D} = \frac{0.17}{100} = 0.0017$$

流动雷诺数为

$$Re=\frac{4Q}{\pi\nu D}=\frac{4\times0.012}{3.14\times5.25\times10^{-7}\times0.1}=2.91\times10^5$$

根据穆迪图，得到沿程阻力系数为　$\lambda=0.023$

根据式(9.7.27)，可以得到沿程阻力损失为

$$h_f=\lambda\frac{l}{D}\frac{V^2}{2g}=\frac{8\lambda lQ^2}{g\pi^2D^5}=\frac{8\times0.023\times400\times0.012^2}{9.8\times3.14^2\times(0.1)^5}=10.96(\mathrm{m})$$

故汽油流经该管道的压降为

$$\Delta p=\rho gh_f=680\times9.8\times10.96=7.30\times10^4(\mathrm{Pa})$$

解毕。

例题 9-7　如图 9-12 所示，水从水箱中经过弯管流出，(1)当 $H_1=10\,\mathrm{m}$ 时，试求通过弯管的流量；(2)如果水流量为 $Q=60\,\mathrm{L/s}$，那么箱中水头 H_1 应为多少？其中 $d=15\,\mathrm{cm}$，$l_1=30\,\mathrm{m}$，$l_2=60\mathrm{m}$，$H_2=15\,\mathrm{m}$。已知管道中沿程阻力系数 $\lambda=0.023$，弯头和 40%开度蝶阀的局部阻力系数为分别为 $\zeta_1=0.9$，$\zeta_2=16$。

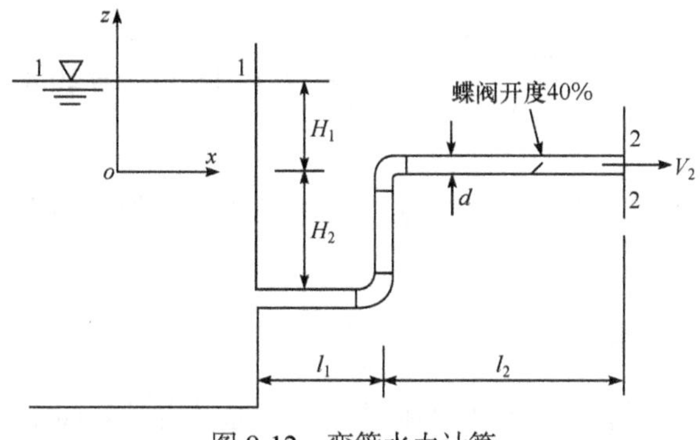

图 9-12　弯管水力计算

解：(1)取缓变流断面 1-1 和 2-2 建立总流的伯努利方程，可得

$$h_{\mathrm{LT}}=\left(\frac{p_1}{\rho g}+z_1+\frac{\overline{V}_1^2}{2g}\right)-\left(\frac{p_2}{\rho g}+z_2+\frac{\overline{V}_2^2}{2g}\right)$$

其中，p_1、p_2 均等于大气压强，若取表压可有 $p_1=p_2=0$，$\overline{V}_1\approx0$，$z_1=H_1$，$z_2=0$，上式可简化为

$$h_{LT}=H_1-\frac{\overline{V}_2^2}{2g}\tag{9.7.30}$$

截面 1-1 和 2-2 间的总水力损失为

$$h_{LT}=\left(\sum\lambda\frac{l}{d}+\sum\zeta\right)\frac{\overline{V}_2^2}{2g}=\left[\frac{\lambda}{d}(l_1+H_2+l_2)+\zeta_{\text{入口}}+2\zeta_{\text{弯}}+\zeta_{\text{阀}}\right]\frac{\overline{V}_2^2}{2g}\tag{9.7.31}$$

需要注意，在计算局部水力损失时，应计入从水箱到管路的入口局部损失，相应的局部阻力系数为 $\zeta_{\text{入口}}$=0.5。管道内流量的表达式为

$$Q=\frac{1}{4}\pi d^2\overline{V}_2\tag{9.7.32}$$

由式(9.7.30)～式(9.7.32)求得

$$Q=\frac{\pi}{4}d^2\left[\frac{2gH_1}{\frac{\lambda}{d}(l_1+H_2+l_2)+\zeta_{入口}+2\zeta_{弯}+\zeta_{阀}+1}\right]^{\frac{1}{2}}$$

$$=\frac{3.14}{4}\times0.15^2\times\left[\frac{2\times9.8\times10}{\frac{0.023}{0.15}\times(30+15+60)+0.5+2\times0.9+16+1}\right]^{\frac{1}{2}}$$

$$=0.0176\times\left(\frac{2\times9.8\times10}{16.1+18.3+1}\right)^{\frac{1}{2}}$$

$$=0.041(\mathrm{m}^3/\mathrm{s})$$

(2)已知管道内流量Q，则由式(9.7.30)～式(9.7.32)求得

$$H_1=\left(\frac{4Q}{\pi d^2}\right)^2\frac{1}{2g}\left[\frac{f}{d}(l_1+H_2+l_2)+\zeta_{入口}+2\zeta_{弯}+\zeta_{阀}+1\right]$$

$$=\left(\frac{4\times0.060}{3.14\times0.15^2}\right)^2\times\frac{1}{2\times9.8}\times(16.1+18.3+1)=20.8(\mathrm{m})$$

解毕。

需要说明一点，在例题 9-7 中如果沿程阻力系数不为常数，则求解过程就会复杂得多，需要通过迭代进行求解。

9.7.5　非圆形管内流动的损失

9.7.4 节介绍了圆形管道内流动能量的损失，现在通过定义湿周χ、水力半径R_h、当量直径D_e等物理量，对非圆形管道内的流动进行讨论和分析。

讨论非圆形管内流动的能量损失，即沿程阻力损失时，仍可沿用达西公式$h_f=\lambda\frac{l}{d}\frac{V^2}{2g}$。此时，将$h_f=\lambda\frac{l}{d}\frac{V^2}{2g}$中的管径$d$用当量直径$D_e$=4$S/C$代替即可，其中 S 表示面积，C 表示浸湿周长。黏性流体在非圆形管道中流动的沿程阻力损失为

$$h_f=\lambda\frac{l}{D_e}\frac{V^2}{2g}\tag{9.7.33}$$

式(9.7.33)中的沿程阻力系数λ仍可从穆迪图查得。不同之处在于，此时的相对粗糙度是以当量直径为基准的相对粗糙度ε/D_e，Re也要用当量直径D_e计算：

$$Re=\frac{\rho VD_e}{\mu}=\frac{VD_e}{\nu}\tag{9.7.34}$$

需要指出，黏性流体沿非圆形管道流动时，流动产生的切应力沿固体壁面的分布没有圆形管道均匀，故按当量直径求得的沿程阻力损失有一定误差。截面形状越接近圆形，其误差越小；反之，则误差越大。

9.7.6　孔板流量计

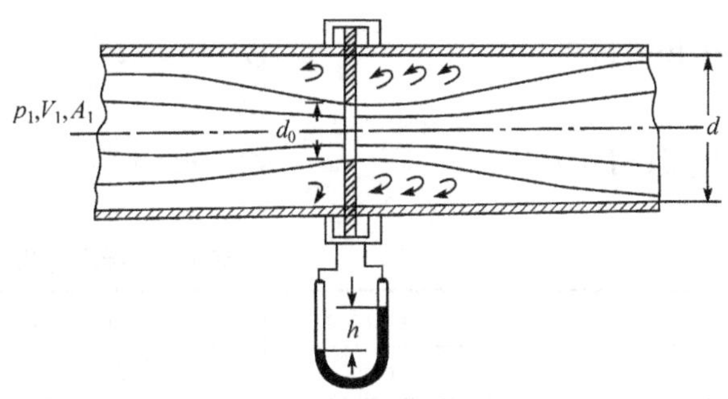

图 9-13　孔板流量计

如图 9-13 所示，孔板流量计是工业中常用于测量给水和蒸汽流量的节流装置。孔板通常由不锈钢制成，中间圆孔与管道同心。孔板流量计的测量原理与文丘里管基本一致，即流体通过孔板时流通截面变小，流速增大，从而静压下降。与此同时，孔板作为一种局部阻力元件，流体流过时将产生机械能损失，使总能降低。测出孔板前后的静压降 Δp，根据黏性流体总流的伯努利方程和连续性方程，即可求得通过孔板的流体流量。在孔板上、下游选择 1、2 两点，可建立黏性流体总流的伯努利方程：

$$\frac{V_1^2}{2g}+\frac{p_1}{\rho g}=\frac{V_2^2}{2g}+\frac{p_2}{\rho g}+\xi\frac{V_2^2}{2g} \tag{9.7.35}$$

根据不可压缩流体的连续性方程 $A_1V_1 = A_2V_2$，对管径为 d 的圆管和孔径为 d_0 的孔板，有

$$V_1=\left(\frac{d_0}{d}\right)^2 V_2 \tag{9.7.36}$$

代入式(9.7.35)中可以得到

$$V_2=\frac{1}{\sqrt{1+\zeta-\left(\dfrac{d_0}{d}\right)^4}}\sqrt{\frac{2}{\rho}(p_1-p_2)} \tag{9.7.37}$$

实际应用中，孔板的测压点位于紧靠孔板的两侧，称为角接取压。这两处实际的流通截面积不一定同管径为 d 的圆管截面积 A_1 和孔径为 d_0 的孔板流通截面积 A_2 相同(图 9-13)。考虑到孔板入口边缘不尖锐度的影响，由式(9.7.37)求得的流速 V_2 应乘以修正系数 η，即

$$V_2=\frac{\eta}{\sqrt{1+\zeta-\left(\dfrac{d_0}{d}\right)^4}}\sqrt{\frac{2}{\rho}(p_1-p_2)} \tag{9.7.38}$$

$$a=\frac{\eta}{\sqrt{1+\zeta-\left(\dfrac{d_0}{d}\right)^4}} \tag{9.7.39}$$

其中，a 为孔板的流量系数，它是几何尺寸比 d_0/d 和流动雷诺数 Re 的函数，可通过实验确定。表 9-3 中列出了在极限雷诺数 Re_1 下，孔板流量系数 a 与几何尺寸比 d_0/d 的关系，其中 $m=(d_0/d)^2$。这里极限雷诺数 Re_1 指的是当 $Re \geqslant Re_1$ 时，a 趋于常数，不再随 Re 变化。当管内流动的实际雷诺数 $Re < Re_1$ 时，由表 9-3 查得的流量系数 a 应乘以黏度校正系数 K_u 进行修正。K_u 可通过图 9-14 查得，其中横坐标 m 的意义与表 9-3 中相同。

通过上述分析得到

$$V_2=K_u a\sqrt{\frac{2}{\rho}(p_1-p_2)} \tag{9.7.40}$$

体积流量为
$$Q = V_2 A_2 = \frac{\pi}{4} d_0^2 K_u a \sqrt{\frac{2}{\rho}(p_1 - p_2)} \tag{9.7.41}$$

质量流量为
$$G = \rho Q = \frac{\pi}{4} d_0^2 K_u a \sqrt{2\rho(p_1 - p_2)} \tag{9.7.42}$$

表 9-3　标准孔板的流量系数 *a*

m	$d = 50\,\text{mm}$	$d = 100\,\text{mm}$	$d = 200\,\text{mm}$	$d > 300\,\text{mm}$	Re_1
0.05	0.6128	0.6092	0.6043	0.6010	2.3×10^4
0.10	0.6162	0.6117	0.6069	0.6034	3.0×10^4
0.15	0.6220	0.6171	0.6119	0.6086	4.5×10^4
0.20	0.6293	0.6238	0.6183	0.6150	5.7×10^4
0.25	0.6387	0.6327	0.6269	0.6240	7.5×10^4
0.30	0.6492	0.6428	0.6368	0.6340	9.3×10^4
0.35	0.6607	0.6541	0.6479	0.6450	11.0×10^4
0.40	0.6764	0.6695	0.6631	0.6600	13.0×10^4
0.45	0.6934	0.6859	0.6794	0.6760	16.0×10^4
0.50	0.7134	0.7056	0.6987	0.6950	18.5×10^4
0.55	0.7335	0.7272	0.7201	0.7160	21.0×10^4
0.60	0.7610	0.7523	0.7447	0.7400	24.0×10^4
0.65	0.7909	0.7815	0.7733	0.7680	27.0×10^4
0.70	0.8270	0.8870	0.8079	0.8020	30.0×10^4

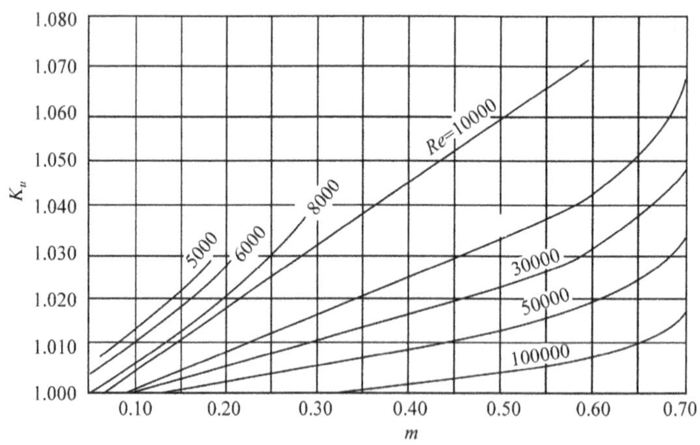

图 9-14　孔板的黏度校正系数

9.8　管 路 计 算

9.8.1　串联管路

由数段不同内径的管道依次连接而成的管系称为串联管路。通过串联管路各管段的流量是相同的，而串联管路的机械能损失等于各管段机械能损失之和，即

$$Q = Q_1 = Q_2 = \cdots = Q_n$$
$$\frac{\pi}{4}d_1^2V_1 = \frac{\pi}{4}d_2^2V_2 = \cdots = \frac{\pi}{4}d_n^2V_n \tag{9.8.1}$$

$$\begin{aligned} h_w &= h_{w1} + h_{w2} + \cdots + h_{wn} \\ &= \left(\sum\zeta_1 + \lambda_1\frac{l_1}{d_1}\right)\frac{V_1^2}{2g} + \left(\sum\zeta_2 + \lambda_2\frac{l_2}{d_2}\right)\frac{V_2^2}{2g} + \cdots + \left(\sum\zeta_n + \lambda_n\frac{l_n}{d_n}\right)\frac{V_n^2}{2g} \end{aligned} \tag{9.8.2}$$

串联管路系统通常会遇到两类问题。第一类是已知流过串联管路的流量 Q，求所需总水头 H；第二类是已知总水头 H，求通过的流量 Q。

以图 9-15 所示的两根不同直径的管道连接在一起的串联管路为例，对图 A、B 两个截面列总流的伯努利方程：

$$0 = -H + \zeta_1\frac{V_1^2}{2g} + \lambda_1\frac{l_1}{d_1}\frac{V_1^2}{2g} + \zeta_2\frac{V_2^2}{2g} + \lambda_2\frac{l_2}{d_2}\frac{V_2^2}{2g} + \zeta_3\frac{V_2^2}{2g} \tag{9.8.3}$$

其中，ζ_1、ζ_2、ζ_3 分别为入口、管 1 与管 2 接口和出口位置的局部阻力系数。将不可压缩流体连续性方程 $V_1d_1^2 = V_2d_2^2$ 代入式(9.8.3)中，消去 V_1 可得

$$H = \frac{V_2^2}{2g}\left(\zeta_1\left(\frac{d_2}{d_1}\right)^4 + \zeta_2 + \zeta_3 + \lambda_1\frac{l_1}{d_1}\left(\frac{d_2}{d_1}\right)^4 + \lambda_2\frac{l_2}{d_2}\right) = \frac{V_2^2}{2g}(c_1 + c_2\lambda_1 + c_3\lambda_2) \tag{9.8.4}$$

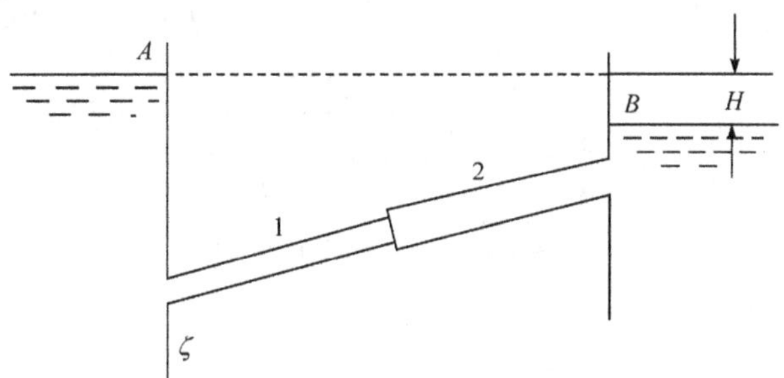

图 9-15　串联管路示意图

对于第一类问题，已知串联管路的流量 Q，可得到流动速度 V_i 以及流动雷诺数 Re_i，从而可以进一步确定沿程阻力系数 λ_i 并通过式(9.8.4)求得所需总水头 H。对第二类问题，虽然已知总水头 H，但因无法预先求取 V_i 以及 Re_i，所以不能确定沿程阻力系数 λ_i。这与单一管路求 Q 的情形类似，需要通过试算和迭代的方法，求得串联管路的流量 Q。

9.8.2　并联管路

由多根管道并联而成的管道系统称为并联管路。与串联管路不同，并联管路的总流量等于各分管道流量的总和，而并联管道的机械能损失与各分管道的机械能损失相同，即

$$Q = Q_1 + Q_2 + \cdots + Q_n = \frac{\pi}{4}d_1^2V_1 + \frac{\pi}{4}d_2^2V_2 + \cdots + \frac{\pi}{4}d_n^2V_n \tag{9.8.5}$$

$$\begin{aligned} h_w = h_{w1} = h_{w2} = \cdots = h_{wn} &= \left(\sum\zeta_1 + \lambda_1\frac{l_1}{d_1}\right)\frac{V_1^2}{2g} \\ &= \left(\sum\zeta_2 + \lambda_2\frac{l_2}{d_2}\right)\frac{V_2^2}{2g} = \cdots = \left(\sum\zeta_n + \lambda_n\frac{l_n}{d_n}\right)\frac{V_n^2}{2g} \end{aligned} \tag{9.8.6}$$

由式(9.8.6)可知各并联分管路的机械能损失相同，这是通过调整和分配各分管道内的流量来实现的。与串联管路类似，并联管路一般也会遇到两类问题。第一类问题是已知并联管路允许的压力损失，求总流量Q；第二类问题是已知总流量Q，求并联各分管路的流量及机械能损失。对于第一类问题，虽然已知并联管路允许的压力损失，但无法预先确定Re并从穆迪图查得沿程阻力系数 λ_i，因此其求解方法与串联管路中第二类问题类似，需要通过试算和迭代的方法，求通过并联管路的流量 Q。对于第二类问题，虽然已知总流量Q，但由于各并联分管路中的流量未知，而且需要调整各分管路的流量使各分管路的机械能损失相同，因此这类计算比第一类问题更为复杂。

例题 9-8 设水塔中的水经过如图 9-16 所示并联管路流出，已知$l_1 = 300\,\mathrm{m}$，$d_1 = 150\,\mathrm{mm}$，$l_2 = 400\,\mathrm{m}$，$d_2 = 100\,\mathrm{m}$，$Q = 45\,\mathrm{L/s}$。若管路中的沿程阻力系数为$\lambda = 0.025$，忽略局部水力损失，求支管中的流量Q_1和Q_2以及并联管路中的水力损失。

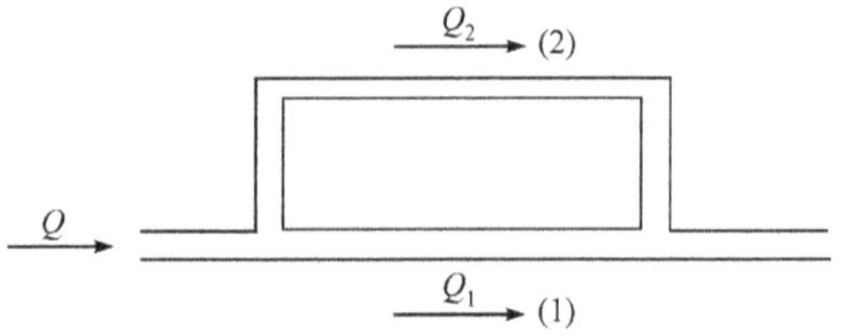

图 9-16 并联管道计算

解： 由式(9.8.5)和式(9.8.6)可有

$$\lambda_1 \frac{l_1}{d_1}\frac{\overline{V}_1^2}{2g} = \lambda_2 \frac{l_2}{d_2}\frac{\overline{V}_2^2}{2g}$$

$$\frac{1}{4}\pi d_1^2 \overline{V}_1 + \frac{1}{4}\pi d_2^2 \overline{V}_2 = Q$$

可得
$$\overline{V}_1 = \sqrt{\frac{l_2 d_1}{d_1 d_2}}\overline{V}_2 = \sqrt{\frac{400\times 0.15}{300\times 0.10}}\overline{V}_2 = \sqrt{2}\,\overline{V}_2$$

则有
$$\overline{V}_2 = \frac{Q}{\frac{\sqrt{2}}{4}\pi d_1^2 + \frac{\pi}{4}d_2^2} = \frac{0.045}{\frac{\sqrt{2}}{4}\pi\times 0.15^2 + \frac{\pi}{4}\times 0.1^2} = 1.37(\mathrm{m/s})$$

$$\overline{V}_1 = \sqrt{2}\times 1.37 = 1.94(\mathrm{m/s})$$

于是两并联管路中的流量为

$$Q_1 = \frac{\pi}{4}d^2\overline{V}_1 = \frac{\pi}{4}\times 0.15^2\times 1.94 = 34.28\times 10^{-3}(\mathrm{m^3/s})$$

$$Q_2 = \frac{\pi}{4}d_1^2\overline{V}_2 = \frac{\pi}{4}\times 0.10^2\times 1.37 = 10.76\times 10^{-3}(\mathrm{m^3/s})$$

单位重量水的水力损失为

$$h_f = \lambda_1 \frac{l_1}{d_1}\frac{\overline{V}_1^2}{2g} = 0.25\times\frac{300}{0.15}\times\frac{1.94^2}{2\times 9.8} = 9.6(\mathrm{m\,H_2O})$$

解毕。

例题 9-9 如图 9-17 所示水箱中，A、B、C 三个位置的水面高度分别为 100m、20m 和 0，其中$l_1 = 1000\,\mathrm{m}$、$l_2 = 500\,\mathrm{m}$、$l_3 = 400\,\mathrm{m}$分别为三根直径均为 1m 的管道，其沿程阻力系数均为 0.02，忽略局部水力损失，求流入或流出每个水箱的流量。

解： 假定液体从 A 流出，分别流入 B 和 C，于是连续性方程为

$$Q_1 = Q_2 + Q_3\text{，即}\ \overline{V}_1 = \overline{V}_2 + \overline{V}_3$$

分别写出自由面 A 与 B 和 A 与 C 间总流的伯努利方程：

$$z_A = z_B + \lambda_1 \frac{l_1}{d_1}\frac{\bar{V}_1^2}{2g} + \lambda_2 \frac{l_2}{d_2}\frac{\bar{V}_2^2}{2g}$$

$$z_A = z_C + \lambda_1 \frac{l_1}{d_1}\frac{\bar{V}_1^2}{2g} + \lambda_3 \frac{l_3}{d_3}\frac{\bar{V}_3^2}{2g}$$

将已知各参数取值代入上式并化简，可得

$$78.4 = \bar{V}_1^2 + 0.5\bar{V}_2^2$$

$$98 = \bar{V}_1^2 + 0.4\bar{V}_3^2$$

联立方程，可得

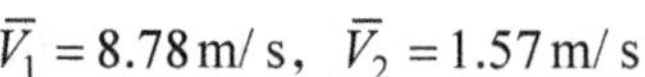

$$\bar{V}_1 = 8.78\text{m/s},\ \bar{V}_2 = 1.57\text{m/s}$$

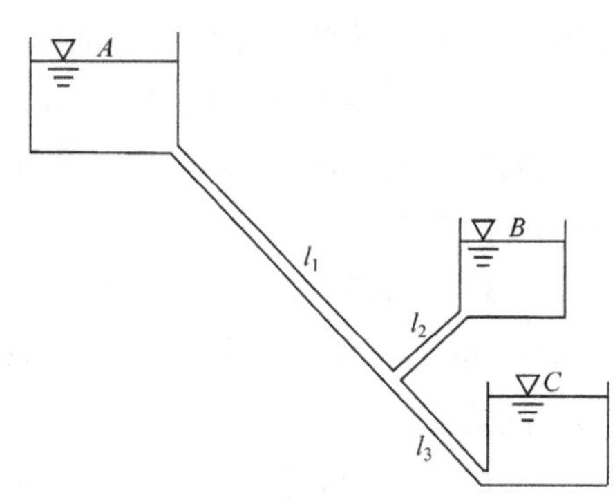

图 9-17　分支管道计算

于是可以得到流出 A 以及分别流入 B 和 C 中的水流量为

$$Q_1 = \frac{\pi}{4}d_1^2\bar{V}_1 = \frac{\pi}{4}\times 1^2 \times 8.78 = 6.90(\text{m}^3/\text{s})$$

$$Q_2 = \frac{\pi}{4}d_2^2\bar{V}_2 = \frac{\pi}{4}\times 1^2 \times 1.57 = 1.23(\text{m}^3/\text{s})$$

$$Q_3 = Q_1 - Q_2 = 6.90 - 1.23 = 5.67(\text{m}^3/\text{s})$$

假设液体从 B、C 流出得到的解不满足题意，故液体只能从 A 流出。

解毕。

这里需要特别指出一点，如果沿程阻力系数没有给出，则需采用类似于单管水力计算中第二类型问题那样的计算和迭代过程对问题进行求解。

 科技前沿(9)——电机冷却技术　　 人物介绍(9)——布西内斯克

习　　题

9-1　用直径 $d = 100\text{mm}$ 的管道输水，质量流量为 10kg/s。若水的温度为 5℃，试确定管内水的流态。如果用这个管道输送同样质量流量的石油，已知石油密度 $\rho = 850\text{kg/m}^3$，运动黏度为 $1.14\times10^{-4}\text{m}^2/\text{s}$，试确定石油的流态。

9-2　用直径为 20cm、长 3000m 的旧无缝钢管输送密度为 900kg/m^3 的原油，质量流量为 90t/h。设原油的运动黏度 ν 在冬天为 $1.092\times10^{-4}\text{m}^2/\text{s}$，夏天为 $0.355\times10^{-4}\text{m}^2/\text{s}$。求：冬天和夏天的沿程阻力损失 h_f。

9-3　长 400m 的旧无缝钢管输送相对密度 0.9、运动黏度为 $10^{-5}\text{m}^2/\text{s}$ 的油。在压强降 $\Delta p = 800\text{kPa}$ 时可以达到的流量为 $Q = 0.0319\text{m}^3/\text{s}$，试问管径 d 应该选多大。

9-4　20℃水以 0.1m/s 的平均速度流过内径 $d = 0.01\text{m}$ 的圆管，试求 1m 长的管子壁上所受到的流体摩擦力大小。

9-5　设水以平均流速 $V = 60\text{cm/s}$ 流经内径为 $d = 20\text{cm}$ 的光滑圆管，试求：(1) 圆管中心的流速；(2) 管壁剪切应力(水温为 20℃)。

9-6　以长 $l = 800\text{m}$、内径 $d = 50\text{mm}$ 的水平光滑管道输油，若输油流量为 135L/min，用

以输油的油泵扬程应该多大？（油的密度 $\rho = 930\text{kg}/\text{m}^3$，黏度 $\mu = 0.056\text{Pa}\cdot\text{s}$。）

9-7　一个水箱通过内径为75mm、长为100m的不锈钢水平管道向大气中排水。已知入口处局部损失系数 $\zeta = 0.5$。若要管出口的体积流量为 $0.03\text{m}^3/\text{s}$，水箱中应该维持多大的水面高度 h？（水温为20℃。）

9-8　一条输水管长 $l = 1000\text{m}$、管径 $d = 0.3\text{m}$、设计流量 $Q = 0.055\text{m}^3/\text{s}$。水的运动黏度 $\nu = 10^{-6}\text{m}^2/\text{s}$。如果要求此管段的沿程阻力损失 $h_f = 3\text{m}$，试问：应选择相对粗糙度 k_s/d 为多大的管道？

9-9　一条水管长 $l = 150\text{m}$，管中水流量 $Q = 0.12\text{m}^3/\text{s}$，该水管总的局部阻力系数为 $\zeta = 5$，沿程阻力系数 $\lambda = 0.02/d^{0.3}$。如果要求总阻力损失 $h_w = 3.96\text{m}$，试求管径 d。

9-10　输油管中，油的流动速度分布曲线可用公式表示为

$$u = \frac{A}{4\mu}\left(\frac{D^2}{4} - r^2\right)$$

其中，A 为常数；r 为离管道轴心的距离；u 为 r 处的速度；D 为管道内径。已知：$D = 15\text{cm}$，$u_{\max} = 3\text{m/s}$，求：(1)管壁上的剪切应力；(2)在管道中心处的剪应力；(3)管道横截面上的平均速度和流量。

9-11　如图9-18所示，应用细管式黏度计测定油的黏滞系数。已知细管直径 $d = 8\text{mm}$，测量段长 $l = 2\text{m}$，实测油的流量 $Q = 70\text{cm}^3/\text{s}$，水银压差计读值 $h = 30\text{cm}$，油的密度 $\rho = 901\text{kg/m}^3$。试求油的运动黏度 ν。

9-12　如图9-19所示，使用突然扩大管道，使管内流体的平均流速由 V_1 减到 V_2。若直径 d_1 及流速 V_1 一定，试求使测压管液面差 h 成为最大的 V_2 及 d_2 是多少?并求 h 最大值。

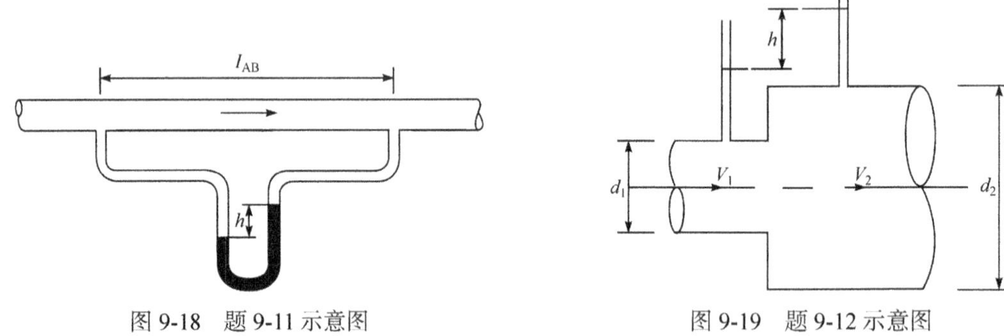

图9-18　题9-11示意图　　　图9-19　题9-12示意图

9-13　温度为15℃的水流过内径 $d = 0.3\text{m}$ 的铜管。若已知在 $l = 100\text{m}$ 内沿程阻力损失为 $h_f = 2\text{m}$，试求管内的流量 Q（设铜管的当量粗糙度 $k_s = 3\text{mm}$）。

9-14　有一个长度为 $L = 10\text{m}$、直径 $d = 0.1\text{m}$ 的有压管道联结两水池（不计水池中流速），两水池水位差 $Z = 3.5\text{m}$，在 $L/2$ 处安装一个测压管。已知管道入口和出口的局部阻力系数分别为0.5和1.0，管道沿程阻力系数为0.02，求：(1)管道中通过的流量；(2)测压管水面比下游水池水面高多少？

第 10 章　黏性不可压缩流体的外部流动

第 9 章讨论了黏性不可压缩流体的内部流动。流体被固体壁面所包围并受四周固体壁面限制，基本上呈现出单向、一维流动。一般可以通过建立黏性不可压缩流体伯努利方程来进行求解。黏性不可压缩流体外部流动通常指流体绕固体物面的流动，如汽车、飞机和船舶的外部绕流流动等。本章将重点介绍黏性不可压缩流体外部流动的边界层基本理论、流动分离以及物体绕流阻力等问题。

10.1　边界层基本概念和方程

10.1.1　边界层的基本特征

根据流体大雷诺数 Re 绕流问题的实验观测结果，普朗特提出了著名的边界层理论。他指出，流体在大雷诺数的绕流情况下，在流场远离固体壁面的绝大部分区域中，可采用无黏流动进行近似，但在固体壁面附近很薄的一层区域内黏性不能忽略。在该区域内，根据黏性流体的壁面黏附边界条件，沿固体壁面切向的速度分量将由外部绕流的来流速度迅速下降为零。通常将固体壁面附近这一薄层称为边界层。边界层的基本特征如下。

(1)边界层为流场空间中的一薄层，是涡量的集中区域。从量级上看，边界层厚度 δ 与流场的流向特征尺度 L 相比为高阶小量，即满足 $\delta \ll L$ 。

(2)边界层沿流向逐渐增厚。

(3)边界层内沿壁面切向的速度分量沿壁面法向具有很大的梯度。以固体壁面绕流边界层为例，边界层外缘的切向速度大小与来流速度相当。在边界层内的沿壁面法向的很短距离内，该切向速度迅速降低到零(固体壁面的黏附条件)。因此，边界层内的壁面切向速度的壁面法向梯度远大于沿流向的梯度，即有 $\partial \boldsymbol{u}_t / \partial s \ll \partial \boldsymbol{u}_t / \partial n$ ，这里下标 $\boldsymbol{t}$ 和 $\boldsymbol{n}$ 分别代表壁面的切向和法向，S 和 n 分别为沿切向和法向的坐标。

(4)边界层内，即使流体黏度很小，但速度梯度很大，根据牛顿内摩擦定律，黏性切应力不可忽略。分析可知，在边界层内流动的黏性切应力和惯性力具有相同的量级，即 $(\boldsymbol{V}\cdot\nabla)\boldsymbol{V} \approx \upsilon\nabla^2\boldsymbol{V}$ 。显然，这一点与边界层外部的流动有本质的差异。在外部势流区域，黏性切应力项可以忽略。

(5)边界层内流体的流动也可以分为层流和湍流两种流态。

(6)边界层内压强只沿流动方向发生变化，沿边界层的法向压强保持不变。

大雷诺数 Re 的流动，除了绕流问题存在固体壁面边界层，射流和自由剪切层流动等其他一些情况也会出现类似的边界层，其中流场的涡量集中在很薄的一层区域里，外部为势流区。这类边界层不依附于固体壁面，称为自由边界层，它们同样具有上述的基本特征。

10.1.2　边界层方程和边界层厚度

1. 边界层方程

由边界层概念可知，对于大雷诺数 Re 的流动问题，边界层外的流动可近似采用无黏流动的欧拉方程进行描述，而边界层内的流动仍需通过求解有黏流动的 Navier-Stokes 方程获得。根据 10.1.1 节所给出的边界层基本特征，边界层内流动的 Navier-Stokes 方程可通过相应的简化得到边界层方程。以下通过二维平板绕流问题为例来讨论边界层方程的建立过程。

考虑大雷诺数 $Re \gg 1$ 的二维平直固体壁面的绕流问题。令 x 轴和 y 轴分别与壁面平行和垂直，坐标原点位于固体壁面前缘。连续性方程和动量方程沿 x 轴和 y 轴的投影形式如下(忽略体积力)：

$$\frac{\partial u}{\partial x}+\frac{\partial v}{\partial y}=0 \tag{10.1.1}$$

$$\frac{\partial u}{\partial t}+u\frac{\partial u}{\partial x}+v\frac{\partial u}{\partial y}=-\frac{1}{\rho}\frac{\partial p}{\partial x}+\nu\left(\frac{\partial^2 u}{\partial x^2}+\frac{\partial^2 u}{\partial y^2}\right) \tag{10.1.2}$$

$$\frac{\partial v}{\partial t}+u\frac{\partial v}{\partial x}+v\frac{\partial v}{\partial y}=-\frac{1}{\rho}\frac{\partial p}{\partial y}+\nu\left(\frac{\partial^2 v}{\partial x^2}+\frac{\partial^2 v}{\partial y^2}\right) \tag{10.1.3}$$

其中，$\nu=\mu/\rho$ 为流体的运动黏度；ρ 为流体的密度。在边界层内，流场特征尺度在 x 和 y 两个方向上是不同的，这里分别取为固体壁面长度 L 和边界层厚度 δ 。x 方向速度分量的量级为 $u\sim U$ ，由于连续性方程中各项的量级应该相等，可得

$$\left|\frac{\partial v}{\partial y}\right|\sim\left|\frac{\partial u}{\partial x}\right|\sim\frac{U}{L} \tag{10.1.4}$$

那么则有

$$v\sim\frac{\delta}{L}U \tag{10.1.5}$$

因此，方程(10.1.2)中各项的量级分别如下：

$$\frac{\partial u}{\partial x}\sim\frac{U}{L},\quad \frac{\partial u}{\partial y}\sim\frac{U}{\delta},\quad \frac{\partial^2 u}{\partial x^2}\sim\frac{U}{L^2},\quad \frac{\partial^2 u}{\partial y^2}\sim\frac{U}{\delta^2} \tag{10.1.6}$$

根据式(10.1.6)，可知

$$\left|\frac{\partial^2 u}{\partial x^2}\right|\ll\left|\frac{\partial^2 u}{\partial y^2}\right| \tag{10.1.7}$$

同理，可得方程(10.1.3)中各项的量级分别如下：

$$\frac{\partial v}{\partial x}\sim\frac{\delta}{L^2}U,\quad \frac{\partial v}{\partial y}\sim\frac{U}{L},\quad \frac{\partial^2 v}{\partial x^2}\sim\frac{\delta}{L^3}U,\quad \frac{\partial^2 v}{\partial y^2}\sim\frac{U}{\delta L} \tag{10.1.8}$$

从式(10.1.8)中可知

$$\left|\frac{\partial^2 v}{\partial x^2}\right|\ll\left|\frac{\partial^2 v}{\partial y^2}\right| \tag{10.1.9}$$

通常情况下，流场局部速度发生变化的时间量级为 L/U，因此，方程(10.1.2)和方程(10.1.3)左端各项的量级分别为

$$\frac{\partial u}{\partial t}\sim\frac{U^2}{L},\quad u\frac{\partial u}{\partial y}\sim\frac{U^2}{L},\quad v\frac{\partial u}{\partial y}\sim\frac{U^2}{L} \tag{10.1.10}$$

$$\frac{\partial v}{\partial t}\sim\delta\frac{U^2}{L^2},\quad u\frac{\partial v}{\partial x}\sim\delta\frac{U^2}{L^2},\quad v\frac{\partial v}{\partial y}\sim\delta\frac{U^2}{L^2} \tag{10.1.11}$$

由于压力项总是与惯性力项量级相当，可得

$$\frac{\partial p}{\partial x} \sim \rho \frac{U^2}{L} \tag{10.1.12}$$

由前面已知，在边界层内部黏性力项与惯性力项的量级相当，可得

$$\rho \frac{U^2}{L} \sim \mu \frac{U}{\delta^2} \tag{10.1.13}$$

或写成

$$\frac{\delta}{L} \sim \sqrt{\frac{\mu}{\rho U L}} = Re^{-1/2} \tag{10.1.14}$$

由于边界层的厚度 δ 与流场的流向特征尺度 L 相比是一个高阶的小量，为了使得 $\delta \ll L$ 条件成立，根据式(10.1.14)，必须有 $Re \gg 1$，即边界层理论仅在大雷诺数流动时才成立。

进一步，引入如下无量纲量：

$$\tilde{x} = \frac{x}{L}, \quad \tilde{y} = \frac{y}{L}\sqrt{Re}, \quad \tilde{t} = \frac{U}{L}t, \quad \tilde{u} = \frac{u}{U}, \quad \tilde{v} = \frac{v}{U}\sqrt{Re}, \quad \tilde{p} = \frac{p - p_0}{\rho U^2} \tag{10.1.15}$$

根据以上的量级分析，可知式(10.1.15)中各无量纲量的量级均在 $O(1)$ 附近，将其代入方程(10.1.2)和方程(10.1.3)中，可得

$$\frac{\partial \tilde{u}}{\partial \tilde{x}} + \frac{\partial \tilde{v}}{\partial \tilde{y}} = 0 \tag{10.1.16}$$

$$\frac{\partial \tilde{u}}{\partial \tilde{t}} + \tilde{u}\frac{\partial \tilde{u}}{\partial \tilde{x}} + \tilde{v}\frac{\partial \tilde{u}}{\partial \tilde{y}} = -\frac{\partial \tilde{p}}{\partial \tilde{x}} + \frac{1}{Re}\frac{\partial^2 \tilde{u}}{\partial \tilde{x}^2} + \frac{\partial^2 \tilde{u}}{\partial \tilde{y}^2} \tag{10.1.17}$$

$$\frac{1}{Re}\left(\frac{\partial \tilde{v}}{\partial \tilde{t}} + \tilde{u}\frac{\partial \tilde{v}}{\partial \tilde{x}} + \tilde{v}\frac{\partial \tilde{v}}{\partial \tilde{y}}\right) = -\frac{\partial \tilde{p}}{\partial \tilde{y}} + \frac{1}{Re}\left(\frac{1}{Re}\frac{\partial^2 \tilde{v}}{\partial \tilde{x}^2} + \frac{\partial^2 \tilde{v}}{\partial \tilde{y}^2}\right) \tag{10.1.18}$$

由于在边界层流动中雷诺数 $Re \gg 1$，忽略方程(10.1.16)～方程(10.1.18)中 $O(1/Re)$ 以上的高阶小量，可得

$$\frac{\partial \tilde{u}}{\partial \tilde{x}} + \frac{\partial \tilde{v}}{\partial \tilde{y}} = 0 \tag{10.1.19}$$

$$\frac{\partial \tilde{u}}{\partial \tilde{t}} + \tilde{u}\frac{\partial \tilde{u}}{\partial \tilde{x}} + \tilde{v}\frac{\partial \tilde{u}}{\partial \tilde{y}} = -\frac{\partial \tilde{p}}{\partial \tilde{x}} + \frac{\partial^2 \tilde{u}}{\partial \tilde{y}^2} \tag{10.1.20}$$

$$\frac{\partial \tilde{p}}{\partial \tilde{y}} = 0 \tag{10.1.21}$$

方程(10.1.19)～方程(10.1.21)称为无量纲的平面边界层近似方程。从方程(10.1.21)可知，在边界内部压强只沿流动方向发生变化，沿边界层的法向(厚度方向)压强保持不变。换句话说，边界层内部的压强等于边界层外部边界上的压强。从前面可知，边界层外部流动可近似为无黏流动，满足欧拉方程：

$$\frac{\partial u_e}{\partial t} + u_e\frac{\partial u_e}{\partial x} = -\frac{1}{\rho}\frac{\partial p_e}{\partial x} \tag{10.1.22}$$

其中，u_e 和 p_e 分别为边界层外缘的速度和压强。将方程(10.1.22)代入边界层近似方程中，其量纲形式如下：

$$\frac{\partial u}{\partial x}+\frac{\partial v}{\partial y}=0 \tag{10.1.23}$$

$$\frac{\partial u}{\partial t}+u\frac{\partial u}{\partial x}+v\frac{\partial u}{\partial y}=\frac{\partial u_{\mathrm{e}}}{\partial t}+u_{\mathrm{e}}\frac{\partial u_{\mathrm{e}}}{\partial x}+\nu\frac{\partial^2 u}{\partial y^2} \tag{10.1.24}$$

相应的边界条件为

$$y=0,\quad u=v=0;\quad y\to\infty,\quad u=u_{\mathrm{e}}(x) \tag{10.1.25}$$

若考虑非定常流动，相应的初值条件为

$$t=0,\quad u=u(x,y,t=0)=f(x,y) \tag{10.1.26}$$

2. 边界层厚度

在前面的分析中，流动虽然被分成了靠近固体壁面的边界层区域和边界层之外的无黏流区域，但两者是逐渐过渡的，不存在真实分界面。因此，边界层的外缘边界实际上并不非常清晰。为了实际应用的方便，通常采用如下方法来定义边界层的外缘：若取u_{e}为外部无黏流动区域的切向速度，则将边界层内切向速度$u=0.99u_{\mathrm{e}}$的位置定义为边界层与外部无黏流动的边界。将该位置与固体壁面间的距离δ定义为边界层厚度并称为名义厚度，如图 10-1 所示。

由于名义厚度在实验测量或理论计算中常常会有较大的计算误差，为了准确起见，在边界层理论中使用更为广泛的是采用其他方法定义的边界层厚度，例如，位移厚度、动量损失厚度和能量损失厚度。

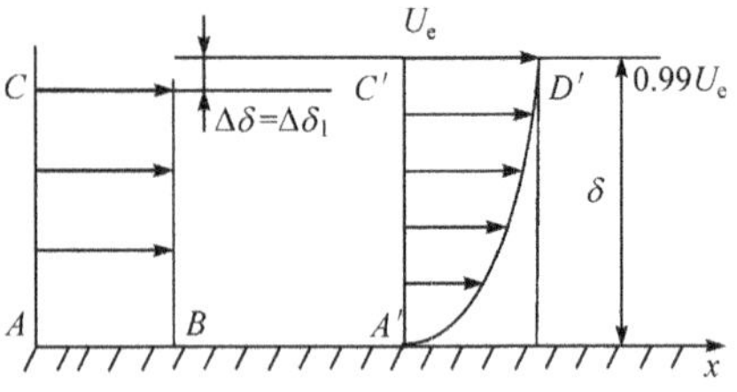

1）位移厚度

位移厚度是通过分析边界层内流体的体积流量而导出的一种尺度，其基本定义式为

$$\delta_1=\int_0^{\delta}\left(1-\frac{u}{u_{\mathrm{e}}}\right)\mathrm{d}y \tag{10.1.27}$$

图 10-1　边界层名义厚度

如图 10-2 所示平板边界层流动，BC 代表固体壁面，GE 是根据名义厚度定义的边界层外缘。由于壁面黏性摩擦的影响，与无黏流动相比，单位时间内通过边界层的流体的实际体积流量减少了$\int_0^{\delta}(u_{\mathrm{e}}-u)\mathrm{d}y$。同理，若以无黏流动计算同样的固体壁面边界的外流，这时所得到的体积流量与实际值相比增加了$\int_0^{\delta}(u_{\mathrm{e}}-u)\mathrm{d}y$。为了使基于无黏流动计算得到的流量与黏性流动的一致，需要把实际固体壁面位置向外推一个距离δ_1，在图 10-2 中用线段 AB 代表，相应的数学表达式为

$$\delta_1 u_{\mathrm{e}}=\int_0^{\delta}(u_{\mathrm{e}}-u)\mathrm{d}y \tag{10.1.28}$$

稍加改写，就可以得到δ_1表达式，如式(10.1.27)所示。通常情况下，在定常流中，边界层只要没有分离，流向速度u总是小于u_{e}且两者方向基本保持一致。因此，由式(10.1.28)可得如下结论：定常流的边界层位移厚度总小于边界层的名义厚度，即$\delta_1<\delta$。

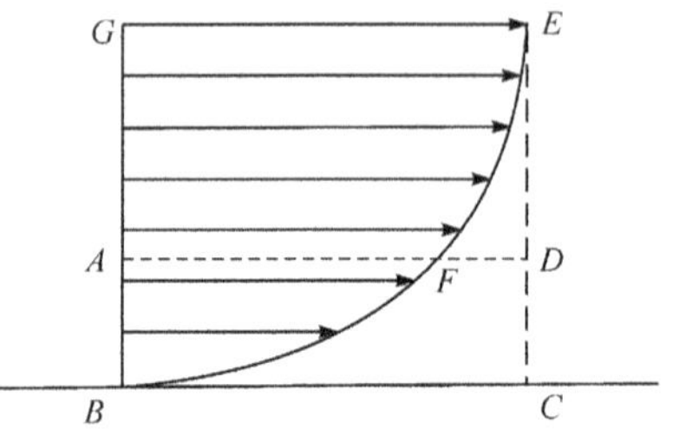

图 10-2　边界层位移厚度

2）动量损失厚度

边界层动量损失厚度基于边界层内流体动量的损失而引入。如图 10-2 所示，单位时间内

通过 BG 截面的流体实际动量通量为 $\int_0^{\delta}\rho u^2\mathrm{d}y$。若考虑无黏流动情况，在相同流量情况下，流体的流动通道缩小为 AG。此时流过截面 AG 的动量通量为 $\rho u_e^2(\delta-\delta_1)$。两者之差，即实际黏性流动与无黏流动相比，由于流体黏性使得流入边界层的动量通量损失量为

$$\rho u_e^2(\delta-\delta_1)-\int_0^{\delta}\rho u^2\mathrm{d}y \tag{10.1.29}$$

由于 $\rho u_e(\delta-\delta_1)=\int_0^{\delta}\rho u\mathrm{d}y$，所以式(10.1.29)可进一步写成

$$\rho u_e^2(\delta-\delta_1)-\int_0^{\delta}\rho u^2\mathrm{d}y=u_e\int_0^{\delta}\rho u\mathrm{d}y-\int_0^{\delta}\rho u^2\mathrm{d}y=\int_0^{\delta}\rho u(u_e-u)\mathrm{d}y \tag{10.1.30}$$

这部分损失的动量相当于无黏流体以速度 u_e 流过 θ 厚度的动量通量 $\rho u_e^2\theta$，由式(10.1.30)有

$$\theta=\int_0^{\delta}\frac{u}{u_e}\left(1-\frac{u}{u_e}\right)\mathrm{d}y \tag{10.1.31}$$

其中，θ 称为边界层的动量损失厚度。从上述分析可知，在边界层问题中，为了保证基于无黏流动理论得到的动量通量与黏性流的实际动量通量一致，需要将实际固体壁面位置沿壁面外法线方向外推的距离为位移厚度和动量损失厚度之和。

3) 能量损失厚度

与动量损失厚度的定义类似，根据边界层存在而引起的无黏流动的能量损失，可定义边界层的能量损失厚度。在图 10-2 中，流过 BG 截面的实际黏性流体的能量(动能)通量为 $\int_0^{\delta}\rho uu^2/2\mathrm{d}y$。若考虑无黏流情况，在流量相同条件下，流体的通道缩小为 AG，此时流过截面 AG 的能量(动能)通量为 $(\delta-\delta_1)\rho u_e u_e^2/2=\int_0^{\delta}\rho uu_e^2/2\mathrm{d}y$，这比实际黏性流动边界层内的能量(动能)通量多出

$$\frac{1}{2}\int_0^{\delta}\rho uu_e^2\mathrm{d}y-\frac{1}{2}\int_0^{\delta}\rho u^3\mathrm{d}y=\frac{1}{2}\int_0^{\delta}\rho u(u_e^2-u^2)\mathrm{d}y \tag{10.1.32}$$

这部分多出的能量通量相当于无黏流体以速度 u_e 流过 δ_2 厚度的能量通量 $\frac{1}{2}\rho u_e^3\delta_2$，由式(10.1.32)，可以定义边界层的能量损失厚度 δ_2 为

$$\delta_2=\int_0^{\delta}\frac{u}{u_e}\left(1-\frac{u^2}{u_e^2}\right)\mathrm{d}y \tag{10.1.33}$$

从上述分析可知，在边界层内，为了保证基于无黏流动理论得到的能量通量与黏性流的实际能量通量一致，需要将实际固体壁面位置沿壁面外法线方向外推的距离为位移厚度和能量损失厚度之和。

从理论上说，黏性的影响可由壁面一直延伸至无穷远处。因此，在位移厚度、动量损失厚度和能量损失厚度的表达式(式(10.1.27)、式(10.1.31)和式(10.1.33))中，积分上限可由 δ 换成 ∞。由边界层名义厚度的定义可知，两者结果不存在明显差别。在实际的应用过程中，根据具体问题的需要可灵活选择积分上限。

例题 10-1　假设边界内流动速度分布为 $u=u_e(y/\delta)^{\frac{1}{7}}$，求位移厚度和动量损失厚度。

解：由定义，$\delta_1=\int_0^{\delta}(1-u/u_e)\mathrm{d}y$，令 $\eta=y/\delta$，速度分布可表示为 $u/u_e=\eta^{\frac{1}{7}}$，那么可有 $\mathrm{d}y=\delta\mathrm{d}\eta$。代入边界层位移厚度和动量损失厚度表达式，可以得到

$$\delta_1=\delta\int_0^1\left(1-\eta^{\frac{1}{7}}\right)\mathrm{d}\eta=\delta\left(\eta-\frac{7}{8}\eta^{\frac{8}{7}}\right)\Bigg|_0^1=\frac{\delta}{8}$$

$$\theta=\int_0^{\delta}\frac{u}{u_e}\left(1-\frac{u}{u_e}\right)\mathrm{d}y=\delta\int_0^1\eta^{\frac{1}{7}}\left(1-\eta^{\frac{1}{7}}\right)\mathrm{d}\eta=\delta\left(\frac{7}{8}\eta^{\frac{8}{7}}-\frac{7}{9}\eta^{\frac{9}{7}}\right)\Bigg|_0^1=\frac{7}{72}\delta$$

解毕。

10.2　平板层流边界层近似解

10.2.1　边界层动量积分原理

虽然与 Navier-Stokes 方程相比，边界层方程(10.1.23)和方程(10.1.24)已经大为简化，但是它依然是非线性方程，解析求解比较困难。工程实践往往对物体表面的黏性力、边界层厚度和摩擦阻力更为关注，而对边界层内部流动的细节并不十分在意。这样便促使人们寻找各种求解边界层流动的近似方法，希望通过相对简单的办法，得到满足工程精度要求的结果。冯·卡门(Karman)在 1921 年，根据边界层的动量定理，首先提出了一种近似求解方法——卡门动量积分方法。该方法的基本思想是：首先利用边界条件，给出边界层内速度剖面的含未知参数的近似表达式，然后通过卡门动量积分关系求出问题的解。

1. 卡门动量积分关系

为简化问题，这里考虑定常、不可压缩平面边界层流动，相应的边界层方程为

$$\frac{\partial u}{\partial x}+\frac{\partial v}{\partial y}=0 \tag{10.2.1}$$

$$u\frac{\partial u}{\partial x}+v\frac{\partial u}{\partial y}=u_e\frac{\partial u_e}{\partial x}+\nu\frac{\partial^2 u}{\partial y^2} \tag{10.2.2}$$

以 u_e 乘以方程(10.2.1)，以 u 乘以方程(10.2.1)并与方程(10.2.2)相加，然后两式相减，可得

$$\frac{\partial}{\partial x}\left[u(u_e-u)\right]+\frac{\partial}{\partial y}\left[v(u_e-u)\right]=-(u_e-u)\frac{\mathrm{d}u_e}{\mathrm{d}x}-\nu\frac{\partial^2 u}{\partial y^2} \tag{10.2.3}$$

将方程(10.2.3)沿边界层厚度方向进行积分，可得

$$\int_0^{\delta}\frac{\partial}{\partial x}\left[u(u_e-u)\right]\mathrm{d}y+\left[v(u_e-u)\right]\Big|_0^{\delta}=-\frac{\mathrm{d}u_e}{\mathrm{d}x}\int_0^{\delta}(u_e-u)\mathrm{d}y-\nu\frac{\partial u}{\partial y}\Bigg|_0^{\delta} \tag{10.2.4}$$

根据边界层流动的边界条件(10.1.25)，式(10.2.4)可进一步化简为

$$\int_0^{\delta}\frac{\partial}{\partial x}\left[u\left(u_{\mathrm{e}}-u\right)\right]\mathrm{d}y+\frac{\mathrm{d}u_{\mathrm{e}}}{\mathrm{d}x}\int_0^{\delta}\left(u_{\mathrm{e}}-u\right)\mathrm{d}y=\nu\left.\frac{\partial u}{\partial y}\right|_{y=0} \tag{10.2.5}$$

很明显，式(10.2.5)右端为壁面的黏性剪切应力，即$\tau_{\mathrm{w}}=\mu\partial u/\partial y|_{y=0}$，于是式(10.2.5)可写成

$$\int_0^{\delta}\frac{\partial}{\partial x}\left[u\left(u_{\mathrm{e}}-u\right)\right]\mathrm{d}y+\frac{\mathrm{d}u_{\mathrm{e}}}{\mathrm{d}x}\int_0^{\delta}\left(u_{\mathrm{e}}-u\right)\mathrm{d}y=\frac{\tau_{\mathrm{w}}}{\rho} \tag{10.2.6}$$

根据边界层位移厚度表达式(10.1.28)和动量损失厚度表达式(10.1.31)，式(10.2.6)可进一步表示为

$$\frac{\mathrm{d}}{\mathrm{d}x}\left(u_{\mathrm{e}}^2\theta\right)+\delta_1 u_{\mathrm{e}}\frac{\mathrm{d}u_{\mathrm{e}}}{\mathrm{d}x}=\frac{\tau_{\mathrm{w}}}{\rho} \tag{10.2.7}$$

或者整理如下形式：

$$\frac{\mathrm{d}\theta}{\mathrm{d}x}+\frac{\theta}{u_{\mathrm{e}}}\left(2+\frac{\delta_1}{\theta}\right)\frac{\mathrm{d}u_{\mathrm{e}}}{\mathrm{d}x}=\frac{\tau_{\mathrm{w}}}{\rho u_{\mathrm{e}}^2} \tag{10.2.8}$$

引进形状因子H和壁面摩擦系数C_f：

$$H=\frac{\delta_1}{\theta},\quad C_f=\frac{2\tau_{\mathrm{w}}}{\rho u_{\mathrm{e}}^2} \tag{10.2.9}$$

方程(10.2.8)可表示为

$$\frac{\mathrm{d}\theta}{\mathrm{d}x}+\frac{\theta}{u_{\mathrm{e}}}(2+H)\frac{\mathrm{d}u_{\mathrm{e}}}{\mathrm{d}x}=\frac{C_f}{2} \tag{10.2.10}$$

方程(10.2.10)称为卡门动量积分关系式，其中未知参数有θ、H以及C_f。通常情况下，若速度分布已知，根据动量损失厚度表达式(10.1.31)、形状因子H和壁面摩擦系数C_f定义式(10.2.9)，就可以对方程(10.2.10)进行求解。换句话说，如果能够给出一个满足边界条件的边界层内近似速度分布$u/u_{\mathrm{e}}=f\left(y/\delta\right)$，那么通过卡门动量积分关系式(10.2.10)就可得到未知参数δ满足的常微分方程，求解该方程即可得问题的近似解。

很明显，根据上述方法所得近似解的精度，在很大程度上依赖于所假定的速度分布$u/u_{\mathrm{e}}=f\left(y/\delta\right)$与实际速度分布之间的差异。常采用如下多项式近似速度分布：

$$f\left(\eta\right)=\sum_{n=0}^{\infty}a_n\eta^n\text{，其中}\eta=\frac{y}{\delta} \tag{10.2.11}$$

上述速度展开式中的系数a_n可以通过边界条件进行确定。在固体壁面上，流体满足黏附边界条件，将其代入边界层方程可得

$$y=0\text{时，}u=0\text{，}\frac{\partial^2 u}{\partial y^2}=-\frac{u_{\mathrm{e}}}{\nu}\frac{\partial u_{\mathrm{e}}}{\partial x} \tag{10.2.12}$$

在边界层外缘处，速度分布需要满足光滑过渡条件，即

$$y=\delta\text{时，}u=u_{\mathrm{e}}\text{，}\frac{\partial u}{\partial y}=\frac{\partial^2 u}{\partial y^2}=\cdots=\frac{\partial^n u}{\partial y^n}=\cdots=0 \tag{10.2.13}$$

通常情况下，多项式(10.2.11)中所取的项数越多，速度分布的近似程度就越好，所得到的结果就越接近精确解。

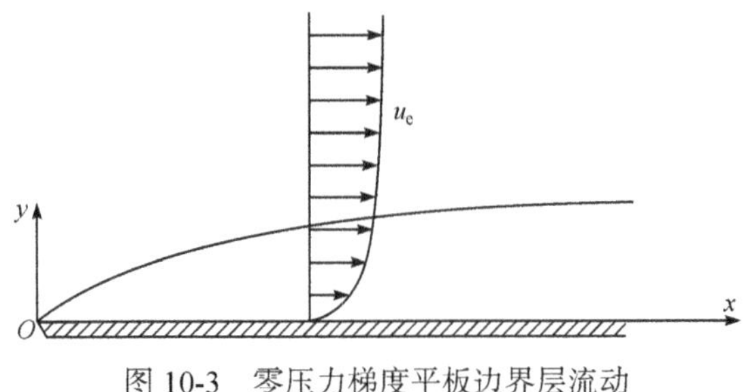

图 10-3　零压力梯度平板边界层流动

2. 零压力梯度平板边界层近似解

如图 10-3 所示，在零压力梯度平板边界层问题中，外流速度 u_e 是常数，卡门动量积分关系式(10.2.10)可简化成如下形式：

$$\frac{\mathrm{d}\theta}{\mathrm{d}x}=\frac{C_f}{2} \tag{10.2.14}$$

根据动量损失厚度表达式(10.1.31)可得

$$\theta=\delta\int_0^1 f(1-f)\mathrm{d}\eta \tag{10.2.15}$$

相应的壁面摩擦系数为

$$C_f=\frac{2\mu}{\rho u_e}\frac{f'(0)}{\delta}=\frac{2\nu}{\delta u_e}f'(0) \tag{10.2.16}$$

根据式(10.2.11)，可选取速度分布函数 f 的表达形式如下：

$$f(\eta)=\frac{u}{u_e}=a_0+a_1\eta+a_2\eta^2+a_3\eta^3\text{，其中}\eta=\frac{y}{\delta} \tag{10.2.17}$$

其中包含 a_0、a_1、a_2、a_3 四个未知常数。根据壁面边界条件式(10.2.12)，可得

$$a_0=0,\quad a_2=0 \tag{10.2.18}$$

又根据边界层外缘速度分布光滑过渡条件式(10.2.13)，可得

$$a_1+3a_3=0,\quad a_1+a_3=1 \tag{10.2.19}$$

最终得到速度分布为

$$f(\eta)=\frac{u}{u_e}=\frac{3}{2}\eta-\frac{1}{2}\eta^3 \tag{10.2.20}$$

将式(10.2.20)所示速度分布代入式(10.2.15)和式(10.2.16)中，可分别得到动量损失厚度和壁面摩擦系数，将其代入卡门动量积分关系式(10.2.14)中，经过化简可得

$$\frac{39}{280}\delta\frac{\mathrm{d}\delta}{\mathrm{d}x}=\frac{3}{2}\frac{\nu}{u_e} \tag{10.2.21}$$

积分式(10.2.21)有

$$\delta=4.64095\sqrt{\frac{\nu x}{u_e}}+D \tag{10.2.22}$$

其中，D 为积分常数。当 $x=0$ 时，在平板前缘点，可知边界层厚度为 $\delta=0$。因此，可确定式(10.2.22)中积分常数为 $D=0$。最终可得边界层厚度为

$$\delta=4.64\sqrt{\frac{\nu x}{u_e}} \tag{10.2.23}$$

相应的壁面剪切应力为

$$\tau_w=0.323\rho u_e^2\sqrt{\frac{\nu}{xu_e}}=0.323\frac{\rho u_e^2}{\sqrt{Re_x}} \tag{10.2.24}$$

式(10.2.24)给出的结果与 10.2.2 节中将要介绍的 Blasius 精确解形式上基本一致，仅系数有少许差异。

长度为 L 、单位宽度平板上的总摩擦阻力为

$$D=\int_0^L \tau_{\mathrm{w}}\mathrm{d}x=0.646\rho u_{\mathrm{e}}^2 L Re_L^{-\frac{1}{2}} \tag{10.2.25}$$

相应的总摩擦系数为

$$C_D=\frac{D}{\frac{1}{2}\rho u_{\mathrm{e}}^2 A}=1.293 Re_L^{-\frac{1}{2}} \tag{10.2.26}$$

如果采用其他近似速度分布，通过上述方法可求出不同的边界层名义厚度、位移厚度、动量损失厚度以及壁面剪切应力，如表 10-1 所示。

表 10-1　各种近似速度分布所得结果比较

$\frac{u}{u_{\mathrm{e}}}$	$\frac{\delta\sqrt{Re_x}}{x}$	$\frac{\delta_1\sqrt{Re_x}}{x}$	$\frac{\theta\sqrt{Re_x}}{x}$	$\frac{\tau_{\mathrm{w}}\sqrt{Re_x}}{\rho u_{\mathrm{e}}^2}$
$2\left(\frac{y}{\delta}\right)-\left(\frac{y}{\delta}\right)^2$	5.48	1.826	0.730	0.365
$\frac{3}{2}\left(\frac{y}{\delta}\right)-\frac{1}{2}\left(\frac{y}{\delta}\right)^3$	4.64	1.740	0.646	0.323
$2\left(\frac{y}{\delta}\right)-2\left(\frac{y}{\delta}\right)^2+\left(\frac{y}{\delta}\right)^4$	5.84	1.751	0.685	0.328

例题 10-2　三角形平板置于水流中，假设水流方向与三角形的对称轴方向一致，水流速度为V_∞，密度为ρ，水的动力黏度为μ，三角形平板几何尺寸如图 10-4 所示。设边界层内流态为层流，试求平板所承受阻力。

解：将 xOy 坐标平面取在三角形所在平面，坐标原点取在三角形顶点，x 轴与三角形对称轴重合。对于理想势流，绕三角形平板的解为$U=V_\infty$，$p=p_\infty$。沿流动横向压强相等、速度分量为零。绕三角形平板的流动具有局部平面二维流动特性。在平板上取一条形微元面积$\mathrm{d}A=l\mathrm{d}y$，微元面积所受的阻力可利用二维平板边界层的结果，即

$$\mathrm{d}D=\frac{1}{2}\rho V_\infty{}^2\mathrm{d}A\cdot C_D=\frac{1}{2}\rho V_\infty^2 l\mathrm{d}y\frac{1.293}{\sqrt{\frac{V_\infty\rho l}{\mu}}}$$

由几何关系可知　$l=a-x=a-\frac{a}{b}y$

代入上式整理后可得

$$\mathrm{d}D=\frac{1}{2}\rho V_\infty^2\left(a-\frac{a}{b}y\right)\mathrm{d}y\frac{1.293}{\sqrt{\frac{V_\infty\rho}{\mu}\left(a-\frac{a}{b}y\right)}}$$

$$=\frac{1.293}{2}\sqrt{\rho\mu V_\infty^3}\sqrt{\left(a-\frac{a}{b}y\right)}\mathrm{d}y$$

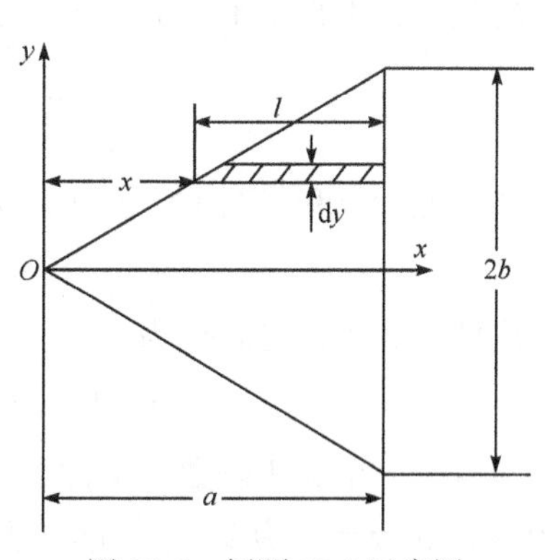

图 10-4　例题 10-2 示意图

根据流动对称性，可得三角形平板受到的阻力为

$$D=4\int_0^b \frac{1.293}{2}\sqrt{\rho\mu V_\infty^3}\sqrt{\left(a-\frac{a}{b}y\right)}\mathrm{d}y=2\times1.293\sqrt{\rho\mu V_\infty^3}\left(-\frac{b}{a}\right)\frac{2}{3}\left(a-\frac{a}{b}y\right)^{\frac{3}{2}}\Bigg|_0^b=1.724\sqrt{\rho\mu a V_\infty^3}b$$

解毕。

10.2.2　平板边界层的 Blasius 近似解*

尽管与 Navier-Stokes 方程相比，10.1 节得到的边界层近似方程已经做了很大的简化，但一般情况下仍然很难求出解析解。在大多数情况下，只能求得其近似解或者数值解。均匀定常来流沿半无限长平板的流动问题就是一个典型的例子。Blasius 在 1908 年得到了该问题的精确解，并发现了阻力与来流速度的 3/2 次幂成正比的规律。接下来，将对其求解过程进行介绍。

假定平板为半无限长，平板外无黏流动以定常均匀的速度 $u_e=U_\infty$ 流过平板。为求解方便，取笛卡儿直角坐标系的原点位于平板前缘，x 轴沿平板切线且正方向与来流方向一致，y 轴垂直于平板并指向流体域内。边界层方程(10.1.23)和方程(10.1.24)可简化为

$$\frac{\partial u}{\partial x}+\frac{\partial v}{\partial y}=0 \tag{10.2.27}$$

$$u\frac{\partial u}{\partial x}+v\frac{\partial u}{\partial y}=\nu\frac{\partial^2 u}{\partial y^2} \tag{10.2.28}$$

相应的边界条件为　$y=0$，$u=v=0$；$y\to\infty$，$u=u_e=U_\infty$　(10.2.29)

可注意到在无量纲的平面边界层近似方程(10.1.19)～方程(10.1.21)中，并不包含雷诺数 Re。因此，其解与流动雷诺数无关。换言之，当流动的雷诺数发生改变时，边界层内的流动将具有一定的相似性，即流向距离和速度分量保持不变，法向距离和速度分量按 $1/\sqrt{Re}$ 倍数进行改变。这一事实也可从无量纲量(式(10.1.15))中看出。基于上述分析，引入如下变换式：

$$\eta=\frac{y}{x}\sqrt{Re_x},\quad \frac{u}{U_\infty}=f'(\eta),\quad Re_x=\frac{U_\infty x}{\nu} \tag{10.2.30}$$

其中，$f'=\mathrm{d}f/\mathrm{d}\eta$，积分式(10.2.30)中第二式，可得流函数表达式：

$$\psi=\sqrt{\nu x U_\infty}f(\eta) \tag{10.2.31}$$

与之相应，垂直于平板的法向速度分量为

$$v=-\frac{\partial\psi}{\partial x}=\frac{U_\infty}{2\sqrt{Re_x}}\left[\eta f'(\eta)-f(\eta)\right] \tag{10.2.32}$$

将式(10.2.30)和式(10.2.32)代入边界层近似方程(10.2.28)以及边界条件(10.2.29)中，可得

$$2f'''+f''f=0 \tag{10.2.33}$$

相应的边界条件可转化为

$$\eta=0,\quad f(\eta)=f'(\eta)=0;\quad \eta\to\infty,\quad f'(\eta)=1 \tag{10.2.34}$$

这是一个关于函数 $f(\eta)$ 的三阶非线性常微分方程，它由 Blasius 首先推导得出，通常称为 Blasius 方程。从以上分析过程可以看出，均匀定常来流的半无限长平板边界层问题最后归结为求解 Blasius 方程的边值问题。Blasius 利用级数展开的方式得到了方程的数值解，通常称

为 Blasius 解。图 10-5 所示为半无限长平板边界层内速度分布的 Blasius 解与实验结果的对比，两者符合得非常完美。从图 10-5 中还可以看出，速度分布不随流动雷诺数的改变而发生变化。这与前面边界层近似方程中不包含雷诺数这一特点是一致的。

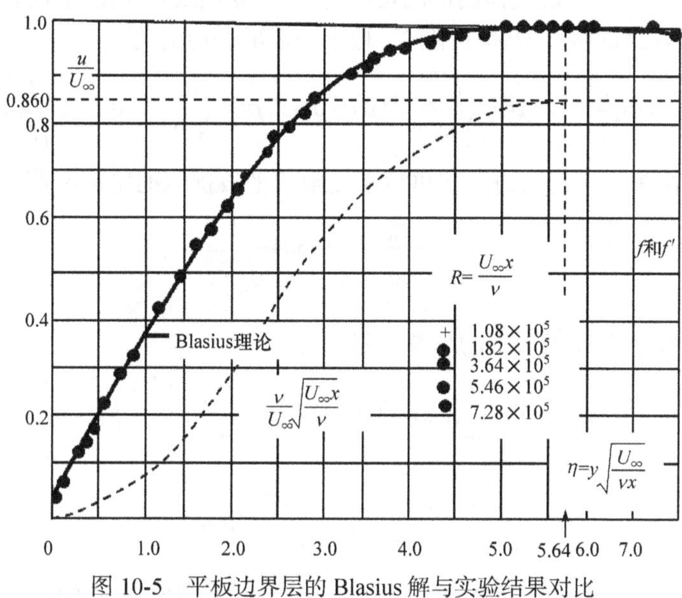

图 10-5　平板边界层的 Blasius 解与实验结果对比

Blasius 解是早期边界层理论的一项重要成果，由此可得边界内流动的许多重要特性。图 10-6 给出了半无限长平板边界层的 Blasius 解中函数 $f(\eta)$ 及其各阶导数沿边界层厚度方向的分布。从中可知边界层内沿平板的切向速度 u（$f'-\eta$ 曲线）在平板表面为零（黏性无滑移），并随着离开平板距离的增加而逐渐增大。当 $\eta=4.91$ 时，切向速度 u 已经达到外流速度的 99%。根据边界层厚度的定义，可认为此时已达边界层外缘，因此平板边界层的厚度为

$$\delta=4.91\sqrt{\frac{\nu x}{U_\infty}}=4.91\frac{x}{\sqrt{Re_x}} \tag{10.2.35}$$

进一步，可计算半无限长平板边界层的位移厚度为

$$\begin{aligned}\delta_1&=\int_0^\infty\left(1-\frac{u}{U_\infty}\right)\mathrm{d}y\\&=\sqrt{\frac{\nu x}{U_\infty}}\int_0^\infty\left(1-\frac{\mathrm{d}f}{\mathrm{d}\eta}\right)\mathrm{d}\eta\\&=1.721\sqrt{\frac{\nu x}{U_\infty}}\end{aligned} \tag{10.2.36}$$

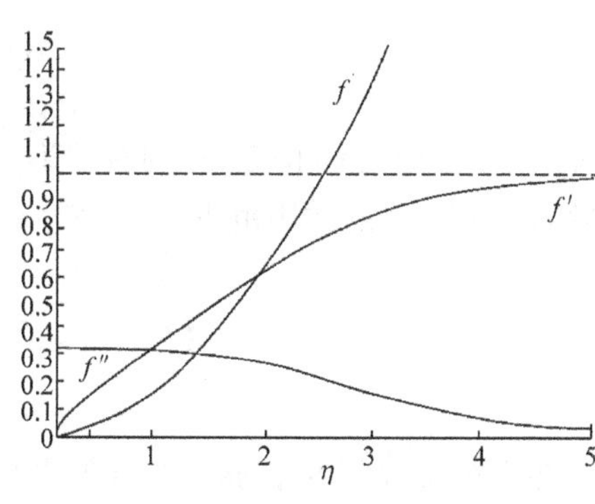

图 10-6　平板边界层的 Blasius 解

相应的半无限长平板边界层动量损失厚度为

$$\theta=\int_0^\infty\frac{u}{U_\infty}\left(1-\frac{u}{U_\infty}\right)\mathrm{d}y=\sqrt{\frac{\nu x}{U_\infty}}\int_0^\infty\frac{\mathrm{d}f}{\mathrm{d}\eta}\left(1-\frac{\mathrm{d}f}{\mathrm{d}\eta}\right)\mathrm{d}\eta=0.664\sqrt{\frac{\nu x}{U_\infty}} \tag{10.2.37}$$

以及能量损失厚度

$$\delta_2 = \int_0^\infty \frac{u}{U_\infty}\left(1-\frac{u^2}{U_\infty^2}\right)\mathrm{d}y = \sqrt{\frac{\nu x}{U_\infty}}\int_0^\infty \frac{\mathrm{d}f}{\mathrm{d}\eta}\left[1-\left(\frac{\mathrm{d}f}{\mathrm{d}\eta}\right)^2\right]\mathrm{d}\eta = 1.044\sqrt{\frac{\nu x}{U_\infty}} \tag{10.2.38}$$

相应地，从图 10-6 中可得流体内部的切应力（$f''-\eta$ 曲线），它由平板表面的最大值 0.332 单调下降到边界层外缘的零。流体作用在平板上表面的切应力为

$$\tau_{\mathrm{w}} = \mu\frac{\partial u}{\partial y}\bigg|_{y=0} = \mu U_\infty\sqrt{\frac{U_\infty}{\nu x}}f''(0) = 0.332\rho U_\infty^2\sqrt{\frac{U_\infty}{\nu x}} = 0.332\frac{\rho U_\infty^2}{\sqrt{Re_x}} \tag{10.2.39}$$

与来流速度的 3/2 次幂成正比。进一步可得半无限长平板扰流的壁面摩擦系数

$$C_f = \frac{\tau_{\mathrm{w}}}{\frac{1}{2}\rho U_\infty^2} = 0.664\frac{1}{\sqrt{Re_x}} \tag{10.2.40}$$

在长度为 L 、单位宽度平板上的总摩擦阻力为

$$D = \int_0^L \tau_{\mathrm{w}}\mathrm{d}x = 0.664\rho U_\infty^2 L\left(\frac{UL}{\nu}\right)^{-1/2} \tag{10.2.41}$$

相应的总摩擦系数为

$$C_D = \frac{D}{\frac{1}{2}\rho U_\infty^2 A} = 1.328\frac{1}{\sqrt{Re_L}} \tag{10.2.42}$$

其中，$Re_L = UL/\nu$ 。对于平板层流边界层流动，平板壁面所受阻力的理论结果与实验一致。这也表明边界层理论在处理大雷诺数流动时的有效性。通过与数值计算以及实验结果的比较可发现，上述理论解的成立条件是 $Re_L \geqslant 100$ 。此外，在平板前缘附近，边界层方程会出现很大的误差。其主要原因是在平板前缘位置，边界层近似方程推导过程中一些变量的量级关系不再成立，如 $\delta \ll x$ 不再成立。针对这个问题，我国流体力学家郭永怀先生从 Navier-Stokes 方程出发，以 $1/\sqrt{Re}$ 为小参数进行展开并求得二阶近似解，并对平板总摩擦系数式(10.2.42)进行了修正：

$$C_D = \frac{1.328}{\sqrt{Re_L}} + \frac{4.12}{Re_L} \tag{10.2.43}$$

当 $Re_L \gg 100$ 时，式(10.2.43)的右端第二项(即修正项)的值很小；在 Re_L 较小时修正项起作用，因此式(10.2.43)的适用范围为 $1 \leqslant Re_L \leqslant 100$ 。

10.3 平板湍流边界层近似解

在平板边界层的下游，随着雷诺数 Re_x 的增大，通常雷诺数 $Re_x > 3\times10^5 \sim 10^6$ 时，层流边界层将失稳，发生转捩成为湍流边界层。本节将以不可压缩平板湍流边界层为例，对湍流边界层的流动特性进行初步介绍。

10.3.1 湍流边界层流动特点和边界层厚度

取平均流动方向沿 x 轴方向，y 轴沿平板法线方向。第 9 章已经介绍了圆管近壁湍流流动的特点。与之不同的是，湍流边界层沿流向(x 轴方向)是持续发展的，因此湍流统计平均量不仅依赖于 y 坐标，还与 x 坐标有关。与层流边界层类似，在湍流边界层中，湍流统计平

均量主要沿 y 轴方向发生变化，通过采用统计平均速度定义湍流边界层的各种厚度。具体如下。

(1) 名义厚度 $\delta(x)$：当 $y=\delta(x)$ 时，$u=0.99u_{\mathrm{e}}$。

(2) 位移厚度 $\delta_1(x)$：

$$\delta_1=\int_0^{\delta}\left(1-\frac{\langle u\rangle}{u_{\mathrm{e}}}\right)\mathrm{d}y \tag{10.3.1}$$

(3) 动量损失厚度 $\theta(x)$：

$$\theta=\int_0^{\delta}\frac{\langle u\rangle}{u_{\mathrm{e}}}\left(1-\frac{\langle u\rangle}{u_{\mathrm{e}}}\right)\mathrm{d}y \tag{10.3.2}$$

其中，u_{e} 为平板湍流边界层的来流速度，通常可将其取为特征速度。在湍流边界层流动中，特征长度的选择可有多种取法，与之相应的雷诺数有

$$Re_x=\frac{u_{\mathrm{e}}x}{\nu},\quad Re_{\delta}=\frac{u_{\mathrm{e}}\delta}{\nu},\quad Re_{\delta_1}=\frac{u_{\mathrm{e}}\delta_1}{\nu},\quad Re_{\theta}=\frac{u_{\mathrm{e}}\theta}{\nu} \tag{10.3.3}$$

其中，x 为离平板前缘的距离。

10.3.2 平板湍流边界层平均运动基本方程

经实验证实，在湍流状态下边界层的基本假设依然成立。下面将从雷诺平均运动基本方程出发，引入 Boussinesq 涡黏模式，导出平板湍流边界层的运动方程。为简化问题，这里仅考虑定常情况，由雷诺方程(式(9.5.3)、式(9.5.5)、式(9.5.6))可得

$$\frac{\partial\langle u\rangle}{\partial x}+\frac{\partial\langle v\rangle}{\partial y}=0 \tag{10.3.4}$$

$$\langle u\rangle\frac{\partial\langle u\rangle}{\partial x}+\langle v\rangle\frac{\partial\langle u\rangle}{\partial y}=-\frac{1}{\rho}\frac{\partial\langle p\rangle}{\partial x}+\nu\left(\frac{\partial^2\langle u\rangle}{\partial x^2}+\frac{\partial^2\langle u\rangle}{\partial y^2}\right)-\frac{\partial\left\langle u'^2\right\rangle}{\partial x}-\frac{\partial\langle u'v'\rangle}{\partial y} \tag{10.3.5}$$

$$\langle u\rangle\frac{\partial\langle v\rangle}{\partial x}+\langle v\rangle\frac{\partial\langle v\rangle}{\partial y}=-\frac{1}{\rho}\frac{\partial\langle p\rangle}{\partial y}+\nu\left(\frac{\partial^2\langle v\rangle}{\partial x^2}+\frac{\partial^2\langle v\rangle}{\partial y^2}\right)-\frac{\partial\langle u'v'\rangle}{\partial x}-\frac{\partial\left\langle v'^2\right\rangle}{\partial y} \tag{10.3.6}$$

根据边界层流动的特点以及流动近似，忽略方程(10.3.5)和方程(10.3.6)中由流体黏性以及雷诺应力引起的流向输运项，可得

$$\langle u\rangle\frac{\partial\langle u\rangle}{\partial x}+\langle v\rangle\frac{\partial\langle u\rangle}{\partial y}=-\frac{1}{\rho}\frac{\partial\langle p\rangle}{\partial x}+\nu\frac{\partial^2\langle u\rangle}{\partial y^2}-\frac{\partial\langle u'v'\rangle}{\partial y} \tag{10.3.7}$$

$$\frac{1}{\rho}\frac{\partial\langle p\rangle}{\partial y}+\frac{\partial\left\langle v'^2\right\rangle}{\partial y}=0 \tag{10.3.8}$$

将方程(10.3.8)沿 y 轴方向进行积分，由于 $y\to\infty$ 时，$v'^2=0$，$p=p_{\mathrm{e}}$ 可得

$$\langle p\rangle+\rho\left\langle v'^2\right\rangle=p_{\mathrm{e}}(x) \tag{10.3.9}$$

与此同时，在平板壁面上 $v'^2=0$，有 $p_{\mathrm{w}}(x)=p_{\mathrm{e}}(x)$。由式(10.3.9)可得

$$\frac{\partial\langle p\rangle}{\partial x}+\rho\frac{\partial\left\langle v'^2\right\rangle}{\partial x}=\frac{\mathrm{d}p_{\mathrm{e}}}{\mathrm{d}x} \tag{10.3.10}$$

将式(10.3.10)代入方程(10.3.7)中可得

$$\langle u\rangle\frac{\partial\langle u\rangle}{\partial x}+\langle v\rangle\frac{\partial\langle u\rangle}{\partial y}=-\frac{1}{\rho}\frac{\partial p_{\mathrm{e}}}{\partial x}+\frac{\partial\langle v'^2\rangle}{\partial x}+\nu\frac{\partial^2\langle u\rangle}{\partial y^2}-\frac{\partial\langle u'v'\rangle}{\partial y} \tag{10.3.11}$$

进一步忽略雷诺应力沿流动方向的变化，方程(10.3.11)可进一步化简为

$$\langle u\rangle\frac{\partial\langle u\rangle}{\partial x}+\langle v\rangle\frac{\partial\langle u\rangle}{\partial y}=-\frac{1}{\rho}\frac{\mathrm{d}p_{\mathrm{e}}}{\mathrm{d}x}+\nu\frac{\partial^2\langle u\rangle}{\partial y^2}-\frac{\partial\langle u'v'\rangle}{\partial y} \tag{10.3.12}$$

与层流边界流动类似，边界层外部的无黏流动满足欧拉方程：

$$u_{\mathrm{e}}\frac{\mathrm{d}u_{\mathrm{e}}}{\mathrm{d}x}=-\frac{1}{\rho}\frac{\mathrm{d}p_{\mathrm{e}}}{\mathrm{d}x} \tag{10.3.13}$$

代入方程(10.3.12)中，即可得湍流边界层的平均运动方程为

$$\langle u\rangle\frac{\partial\langle u\rangle}{\partial x}+\langle v\rangle\frac{\partial\langle u\rangle}{\partial y}=u_{\mathrm{e}}\frac{\mathrm{d}u_{\mathrm{e}}}{\mathrm{d}x}+\nu\frac{\partial^2\langle u\rangle}{\partial y^2}-\frac{\partial\langle u'v'\rangle}{\partial y} \tag{10.3.14}$$

至此，方程(10.3.4)和方程(10.3.14)可称为平板湍流边界层的基本方程。与平板层流边界层基本方程相比，其增加了雷诺应力沿平板法向(y轴方向)的输运项。根据 Boussinesq 涡黏模式，雷诺应力$\langle u'v'\rangle$可表示为

$$-\langle u'v'\rangle=\nu_T\left(\frac{\partial\langle u\rangle}{\partial y}+\frac{\partial\langle v\rangle}{\partial x}\right)\approx\nu_T\frac{\partial\langle u\rangle}{\partial y} \tag{10.3.15}$$

其中，ν_T为涡黏度，可采用混合长度模式或者k-ε模式进行计算。将式(10.3.15)代入方程(10.3.14)中，可得

$$\langle u\rangle\frac{\partial\langle u\rangle}{\partial x}+\langle v\rangle\frac{\partial\langle u\rangle}{\partial y}=u_{\mathrm{e}}\frac{\mathrm{d}u_{\mathrm{e}}}{\mathrm{d}x}+\frac{\partial}{\partial y}\left[(\nu+\nu_T)\frac{\partial\langle u\rangle}{\partial y}\right] \tag{10.3.16}$$

至此，平板湍流边界层基本方程封闭，通常需采用数值的方法对其进行求解。然而，与层流边界层类似，从雷诺平均的湍流边界层方程出发，也可推导出湍流边界层平均运动满足的卡门动量积分关系式：

$$\frac{\mathrm{d}\theta}{\mathrm{d}x}+\frac{\theta}{u_{\mathrm{e}}}(2+H)\frac{\mathrm{d}u_{\mathrm{e}}}{\mathrm{d}x}=\frac{\tau_{\mathrm{w}}}{\rho u_{\mathrm{e}}^2}=\frac{u_\tau^2}{u_{\mathrm{e}}^2} \tag{10.3.17}$$

其中，θ为湍流边界层平均流动的动量损失厚度；$H=\delta_1/\theta$为湍流边界层的形状因子；τ_{w}为壁面的剪切应力。

由第 9 章圆管湍流流动可知，在湍流的近壁区域，除十分贴近壁面的线性底层之外，壁面附近湍流平均运动的速度均满足对数型分布。大量研究表明，近壁湍流的上述速度分布规律对圆管湍流和湍流边界层均成立，具有一定的普适性。因此，可令固体壁面附近湍流平均运动速度分布满足

$$u^+=A\ln y^++B \tag{10.3.18}$$

其中，
$$\langle u\rangle^+=\frac{\langle u\rangle}{u_\tau},\quad y^+=\frac{\rho u_\tau y}{\mu}=\frac{u_\tau y}{\nu}$$

在平板湍流边界层流动中，式(10.3.18)中常数可取$A=0.4$和$B=5.0$。将式(10.3.18)给出的速度分布代入动量损失厚度表达式(10.3.2)中可得

$$\theta=\int_0^\delta \frac{\langle u\rangle}{u_e}\left(1-\frac{\langle u\rangle}{u_e}\right)\mathrm{d}y=\delta\left(A\frac{u_\tau}{u_e}-2A^2\left(\frac{u_\tau}{u_e}\right)^2\right) \tag{10.3.19}$$

由式(10.3.18)，可知当 $y=\delta$ 时有

$$\frac{u_e}{u_\tau}=A\ln\frac{u_\tau\delta}{\nu}+B \tag{10.3.20}$$

这里考虑一种简单的情况，令 $u_e=\text{const}$，那么方程(10.3.17)可化简为

$$\frac{\mathrm{d}\theta}{\mathrm{d}x}=\frac{u_\tau^2}{u_e^2} \tag{10.3.21}$$

联立方程(10.3.19)～方程(10.3.21)可求解 δ 、θ 和 u_τ 。需要注意方程(10.3.20)是隐式方程，只能通过数值的方法进行求解。在工程实际运用中，通过大量实验和数值分析，人们将方程(10.3.20)写成显式的近似表达式，从而简化问题的求解过程。

求解零压力梯度平板湍流边界层问题的过程与平板层流边界层近似求解类似，可首先假设边界层内的时均速度分布，然后通过卡门动量积分关系式求解湍流边界层问题。普朗特建议，当 $Re_x<10^7$ 时，边界层内的时均速度分布可采用1/7次方规律，即

$$\frac{\langle u\rangle}{u_e}=\left(\frac{y}{\delta}\right)^{\frac{1}{7}} \tag{10.3.22}$$

在湍流边界层的大部分范围内，该关系式描述的速度分布令人满意。但是，因为 $\partial\langle u\rangle/\partial y\big|_{y=0}\to\infty$，故式(10.3.22)不能直接用于边界层的内边界。事实上，紧挨着壁面存在很薄的黏性底层，通常认为黏性底层内的速度分布为线性分布。黏性底层的厚度及线性速度分布的斜率仍属未知，无法利用 $\tau_w=\mu\partial u/\partial y\big|_{y=0}$ 来确定壁面剪切应力。通常可采用施利希廷(Schlichting)根据实验提出的如下半经验公式：

$$\tau_w=0.0225\rho u_e^2\left(\frac{\nu}{u_e\delta}\right)^{\frac{1}{4}} \tag{10.3.23}$$

代入卡门动量积分关系式(10.2.8)可得

$$\frac{\mathrm{d}}{\mathrm{d}x}\int_0^\delta\left(\frac{y}{\delta}\right)^{\frac{1}{7}}\left[1-\left(\frac{y}{\delta}\right)^{\frac{1}{7}}\right]\mathrm{d}y=0.0225\left(\frac{\nu}{u_e\delta}\right)^{\frac{1}{4}} \tag{10.3.24}$$

化简并积分后可得

$$\delta=0.37\left(\frac{\nu}{u_e}\right)^{\frac{1}{5}}x^{\frac{4}{5}}+C \tag{10.3.25}$$

由于湍流边界层是层流边界层转捩后形成的，转捩发生位置和边界层初始厚度均是未知量，因此确定积分常数很困难。假如层流边界层所占部分很小，可认为平板前缘边界层厚度为 0，此时可得 $C=0$，则

$$\delta=0.37(Re_x)^{-\frac{1}{5}}x \tag{10.3.26}$$

根据式(10.3.23)可得

$$\tau_w=0.0289\rho u_e^2\left(\frac{\nu}{u_e x}\right)^{\frac{1}{5}}=0.0289\rho u_e^2 Re_x^{-\frac{1}{5}} \tag{10.3.27}$$

积分式(10.3.27)可以得到长度为 L 、单位宽度平板上的总摩擦阻力为

$$D=\int_0^L \tau_{\mathrm{w}}\mathrm{d}x=0.036\rho u_{\mathrm{e}}^2 L Re_L^{-\frac{1}{5}} \tag{10.3.28}$$

相应的总摩擦系数为

$$C_D=\frac{D}{\frac{1}{2}\rho u_{\mathrm{e}}^2 A}=0.072 Re_L^{-\frac{1}{5}} \tag{10.3.29}$$

杰纳(Janna)根据实验结果进行了修正，得到总摩擦系数为

$$C_D=0.074 Re_L^{-\frac{1}{5}} \tag{10.3.30}$$

式(10.3.30)的适用范围为 $5\times10^5 < Re_L < 10^7$ 。对于 $10^7 < Re_L < 10^9$ 的情况，施利希廷采用如式(10.3.18)所示对数速度分布，并取 $A=5.85$ 和 $B=5.56$ ，得到以下总摩擦系数的半经验公式：

$$C_D=\frac{0.455}{(\lg Re_L)^{2.58}} \tag{10.3.31}$$

10.4 平板混合边界层近似计算

由前面可知，通过判别 Re_x 可将边界层内的流动分为层流和湍流两种流态。对于平板绕流边界层流动，层流转变为湍流的临界雷诺数在 $3\times10^5\sim10^6$ 。一般情况下，平板绕流边界层内既非全层流又非全湍流，而是前部为层流、后部为湍流的混合边界层，如图 10-7(a)所示。混合边界层的流动非常复杂，为了简便起见，假设转捩区域长度可忽略，如图 10-7(b)所示。转捩发生位置所对应的 x 坐标称为临界长度 x_{cr} ，所对应的雷诺数称为临界雷诺数 Re_{cr} 。

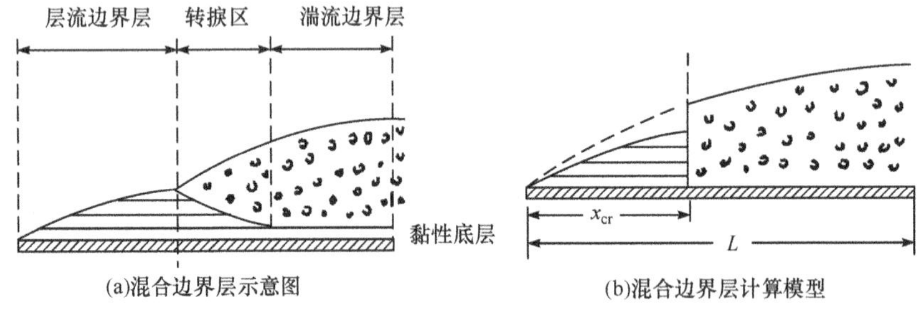

(a)混合边界层示意图　　(b)混合边界层计算模型

图 10-7　平板绕流混合边界层

基于上述假设，长为 L 的平板混合边界层绕流的总阻力可表示为

$$D_M=D_T\big|_{0\leqslant x\leqslant L}-D_T\big|_{0\leqslant x\leqslant x_{\mathrm{cr}}}+D_L\big|_{0\leqslant x\leqslant x_{\mathrm{cr}}} \tag{10.4.1}$$

由前面的推导结果，若流动的雷诺数 $Re_L\leqslant10^7$ ，单位宽度平板总的阻力为

$$D_M=\frac{1}{2}\rho u_{\mathrm{e}}^2\left(\frac{0.074}{Re_L^{1/5}}L-\frac{0.074}{Re_{\mathrm{cr}}^{1/5}}x_{\mathrm{cr}}+\frac{1.293}{Re_{\mathrm{cr}}^{1/2}}x_{\mathrm{cr}}\right) \tag{10.4.2}$$

若流动的雷诺数 $10^7 < Re_L < 10^9$ ，单位宽度平板总的阻力为

$$D_M = \frac{1}{2}\rho u_e^2 \left[\frac{0.455}{(\lg Re_L)^{2.58}} L - \frac{0.074}{Re_{cr}^{1/5}} x_{cr} + \frac{1.293}{Re_{cr}^{1/2}} x_{cr} \right] \tag{10.4.3}$$

例题 10-3　在静止的水中以6m/s的速度拖动一块长、宽均为1m的平板。其中水的动力黏度 $\mu = 10^{-3}\ \text{Pa·s}$，临界雷诺数 $Re_{cr} = 5\times10^5$，试确定整个平板所受的阻力。

解：根据已知条件，可得平板绕流的雷诺数为

$$Re_L = \frac{\rho L u_e}{\mu} = \frac{10^3 \times 1 \times 6}{10^{-3}} = 6\times10^6$$

根据临界雷诺数，可得到发生转捩的临界长度为

$$x_{cr} = \frac{Re_{cr}\mu}{\rho u_e} = \frac{5\times10^5\times10^{-3}}{10^3\times6} = 0.0833(\text{m})$$

采用简化的混合边界层计算模型，平板两面所受总阻力为

$$\begin{aligned} D_M &= 2\times\frac{1}{2}\rho u_e^2 \left(\frac{0.074}{Re_L^{\frac{1}{5}}} L - \frac{0.074}{Re_{cr}^{\frac{1}{5}}} x_{cr} + \frac{1.293}{Re_{cr}^{\frac{1}{2}}} x_{cr} \right) \\ &= 1000\times6^2\times\left[\frac{0.074}{(6\times10^6)^{0.2}} - \frac{0.074}{(5\times10^5)^{0.2}}\times0.0833 + \frac{1.293}{(5\times10^5)^{0.5}}\times0.0833 \right] = 106.864(\text{N}) \end{aligned}$$

解毕。

10.5　曲面边界层近似解*

前面以平板边界层为例介绍了普朗特边界层理论的基本思想和一些解法。当流动绕过曲面边界时，在边界附近形成曲面边界层，通常外流压力沿流向存在梯度，边界层内的速度分布一般来说是不满足相似性的，此时可将其写成 $u/u_e = u(x,\eta)$，卡门-波尔豪森采用四次多项式表示边界层内的速度分布：

$$\frac{u}{u_e} = a_0(x) + a_1(x)\eta + a_2(x)\eta^2 + a_3(x)\eta^3 + a_4(x)\eta^4 \tag{10.5.1}$$

其中，$\eta = y/\delta(x)$，参数 a_0、a_1、a_2、a_3、a_4 可以通过如下边界条件确定：

$\eta = 0$ 时，
$$u = 0,\quad \nu\frac{\partial^2 u}{\partial y^2} = \frac{1}{\rho}\frac{\mathrm{d}p_e}{\mathrm{d}x} = -u_e\frac{\mathrm{d}u_e}{\mathrm{d}x} \tag{10.5.2}$$

$\eta = 1$ 时，
$$u = u_e,\quad \frac{\partial u}{\partial y} = \frac{\partial^2 u}{\partial y^2} = 0 \tag{10.5.3}$$

即可得到

$$a_0 = 0 \tag{10.5.4}$$

$$2a_2 = -\frac{u_e}{\nu}\frac{\mathrm{d}u_e}{\mathrm{d}x} \tag{10.5.5}$$

$$a_0 + a_1 + a_2 + a_3 + a_4 = 1 \tag{10.5.6}$$

$$a_1 + 2a_2 + 3a_3 + 4a_4 = 0 \tag{10.5.7}$$

$$2a_2 + 6a_3 + 12a_4 = 0 \tag{10.5.8}$$

引入无量纲参数

$$\Theta = \frac{\delta^2}{\nu}\frac{\mathrm{d}u_e}{\mathrm{d}x} \tag{10.5.9}$$

将式(10.5.4)～式(10.5.9)代入式(10.5.1)中，可得边界层内流体运动速度分布为

$$\frac{u}{u_e} = 2\eta - 2\eta^3 + \eta^4 + \frac{\Theta}{6}\eta(1-\eta)^3 \tag{10.5.10}$$

从式(10.5.10)中可看出，曲面边界层内的无量纲速度分布由无量纲参数Θ唯一确定。将式(10.5.10)代入动量积分关系式(10.2.7)中，并且令$\xi = \delta^2/\nu$，可得

$$\frac{\mathrm{d}\xi}{\mathrm{d}x} - \xi^2\frac{\mathrm{d}^2u_e}{\mathrm{d}x^2}G(\Theta) = \frac{F(\Theta)}{u_e} \tag{10.5.11}$$

其中，函数$G(\Theta)$和$F(\Theta)$仅与无量纲参数Θ有关。由式(10.5.11)可进一步求出边界层厚度$\delta(x)$随流向的变化，反代入式(10.5.10)中，即可得到边界层内的速度分布。从式(10.5.9)可看出，Θ是x的函数，它代表沿流向空间位置上外流压力梯度与黏性力的量级之比，反映了外流的压力分布对边界层内流动的影响。Θ的取值通常与物面的形状密切相关。对于平板绕流边界层流动，外部流场无压力梯度，因此$\Theta = 0$。当外部流场中存在顺压梯度时(沿流动方向压强降低)，流体在顺压梯度作用下加速运动并且$\Theta > 0$；相反，当外部流体中存在逆压梯度时(沿流动方向压强升高)，流体做减速运动并且$\Theta < 0$。在采用卡门-波尔豪森边界层速度分布分析实际问题的过程中，一般情况下，参数Θ具有物理意义的取值是

$$-12 \leqslant \Theta \leqslant 12 \tag{10.5.12}$$

当$\Theta > 12$时，边界层内出现$u/u_e > 1$的情况，对定常边界层流动是不可能出现的。而当$\Theta < -12$时，将发生边界层分离现象。当边界层流动发生分离时，边界层迅速增厚，此时边界层方程不再成立。换言之，当边界层流动发生分离时，不能再使用上述方法进行求解。因此，判断边界层流动是否发生分离以及发生分离的位置显得尤为重要。

10.6　吸气平板边界层*

本节将应用卡门动量积分关系，分析如图 10-8 所示具有均匀吸气的平板边界层流动问题。令无穷远均匀来流速度为u_e，在平板壁面上有均匀吸气，吸气速度为$v_w \ll u_e$，方向垂直于平板壁面。此时，平板壁面上的速度边界条件为

$y = 0$时，

$$u = 0, \quad v = -v_w \tag{10.6.1}$$

沿边界层厚度方向积分动量方程(10.2.4)，可化简为

$$\int_0^\delta \frac{\partial}{\partial x}\left[u(u_e - u)\right]\mathrm{d}y + v_w u_e = -\frac{\mathrm{d}u_e}{\mathrm{d}x}\int_0^\delta (u_e - u)\mathrm{d}y - \nu\left.\frac{\partial u}{\partial y}\right|_0^\delta \tag{10.6.2}$$

与方程(10.2.5)不同，方程(10.6.2)左端第二项反映了壁面的吸气效应。根据边界层位移厚度表达式(10.1.27)和动量损失厚度表达式(10.1.31)，式(10.6.2)可进一步表示为

$$\frac{\mathrm{d}\theta}{\mathrm{d}x}=\frac{C_f}{2}-\frac{v_w}{u_e} \tag{10.6.3}$$

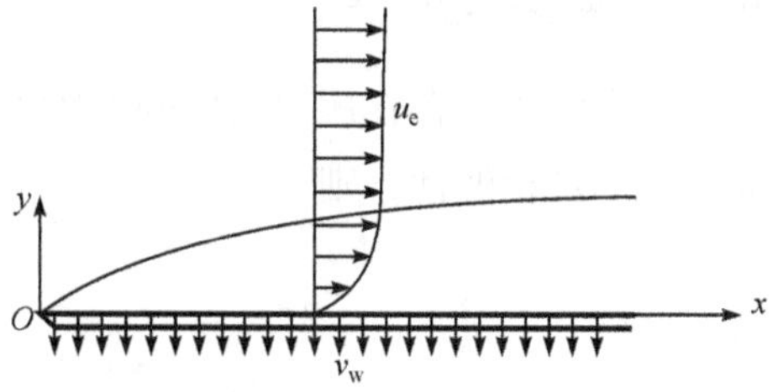

图 10-8　吸气平板边界层流动

其中，壁面摩擦系数C_f由式(10.2.9)给出。与方程(10.2.14)相比，方程(10.6.3)的右端第二项为常数项。根据 10.2 分析，边界层内的速度分布由式(10.2.20)确定，将其代入式(10.2.15)和式(10.2.16)中，可分别得到动量损失厚度和壁面摩擦系数，之后代入卡门动量积分关系式(10.6.3)中并化简可得

$$\frac{39}{280}\frac{\mathrm{d}\delta}{\mathrm{d}x}+\frac{v_w}{u_e}=\frac{3}{2}\frac{\nu}{\delta u_e} \tag{10.6.4}$$

积分式(10.6.4)，可得

$$-\left[\frac{\delta}{v_w}+\frac{3\nu\ln\left(3\nu-2\delta v_w\right)}{2v_w^2}\right]=\frac{280}{39u_e}x+C \tag{10.6.5}$$

在平板前缘$x=0$时，由于边界层厚度为$\delta=0$，可得积分常数为

$$C=-\left[\frac{3\nu\ln\left(3\nu\right)}{2v_w^2}\right] \tag{10.6.6}$$

将式(10.6.6)代入方程(10.6.5)中整理可得

$$\delta+\frac{3\nu}{2v_w}\ln\left(1-\frac{2}{3}\frac{\delta v_w}{\nu}\right)=-\frac{280}{39}\frac{v_w}{u_e}x \tag{10.6.7}$$

若考虑$\delta v_w/\nu\ll 1$的情况，那么式(10.6.7)左端展开并取前三项可得

$$\delta+\frac{3\nu}{2v_w}\ln\left(1-\frac{2}{3}\frac{\delta v_w}{\nu}\right)=\delta-\delta-\frac{1}{3}\frac{v_w}{\nu}\delta^2-\frac{4}{27}\left(\frac{v_w}{\nu}\right)^2\delta^3\cdots \tag{10.6.8}$$

代入方程(10.6.7)中可得边界层厚度δ表达式为

$$\delta^2=\frac{280}{13}\frac{\nu x}{u_e}\left(1+\frac{4}{9}\frac{v_w\delta}{\nu}\right)^{-1}\approx\frac{280}{13}\frac{\nu x}{u_e}\left(1-\frac{4}{9}\frac{v_w\delta}{\nu}\right) \tag{10.6.9}$$

若式(10.6.9)右端δ用无吸气时边界层厚度解(式(10.2.23))近似代替，那么式(10.6.9)可化简为

$$\delta^2\approx\frac{280}{13}\frac{\nu x}{u_e}\left(1-2.063v_w\sqrt{\frac{x}{\nu u_e}}\right) \tag{10.6.10}$$

从式(10.6.10)中可以看出，与无吸气平板边界层相比，壁面吸气会导致边界层变薄。

10.7　边界层相似性解*

在平板边界层问题的求解过程中，从式(10.2.30)可发现，当η为常数时(即在抛物线$x=cy^2$上)，速度u为常数。换句话说，在沿流向的不同x位置上，流向速度剖面仅与自变量η有关，与流向坐标x无关，此时称速度剖面是相似的，对应的解称为相似性解。从前面关于平板边界层流动的分析中可看出，解存在相似性时，偏微分边界层方程可以转化为常微分方程。那么，是否其他流动也存在相似性解呢？以及当满足什么条件时，流动才存在相似性解？本节将对上述问题进行讨论，即边界层具有相似性解时，外流速度分布需要满足的条件。

10.7.1　费克勒-史凯方程

考虑沿流向存在压力梯度的二维不可压缩边界层流动问题，令边界层内流向速度 $u(x,y)$ 的分布满足相似性，则有

$$\frac{u(x,y)}{u_{\mathrm{e}}(x)}=f'(\eta) \tag{10.7.1}$$

其中，

$$\eta=\frac{y}{g(x)} \tag{10.7.2}$$

需要指出，此时外流速度 $u_{\mathrm{e}}(x)$ 以及函数 $g(x)$ 均为未知函数。将方程(10.7.1)和方程(10.7.2)代入连续性方程并积分，可得垂直于流向的速度 $v(x,y)$ 的分布：

$$\begin{aligned}v(x,y)&=-\int_0^y\frac{\partial u}{\partial x}\mathrm{d}y=-\int_0^y\left(f'\frac{\mathrm{d}u_{\mathrm{e}}}{\mathrm{d}x}-u_{\mathrm{e}}\frac{\eta}{g}f''\frac{\mathrm{d}g}{\mathrm{d}x}\right)\mathrm{d}y\\&=-\int_0^\eta\left[f'\frac{\mathrm{d}(gu_{\mathrm{e}})}{\mathrm{d}x}-u_{\mathrm{e}}\frac{\mathrm{d}g}{\mathrm{d}x}(f'+\eta f'')\right]\mathrm{d}\eta\\&=-\frac{\mathrm{d}(gu_{\mathrm{e}})}{\mathrm{d}x}f\Big|_0^\eta+u_{\mathrm{e}}\frac{\mathrm{d}g}{\mathrm{d}x}(\eta f')\Big|_0^\eta\end{aligned} \tag{10.7.3}$$

在壁面上 $y=0$ 时，$\eta=0$，有 $f(0)=f'(0)=0$，根据式(10.7.3)可得边界层内壁面法向速度分量 $v(x,y)$ 的表达式为

$$v(x,y)=-\frac{\mathrm{d}(gu_{\mathrm{e}})}{\mathrm{d}x}f+u_{\mathrm{e}}\frac{\mathrm{d}g}{\mathrm{d}x}\eta f' \tag{10.7.4}$$

将式(10.7.1)和式(10.7.4)代入边界层近似方程(10.1.24)中，并考虑定常情况，可得

$$f'''+\frac{g}{\nu}\frac{\mathrm{d}(gu_{\mathrm{e}})}{\mathrm{d}x}ff''+\frac{g^2}{\nu}\frac{\mathrm{d}u_{\mathrm{e}}}{\mathrm{d}x}\left(1-f'^2\right)=0 \tag{10.7.5}$$

若要使方程(10.7.5)成为关于 η 的常微分方程，需要方程中的各个系数均是与 x 坐标无关的常数，即

$$\frac{g}{\nu}\frac{\mathrm{d}(gu_{\mathrm{e}})}{\mathrm{d}x}=\alpha,\quad \frac{g^2}{\nu}\frac{\mathrm{d}u_{\mathrm{e}}}{\mathrm{d}x}=\beta \tag{10.7.6}$$

由于 α 和 β 为常数，那么由式(10.7.6)可得

$$2\alpha-\beta=\frac{1}{\nu}\frac{\mathrm{d}}{\mathrm{d}x}\left(g^2u_{\mathrm{e}}\right) \tag{10.7.7}$$

沿流动方向积分式(10.7.7)，可得

$$(2\alpha-\beta)(x-x_0)=\frac{g^2}{\nu}u_{\mathrm{e}} \tag{10.7.8}$$

若令其中积分常数 $x_0=0$，即在坐标原点处 $g(0)=0$，有

$$g=\sqrt{\frac{(2\alpha-\beta)\nu x}{u_{\mathrm{e}}}} \tag{10.7.9}$$

将式(10.7.9)代入式(10.7.6)中，可得

$$u_e(x)=Cx^{\frac{\beta}{2\alpha-\beta}}=Cx^m \tag{10.7.10}$$

其中，C 为积分常数；$m=\beta/(2\alpha-\beta)$。不失一般性，若令 $\alpha=1$，那么方程(10.7.5)可化简为

$$f'''+ff''+\frac{2m}{1+m}\left(1-f'^2\right)=0 \tag{10.7.11}$$

方程(10.7.11)为边界层相似性解的基本方程，通常称为费克勒-史凯(Falkner-Skan)方程，该方程的边界条件为

$$f(0)=f'(0)=0,\quad f'(\infty)=1 \tag{10.7.12}$$

从方程(10.7.11)的推导过程可以看出，若外流速度 $u_e(x)$ 分布满足式(10.7.10)，那么边界层流动存在相似性解。通常情况下，$u_e=Cx^m$ 代表了物理上的绕平面角的流动，表 10-2 给出了几种典型的相似性解。当 $0\leqslant m\leqslant 1$ 时，对应于绕平面楔角外的理想流。当 $1\leqslant m\leqslant\infty$ 时，对应于平面楔角内的对称流，此时流场存在于一个凹角区域中，边界层的概念已经不适用。当 $-1/2<m<0$ 时，对应于理想流体绕凸角的流动，若考虑到流动分离现象的出现，m 的实际适用范围是 $-0.0904<m<0$。

表 10-2　几种典型的相似性解

流动类型	外流速度分布	常微分方程
驻点附近流动	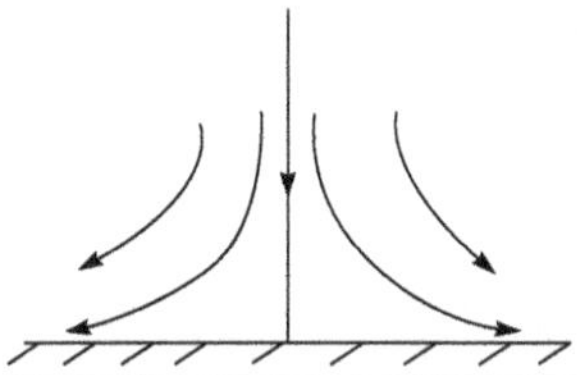 $u_e=Cx$ $m=1$	$f'''+ff''+(1-f'^2)=0$ $f(0)=f'(0)=0$ $f'(\infty)=1$
绕楔角流动	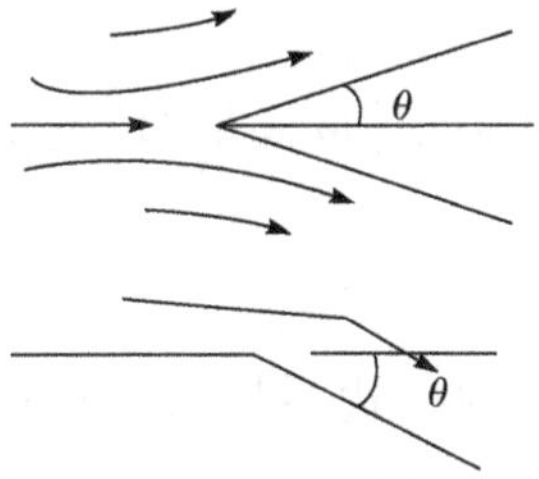 $u_e=Cx^m$ $\begin{cases}0<m<1\\0<\theta<\frac{\pi}{2}\end{cases}$ $\begin{cases}m<0\\\theta>\frac{\pi}{2}\end{cases}$	$f'''+\frac{1}{2}(m+1)ff''+m(1-f'^2)=0$ $f(0)=f'(0)=0$ $f'(\infty)=1$
二维收缩槽	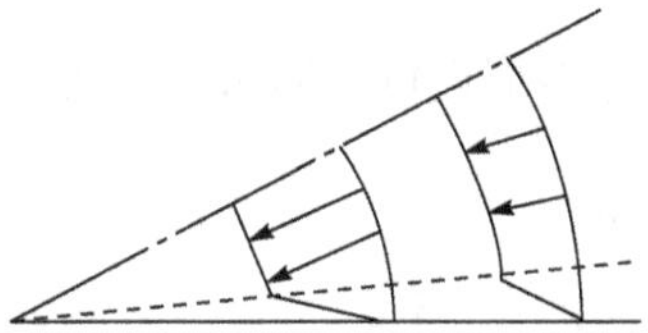 $u_e=-\frac{C}{x}$ $m=1$	$f'''+f'^2-1=0$ $f'(0)=0$ $f'(\infty)=1$ $f''(\infty)=0$

10.7.2　平面自由射流

作为相似性解的另一个例子，本节将讨论平面自由射流问题。流体通过喷嘴或狭缝向无限大空间内的静止流场进行喷射的流动称为自由射流。为了简化问题，本节只考虑通过平板上无限长狭缝的自由射流问题，如图 10-9 所示，其流场可视为平面流动。由于射流与周围流体之间的流向速度存在较大差异，即流向速度沿横向(垂直于流向)的梯度较大，射流流体与

周围流体之间在黏性作用下存在剧烈的动量交换，周围流体会被不断地卷吸到射流中，使得射流的宽度沿流向不断地向外扩展从而逐渐变宽。

建立图 10-9 所示平面笛卡儿直角坐标系。根据射流的特点，可知此时有 $v \ll u$ 、$|\partial u / \partial x| \ll |\partial u / \partial y|$ ，自由射流内部的压强与周围流体的压强相等，即 $\partial p / \partial x = 0$ 。若考虑定常流动，与平板边界层流动分析类似，根据量级分析，可得平面自由射流的基本方程如下：

$$\frac{\partial u}{\partial x} + \frac{\partial v}{\partial y} = 0 \tag{10.7.13}$$

$$u\frac{\partial u}{\partial x} + v\frac{\partial u}{\partial y} = \nu\frac{\partial^2 u}{\partial y^2} \tag{10.7.14}$$

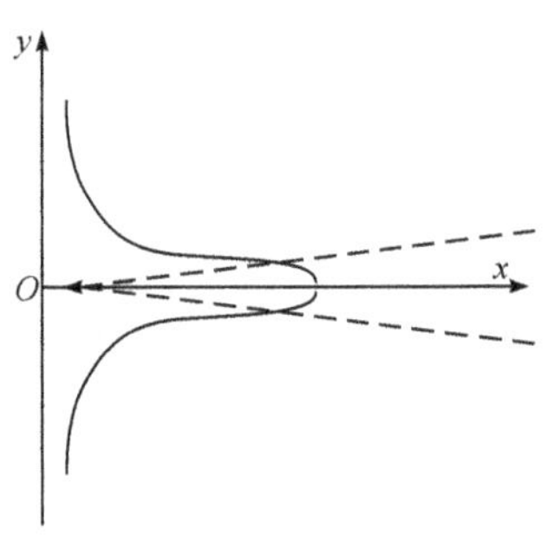

图 10-9　平面自由射流

在 $y = 0$ 处，根据问题的对称性，有对称边界条件：

$$u = u_{\mathrm{m}}, \quad v = 0, \quad \frac{\partial u}{\partial y} = 0 \tag{10.7.15}$$

在 $y \to \infty$ 处，由于射流的卷吸作用，存在沿横向（y 方向）的速度分量，即

$$u = 0, \quad v = -v_{\mathrm{e}} \tag{10.7.16}$$

其中，u_{m} 为平面自由射流对称面上的最大速度；v_{e} 为卷吸作用引起的卷吸速度，两者均为未知量。取射流宽度 $b(x)$ 为特征长度，与平板边界层厚度量级估计公式(10.2.23)类似，可得射流宽度特征尺度为

$$b(x) \sim \sqrt{\frac{\nu x}{u_{\mathrm{m}}}} \tag{10.7.17}$$

根据式(10.7.17)，可对横向坐标进行无量纲化为

$$\eta = \frac{y}{b(x)} \sim y\sqrt{\frac{u_{\mathrm{m}}}{\nu x}} \tag{10.7.18}$$

考虑到平面射流的解具有相似性，令无量纲化的流向速度满足如下形式：

$$\frac{u}{u_{\mathrm{m}}} = f'(\eta) \tag{10.7.19}$$

根据 10.7.1 节分析可知，仅当速度 u_{m} 满足 $u_{\mathrm{m}} \propto x^m$ 时，边界层流动存在相似性解。根据式(10.7.17)，可得射流宽度满足 $b \propto x^{-(m-1)/2}$ 。

对连续性方程(10.7.13)沿 y 方向进行积分，并根据速度 v 的边界条件，可得

$$v_{\mathrm{e}} = \frac{\mathrm{d}}{\mathrm{d}x}\int_0^\infty u\mathrm{d}y \tag{10.7.20}$$

同样，对动量方程(10.7.14)沿 y 方向进行积分，可得

$$\int_0^\infty u\frac{\partial u}{\partial x}\mathrm{d}y + \int_0^\infty v\frac{\partial u}{\partial y}\mathrm{d}y = \int_0^\infty \nu\frac{\partial^2 u}{\partial y^2}\mathrm{d}y \tag{10.7.21}$$

根据边界条件，可知式(10.7.21)右端项为零。运用分部积分公式，并根据流动对称性，式(10.7.21)最终可化简为

$$\frac{\mathrm{d}}{\mathrm{d}x}\int_{-\infty}^\infty u^2\mathrm{d}y = 0 \tag{10.7.22}$$

进一步可以得到
$$J=\int_{-\infty}^{\infty}\rho u^2\mathrm{d}y=\text{const} \tag{10.7.23}$$
其中，ρ 为流体密度，对于不可压缩流动，ρ 取常数。式(10.7.23)表明在射流问题中，通过任意 x 位置截面上沿 x 方向的动量通量是不变的，即动量守恒，这是射流的一个重要特征，其中 J 称为射流强度。将式(10.7.19)代入式(10.7.23)中，可得
$$J=\int_{-\infty}^{\infty}\rho u^2\mathrm{d}y=\int_{-\infty}^{\infty}\rho u_{\mathrm{m}}^2 f'^2\mathrm{d}y\sim\rho u_{\mathrm{m}}^2\sqrt{\frac{\nu x}{u_{\mathrm{m}}}}\int_{-\infty}^{\infty}f'^2\mathrm{d}\eta\propto x^{(3m+1)/2}=\text{const} \tag{10.7.24}$$
从式(10.7.24)中，可知 $m=-1/3$。根据式(10.7.18)，射流宽度 $b(x)$ 可表示为
$$b(x)\sim\sqrt{\frac{\nu x}{u_{\mathrm{m}}}}\sim x^{2/3} \tag{10.7.25}$$

根据上述分析，可令
$$\eta=A\frac{y}{x^{2/3}},\quad u_{\mathrm{m}}=\frac{B}{x^{1/3}} \tag{10.7.26}$$
那么则有
$$u=u_{\mathrm{m}}f'(\eta)=\frac{B}{x^{1/3}}f' \tag{10.7.27}$$
将式(10.7.27)代入连续性方程可得沿 y 方向的速度分量：
$$v=\frac{B}{3A}\frac{1}{x^{2/3}}f'+2\frac{B}{3A}\frac{1}{x^{2/3}}\eta f''=\frac{B}{3A}\frac{1}{x^{2/3}}(2\eta f'-f) \tag{10.7.28}$$
将式(10.7.26)～式(10.7.28)代入方程(10.7.14)中，可得
$$3\nu\frac{A^2}{B}f'''+ff''+f'^2=0 \tag{10.7.29}$$
相应的边界条件为
$$\eta=0,\quad f(0)=f''(0)=0,\quad f'(0)=1 \tag{10.7.30}$$
$$\eta\to\infty,\quad f'(\infty)=0 \tag{10.7.31}$$
对式(10.7.29)积分，积分常数由边界条件(式(10.7.30)和式(10.7.31))确定，最终可得解为
$$f(\eta)=\alpha\tanh\left(\frac{\eta}{\alpha}\right) \tag{10.7.32}$$
$$f'(\eta)=\mathrm{sech}^2\left(\frac{\eta}{\alpha}\right) \tag{10.7.33}$$
其中，$\alpha=A\sqrt{6\nu/B}$。将式(10.7.32)和式(10.7.33)代入式(10.7.24)中，可得射流强度为
$$J=\int_{-\infty}^{\infty}\rho u^2\mathrm{d}y=\int_{-\infty}^{\infty}\rho\frac{B^2}{A}\mathrm{sech}^4\left(\frac{\eta}{\alpha}\right)\mathrm{d}\eta=\int_{-\infty}^{\infty}\rho\sqrt{6\nu B^3}\,\mathrm{sech}^4\left(\frac{\eta}{\alpha}\right)\mathrm{d}\left(\frac{\eta}{\alpha}\right)=\frac{4\rho\sqrt{6\nu B^3}}{3} \tag{10.7.34}$$
可得射流强度 J 与参数 B 之间的关系式：
$$B=\left(\frac{3}{32\rho^2\nu}J^2\right)^{1/3} \tag{10.7.35}$$
将式(10.7.35)代入式(10.7.27)中，最终可得速度分布为

$$u = u_{\mathrm{m}} f'(\eta) = \left(\frac{3J^2}{32\rho^2 \nu x}\right)^{1/3} \operatorname{sech}^2\left[\left(\frac{J}{6\rho\nu^2 x^2}\right)^{1/3} \frac{y}{2}\right] \tag{10.7.36}$$

$$v = \left(\frac{J\nu}{6\rho x^2}\right)^{1/3} \left\{\left(\frac{J}{6\rho\nu^2 x^2}\right)^{1/3} y \operatorname{sech}^2\left[\left(\frac{J}{6\rho\nu^2 x^2}\right)^{1/3} \frac{y}{2}\right] - \tanh\left[\left(\frac{J}{6\rho\nu^2 x^2}\right)^{1/3} \frac{y}{2}\right]\right\}$$

从上述结果来看，如图 10-10 所示，流场速度分布与参数 A 的取值无关，射流宽度可依据速度剖面进行确定。通常情况下，层流射流仅在雷诺数较小的情况下出现。若以射流出口宽度为特征长度，当 $Re > 60$ 时，射流流动便会发生失稳并演化成为湍流射流。

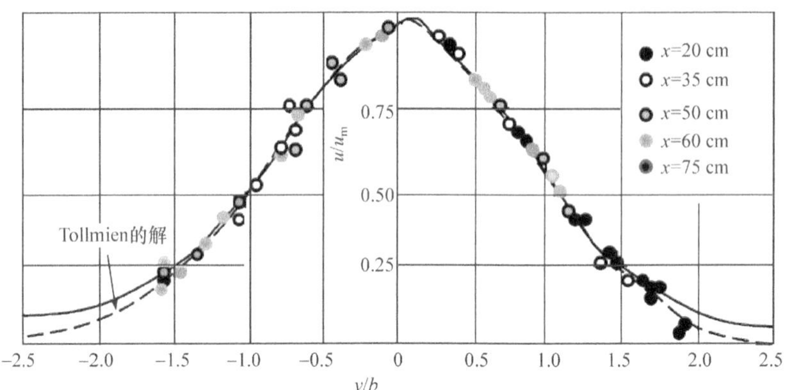

图 10-10　平面自由射流速度分布

10.8　边界层流动分离与卡门涡街

10.8.1　边界层流动分离

边界层流动分离是指绕流问题中，边界层从某个位置开始脱离物面，并且在物面附近产生回流的现象。下面将分析边界层内沿流向不同位置上的速度剖面变化趋势，进而找到确定边界层发生流动分离的条件和判据。

图 10-11 给出了曲面边界层流动的发展过程。在边界层外部流动中，压强沿流向的分布如图 10-11(b)所示。点 1～2 是顺压梯度，即 $\mathrm{d}p/\mathrm{d}x < 0$；点 2～5 是逆压梯度，即 $\mathrm{d}p/\mathrm{d}x > 0$。根据固体壁面的黏附边界条件，边界层内固体壁面上的流动速度为零，壁面附近边界层动量方程可化简为

$$\left.\frac{\partial^2 u}{\partial y^2}\right|_{y=0} = \frac{1}{\mu}\frac{\mathrm{d}p}{\mathrm{d}x} \tag{10.8.1}$$

其中，$\left.\partial^2 u/\partial y^2\right|_{y=0}$ 为边界层内速度分布在壁面上的二阶导数，它是速度沿边界层厚度方向分布曲线在壁面处的曲率。

根据边界层外部流动处于顺压梯度、零压梯度和逆压梯度情况，根据方程(10.8.1)可得

(1) 顺压梯度 $\mathrm{d}p/\mathrm{d}x < 0$，

$$\left.\frac{\partial^2 u}{\partial y^2}\right|_{y=0} < 0 \tag{10.8.2}$$

边界层内流向速度分量沿边界层厚度方向的分布曲线是凸向下游的，如图 10-11 截面 1 位置速度剖面所示。

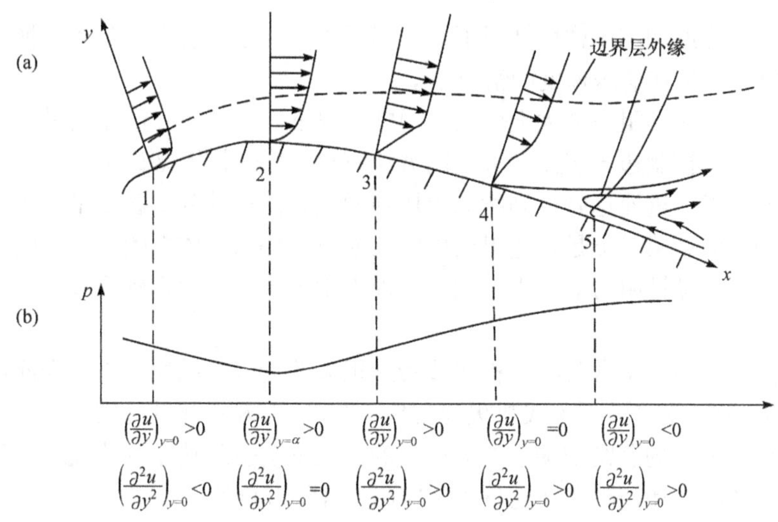

图 10-11　边界层内流动速度剖面

(2)零压梯度 $\mathrm{d}p/\mathrm{d}x=0$，

$$\left.\frac{\partial^2 u}{\partial y^2}\right|_{y=0}=0 \tag{10.8.3}$$

边界层内流向速度分量沿边界层厚度方向的分布曲线在壁面处存在拐点，如图 10-11 截面 2 位置速度剖面所示。

(3)逆压梯度 $\mathrm{d}p/\mathrm{d}x>0$，

$$\left.\frac{\partial^2 u}{\partial y^2}\right|_{y=0}>0 \tag{10.8.4}$$

边界层内流向速度分量沿边界层厚度方向的分布曲线将出现内凹的情况，如图 10-11 截面 3 位置速度剖面所示。

在边界层中，壁面附近的流体除受到压强梯度作用外，还受壁面黏性力的影响。后者与流动方向相反，通常视为阻力。在顺压梯度情况下，沿流动方向压强逐渐减小，压强差有助于克服壁面黏性力，对边界层内的流体有增速作用；逆压梯度情况下，沿流动方向压强逐渐增大，压强差和壁面黏性力对边界层内流体的流动均起到减速作用。当逆压梯度足够大时，甚至可使壁面附近的流体发生回流。通常情况下，把壁面附近流体流动方向开始发生逆转的位置称为分离点。据此，分离点的数学定义为

$$\left.\frac{\partial u}{\partial y}\right|_{y=0}=0 \tag{10.8.5}$$

其中，$y=0$ 为壁面位置，式(10.8.5)又称为边界层流动分离判据。在壁面上有切应力

$$\tau_{\mathrm{w}}=\left.\frac{\partial u}{\partial y}\right|_{y=0} \tag{10.8.6}$$

可知在分离点上游 $\tau_{\mathrm{w}}>0$，在分离点下游 $\tau_{\mathrm{w}}<0$。因此，在分离点上应同时有

$$\tau_w = \left.\frac{\partial u}{\partial y}\right|_{y=0} = 0, \quad \left.\frac{\partial \tau_w}{\partial x}\right|_{y=0} < 0 \tag{10.8.7}$$

需要指出，在顺压梯度和零压梯度情况下，边界层流动一般不会发生分离。换句话说，边界层流动分离通常只发生在逆压梯度的情况下。

边界层分离后，流动阻力会大大增加。通常情况下需要对边界层流动进行控制，以尽量避免出现流动分离。控制边界层流动分离的方法有很多，总体上来说可分为两大类：第一类是通过改变物面外形，进而达到控制物面上压强梯度，使流动分离区尽量缩小的目的，如采用细长的流线型物面；第二类是在边界层内注入能量，提高流体微团沿流向的动量，以增强抵抗逆压梯度和壁面黏性阻力的能力，如在壁面上吹吸流体以达到延缓分离、减小分离区的目的。

边界层分离现象的发生常常给工程实践带来很大的危害。例如，机翼表面边界层分离会使飞机升力锐减、阻力剧增，引发飞机失速现象；再如，叶轮机械叶片表面发生边界层分离，不仅会导致机械能损失的急剧增加，更为严重的情况下会引起喘振并造成结构破坏。因此，边界层分离流动的研究和控制在理论与实际应用上都很有价值。

10.8.2 圆柱绕流和卡门涡街

本节讨论均匀来流绕圆柱的流场特征。令均匀来流速度为U、圆柱直径为d、流体的运动黏度为ν，可得流动的雷诺数为

$$Re = \frac{Ud}{\nu} \tag{10.8.8}$$

通常情况下，当流动的雷诺数$Re \leqslant 6$时，圆柱周围流场如图 10-12(a)所示，流动形态与第 11 章中理想流体圆柱绕流的流动形态基本相同；当流动的雷诺数$6 < Re \leqslant 40$时，圆柱侧面出现流动分离，并在圆柱背面形成一对稳定的旋涡，如图 10-12(b)所示，这对旋涡称为双子涡(twin vortex)。随着流动雷诺数变大，双子涡逐渐伸长并且会在下游流场中出现波动；当雷诺数$Re > 40$时，双子涡无法维持，而是交替地从圆柱上分离形成周期振荡流动，如图 10-12(c)所示。从圆柱上分离出来的旋涡，在圆柱下游形成具有一定间隔的交错排列的两列旋涡，这种涡列分布称为卡门涡(Karman vortex)或者卡门涡街(Karman vortex street)。当雷诺数$Re > 300$以后，从圆柱上分离出的旋涡将变得不规则，无法再看到像图 10-12(c)所示的那样规则的卡门涡街。根据圆柱上脱落的卡门涡街的频率(也就是旋涡分离的频率)f以及圆柱直径d和来流速度U，可定义无量纲参数斯特劳哈尔数(Strouhal number)：

$$Sr = \frac{fd}{U} \tag{10.8.9}$$

Sr的取值与流动雷诺数有关。

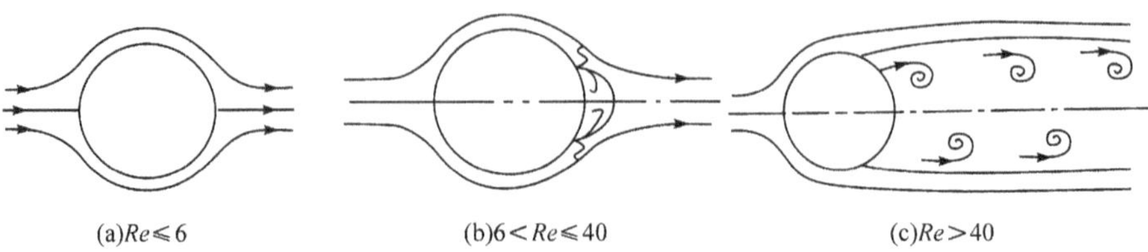

(a)$Re \leqslant 6$　(b)$6 < Re \leqslant 40$　(c)$Re > 40$

图 10-12　不同雷诺数下圆柱绕流流态

冯·卡门经过研究指出，若取两涡列在垂直于流动方向上的间距为 h，前后两个涡的中心在流动方向的间隔为 l，那么对于稳定的卡门涡街，h 和 l 之间存在如下的几何关系：

$$\frac{h}{l}=0.281 \tag{10.8.10}$$

冯·卡门进一步证明了，若涡街以小于主流的速度 u_s 向下游运动，单位长度圆柱体受到的阻力为

$$F_D=\rho U^2 h\left[2.83\frac{u_s}{U}-1.12\left(\frac{u_s}{U}\right)^2\right] \tag{10.8.11}$$

在圆柱体后形成的卡门涡街中，两列旋转方向相反的旋涡周期性地交替脱落，其脱落频率 n 与流体的来流速度 U 成正比，而与圆柱体的直径 d 成反比，即

$$n=Sr\frac{U}{d} \tag{10.8.12}$$

实验研究发现，当流动的雷诺数在 $5\times10^2\sim2\times10^5$ 时，斯特劳哈尔数 Sr 基本保持 0.2 不变。根据这一性质可制成涡街流量计。在管道中沿流体流动垂直的方向插入一段圆柱体检测棒，在检测棒下游产生卡门涡街，若测得的涡街脱落频率 n（通常可采用超声波束法进行测量），则可由式(10.8.12)求得流速 U，进而确定流量。若脱落频率正好与圆柱体横向振动的自然频率相近或相等，则会产生共振。输电线在一定风速下会发出“嗡嗡”响声，正是由这种共振引起。一些热力设备的管束，被流体横向绕过时，如果发生共振，将损坏设备。因此，在工程设计过程中应设法避免。卡门涡街不仅会出现在上述圆柱形物体的绕流流动中，在长方柱、正方柱、椭圆柱和圆锥等物体绕流流动中一般也可观察到。

10.9　黏性流体绕小圆球的蠕流流动*

作为黏性不可压缩流体外部流动的另一个典型例子，本节介绍黏性流体绕圆球极慢流动，即蠕流问题。如图 10-13 所示，流体以均匀速度 $V_\infty=\text{const}$ 绕一个半径为 a 的圆球流动，接下来分析圆球受到的阻力。

1. Stokes 近似解

考虑流体均匀来流速度较低的情况，此时流动雷诺数为

$$Re=\frac{\rho V_\infty D}{\mu} \tag{10.9.1}$$

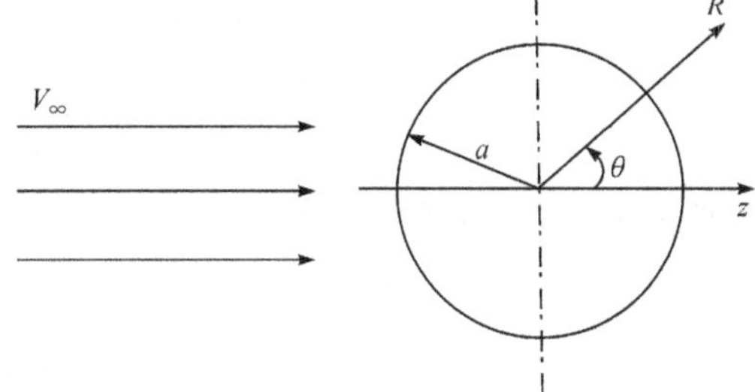

图 10-13　圆球绕流

其中，$D=2a$ 为圆球直径。由于 Re 与来流速度成正比，当来流速度较低时，流动雷诺数较小，可按低雷诺数流动近似进行处理。取图 10-13 所示球坐标系，忽略重力的影响，考虑到流动具有定常和沿 z 轴轴对称的特性，可将方程(7.3.42)和方程(7.3.44)简化写成如下形式。

连续性方程：

$$\frac{1}{R^2}\frac{\partial}{\partial R}(R^2V_R)+\frac{1}{R\sin\theta}\frac{\partial}{\partial\theta}(V_\theta\sin\theta)=0 \tag{10.9.2}$$

动量方程：

$$-\frac{1}{\rho}\frac{\partial p}{\partial R}+\frac{\mu}{\rho}\left[\Delta V_R-\frac{2V_R}{R^2}-\frac{2}{R^2\sin\theta}\frac{\partial(V_\theta\sin\theta)}{\partial\theta}\right]=0 \tag{10.9.3}$$

$$-\frac{1}{\rho}\frac{1}{R}\frac{\partial p}{\partial\theta}+\frac{\mu}{\rho}\left(\Delta V_\theta+\frac{2}{R^2}\frac{\partial V_R}{\partial\theta}-\frac{V_\theta}{R^2\sin^2\theta}\right)=0 \tag{10.9.4}$$

其中，

$$\varDelta=\frac{\partial^2}{\partial R^2}+\frac{2}{R}\frac{\partial}{\partial R}+\frac{\cot\theta}{R^2}\frac{\partial}{\partial\theta}+\frac{1}{R^2}\frac{\partial^2}{\partial\theta^2}$$

方程(10.9.2)～方程(10.9.4)称为Stokes方程，相应的无穷远处均匀来流条件可写成

$$V_R\big|_{R\to\infty}=V_\infty\cos\theta \tag{10.9.5}$$

$$V_\theta\big|_{R\to\infty}=-V_\infty\sin\theta \tag{10.9.6}$$

$$p\big|_{R\to\infty}=p_\infty \tag{10.9.7}$$

在球面上，根据速度黏附边界条件有

$$V_R\big|_{R=a}=0,\quad V_\theta\big|_{R=a}=0 \tag{10.9.8}$$

根据上述定解边界条件以及方程的性质，可用分离变量法来求解。假定速度、压力是具有下列形式的函数：

$$V_R(R,\theta)=F(R)\cos\theta \tag{10.9.9}$$

$$V_\theta(R,\theta)=-G(R)\cos\theta \tag{10.9.10}$$

$$p-p_\infty=\mu H(R)\cos\theta \tag{10.9.11}$$

其中，$F(R)$、$G(R)$和$H(R)$均为R的函数。将速度和压强的表达式(10.9.9)～式(10.9.11)代入Stokes方程(10.9.2)～方程(10.9.4)中，可得

$$\frac{\mathrm{d}F}{\mathrm{d}R}+2\frac{F-G}{R}=0 \tag{10.9.12}$$

$$\frac{\mathrm{d}H}{\mathrm{d}R}=\frac{\mathrm{d}^2F}{\mathrm{d}R^2}+\frac{2}{R}\frac{\mathrm{d}F}{\mathrm{d}R}-4\frac{F-G}{R^2} \tag{10.9.13}$$

$$\frac{H}{R}=\frac{\mathrm{d}^2G}{\mathrm{d}R^2}+\frac{2}{R}\frac{\mathrm{d}G}{\mathrm{d}R}-2\frac{F-G}{R^2} \tag{10.9.14}$$

相应的无穷远边界条件可写成

$$F(\infty)=V_\infty \tag{10.9.15}$$

$$G(\infty)=-V_\infty \tag{10.9.16}$$

$$H(\infty)=0 \tag{10.9.17}$$

球面上的边界条件可写成

$$F(a)=0 \tag{10.9.18}$$

$$G(a)=0 \tag{10.9.19}$$

至此，圆球低雷诺数绕流问题的基本方程可转化为方程(10.9.12)～方程(10.9.14)，相应定解条件由式(10.9.15)～式(10.9.19)给出。进一步，由式(10.9.12)，可得

$$G=\frac{R}{2}\frac{\mathrm{d}F}{\mathrm{d}R}+F \tag{10.9.20}$$

两端分别对R求导，有

$$\frac{\mathrm{d}G}{\mathrm{d}R}=\frac{R}{2}\frac{\mathrm{d}^2F}{\mathrm{d}R^2}+\frac{3}{2}\frac{\mathrm{d}F}{\mathrm{d}R}$$

$$\frac{\mathrm{d}^2G}{\mathrm{d}R^2}=\frac{R}{2}\frac{\mathrm{d}^3F}{\mathrm{d}R^3}+2\frac{\mathrm{d}^2F}{\mathrm{d}R^2}$$

将上述式子代入方程(10.9.14)中，有

$$H=\frac{R^2}{2}\frac{\mathrm{d}^3F}{\mathrm{d}R^3}+3R\frac{\mathrm{d}^2F}{\mathrm{d}R^2}+2\frac{\mathrm{d}F}{\mathrm{d}R} \tag{10.9.21}$$

将式(10.9.21)两端对R求导，有

$$\frac{\mathrm{d}H}{\mathrm{d}R}=\frac{R^2}{2}\frac{\mathrm{d}^4F}{\mathrm{d}R^4}+4R\frac{\mathrm{d}^3F}{\mathrm{d}R^3}+5\frac{\mathrm{d}^2F}{\mathrm{d}R^2} \tag{10.9.22}$$

将式(10.9.20)和式(10.9.22)代入方程(10.9.13)中，可得

$$R^4\frac{\mathrm{d}^4F}{\mathrm{d}R^4}+8R^3\frac{\mathrm{d}^3F}{\mathrm{d}R^3}+8R^2\frac{\mathrm{d}^2F}{\mathrm{d}R^2}-8R\frac{\mathrm{d}F}{\mathrm{d}R}=0 \tag{10.9.23}$$

方程(10.9.23)的通解形式可以写成

$$F(R)=C_1R^{-3}+C_2R^{-1}+C_3+C_4R^2 \tag{10.9.24}$$

其中，C_1、C_2、C_3、C_4为积分常数。将式(10.9.24)代入式(10.9.20)中，可得

$$G(R)=-\frac{C_1}{2}R^{-3}+\frac{C_2}{2}R^{-1}+C_3+2C_4R^2 \tag{10.9.25}$$

将式(10.9.24)代入式(10.9.21)中，可得

$$H(R)=\frac{C_2}{2}R^{-2}+10C_4R \tag{10.9.26}$$

根据边界条件(式(10.9.15)～式(10.9.19))，可确定式(10.9.24)～式(10.9.26)中积分常数C_1、C_2、C_3和C_4取值，可得

$$C_1=\frac{V_\infty a^3}{2},\quad C_2=-\frac{3}{2}V_\infty a,\quad C_3=V_\infty,\quad C_4=0 \tag{10.9.27}$$

将式(10.9.27)代入式(10.9.24)～式(10.9.26)中，而后代入速度和压强表达式(10.9.9)～式(10.9.11)中，最终可得速度和压强分布为

$$V_R(R,\theta)=V_\infty\cos\theta\left(1-\frac{3}{2}\frac{a}{R}+\frac{1}{2}\frac{a^3}{R^3}\right) \tag{10.9.28}$$

$$V_\theta(R,\theta)=-V_\infty\cos\theta\left(1-\frac{3}{4}\frac{a}{R}-\frac{1}{4}\frac{a^3}{R^3}\right) \tag{10.9.29}$$

$$p=p_\infty-\frac{3}{2}\mu\frac{V_\infty a}{R^2}\cos\theta \tag{10.9.30}$$

根据牛顿流体黏性应力公式，可求出圆球壁面上受到的黏性应力为

$$\tau_{RR} = 2\mu \frac{\partial V_R}{\partial R}\bigg|_{R=a} = 0 \tag{10.9.31}$$

$$\tau_{R\theta} = \mu\left(\frac{1}{R}\frac{\partial V_R}{\partial \theta} + \frac{\partial V_\theta}{\partial R} - \frac{V_\theta}{R}\right)\bigg|_{R=a} = -\frac{3}{2}\frac{\mu V_\infty}{a}\sin\theta \tag{10.9.32}$$

实际上，球面受到的作用力包含压强和黏性切应力。根据流动轴对称特性，可知圆球所受阻力与无穷远来流方向一致，将压强和黏性切应力沿无穷远来流方向进行投影，并沿球面对该投影分量进行积分可得

$$\boldsymbol{F} = \boldsymbol{e}_z\int_0^\pi \left[(-p+\tau_{RR})\cos\theta - \tau_{R\theta}\sin\theta\right]2\pi a^2\sin\theta \mathrm{d}\theta = 6\pi\mu V_\infty a\boldsymbol{e}_z \tag{10.9.33}$$

对于圆球绕流问题，可定义圆球阻力系数 C_D 为

$$C_D = \frac{F}{\frac{1}{2}\rho V_\infty^2 \pi a^2}$$

将圆球所受阻力式(10.9.33)代入上式可得圆球阻力系数为

$$C_D = \frac{24}{Re} \tag{10.9.34}$$

式(10.9.34)通常称为圆球低雷诺数绕流问题的Stokes公式，其中雷诺数 Re 由式(10.9.1)给出。图10-14给出了Stokes公式与实验结果的对比，在 $Re<1$ 的条件下，两者符合得较好。因此对于 $Re<1$ 的低雷诺数圆球绕流问题可采用Stokes近似来计算圆球受到的阻力。

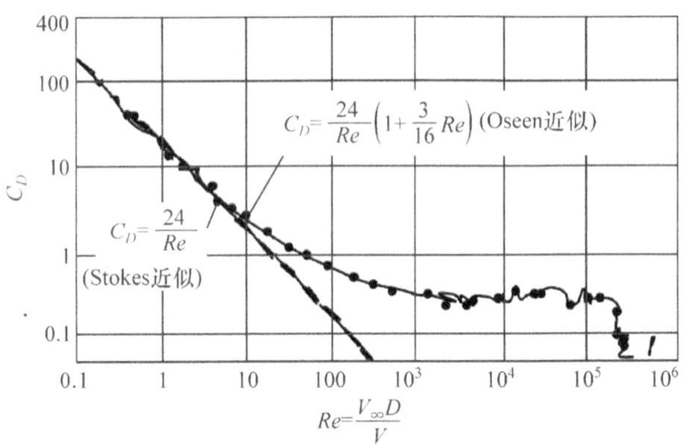

图 10-14　圆球绕流理论与实验结果对比

2. Stokes 近似的修正——Oseen 修正

从前面的分析知道，在流动雷诺数较低的情况下，通过Stokes近似方程求得的圆球绕流阻力式(10.9.34)与实验结果符合较好。Stokes近似的基础是假设整个流场中惯性力效应远小于黏性力效应。因此，可忽略Navier-Stokes方程中的惯性力项，使方程简化并求解。之后对式(10.9.28)～式(10.9.30)给出的解进行分析，验证其是否在整个流场内都满足Stokes近似条件。为简单起见，本节仅考察位于沿 z 轴远离圆球表面$(\theta=0, R\gg a)$的流场中惯性力和黏性力的量级比。根据式(10.9.28)～式(10.9.30)可得流场中惯性力和黏性力的量级之比为

$$\frac{\text{惯性力}}{\text{黏性力}} \sim \frac{\rho V_\infty R}{2\mu}\left(1-\frac{a^2}{R^2}\right)\left(1-\frac{3}{2}\frac{a}{R}+\frac{1}{2}\frac{a^3}{R^3}\right) \tag{10.9.35}$$

从式(10.9.35)中可明显看出，比值与 R 成正比。在圆球近壁面附近，当 R 为小量时，比值为小量；但当 R 取值较大时，在远离圆球壁面处，该比值不再是小量，惯性力不能忽略。这明显与Stokes近似的基础相互矛盾。因此，Stokes近似的流场解只适用于物体壁面附近的区域。

为了提高Stokes近似的准确度，Oseen在1910年对Stokes近似提出了修正的意见，并得到了相应的Oseen近似解。他根据无穷远和壁面边界条件，将速度场表示为如下形式：

$$\boldsymbol{V} = V_\infty \boldsymbol{e}_z + \boldsymbol{v} \tag{10.9.36}$$

其中，$\boldsymbol{v}$ 为附加速度小量。将式(10.9.36)代入Navier-Stokes方程中，并忽略 $\boldsymbol{v}$ 的高阶小量，可得

$$\nabla \cdot \boldsymbol{V} = \boldsymbol{0} \tag{10.9.37}$$

$$V_\infty \frac{\partial \boldsymbol{V}}{\partial z} = -\frac{1}{\rho}\nabla p + \frac{\mu}{\rho}\nabla^2 \boldsymbol{v} \tag{10.9.38}$$

方程(10.9.37)和方程(10.9.38)即称为圆球绕流的Oseen修正方程，相应的边界条件为

$$\boldsymbol{V}\big|_{R\to\infty} = V_\infty \boldsymbol{e}_z, \quad \boldsymbol{V}\big|_{R\to 0} = \boldsymbol{0} \tag{10.9.39}$$

$$p\big|_{R\to\infty} = p_\infty \tag{10.9.40}$$

与Stokes近似方程(10.9.2)和方程(10.9.4)相比，Oseen修正方程的优点在于它保留了惯性力中的主要部分。因此，它的解在整个流场中将更加符合实际流动。

求解Oseen近似方程，较求解Stokes方程更为复杂。对于圆球绕流来说，由于求解过程过于烦琐，在此不作详细讨论，只给出最终的阻力公式：

$$\boldsymbol{F} = 6\pi\mu V_\infty a\left(1 + \frac{3aV_\infty}{8\mu}\right)\boldsymbol{e}_z \tag{10.9.41}$$

相应的圆球阻力系数为

$$C_D = \frac{24}{Re}\left(1 + \frac{3}{16}Re\right) \tag{10.9.42}$$

在图10-14中给出了低雷诺数圆球阻力系数的Stokes和Oseen近似结果与实验结果的对比。当流动雷诺数 $Re < 1$ 时，Stokes近似的结果是很好的；而当流动雷诺数 $Re \geqslant 1$ 时，Stokes近似得到的结果明显偏小，此时，Oseen近似结果与实验符合较好。

10.10　绕流物体的阻力

10.10.1　阻力分类

根据阻力产生的原因不同，通常可将阻力分为 5 种类型：摩擦阻力(friction drag)、形状阻力(form drag)或压力阻力(pressure drag)、诱导阻力 (induced drag)、波动阻力(wave drag)和干涉阻力(interference drag)。下面分别对这 5 种不同类型的阻力进行简单介绍。

1. 摩擦阻力

由于黏性的作用，流体在物体表面上有沿流动方向的黏性摩擦力。将作用在物体整个表

面上的黏性摩擦力进行积分后得到的就是摩擦阻力。实际流动中，如高速列车、游轮等在流动方向上尺度较大的物体，作用在它们身上的摩擦阻力是十分可观的。

2. 形状阻力

如果流体从物体表面脱落，那么在物体背面流场中会形成一个低压区域。因此，对整个物体表面上的压力进行积分，将会产生与流动方向一致的阻力。由于这个阻力取决于物体的形状，所以通常称为形状阻力。另外，形状阻力还依赖于物体正面和背面的压力差，因此也称为压差阻力。一般来说，除了流动雷诺数极小的情况，钝体绕流问题中，流动分离现象难以避免。在沿流向尺度不大的钝体绕流问题中，形状阻力通常起主导作用。

3. 诱导阻力

在三维物体的绕流问题中，在物体两端常常会存在强烈的横向旋涡(如机翼、汽车等)。通常情况下，横向旋涡会引起诱导速度，导致物体周围压力分布发生变化并作为阻力作用在物体上。像这样伴随着旋涡产生而产生的阻力称为诱导阻力。

4. 波动阻力

随着船波向前行进，会在水面产生水波并向外传播。这些波的形成都需要消耗能量，因此产生了阻力。像这样伴随着波的出现而产生的阻力称为波动阻力。

5. 干涉阻力

流体中单独放置物体 1 或 2 时，物体受到的阻力为 D_1 和 D_2。若将两物体靠近并同时放置在流体中，将两个物体受到的阻力合力记为 D_{12}。一般来说，D_{12} 会比 D_1 和 D_2 之和大一些。这部分增加的阻力称为干涉阻力。

物体的阻力一般是由这五种阻力中的几种共同作用而形成的。阻力会带来能量的损失，因此需要通过流动控制来尽量减小阻力。此时，首先应该正确把握是哪一种阻力起主要作用，进而才能够采取相应的措施来减少该阻力。

10.10.2　减小黏性流体绕流物体阻力的措施

针对上述不同的阻力类型，可以采用如下的方法降低流体绕流的阻力。由于层流边界层作用在物体表面上的切应力要比湍流边界层小得多，为了减小摩擦阻力，应使绕流物体表面的层流边界层尽可能长，即让层流边界层转变为湍流边界层的转捩点尽可能往后推移；若要降低形状阻力，则需尽量减小分离区，通常可采用减小逆压梯度的方法，即采用具有圆头尖尾细长外形的流线型物面，从而可使壁面流动分离点位置尽量往后推移，通常情况下流线型物体的阻力系数与非流线型物体相比小一个数量级；另外，形状确定的非流线型物体，如前述圆球或圆柱体，则可采用人为增加表面粗糙度的方法，促使层流边界层较早地转变为湍流边界层，以使分离点后移而减小形状阻力。虽然增加粗糙度会增大摩擦阻力，但分离点后移却大大降低了形状阻力，这种方法对形状阻力占主的非流线型物体非常有效。

一般情况下，汽车在以时速100km 行驶时，在受到的总阻力中摩擦阻力占 6%、形状阻力占 48%、诱导阻力占 6%、波动阻力约为 0%、干涉阻力约占 12%，剩余的阻力分别来自轮胎转动的摩擦阻力和轴承的摩擦阻力。因此，最有效的减少汽车阻力的途径是改善车体的外形来降低形状阻力。在实际工程上，为了尽量不让流体产生分离，汽车常常被设计成流线型，并将棱角做得相对圆滑。

科技前沿(10)——船舶减阻技术

人物介绍(10)——普朗特和冯·卡门

习　题

10-1　已知边界层内流体速度分布为$u/u_e=(y/\delta)^{1/6}(0\leqslant y\leqslant\delta)$，其中$\delta$是边界层的厚度，试求边界层的位移厚度、动量损失厚度和能量损失厚度。

10-2　设来流速度为u_e的平板层流边界层内无量纲速度可表示为四次多项式，即$u/u_e=a\eta^4+b\eta^3+c\eta^2+d\eta+e$，其中$\eta=y/\delta$，$a$、$b$、$c$、$d$、$e$是待定常数，试用卡门动量积分方程求边界层流动的近似解。

10-3　设平板层流边界层的速度分布$u/u_e=1-\exp(-k\eta)$，其中$\eta=y/\delta$，u_e为外流速度，k为待定常系数。试求系数k及边界层的位移厚度δ_1和动量损失厚度θ。(提示：系数k可由边界条件$y=\delta$时，$u=0.99u_e$确定。)

10-4　一块长1.2m、宽0.6m的平板，顺流放置于速度为0.8m/s的恒定水流中，设平板上边界层内的速度分布为$u/u_e=\eta(2-\eta)$，其中$\eta=y/\delta$，δ为边界层厚度，y为与平板的垂直距离。试求：(1)边界层厚度的最大值；(2)作用在平板上的单面阻力。(设水温为20℃。)

10-5　若平板层流边界层内速度分布规律为正弦曲线$u=u_e\sin(\pi\eta/2)$，其中$\eta=y/\delta$，试求边界层的厚度、平板受到的摩擦系数与雷诺数Re之间的关系式。

10-6　设顺流长平板上的层流边界层中，板面上的速度梯度满足$\partial u/\partial y|_{y=0}=k$。试证明板面附近的速度分布可用下式表示：$u=\dfrac{1}{2\mu}\dfrac{\partial p}{\partial x}y^2+ky$。其中，$\dfrac{\partial p}{\partial x}$为板长方向的压强梯度；$y$为与板面的距离(设流动为恒定)。

10-7　15℃的空气以25m/s的速度流过与流动方向平行的薄平板。试求距前缘0.2m及0.5m处边界层的厚度(设空气的运动黏度$\nu=1.5\times10^{-5}\text{m}^2/\text{s}$，流动发生转捩的雷诺数$Re_{cr}=5\times10^5$；层流边界层厚度按照式(10.2.35)计算)。

10-8　设光滑平板湍流边界层内速度剖面为1/6指数律：$u/u_e=(y/\delta)^{1/6}$，若壁面切应力满足$\tau_w=0.0233\rho u_e^2\left(\dfrac{\mu}{\rho u_e\delta}\right)^{\frac{1}{4}}$，试求：(1)边界层厚度$\delta/x$；(2)壁面摩擦系数$C_f$表达式。

10-9　已知薄平板宽$b=0.6\text{m}$，长$l=10\text{m}$，平板在石油中以速度$U=5\text{m/s}$等速滑动，石油的动力黏度$\mu=0.0128\text{Pa}\cdot\text{s}$，密度$\rho=850\text{kg/m}^3$。不考虑板厚的影响，并设临界雷诺数$Re_{cr}=3.2\times10^5$，试确定：(1)层流边界层的长度$x_{cr}$；(2)平板单面上所作用的摩擦阻力$D$。

10-10　矩形平板的长、短边长度分别为4.5m及1.5m。它在静止空气中以3m/s的速度沿自身平面内运动。已知空气的密度$\rho=1.205\text{kg/m}^3$，运动黏度$\nu=1.5\times10^{-5}\text{m}^2/\text{s}$。试求：(1)平板沿短边方向运动时的摩擦阻力；(2)沿长边方向运动时的摩擦阻力，以及两种情况下摩擦阻力之比(令转捩的临界雷诺数为$Re_{cr}=5\times10^5$)。

10-11　有两辆迎风面积均为 $A = 2\,\text{m}^2$ 的汽车。其中一辆为 20 世纪 20 年代的老式车，绕流阻力系数为 $C_{D1} = 0.8$；另一辆为当今有良好外形的新式车，绕流阻力系数 $C_{D2} = 0.28$。若两辆车在气温为20℃、无风的条件下，均以 $90\,\text{km/h}$ 的车速行驶，试求为克服空气阻力各需多大的功率？

10-12　为了确定液体的运动黏度 ν 和密度 ρ，观察两个不同的小圆球在该液体中的下落速度。一个小球是铅质的，直径 $d_1 = 3\,\text{mm}$，材料密度 $\rho_1 = 2.6\times10^3\,\text{kg/m}^3$；另一个小球是赛璐珞的，直径 $d_2 = 4.5\,\text{mm}$，材料密度 $\rho_2 = 1.4\times10^3\,\text{kg/m}^3$。对两个小球所测得的终端速度分别为 $V_1 = 0.5\,\text{cm/s}$，$V_2 = 0.2\,\text{cm/s}$，试计算液体的运动黏度 ν 和密度 ρ（绕流雷诺数 $Re < 1$ 时，阻力系数为 $C_D = \dfrac{24}{Re}$；绕流雷诺数 $1 < Re < 10^3$ 时，阻力系数 $C_D = \dfrac{13}{\sqrt{Re}}$；绕流雷诺数 $10^3 < Re < 2\times10^5$ 时，阻力系数 $C_D = 0.45$）。

第 11 章　不可压缩理想流体流动

通常将忽略黏性的流体称为理想流体，它是真实流体的一种近似模型。在理想流体近似条件下，可使流体力学问题得到很大简化。20 世纪之前，流体力学的研究对象基本上都是理想流体。工程界常常针对理想流体力学理论是否与实际流动相符提出质疑，理想流体力学理论最主要的一个缺陷在于不能够正确地预测流体中运动物体所受到的阻力。20 世纪初，德国流体力学家普朗特发现了绕流物体的边界层现象，指出流体黏性仅在物体壁面附近很薄一层内才对流体流动有显著的影响。忽略边界层厚度和流体黏性，并采用理想流体力学理论来预测流线型物体表面的压强分布和实际情况较符合。这一发现指明了理想流体力学理论的适用范围。著名的库塔-茹科夫斯基定理就是通过理想流体力学理论成功解释了飞机机翼升力产生的原理。迄今为止，采用理想流体力学基本理论和方法求解没有流动分离的绕流现象时，可以得到与实际情况符合非常好的流场和物面压力分布。对于超出理想流体近似范围的流动问题，则需运用黏性流体力学理论来进行分析和解释。

对于理想流体的低速绕流流动，流体压缩性可忽略不计。这类型流动大多是二维流动或可近似为二维流动。例如，均匀来流绕长圆柱体的绕流和水平飞行的机翼绕流等问题。本章将主要介绍理想不可压缩流体的二维流动理论及其在求解物体绕流问题中的实际运用。

11.1　速度势函数与流函数

11.1.1　有势流动和速度势

在第 3 章中已介绍了流体微团的运动，按流体微团本身是否旋转可将流动分为有旋流动和无旋流动，其中无旋流动也称为有势流动或位势流。有势流动理论在流体机械设计，特别是在边界层理论的计算和分析中具有重要意义。对于有势流动而言，存在速度势函数 ϕ，速度场和势函数之间满足

$$\boldsymbol{V} = \nabla\phi \tag{11.1.1}$$

式(11.1.1)的含义是：速度势的梯度就是流场的速度。需要指出的是，当流体做无旋流动时，不论其是否可压缩，总有速度势存在。将式(11.1.1)在笛卡儿直角坐标系中展开，可以得到

$$u = \frac{\partial\phi}{\partial x}, \quad v = \frac{\partial\phi}{\partial y}, \quad w = \frac{\partial\phi}{\partial z} \tag{11.1.2}$$

将速度与速度势关系式(11.1.1)或式(11.1.2)代入不可压缩流动的连续性方程中，可得

$$\nabla^2\phi = \frac{\partial^2\phi}{\partial x^2} + \frac{\partial^2\phi}{\partial y^2} + \frac{\partial^2\phi}{\partial z^2} = 0 \tag{11.1.3}$$

式(11.1.3)在数学上称为拉普拉斯(Laplace)方程。从上述分析可知，对于不可压缩无旋流动，速度有势且满足拉普拉斯方程。求解不可压缩无旋流动问题，可转变为拉普拉斯方程的边值

问题。将求解拉普拉斯方程所得速度势代入式(11.1.2)中，就可求得速度场。

例题 11-1 已知平面不可压缩定常有势流动的速度势函数为$\phi = x^2 - y^2$，求在点(2.0,1.5)处速度的大小。

解：根据速度势与速度分量之间的关系式(11.1.2)，可得

$$u = \frac{\partial \phi}{\partial x} = 2x, \quad v = \frac{\partial \phi}{\partial y} = 2y$$

将点坐标$x = 2.0, y = 1.5$代入上式中，可得速度分量大小分别为

$$u = 4 \text{ m/s}, \quad v = 3 \text{ m/s}$$

相应的速度大小为
$$|\boldsymbol{V}| = \sqrt{u^2 + v^2} = 5 \text{ m/s}$$

解毕。

11.1.2 流函数

对于平面不可压缩流动问题，还有另一个描绘流场的函数，即流函数。以笛卡儿直角坐标系为例，根据连续性方程得

$$\frac{\partial u}{\partial x} = -\frac{\partial v}{\partial y} \tag{11.1.4}$$

对于平面流动而言，可知流线方程为

$$\frac{dx}{u} = \frac{dy}{v} \tag{11.1.5}$$

也可以写成
$$u dy - v dx = 0 \tag{11.1.6}$$

由微积分原理可知，式(11.1.4)是方程(11.1.6)成为某一函数$\psi(x, y)$全微分的充分必要条件，因此有
$$d\psi = \frac{\partial \psi}{\partial x} dx + \frac{\partial \psi}{\partial y} dy = u dy - v dx \tag{11.1.7}$$

其中，
$$u = \frac{\partial \psi}{\partial y}, \quad v = -\frac{\partial \psi}{\partial x} \tag{11.1.8}$$

根据式(11.1.6)和式(11.1.7)，可知在流线上有$d\psi = 0$或$\psi = \text{const}$，而在不同流线上函数ψ可有不同取值。从上面分析可知，引入流函数的过程中未涉及流体有无黏性或流动是否有势。因此，只要是不可压缩流体的平面流动，就必然存在流函数。而三维流动中，除轴对称流动外，一般不引入流函数。

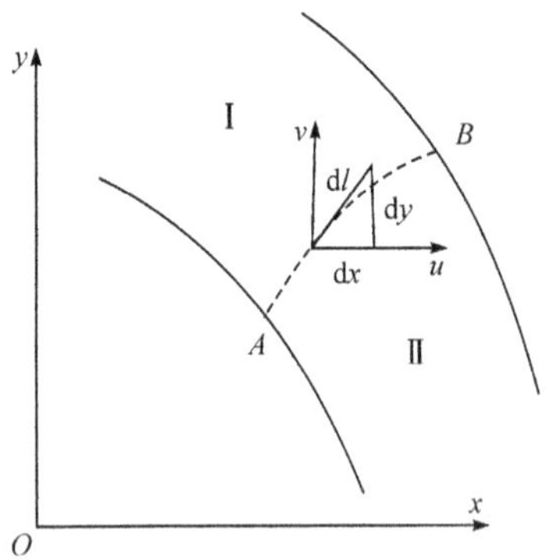

图 11-1 流函数物理意义示意图

下面进一步对流函数的物理含义进行讨论。图 11-1 中实线为经过 A 和 B 两点的流线。取与流线相互正交的虚线 AB 并假定垂直于平面 Oxy 的流体厚度为 1，显然两条流线之间流体的流量与通过虚线 AB 的流量相同。在虚线 AB 上取一个微元弧段dl，那么$u dy$代表经过dl从Ⅰ区进入Ⅱ区的流量，而$v dx$代表了经过dl从Ⅱ区进入Ⅰ区的流量，则经过dl从Ⅰ区进入Ⅱ区的净流量为

$$dq = u dy - v dx \tag{11.1.9}$$

对虚线 AB 积分，可得到两条流线之间的总流量为

$$Q=\int_A^B \mathrm{d}q=\int_A^B u\mathrm{d}y-v\mathrm{d}x=\int_A^B \mathrm{d}\psi=\psi_B-\psi_A \tag{11.1.10}$$

至此，可知流函数的物理意义是：二维平面流动中两条流线之间通过的流体体积流量，等于两条流线上流函数值之差。此外，根据式(11.1.10)，可知两流线之间通过的流体体积流量沿整个流线保持不变。

对于二维平面流动，涡量仅有垂直于流动平面的分量，即

$$\omega_z=\frac{\partial v}{\partial x}-\frac{\partial u}{\partial y} \tag{11.1.11}$$

对于势流流动，由于流动无旋，则有

$$\frac{\partial v}{\partial x}-\frac{\partial u}{\partial y}=0 \tag{11.1.12}$$

从前面分析可知，在二维平面不可压缩势流动中，必然同时存在速度势和流函数。将速度与流函数关系式(11.1.8)代入式(11.1.12)，可以得到流函数满足拉普拉斯方程，即

$$\frac{\partial^2\psi}{\partial x^2}+\frac{\partial^2\psi}{\partial y^2}=\nabla^2\psi=0 \tag{11.1.13}$$

因此，二维平面不可压缩势流的流函数也满足拉普拉斯方程。根据速度与速度势以及流函数之间的关系，可得速度势函数ϕ与流函数ψ之间满足如下关系：

$$\frac{\partial\phi}{\partial x}=\frac{\partial\psi}{\partial y},\quad \frac{\partial\phi}{\partial y}=-\frac{\partial\psi}{\partial x} \tag{11.1.14}$$

即有

$$\frac{\partial\phi}{\partial x}\frac{\partial\psi}{\partial x}+\frac{\partial\phi}{\partial y}\frac{\partial\psi}{\partial y}=0 \tag{11.1.15}$$

式(11.1.15)可写成如下的向量形式：

$$\nabla\phi\cdot\nabla\psi=0 \tag{11.1.16}$$

由微分几何基本知识可知，$\boldsymbol{n}_\phi=\nabla\phi/|\nabla\phi|$和$\boldsymbol{n}_\psi=\nabla\psi/|\nabla\psi|$分别代表了速度势函数和流函数等值线的法向量。根据式(11.1.16)，可知对于二维平面不可压缩势流来说，流函数和势函数的等值线相互正交。由于流函数等值线为流线，可在流场平面内得到一组流线和一组等势线构成的正交网络，通常称为流网，如图 11-2 所示。

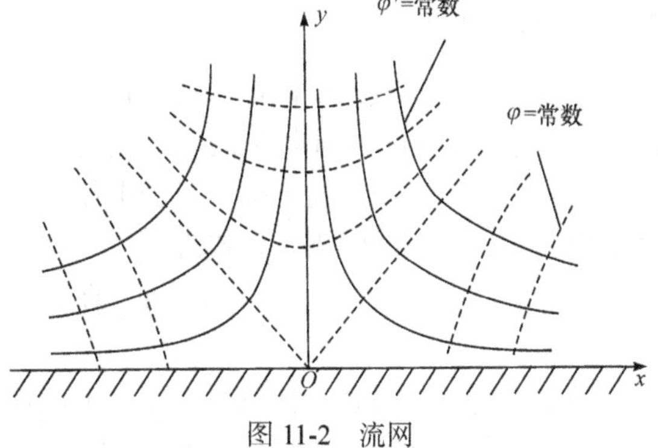

图 11-2　流网

11.2　有势流动主要性质

11.2.1　开尔文定理

开尔文定理是理想势流理论中的重要定理，其具体表述如下：理想正压流体在势力场作用下，沿任何由流体质点所组成的封闭曲线的速度环量不随时间变化。下面给出证明。

证明：首先，根据环量定义，可知沿封闭曲线的速度环量为

$$\Gamma=\oint_l \boldsymbol{V}\cdot \mathrm{d}\boldsymbol{l}=\oint_l u\mathrm{d}x+v\mathrm{d}y+w\mathrm{d}z \tag{11.2.1}$$

然后，对速度环量求全微分得到速度环量随时间的变化率，即

$$\frac{\mathrm{D}\Gamma}{\mathrm{D}t}=\frac{\mathrm{D}}{\mathrm{D}t}\oint_l u\mathrm{d}x+v\mathrm{d}y+w\mathrm{d}z=\oint_l \frac{\mathrm{D}\boldsymbol{V}}{\mathrm{D}t}\cdot \mathrm{d}\boldsymbol{l}=\oint_l \frac{\mathrm{D}u}{\mathrm{D}t}\mathrm{d}x+\frac{\mathrm{D}v}{\mathrm{D}t}\mathrm{d}y+\frac{\mathrm{D}w}{\mathrm{D}t}\mathrm{d}z \tag{11.2.2}$$

由于理想流体流动满足欧拉方程：

$$\frac{\mathrm{D}\boldsymbol{V}}{\mathrm{D}t}=\boldsymbol{f}-\frac{1}{\rho}\nabla p \tag{11.2.3}$$

将式(11.2.3)代入式(11.2.2)中可得

$$\frac{\mathrm{D}\Gamma}{\mathrm{D}t}=\oint_l \left(\boldsymbol{f}-\frac{1}{\rho}\nabla p\right)\cdot \mathrm{d}\boldsymbol{l} \tag{11.2.4}$$

由于质量力有势以及流体正压，可知

$$\boldsymbol{f}=-\nabla \varPi,\quad \frac{1}{\rho}\nabla p=\nabla P \tag{11.2.5}$$

将式(11.2.5)代入式(11.2.4)中，可得

$$\frac{\mathrm{D}\Gamma}{\mathrm{D}t}=\oint_l (-\nabla\varPi-\nabla P)\cdot \mathrm{d}\boldsymbol{l}=-\oint_l \nabla(\varPi+P)\cdot \mathrm{d}\boldsymbol{l}=0 \tag{11.2.6}$$

这是因为$\varPi$和 P 都是 x 、 y 、 z 、 t 的单值连续函数，所以沿封闭曲线的积分值为零。根据式(11.2.6)可知速度环量不随时间变化，即开尔文定理得证。利用开尔文定理可推出理想正压流体在势力场作用下运动时涡量的一些重要性质。

11.2.2 拉格朗日定理

根据开尔文定理，可以推导得到拉格朗日定理。具体描述是：理想正压流体在势力场作用下，若某一时刻连续流场无旋，则流场始终无旋。证明过程如下。

证明：令 t_0 时刻流场无旋，流场中任意位置均有 $\nabla\times\boldsymbol{V}=\boldsymbol{0}$ 。流场中通过任意曲面上的涡通量也为零，相应数学表达形式为

$$J=\iint_A (\nabla\times\boldsymbol{V})\cdot \boldsymbol{n}\mathrm{d}A=0 \tag{11.2.7}$$

根据斯托克斯公式，任意封闭曲线上的速度环量等于通过该周线上曲面的涡通量，即初始时刻任意封闭曲线上速度环量也等于零：

$$\Gamma=\oint_l \boldsymbol{V}\cdot \mathrm{d}\boldsymbol{l}=\iint_A (\nabla\times\boldsymbol{V})\cdot \boldsymbol{n}\mathrm{d}A=0 \tag{11.2.8}$$

取任意初始封闭曲线为流体线，根据开尔文定理，当跟随它运动到t时刻，在这些封闭曲线上的速度环量始终等于初始环量，即等于零。换句话说，对于任意时刻的任意封闭曲线有

$$\Gamma=\oint_{l(t)} \boldsymbol{V}\cdot \mathrm{d}\boldsymbol{l}=0 \tag{11.2.9}$$

再由斯托克斯公式，可证明任意时刻通过张在任意封闭曲线 $l(t)$ 上曲面的涡通量等于零，即

$$J=\iint_{A(t)}(\nabla\times\boldsymbol{V})\cdot\boldsymbol{n}\mathrm{d}A=0 \tag{11.2.10}$$

由于式(11.2.10)中 $A(t)$ 为流场中的任意曲面，在任意时刻流场中处处满足 $\nabla\times\boldsymbol{V}=\mathbf{0}$，即流场始终无旋。

拉格朗日定理说明，理想正压流体在势力场作用下运动时，流场中的涡量是不生不灭的。若在某一时刻流场无旋则永远无旋，反之若流场在某一时刻有旋，则永远有旋，其涡量不可能产生也不可能消失。本质上这是因为理想流体中不存在切应力，不能传递旋转运动。既不能使无旋转的流体微团产生旋转，也不能使旋转的流体微团停止旋转。当开尔文定理的条件得不到满足时，流体在运动过程中会产生涡量，并可能会形成旋涡。例如，大范围的大气应视为非正压性流体，科里奥利力是非有势的质量力，这就是大范围大气会形成环流和旋风的根本原因。

11.2.3　亥姆霍兹定理

亥姆霍兹定理是研究理想流体有旋流动的基本定理，说明了旋涡的基本性质。下面分别给出亥姆霍兹第一和第二定理，并简要叙述其证明过程。

(1)亥姆霍兹第一定理：理想正压流体在势力场作用下，涡线在运动过程中一直保持为相同流体质点组成的涡线。一般情况下涡线可以视为两个涡面的交线。只要证明涡面具有保持性，就证明了涡线的保持性。涡面的保持性就是说组成涡面的流体质点永远组成涡面，或者说涡面就是流体面。具体证明过程如下：设某一时刻流体中有一个涡面，在此涡面上任取一条封闭曲线，那么根据斯托克斯定理可以证明，绕此封闭曲线的速度环量为零。根据开尔文定理，在其余任意时刻，该封闭曲线的速度环量始终为零，根据斯托克斯定理，可知张在封闭曲线上曲面的涡通量也始终为零，即理想正压流体在势力场中运动时，涡面始终是涡面，即涡面具有保持性。

(2)亥姆霍兹第二定理：理想正压流体在势力场作用下，涡管在运动过程中一直保持为相同流体质点组成的涡管，并且涡管的强度不随时间变化。具体证明如下：首先证明涡管的保持性。在涡管表面任取一条由许多流体质点组成的封闭曲线，因曲线所包围的面积无涡线通过，由斯托克斯定理知，沿周线的速度环量为零。根据开尔文定理，速度环量不能自生自灭，沿周线的速度环量始终为零。因此，涡管运动过程中，涡线不会通过涡管表面，涡管表面的流体质点始终在涡管上，涡管形状尽管会发生变化，但不会被破坏。其次证明涡管的强度不随时间变化。由斯托克斯定理，沿围绕涡管截面封闭曲线的速度环量等于涡管的旋涡强度，再根据卡尔文定理，该速度环量不随时间变化，所以涡管的旋涡强度也不随时间变化。

11.3　平面有势基本流动

11.3.1　定常平行流

在研究流体绕物体的流动时，距离物体较远处的流场可近似认为均匀平行流。在定常平行流场中，流体做匀速直线运动，所有流体质点的速度相等，即 $u=u_0, v=v_0$ 均为常数。积分流线的微分方程 $\mathrm{d}y/\mathrm{d}x=v_0/u_0$，可得

$$u_0 y - v_0 x = C \tag{11.3.1}$$

其中，C 为积分常数。

如图 11-3 所示，定常平行流的流线为平行直线组，其与 x 轴的夹角为 $\arctan(v_0 / u_0)$。根据势函数 ϕ 与速度分量之间的关系，有

$$\frac{\partial \phi}{\partial x} = u = u_0, \quad \frac{\partial \phi}{\partial y} = v = v_0 \tag{11.3.2}$$

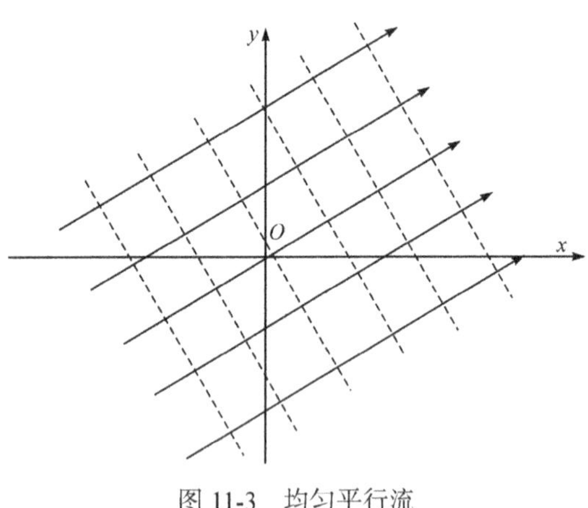

图 11-3　均匀平行流

可得

$$\mathrm{d}\phi = \frac{\partial \phi}{\partial x}\mathrm{d}x + \frac{\partial \phi}{\partial y}\mathrm{d}y = u_0 \mathrm{d}x + v_0 \mathrm{d}y \tag{11.3.3}$$

积分式(11.3.3)，可得速度势表达式为

$$\phi = u_0 x + v_0 y + C_1 \tag{11.3.4}$$

其中，C_1 为积分常数。同理，根据流函数 ψ 与速度分量之间的关系，有

$$\frac{\partial \psi}{\partial x} = -v_0, \quad \frac{\partial \psi}{\partial y} = u_0 \tag{11.3.5}$$

可得

$$\mathrm{d}\psi = \frac{\partial \psi}{\partial x}\mathrm{d}x + \frac{\partial \psi}{\partial y}\mathrm{d}y = -v_0 \mathrm{d}x + u_0 \mathrm{d}y \tag{11.3.6}$$

积分式(11.3.6)，可得流函数表达式为

$$\psi = -v_0 x + u_0 y + C_2 \tag{11.3.7}$$

其中，C_2 为积分常数，流函数表达式(11.3.7)与流线方程(11.3.1)一致。图 11-3 中所示势函数的等值线与流函数等值线(流线)相互垂直。从式(11.3.4)和式(11.3.7)中可知，速度势和流函数都显然满足拉普拉斯方程。

对于二维平面平行流动，因为流场中各点的速度相同，由伯努利方程得

$$\rho g y + p = C_3 \tag{11.3.8}$$

其中，C_3 为积分常数；ρ 和 p 分别为流体的密度和压强；g 为重力加速度，这里令重力加速度方向沿坐标轴 y 轴的负方向。若忽略重力的影响，则有

$$p = C_3 \tag{11.3.9}$$

即流场中各处的压强都相同。

11.3.2　点源和点汇

流体从平面上的一点沿径向直线均匀地向各个方向流出，这种流动称为点源流动，出发点称为点源。相反地，若流体沿径向直线均匀地从各方流入一点，这种流动称为点汇流动，汇集点称为点汇或负点源。点源流动和点汇流动如图 11-4 所示。其中流体的速度只有径向速度 u_r，圆周速度 u_θ 为零。取点源(或点汇)作为极坐标原点。在极坐标系下，速度势与速度分量之间的关系可以写为

$$u_r = \frac{\partial \phi}{\partial r}, \quad u_\theta = 0 \tag{11.3.10}$$

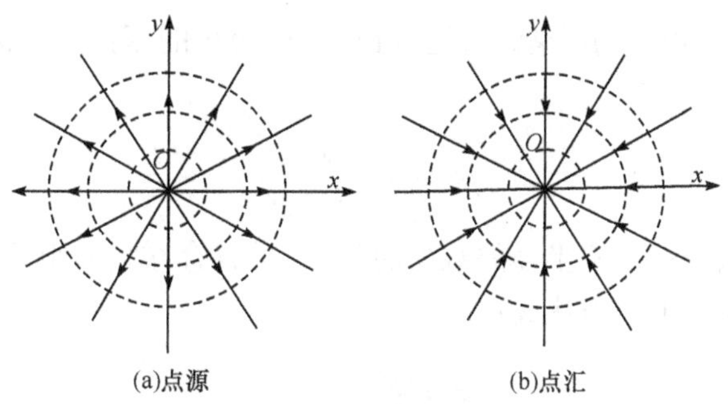

图 11-4　点源和点汇

即

$$\mathrm{d}\phi = u_r \mathrm{d}r \tag{11.3.11}$$

由于流动不可压缩，根据流动的连续性条件，流体通过任一单位长圆柱面的体积流量Q都相等。对于半径为r、轴向为单位长度的圆柱面，通过该圆柱面的体积流量为

$$Q = 2\pi r u_r \times 1 \tag{11.3.12}$$

因此，可得径向速度分量表达式为

$$u_r = \frac{Q}{2\pi r} \tag{11.3.13}$$

其中，Q为点源或点汇的强度。对于点源$Q>0$，$u_r>0$；对于点汇$Q<0$，$u_r<0$。将式(11.3.13)代入速度势函数的微分表达式(11.3.11)中，可以得到

$$\mathrm{d}\phi = \frac{Q}{2\pi r}\mathrm{d}r \tag{11.3.14}$$

积分可得速度势函数表达式为

$$\phi = \frac{Q}{2\pi}\ln r + C_1 = \frac{Q}{2\pi}\ln\sqrt{x^2+y^2} + C_1 \tag{11.3.15}$$

其中，C_1为积分常数。从式(11.3.13)和式(11.3.15)中可知，当$r=0$时，速度和速度势函数均变为无穷大，在流场中点源和点汇是奇点，速度和速度势函数的表达式在点源和点汇以外的区域才适用。下面来求解点源或点汇流动的流函数，根据流函数与速度分量之间的关系有

$$\mathrm{d}\psi = -v\mathrm{d}x + u\mathrm{d}y = -\frac{\partial\phi}{\partial y}\mathrm{d}x + \frac{\partial\phi}{\partial x}\mathrm{d}y = -\frac{Q}{2\pi}\frac{y}{x^2+y^2}\mathrm{d}x + \frac{Q}{2\pi}\frac{x}{x^2+y^2}\mathrm{d}y = \frac{Q}{2\pi}\frac{x\mathrm{d}y - y\mathrm{d}x}{x^2+y^2} \tag{11.3.16}$$

积分式(11.3.16)，可得

$$\psi = \int\frac{Q}{2\pi}\frac{x\mathrm{d}y - y\mathrm{d}x}{x^2+y^2} = \frac{Q}{2\pi}\int\frac{\mathrm{d}(y/x)}{1+(y/x)^2} = \frac{Q}{2\pi}\arctan\left(\frac{y}{x}\right) + C_2 \tag{11.3.17}$$

其中，C_2为积分常数。由于$y/x=\tan\theta$，若令积分常数$C_2=0$，则可得流函数表达形式为

$$\psi = \frac{Q}{2\pi}\theta \tag{11.3.18}$$

其中，θ为极坐标的幅角。由于流函数等值线即流线，对于点源或点汇流动，流线($\psi=\mathrm{const}$即θ=const)是一组径向直线，而势函数等值线($\phi=\mathrm{const}$即$r=\mathrm{const}$)是一组同心圆，显然二者相互正交。

若平面Oxy是无限大的水平面，根据伯努利方程可得到

$$p + \frac{1}{2}\rho u_r^2 = p_\infty \tag{11.3.19}$$

由于无穷远处流场速度为零，p_∞ 是无穷远处 $(r\to\infty)$ 流场的压强。将速度表达式(11.3.13)代入式(11.3.19)，可得

$$p = p_\infty - \frac{Q^2}{8\pi^2}\frac{\rho}{r^2} \tag{11.3.20}$$

点源或点汇流动的压强分布随着半径的减少而降低，并且存在临界半径 r_0，当 $r=r_0$ 时 $p=0$。根据式(11.3.20)可得临界半径表达式：

$$r_0 = \frac{Q}{2\pi}\sqrt{\frac{\rho}{2p_\infty}} \tag{11.3.21}$$

例题 11-2 有位于 $(1,0)$ 和 $(-1,0)$ 两点具有相同强度为 4π 的点源，试求流场中 $(0,0)$、$(0,1)$、$(0,-1)$ 和 $(1,1)$ 处的速度。

解：根据式(11.3.18)，对位于点 $(-1,0)$ 的点源，有流函数 $\psi_1 = \dfrac{4\pi}{2\pi}\arctan\dfrac{y}{x+1}$。同理对位于点 $(1,0)$ 的点源，有流函数 $\psi_2 = \dfrac{4\pi}{2\pi}\arctan\dfrac{y}{x-1}$。根据叠加原理，由上述两个点源场组成的流场的流函数为

$$\psi = \psi_1+\psi_2 = \frac{4\pi}{2\pi}\arctan\frac{y}{x+1}+\frac{4\pi}{2\pi}\arctan\frac{y}{x-1} = 2\left(\arctan\frac{y}{x+1}+\arctan\frac{y}{x-1}\right)$$

相应的速度分量的表达式为

$$v_x = \frac{\partial\psi}{\partial y} = 2\left[\frac{x+1}{(x+1)^2+y^2}+\frac{x-1}{(x-1)^2+y^2}\right]$$

$$v_y = -\frac{\partial\psi}{\partial x} = 2\left[\frac{y}{(x+1)^2+y^2}+\frac{y}{(x-1)^2+y^2}\right]$$

将坐标值代入上式，即可获得相应空间点的速度值，具体如下。

(1) 将 $(0,0)$ 代入可得

$$v_x = \frac{\partial\psi}{\partial y} = 2\left[\frac{x+1}{(x+1)^2+y^2}+\frac{x-1}{(x-1)^2+y^2}\right] = 2\times\left[\frac{0+1}{(0+1)^2+0^2}+\frac{0-1}{(0-1)^2+0^2}\right] = 0$$

$$v_y = -\frac{\partial\psi}{\partial x} = 2\left[\frac{y}{(x+1)^2+y^2}+\frac{y}{(x-1)^2+y^2}\right] = 2\times\left[\frac{0}{(0+1)^2+0^2}+\frac{0}{(0-1)^2+0^2}\right] = 0$$

(2) 将 $(0,1)$ 代入可得

$$v_x = \frac{\partial\psi}{\partial y} = 2\left[\frac{x+1}{(x+1)^2+y^2}+\frac{x-1}{(x-1)^2+y^2}\right] = 2\times\left[\frac{0+1}{(0+1)^2+1^2}+\frac{0-1}{(0-1)^2+1^2}\right] = 0$$

$$v_y = -\frac{\partial\psi}{\partial x} = 2\left[\frac{y}{(x+1)^2+y^2}+\frac{y}{(x-1)^2+y^2}\right] = 2\times\left[\frac{1}{(0+1)^2+1^2}+\frac{1}{(0-1)^2+1^2}\right] = 2(\mathrm{m/s})$$

(3) 将 $(0,-1)$ 代入可得

$$v_x = \frac{\partial\psi}{\partial y} = 2\left[\frac{x+1}{(x+1)^2+y^2}+\frac{x-1}{(x-1)^2+y^2}\right] = 2\times\left[\frac{0+1}{(0+1)^2+(-1)^2}+\frac{0-1}{(0-1)^2+(-1)^2}\right] = 0$$

$$v_y = -\frac{\partial\psi}{\partial x} = 2\left[\frac{y}{(x+1)^2+y^2}+\frac{y}{(x-1)^2+y^2}\right] = 2\times\left[\frac{-1}{(0+1)^2+(-1)^2}+\frac{-1}{(0-1)^2+(-1)^2}\right] = -2(\mathrm{m/s})$$

(4) 将 (1,1) 代入可得

$$v_x=\frac{\partial\psi}{\partial y}=2\left[\frac{x+1}{(x+1)^2+y^2}+\frac{x-1}{(x-1)^2+y^2}\right]=2\times\left[\frac{1+1}{(1+1)^2+1^2}+\frac{1-1}{(1-1)^2+1^2}\right]=0.8(\text{m/s})$$

$$v_y=-\frac{\partial\psi}{\partial x}=2\left[\frac{y}{(x+1)^2+y^2}+\frac{y}{(x-1)^2+y^2}\right]=2\times\left[\frac{1}{(1+1)^2+1^2}+\frac{1}{(1-1)^2+1^2}\right]=2.4(\text{m/s})$$

解毕。

11.3.3　涡流和点涡

假设有一个无限长的直线涡束像刚体一样以等角速度绕中心轴旋转，其周围流体在涡束诱导作用下，绕涡束做同向的环形流动。在与涡束轴线垂直的每个平面内，流动情况是一致的，这种以涡束诱导出的平面流动，称为 xOy 平面内的涡束和涡流。如图 11-5 所示，坐标原点为涡束的轴心，r_0 为涡束的半径，外围区为涡流。涡流场中空间一点上流体的运动速度与该点到轴心的距离密切相关，并且当距离增加时速度将减小。令涡束的旋涡强度为常数，由斯托克斯定理可知，包围该涡束的速度环量也为常数。利用环量的定义，可求出涡流在不同半径圆周线上的速度，即

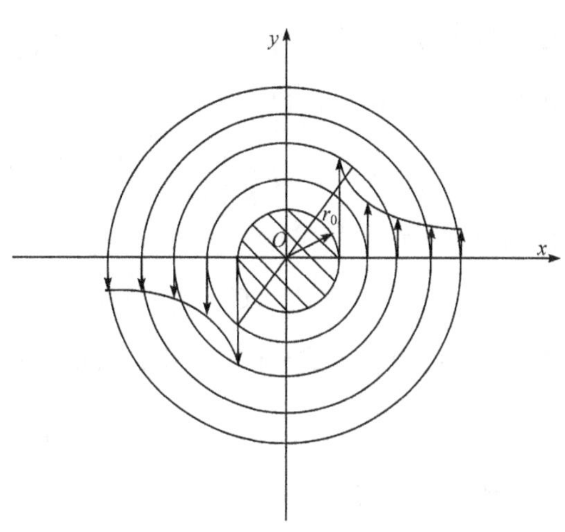

图 11-5　涡束诱导出的涡流

$$\Gamma=2\pi r u_\theta \tag{11.3.22}$$

于是可得涡流周向运动速度

$$u_\theta=\frac{\Gamma}{2\pi r} \tag{11.3.23}$$

在涡流区域，流体运动速度与半径成反比。在涡束内部，流动速度与半径成正比，即 $u_\theta=r\omega$，其中，ω 为涡束旋转的角速度。根据涡流区速度分布式 (11.3.23)，可知涡流区域流动无旋，称为势流旋转区。涡束内部流动有旋，称为涡核区。

将涡流速度与半径关系式 (11.3.23) 代入伯努利方程，忽略体积力，可得势流旋转区的压强分布为

$$p=p_\infty-\frac{1}{2}\rho u_\theta^2=p_\infty-\frac{\rho}{8\pi^2}\frac{\Gamma^2}{r^2} \tag{11.3.24}$$

其中，p_∞ 为距离涡核区无穷远处 $(r\to\infty)$ 的压强。势流旋转区的压强随半径增加而增加。令在涡核表面压强 $p=p_0$，那么根据式 (11.3.24) 可以得到涡核半径表达式为

$$r_0=\frac{\Gamma}{2\pi}\sqrt{\frac{\rho}{2(p_\infty-p_0)}} \tag{11.3.25}$$

接下来求解涡核内部的压强分布。涡核内部为有旋流动，根据欧拉运动微分方程即可求解流体的压强。平面二维定常欧拉运动微分方程为

$$u\frac{\partial u}{\partial x}+v\frac{\partial u}{\partial y}=-\frac{1}{\rho}\frac{\partial p}{\partial x},\quad u\frac{\partial v}{\partial x}+v\frac{\partial v}{\partial y}=-\frac{1}{\rho}\frac{\partial p}{\partial y} \tag{11.3.26}$$

在涡核内部速度分量为 $u=-\omega y$ 、 $v=\omega x$ ，代入式(11.3.26)中可得

$$\omega^2 x=\frac{1}{\rho}\frac{\partial p}{\partial x},\quad \omega^2 y=\frac{1}{\rho}\frac{\partial p}{\partial y} \tag{11.3.27}$$

式(11.3.27)分别乘以 dx 和 dy ，并相加可得

$$\omega^2\left(x\mathrm{d}x+y\mathrm{d}y\right)=\frac{1}{\rho}\left(\frac{\partial p}{\partial x}\mathrm{d}x+\frac{\partial p}{\partial y}\mathrm{d}y\right) \tag{11.3.28}$$

进一步化简，可得

$$\frac{\omega^2}{2}\mathrm{d}\left(x^2+y^2\right)=\frac{1}{\rho}\mathrm{d}p \tag{11.3.29}$$

积分式(11.3.29)，可得

$$p=\frac{1}{2}\rho\omega^2\left(x^2+y^2\right)+C=\frac{1}{2}\rho\omega^2 r^2+C=\frac{1}{2}\rho u_\theta^2+C \tag{11.3.30}$$

在涡核表面有 $r=r_0$ 、 $p=p_0$ 、 $u_\theta=u_0$ ，代入式(11.3.30)得积分常数：

$$C=p_0-\frac{1}{2}\rho u_0^2=p_0+\frac{1}{2}\rho u_0^2-\rho u_0^2=p_\infty-\rho u_0^2 \tag{11.3.31}$$

将式(11.3.31)代入式(11.3.30)中，可得涡核区内部压强分布为

$$p=p_\infty+\frac{1}{2}\rho u_\theta^2-\rho u_0^2 \tag{11.3.32}$$

或写成如下形式：

$$p=p_\infty+\frac{1}{2}\rho\omega^2 r^2-\rho\omega^2 r_0^2 \tag{11.3.33}$$

从式(11.3.32)或式(11.3.33)中可以明显看出，在涡核中心处 $r=0$ 压强为

$$p=p_\infty-\rho u_0^2 \tag{11.3.34}$$

而在涡核边缘 $r=r_0$ 处压强为

$$p_0=p_\infty-\frac{1}{2}\rho u_0^2 \tag{11.3.35}$$

从上述结果可以看出，涡核内、外压强变化的幅度相等，都等于涡核边缘速度所转换成的动压强。涡核内、外的压强分布如图 11-6 所示，由于涡核区内部压强低于势流旋转区，将会有流体从势流旋转区被抽吸到涡核区。

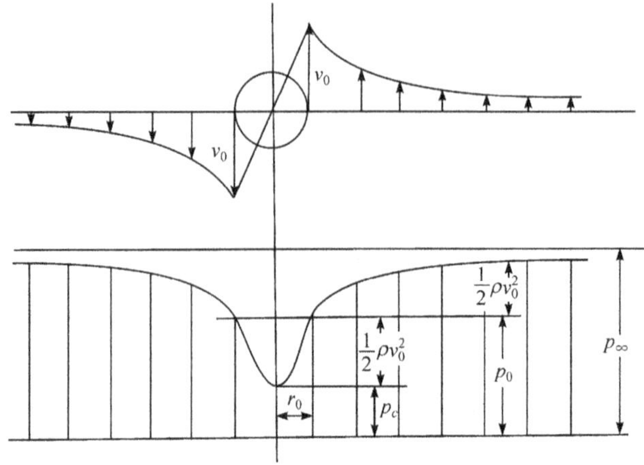

图 11-6　涡流中的压强分布

当涡束的半径趋于无穷小时，涡束成为一条涡线，涡线诱导的平面内的涡流称为点涡流。点涡流中心点处的角速度为无穷大，是一个奇点。接下来求解平面点涡流的速度势函数和流函数。根据速度势函数和速度分量之间的关系，可得

$$u_r=\frac{\partial\phi}{\partial r}=0,\quad u_\theta=\frac{1}{r}\frac{\partial\phi}{\partial\theta}=\frac{\Gamma}{2\pi r} \tag{11.3.36}$$

速度势函数的全微分可写成

$$\mathrm{d}\phi=\frac{\partial\phi}{\partial r}\mathrm{d}r+\frac{\partial\phi}{\partial\theta}\mathrm{d}\theta=\frac{\Gamma}{2\pi}\mathrm{d}\theta \tag{11.3.37}$$

积分式(11.3.37)，可得速度势函数为

$$\phi=\frac{\Gamma}{2\pi}\theta=\frac{\Gamma}{2\pi}\arctan\left(\frac{y}{x}\right) \tag{11.3.38}$$

由速度势函数可进一步求得流函数，根据速度势函数和流函数之间的关系，可得

$$\frac{\partial\psi}{\partial x}=-\frac{\partial\phi}{\partial y}=-\frac{\Gamma}{2\pi}\frac{x}{x^2+y^2},\quad \frac{\partial\psi}{\partial y}=\frac{\partial\phi}{\partial x}=-\frac{\Gamma}{2\pi}\frac{y}{x^2+y^2} \tag{11.3.39}$$

可得流函数的全微分形式：

$$\mathrm{d}\psi=\frac{\partial\psi}{\partial x}\mathrm{d}x+\frac{\partial\psi}{\partial y}\mathrm{d}y=-\frac{\Gamma}{4\pi}\frac{\mathrm{d}\left(x^2+y^2\right)}{x^2+y^2}=-\frac{\Gamma}{4\pi}\frac{\mathrm{d}r^2}{r^2} \tag{11.3.40}$$

积分式(11.3.40)，可得平面点涡流场的流函数：

$$\psi=-\frac{\Gamma}{2\pi}\ln r \tag{11.3.41}$$

11.4　平面势流基本解的叠加

11.3 节讨论了几种简单的平面不可压无旋流动，实际上经常会遇到较为复杂的平面不可压无旋流动，而复杂的平面不可压无旋流动通常可认为由几种简单的平面不可压无旋流动叠加而成，即几个平面不可压无旋流动叠加后仍是平面不可压无旋流动。

这里以两个速度场的叠加为例，u、v 表示叠加后的速度分量，而 u_1、v_1、u_2、v_2 表示被叠加流动的速度分量，它们之间的关系如下：

$$u=u_1+u_2,\quad v=v_1+v_2 \tag{11.4.1}$$

被叠加的速度场为平面不可压无旋流场，与之相应的速度势函数和流函数分别为 ϕ_1、ψ_1 和 ϕ_2、ψ_2。根据速度势函数、流函数与速度分量之间的关系以及式(11.4.1)，可得

$$u=\frac{\partial\phi_1}{\partial x}+\frac{\partial\phi_2}{\partial x}=\frac{\partial}{\partial x}\left(\phi_1+\phi_2\right),v=\frac{\partial\phi_1}{\partial y}+\frac{\partial\phi_2}{\partial y}=\frac{\partial}{\partial y}\left(\phi_1+\phi_2\right) \tag{11.4.2}$$

叠加以后流场的速度势函数为

$$\begin{aligned}\phi&=\int\mathrm{d}\phi=\int\frac{\partial\phi}{\partial x}\mathrm{d}x+\frac{\partial\phi}{\partial y}\mathrm{d}y=\int u\mathrm{d}x+v\mathrm{d}y=\int\frac{\partial\left(\phi_1+\phi_2\right)}{\partial x}\mathrm{d}x+\frac{\partial\left(\phi_1+\phi_2\right)}{\partial y}\mathrm{d}y\\&=\int\mathrm{d}\left(\phi_1+\phi_2\right)=\phi_1+\phi_2\end{aligned} \tag{11.4.3}$$

同理得叠加后流场的流函数为

$$\psi=\psi_1+\psi_2 \tag{11.4.4}$$

几个平面不可压无旋流叠加后得到新的平面不可压无旋流，其速度势和流函数分别为被叠加势流速度势和流函数的代数和。

11.4.1 偶极子流

图 11-7 为一个位于 A 点 $(-a,0)$ 的点源和一个位于 B 点 $(a,0)$ 的点汇叠加后的流动图像。根据式(11.3.15)和式(11.4.3)，叠加后流场的速度势为

$$\phi=\frac{Q_A}{2\pi}\ln r_A-\frac{Q_B}{2\pi}\ln r_B \tag{11.4.5}$$

其中，Q_A、Q_B 分别为点源和点汇的强度，并且 r_A、r_B 的表达式为

$$r_A=\sqrt{y^2+(x+a)^2},\quad r_B=\sqrt{y^2+(x-a)^2} \tag{11.4.6}$$

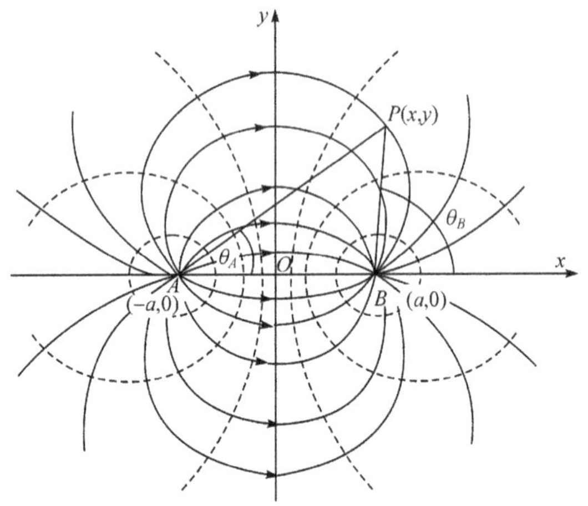

图 11-7　点源与点汇流动的叠加

假设点源和点汇的强度相同，即 $Q_A=Q_B=Q$，代入式(11.4.5)中得

$$\phi=\frac{Q}{2\pi}\ln\frac{r_A}{r_B}=\frac{Q}{4\pi}\ln\frac{y^2+(x+a)^2}{y^2+(x-a)^2} \tag{11.4.7}$$

同理得叠加后的流函数为

$$\psi=\frac{Q}{2\pi}(\theta_A-\theta_B)=-\frac{Q}{2\pi}\theta_p \tag{11.4.8}$$

其中，θ_p 为空间任意点 p 与点源中心 A 和点汇中心 B 连线的夹角。根据流线方程 $\psi=\text{const}$，可知流线是经过点源和点汇的一族圆。

当点源和点汇无限接近即 $a\to 0$ 时，可得到一种新的平面不可压势流解，即偶极子流动。令 $a\to 0$ 时，点源(点汇)的强度 $Q\to\infty$，并且保持 $M=2aQ$ 为一个有限常数，通常称 M 为偶极矩。根据式(11.4.5)，可得偶极子流场速度势函数为

$$\phi=\frac{Q}{2\pi}\ln\frac{r_A}{r_B}=\frac{Q}{2\pi}\ln\left(1+\frac{r_A-r_B}{r_B}\right) \tag{11.4.9}$$

如图 11-8 所示，$r_A-r_B\approx 2a\cos\theta_A$，当 $a\to 0$ 时，$r_A\to r_B\to r$、$\theta_A\to\theta$。根据对数函数的性质，$\varepsilon\to 0$ 时，$\ln(1+\varepsilon)\approx\varepsilon$，故式(11.4.9)可以化简为

$$\begin{aligned}\phi&=\lim_{r_A\to r_B}\left[\frac{Q}{2\pi}\ln\left(1+\frac{r_A-r_B}{r_B}\right)\right]=\lim_{a\to 0}\left[\frac{Q}{2\pi}\ln\left(1+\frac{2a\cos\theta_A}{r}\right)\right]=\lim_{a\to 0}\left(\frac{Q}{2\pi}\frac{2a\cos\theta}{r}\right)\\&=\frac{M}{2\pi}\frac{\cos\theta}{r}=\frac{M}{2\pi}\frac{r\cos\theta}{r^2}=\frac{M}{2\pi}\frac{x}{x^2+y^2}\end{aligned} \tag{11.4.10}$$

同理，可得到点源和点汇叠加后的流函数为

$$\begin{aligned}\psi&=\frac{Q}{2\pi}(\theta_A-\theta_B)=\frac{Q}{2\pi}\left[\arctan\left(\frac{y}{x+a}\right)-\arctan\left(\frac{y}{x-a}\right)\right]\\&=\frac{Q}{2\pi}\arctan\frac{\dfrac{y}{x+a}-\dfrac{y}{x-a}}{1+\dfrac{y}{x+a}\dfrac{y}{x-a}}=\frac{Q}{2\pi}\arctan\frac{-2ay}{x^2+y^2-a^2}\end{aligned} \tag{11.4.11}$$

在 $a \to 0$ 极限情况下，式(11.4.11)可以化简为

$$\psi = \lim_{a\to 0}\frac{Q}{2\pi}\arctan\frac{-2ay}{x^2+y^2-a^2} = -\frac{M}{2\pi}\frac{y}{x^2+y^2} \tag{11.4.12}$$

由于流函数等值线即流线，可得偶极子流场的流线方程为

$$-\frac{M}{2\pi}\frac{y}{x^2+y^2} = C \tag{11.4.13}$$

或写成

$$x^2+\left(y+\frac{M}{4\pi C}\right)^2 = \left(\frac{M}{4\pi C}\right)^2 \tag{11.4.14}$$

即流线是与 x 轴在原点相切的一族圆，如图 11-9 所示。

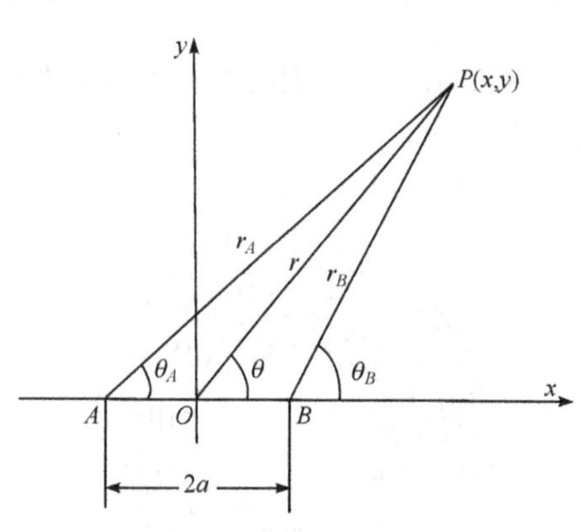

图 11-8　点源与点汇流动的叠加流场分析

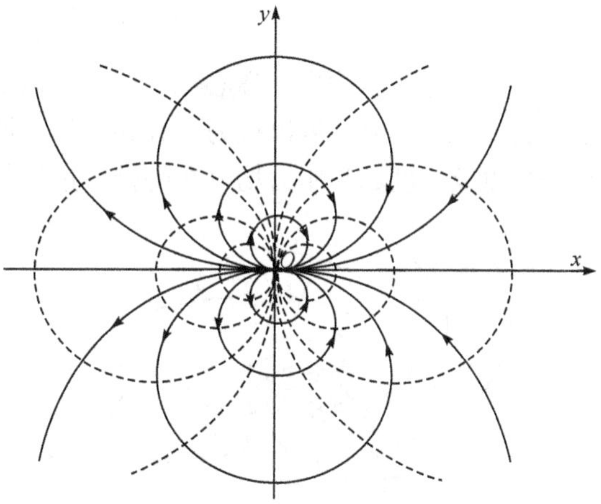

图 11-9　偶极子流场的流线和流函数等势线

11.4.2　螺旋流

在向心式涡轮、水轮机等设备中，流体从圆周切向流入，又从中央不断流出。在忽略流体黏性和压缩性情况下，这样的流动可看作点汇和点涡的叠加。设环流方向为逆时针方向，点汇与点涡叠加后流场的速度势函数和流函数分别为

$$\phi = \frac{\Gamma}{2\pi}\theta - \frac{1}{2\pi}Q\ln r \tag{11.4.15}$$

$$\psi = -\frac{\Gamma}{2\pi}\ln r - \frac{Q}{2\pi}\theta \tag{11.4.16}$$

令势函数和流函数分别等于常数，即可得到势函数的等值线方程：

$$r = C_1\exp\left(\frac{\Gamma}{Q}\theta\right) \tag{11.4.17}$$

和流函数等值线方程，即流线方程：

$$r = C_2\exp\left(-\frac{Q}{\Gamma}\theta\right) \tag{11.4.18}$$

其中，C_1、C_2 为常数。速度势函数等值线与流线是相互正交的对数螺旋线族，相应的流动称为螺旋流动，如图 11-10 所示。

根据式(11.4.15)，可得螺旋流切向速度分量为

$$u_\theta = \frac{1}{r}\frac{\partial \phi}{\partial \theta} = \frac{\Gamma}{2\pi r} \tag{11.4.19}$$

相应的径向速度分量为

$$u_r = \frac{\partial \phi}{\partial r} = -\frac{Q}{2\pi r} \tag{11.4.20}$$

于是螺旋流的速度大小为

$$|V| = \sqrt{u_r^2 + u_\theta^2} = \frac{1}{2\pi r}\sqrt{\Gamma^2 + Q^2} \tag{11.4.21}$$

将式(11.4.21)所示速度大小代入伯努利方程，可得流场中任意两点 A 和 B 之间的压强差：

$$p_A - p_B = -\frac{\rho}{8\pi^2}\left(\Gamma^2 + Q^2\right)\left(\frac{1}{r_A^2} - \frac{1}{r_B^2}\right) \tag{11.4.22}$$

对于离心式压缩机、离心水泵和离心风机等叶轮设备，在忽略流体黏性和可压缩性情况下，其外壳中的流动可以视为点源和点涡叠加的结果，如图 11-11 所示。具体速度势函数、流函数以及速度场和压力场分布的推导过程与上述过程类似，这里不再赘述。

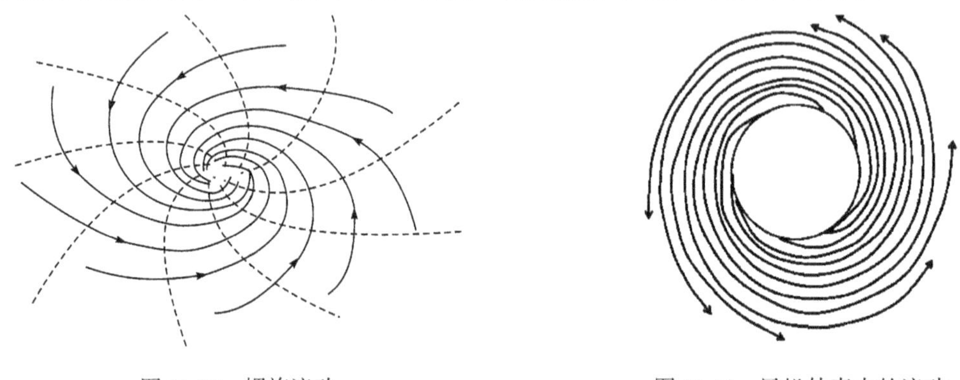

图 11-10　螺旋流动　　　　图 11-11　风机外壳中的流动

11.5　平行流绕圆柱体的流动

11.5.1　平行流绕圆柱体无环量的流动

流体的绕流现象在自然界和工程领域广泛存在，如河水绕桥柱的流动、空气绕机翼的流动等。这里讨论最简单的绕流问题，即平行流绕圆柱的无环量绕流问题。对于圆柱体表面存在环量的绕流问题，将在 11.5.2 节中讨论。

平行流绕圆柱体无环量的流动可视为平行流与偶极子流的叠加，叠加后的流函数为

$$\psi = V_\infty y - \frac{M}{2\pi}\frac{y}{x^2 + y^2} = V_\infty y\left(1 - \frac{M}{2\pi V_\infty}\frac{1}{x^2 + y^2}\right) \tag{11.5.1}$$

其中，令平行流来流方向沿 x 轴正方向，速度大小为 V_∞；偶极子强度为 M，如图 11-12 所示。

由于流函数等值线即流线，可得流线方程为

$$V_\infty y - \frac{M}{2\pi}\frac{y}{x^2 + y^2} = C \tag{11.5.2}$$

其中，C 可取不同的常数，代表不同的流线。当 $C = 0$ 时，得零流线方程，即

$$V_{\infty}y\left(1-\frac{M}{2\pi V_{\infty}}\frac{1}{x^2+y^2}\right)=0 \tag{11.5.3}$$

求解方程(11.5.3)得

$$y=0 \quad 或 \quad x^2+y^2=\frac{M}{2\pi V_{\infty}} \tag{11.5.4}$$

由方程(11.5.4)可知，零流线由以坐标原点为圆心、半径$r_a=\sqrt{M/(2\pi V_{\infty})}$的圆和$x$轴构成，如图 11-12 所示。零流线到$A$点处分成两支，沿上、下两个圆周汇合于$B$点，满足物面不可穿透条件。因此，用平行流和偶极流叠加来描述平行流绕圆柱体无环量流动是合理的。偶极矩M、圆柱半径a与无穷远来流速度V_{∞}之间的关系为

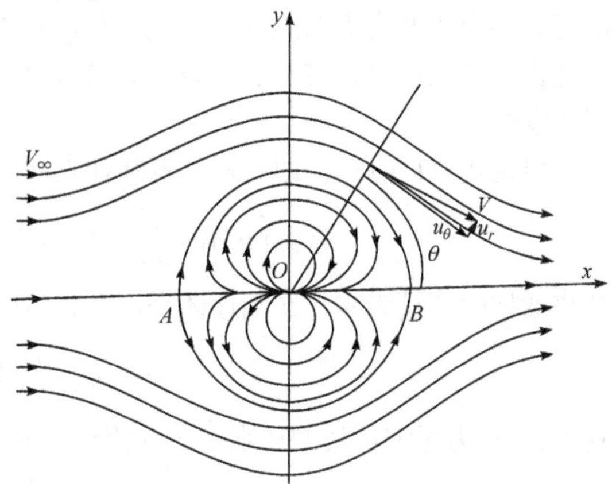

图 11-12　平行流绕圆柱无环量流动

$$M=2\pi V_{\infty}a^2 \tag{11.5.5}$$

将式(11.5.5)代入式(11.5.1)得平行流绕圆柱体无环量流动的流函数为

$$\psi=V_{\infty}y\left(1-\frac{a^2}{x^2+y^2}\right)=V_{\infty}\left(1-\frac{a^2}{r^2}\right)r\sin\theta \tag{11.5.6}$$

同理，平行流绕圆柱体无环量流动的速度势函数为

$$\phi=V_{\infty}x+\frac{M}{2\pi}\frac{x}{x^2+y^2}=V_{\infty}x\left(1+\frac{a^2}{x^2+y^2}\right)=V_{\infty}\left(1+\frac{a^2}{r^2}\right)r\cos\theta \tag{11.5.7}$$

上述流函数和速度势函数表达式的适用范围是$r\geqslant a$，即仅在圆柱面以及圆柱外成立，在圆柱内无实际意义。根据速度势函数或流函数表达式，得流场中任意一点的速度分量为

$$u=\frac{\partial\phi}{\partial x}=\frac{\partial\psi}{\partial y}=V_{\infty}\left[1-a^2\frac{x^2-y^2}{\left(x^2+y^2\right)^2}\right] \tag{11.5.8}$$

$$v=\frac{\partial\phi}{\partial y}=-\frac{\partial\psi}{\partial x}=-2V_{\infty}a^2\frac{xy}{\left(x^2+y^2\right)^2} \tag{11.5.9}$$

其中，当$x\to\infty$且$y\to\infty$时，在距离圆柱无穷远的地方，可以得到

$$u=V_{\infty},\quad v=0 \tag{11.5.10}$$

此时，速度为无穷远的平行来流速度。同理可得到极坐标中上述速度的表达形式为

$$u_r=\frac{\partial\phi}{\partial r}=V_{\infty}\left(1-\frac{a^2}{r^2}\right)\cos\theta \tag{11.5.11}$$

$$u_{\theta}=\frac{\partial\phi}{r\partial\theta}=-V_{\infty}\left(1+\frac{a^2}{r^2}\right)\sin\theta \tag{11.5.12}$$

当$r=a$或$x^2+y^2=a^2$时，由式(11.5.11)和式(11.5.12)得圆柱面上速度为

$$u_r=0,\quad u_{\theta}=-2V_{\infty}\sin\theta \tag{11.5.13}$$

在圆柱表面上径向速度恒为零，说明符合圆柱表面不可穿透边界条件。周向速度按正弦规律分布。当$\theta = 0$或$\theta = \pi$时，在图 11-12 中 A 点和 B 点位置，有$u_r = u_\theta = 0$即速度为零。通常将流场中速度为零的点称为驻点。具体在本问题中，A 点迎向来流方向，可称为前驻点；与之相应 B 点称为后驻点。当$\theta = \pi/2$或$\theta = 3\pi/2$时，周向速度达到最大，为无穷远平行来流速度的 2 倍。

根据式(11.5.13)，通过积分得圆柱表面沿圆柱体周线的速度环量为

$$\Gamma = \oint u_\theta \mathrm{d}s = \int_0^{2\pi} -2V_\infty a \sin\theta \mathrm{d}\theta = -2V_\infty a \int_0^{2\pi} \sin\theta \mathrm{d}\theta = 0 \tag{11.5.14}$$

即绕圆柱的环量为零。在圆柱体表面上，压强分布可由伯努利方程求得，忽略质量力可得

$$p = p_\infty + \frac{1}{2}\rho V_\infty^2 \left(1 - 4\sin^2\theta\right) \tag{11.5.15}$$

其中，p_∞为无穷远处的压强；ρ为流体的密度。引入无量纲压强系数C_p，其定义式为

$$C_p = 2\frac{p - p_\infty}{\rho V_\infty^2} \tag{11.5.16}$$

它表示流体作用在物体表面任一点压强的相对大小。将式(11.5.15)代入式(11.5.16)中，可得

$$C_p = 1 - 4\sin^2\theta \tag{11.5.17}$$

压强系数C_p在圆柱体表面的分布如图 11-13 所示，在圆柱体的表面上压强分布是关于坐标原点对称的，圆柱体所受流体的作用力在任意方向平衡，合力为零。下面给出证明。

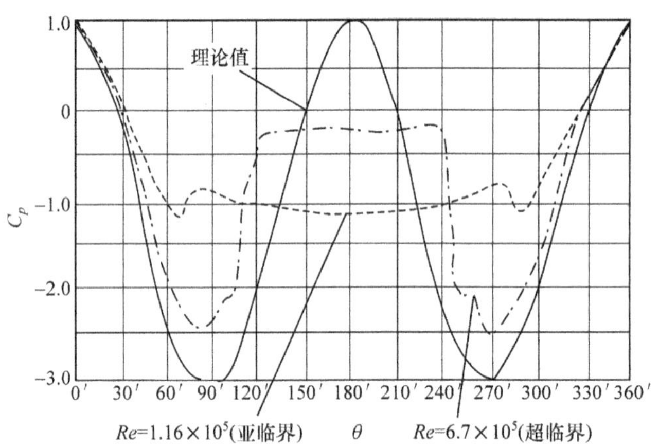

图 11-13　平行流绕圆柱无环量流动圆柱表面压强系数分布

证明：如图 11-14 所示，在单位长度的圆柱面上，作用在微小弧段$\mathrm{d}s = a\mathrm{d}\theta$上的作用力为$\mathrm{d}\boldsymbol{F} = -\boldsymbol{e}_r pa\mathrm{d}\theta$，其中$\boldsymbol{e}_r$为圆柱体表面外法向。$\mathrm{d}\boldsymbol{F}$在 x 轴和 y 轴的分量为

$$\mathrm{d}F_x = -pa\cos\theta \mathrm{d}\theta, \quad \mathrm{d}F_x = -pa\sin\theta \mathrm{d}\theta \tag{11.5.18}$$

将圆柱体表面压强分布表达式(11.5.15)代入式(11.5.18)中，在圆柱表面沿周向进行积分，可以得到圆柱表面所受流体作用力在 x 轴和 y 轴方向的分量为

$$F_x = F_D = -\int_0^{2\pi} \left[p_\infty + \frac{1}{2}\rho V_\infty^2 \left(1 - 4\sin^2\theta\right) \right] a\cos\theta \mathrm{d}\theta = 0 \tag{11.5.19}$$

$$F_y = F_L = -\int_0^{2\pi} \left[p_\infty + \frac{1}{2}\rho V_\infty^2 \left(1 - 4\sin^2\theta\right) \right] a\sin\theta \mathrm{d}\theta = 0 \tag{11.5.20}$$

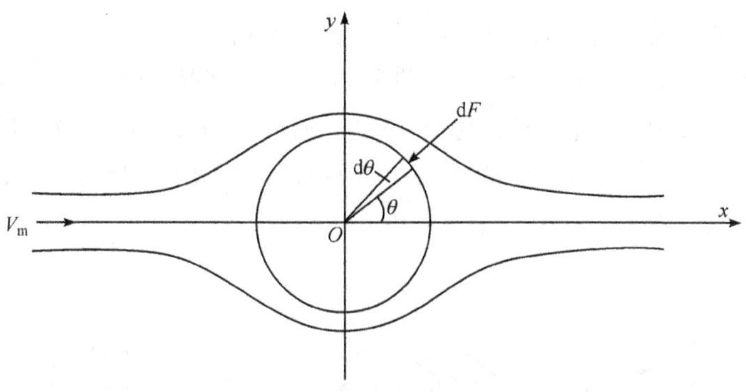

图 11-14　平行流绕圆柱无环量流动单位长圆柱表面受力示意图

即流体作用于圆柱体的合力为零。式(11.5.19)中所得合力与来流方向平行，通常称为阻力，记为 F_D。与之相应，式(11.5.20)中所得合力与来流方向垂直，通常称为升力，记为 F_L。

从上面的分析可知，对于理想不可压平行流绕圆柱体无环量流动，流体作用在圆柱体上的阻力和升力均为零。实际上，圆柱体不受阻力这一结论并不能通过实验来验证，也就是说在实际的流体绕流运动中，物体总会受到阻力，这就是有名的达朗贝尔佯谬。由于实际流体始终存在黏性，即使流体黏性很小，也会产生不可忽略的阻力。如图 11-13 所示，超临界雷诺数范围的压强分布曲线比亚临界雷诺数范围的曲线更加接近理论曲线，说明后者阻力较大。

11.5.2　平行流绕圆柱体有环量的流动

本节讨论平行流绕圆柱体有环量的流动，即圆柱体表面速度环量不为零的情况。根据 11.5.1 节分析，若圆柱体表面不存在环量，那么流动可以通过平面平行流与偶极子流动叠加得到。再由 11.3.3 节可知，点涡流动可使流场中存在速度环量，所以平行流绕圆柱体有环量的流动可通过平行流动、偶极流动、点涡流动三种基本势流叠加而成。假定速度环量沿顺时针方向，即 $\Gamma<0$，叠加后流场的速度势函数为

$$\phi=V_\infty\left(1+\frac{a^2}{r^2}\right)r\cos\theta+\frac{\Gamma}{2\pi}\theta \tag{11.5.21}$$

相应的流函数为

$$\psi=V_\infty\left(1-\frac{a^2}{r^2}\right)r\sin\theta-\frac{\Gamma}{2\pi}\ln r \tag{11.5.22}$$

下面讨论这种叠加的合理性。当 $r=a$ 时，由式(11.5.22)得 $\psi=-\Gamma\ln a/(2\pi)=\text{const}$。在无穷远处，即 $r\to\infty$ 时，根据速度势函数得速度分量为 $u=V_\infty$，$v=0$，即在距离圆柱无穷远处流体为平行流。流函数的等值线即流线，故 $r=a$ 的圆周是一条流线。又根据速度势函数式(11.5.21)得 $r=a$ 时，在圆柱表面上径向速度 $u_r=0$，满足物面不可穿透条件。圆柱表面的周向速度分量为

$$u_\theta=\frac{\partial\phi}{r\partial\theta}=-2V_\infty\sin\theta+\frac{\Gamma}{2\pi a} \tag{11.5.23}$$

与式(11.5.12)相比，由于点涡($\Gamma<0$)的存在，圆柱表面叠加了环流，圆柱表面上部环流方向与平行流方向相同，而在下部两者相反。因此，在圆柱表面上部形成速度增加的区域，在下部形成速度降低的区域。根据式(11.5.23)，可得圆柱表面周向速度为零的驻点位置：

$$\theta=\arcsin\left(\frac{\Gamma}{4\pi aV_\infty}\right) \tag{11.5.24}$$

根据三角函数的性质，可对式(11.5.24)分三种情况讨论。

(1) 当$|\Gamma| < 4\pi a V_\infty$时，方程(11.5.24)有两个解。此时，圆柱体表面上有两个驻点，前面已假设$\Gamma < 0$，相对于无环量绕流情况，两个驻点向圆柱下部移动且左、右对称，位于第三、四象限内，如图 11-15(a)所示。随$|\Gamma|$的增加，$|\Gamma / (4\pi a V_\infty)|$增加并接近于 1，两个驻点继续向圆柱下部移动并逐渐靠近。

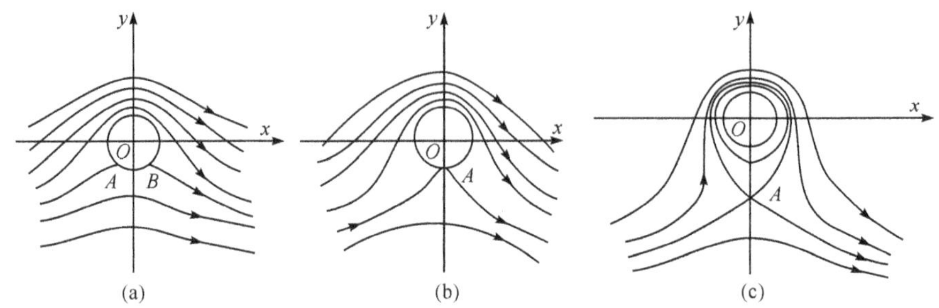

图 11-15　平行流绕圆柱有环量流动

(2) 当$|\Gamma| = 4\pi a V_\infty$时，由方程(11.5.24)知有唯一解，$\sin\theta = -1$、$\theta = -\pi/2$。此时，圆柱面上的两个驻点相互重合为一个点且位于圆柱最下端，如图 11-15(b)所示。

(3) 当$|\Gamma| > 4\pi a V_\infty$时，由方程(11.5.24)可知$|\sin\theta| > 1$，方程无解。这表明圆柱体表面不存在驻点，实际上驻点已移动到圆柱体表面下方。通过速度势函数求导可得流场中任一点速度分量表达式，若令速度分量为零，即可得流场中驻点位置。通常情况下，可以得到两个位于y轴上的驻点，一个在圆柱体内部而另一个在圆柱体外部。显然前者并不存在，故只有一个圆柱体外的驻点，如图 11-15(c)所示。

圆柱体表面压强的分布规律可由伯努利方程求得，令p_∞为流场无穷远处的压强，忽略质量力，有

$$p = p_\infty + \frac{1}{2}\rho V_\infty^2 - \frac{1}{2}\rho\left(u_r^2 + u_\theta^2\right) \tag{11.5.25}$$

其中，u_r和u_θ可由速度势函数求导得到并代入式(11.5.25)，最终可得圆柱表面压强分布为

$$p = p_\infty + \frac{1}{2}\rho\left[V_\infty^2 - \left(2V_\infty \sin\theta + \frac{\Gamma}{2\pi a}\right)^2\right] \tag{11.5.26}$$

11.5.3　库塔-茹柯夫斯基升力公式

考虑单位长度圆柱体所受的阻力和升力。将压力沿圆柱体表面周向进行积分，可得圆柱体表面所受流体作用力在x轴方向的分量为

$$F_x = F_D = -\int_0^{2\pi}\left\{p_\infty + \frac{1}{2}\rho\left[V_\infty^2 - \left(2V_\infty \sin\theta - \frac{\Gamma}{2\pi a}\right)^2\right]\right\} a\cos\theta \mathrm{d}\theta = 0 \tag{11.5.27}$$

式(11.5.27)说明，理想流体均匀来流绕圆柱体流动时，即使圆柱体表面存在环量，流体作用在圆柱体表面上的力沿来流方向的分量也等于零。相应的圆柱表面所受流体作用力在y轴方向的分量为

$$F_y = F_L = -\int_0^{2\pi}\left\{p_\infty + \frac{1}{2}\rho\left[V_\infty^2 - \left(2V_\infty \sin\theta - \frac{\Gamma}{2\pi a}\right)^2\right]\right\} a\sin\theta \mathrm{d}\theta = -\rho V_\infty \Gamma \tag{11.5.28}$$

前面假设 $\Gamma<0$，由式(11.5.28)可以得到 $F_y=F_L>0$。与平行流绕圆柱体无环量的流动情况相比，由于表面存在环量，圆柱受到沿 y 轴正向的升力；如果 $\Gamma>0$，即圆柱表面环量沿逆时针方向，那么圆柱受到的升力将沿 y 轴负方向，如图 11-16 所示。

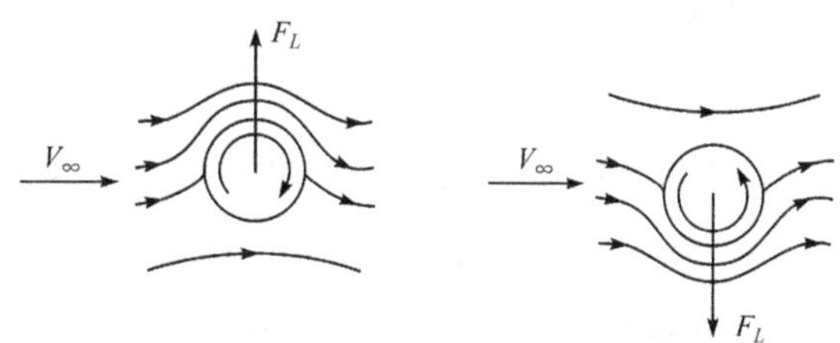

图 11-16　绕圆柱体有环量流动的升力

在实际流动中，由于流体具有黏性，圆柱表面的环量可由圆柱旋转引起。以空气中旋转圆柱的低速绕流问题为例，当圆柱旋转时，由于气体黏性效应，圆柱表面气体运动速度与圆柱旋转速度相同，可在圆柱表面产生大小为 $\Gamma=2\pi a^2\omega$ 的环量。由于气体黏度较小，在圆柱表面附近区域之外，依然可将其视为理想流体。由于流动速度较低，无流动分离发生，则根据上述分析可知，圆柱的旋转将使得圆柱在绕流过程中，受到一个垂直于来流方向的横向作用力，该作用力的大小与来流速度和圆柱旋转速度成正比。对于旋转的乒乓球、网球和高尔夫球向前运动时，也具有同样的效应，这种效应称为马格努斯(Magnus)效应。马格努斯曾设想利用旋转圆柱产生的环量，在风速下产生横向力，以取代风帆。但是在实际情况下，马格努斯得到的横向力远小于理想绕流的 $\rho V_\infty\Gamma$。这主要是由于圆柱体外的真实流体绕流不能保持理想的无旋流动状态，往往有流动分离现象产生。

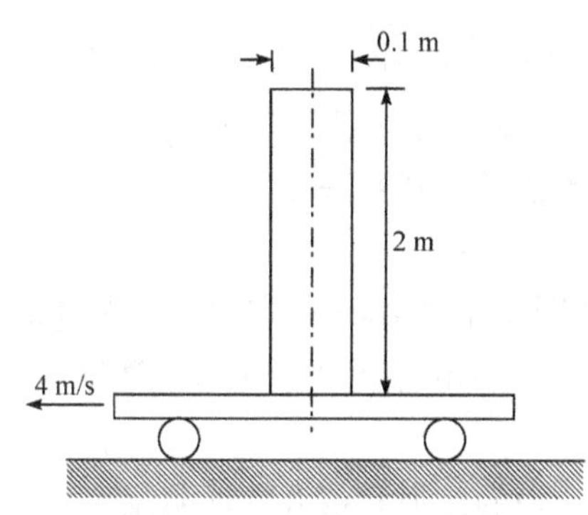

图 11-17　例题 11-3 示意图

例题 11-3　如图 11-17 所示，垂直安装在一个平板车上的圆柱体长 2m，直径 10cm，顺时针旋转，转速为 225r/min。平板车沿直轨道等速行驶，速度为 4m/s，侧风垂直于轨道(垂直指向纸面)，速度为 3m/s。求圆柱所受风的作用力(不计黏性阻力，空气密度 $\rho=1.25\text{kg/m}^3$)。

解： 在小车上观察来流速度为

$$u_\infty=\sqrt{3^2+4^2}\ \text{m/s}=5\ \text{m/s}$$

根据式(11.5.28)，单位长度圆柱受到的作用力为

$$\begin{aligned}F/L&=\rho u_\infty\Gamma=\rho u_\infty\times\left[2\pi R\times\left(R\times 2\pi n\right)\right]=4\pi^2\rho u_\infty R^2 n\\&=4\times\pi^2\times1.25\times5\times0.05^2\times\frac{225}{60}\text{N/m}=2.313\ \text{N/m}\end{aligned}$$

整根圆柱所受的力为 $F=2.313\times2\text{N}=4.626\ \text{N}$，方向与来流方向垂直。

解毕。

科技前沿(11)——分布式电推进

人物介绍(11)——茹柯夫斯基

习　题

11-1　试确定下列各流场中的速度是否满足不可压缩流的连续性条件，它们是有旋流动

还是无旋流动?

(1) $v_x = k, v_y = 0$；

(2) $v_x = kx/(x^2+y^2), v_y = ky/(x^2+y^2)$；

(3) $v_x = x^2+2xy, v_y = y^2+2xy$；

(4) $v_x = y+z, v_y = z+x, v_z = x+y$。

11-2　试证明不可压缩平面流动速度场 $v_x = 2xy + x, v_y = x^2 - y^2 - y$ 能满足连续性方程，并且该流动是一个有势流动，求出速度势。

11-3　已知速度势 $\phi = xy$，求速度分量和流函数，并证明等势线和流线是互相正交的。

11-4　将下列直角坐标系中的速度分量换算为平面极坐标系中的速度分量，并验证各流动是否有势：(1) $v_x = -Ky, v_y = Kx$；(2) $v_x = \dfrac{y}{x^2+y^2}, v_y = -\dfrac{x}{x^2+y^2}$。

11-5　不可压缩平面有势流动的势函数为 $\phi = 0.04x^3 + axy^2 + by^3$，其中笛卡儿直角坐标 x，y 的单位为 m，ϕ 的单位为 m^2/s。(1)求常数 a、b；(2)计算(0,0)与(3,4)两点的压强差，流体的密度 $\rho = 1000\,kg/m^3$。

11-6　已知某一不可压缩平面流动的速度分布为 $v_x = x^2 - y^2 + x, v_y = -(2xy + y)$。要求：(1)判断该流动是否满足速度势函数 ϕ 和流函数 ψ 的存在条件，若满足，试求出 ϕ 和 ψ；(2)求通过平面上 $A(1,1)$、$B(1,2)$ 两点间的流量；(3)已知 A 点的压强水头 $p_A/\gamma = 2\,m\,H_2O$，求 B 点的压强水头。

11-7　已知强度 $\Gamma = 10\,m^2/s$、方向相反的两个点涡分别位于(3,0)(m)(点涡方向为逆时针)，(−3,0)(m)(点涡方向为顺时针)处。求点(0,0)(m)、点(4,0)(m)和点(6,5)(m)的速度 v_x、v_y，并求出流线方程。

11-8　已知 x 轴上的两点 $(a,0)$、$(-a,0)$ 分别放置强度为 Q 的点汇和点源，证明流函数表达式为 $\psi = \dfrac{Q}{2\pi}\arctan\dfrac{-2ay}{x^2+y^2-a^2}$。

11-9　一个沿 x 轴正向流速 $U_0 = 10\,m/s$ 的均匀来流，与一个位原点的点涡相叠加，已知驻点位于点(0,−5)。试求:(1)点涡的强度；(2)空间点(0,5)的流速；(3)通过驻点的流线方程。

11-10　一个平面势流由点源和点汇叠加而成，其中点源位于点(−1,0)，强度 $m_1 = 20\,m^2/s$；点汇位于点(2,0)，强度 $m_2 = 40\,m^2/s$。设已知流场中(0,0)点的压强为 0，流体密度 $\rho = 1.8\,kg/m^3$，试求空间点(0,1)和(1,1)处的流速和压强。

11-11　长 50 m、直径 1.2 m 的圆柱体以 90 r/min 的角速度绕其轴顺时针旋转。密度 $\rho = 1.205\,kg/m^3$ 的空气以 80 km/h 的速度沿与圆柱体轴相垂直的方向绕圆柱体流动。假设环流与圆柱体之间没有滑动，试求速度环量、升力和驻点的位置。

11-12　将速度为 v_∞、平行于 x 轴的均匀等速流(流向轴正方向)和在原点 O、强度为 Q 的点源叠加形成绕平面物体的流动，试求该流动的速度势和流函数，并证明平面物体的外形方程为 $r = Q(\pi-\theta)/(2\pi v_\infty \sin\theta)$，它的宽度等于 Q/v_∞。

第 12 章　可压缩流体一维流动

流体压缩性是流体的固有属性之一，原则上讲任何流体都是可压缩的。但是，对于大多数的液体流动问题以及低速、压强变化小的气体流动问题，流体的压缩性基本可以忽略，从而可以简化问题的求解过程。然而，对于一些可压缩性较为显著的流动，例如，速度为 150m/s 的飞行器在静止大气中飞行时，其前端点的气体密度可增加 10%。当速度更高时，密度的变化将更为显著，此时必须考虑流体可压缩性对流动带来的影响。与不可压缩流体流动相比，可压缩流体流动具有一些特殊的性质。本章将重点讨论可压缩流体流动的主要特性，大部分内容体现了 20 世纪前半叶空气动力学领域的成就。

12.1　声速与马赫数

12.1.1　声速

声速是判断流体可压缩性对流动影响的一个参数。下面来考虑一种获得声速的方法。观察在水平长直管道中初始条件为静止的流体，如图 12-1 所示。管中有一个活塞，使活塞以微小速度 $\mathrm{d}V$ 向右移动，则活塞面附近的一层流体被压缩，压强升高 $\mathrm{d}p$。这层流体受压后又作用于右侧的下一层流体，这样依此向右传播下去，从而在直管中形成一道微弱的压缩波 mn，该压缩波以速度 a 向右推进。为了确定压缩波的传播速度 a，应采用质量守恒定律和动量守恒定律对流体受活塞微弱压缩后的流动进行分析。

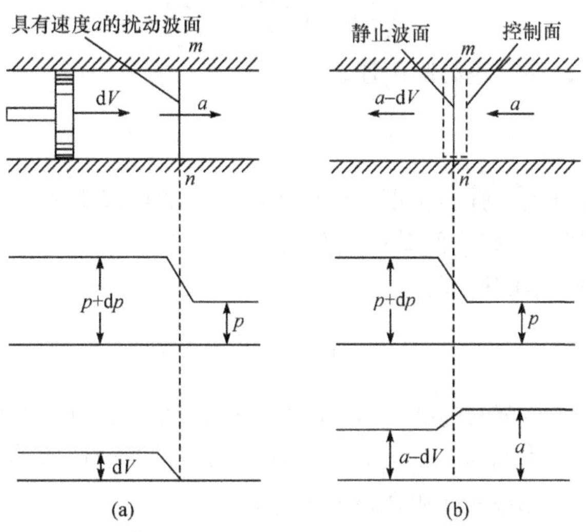

图 12-1　微弱扰动波在直管中的传播

如果将观察位置固定在压缩波上，则看到流体从右向左流过压缩波 mn。波面右侧的流体密度为 ρ、压强为 p，流体流动速度为 a。流经波面后，密度变为 $\rho+\mathrm{d}\rho$、压强变为 $p+\mathrm{d}p$，

流体流动速度变为 $a-\mathrm{d}V$ 。取包围压缩波 mn 的控制体，其左、右侧为控制面并且令控制体体积为零。在该控制体上应用质量守恒定律，流入和流出控制面的流量相等，可得

$$\rho Aa=(\rho+\mathrm{d}\rho)A(a-\mathrm{d}V)$$

$$\mathrm{d}V=\frac{a\mathrm{d}\rho}{\rho+\mathrm{d}\rho} \tag{12.1.1}$$

进一步，根据动量守恒定律，可知控制体内的流体沿流动方向的动量净流出率等于该流体所受到的合外力在此方向的投影，即有

$$\rho Aa[(a-\mathrm{d}V)-a]=[p-(p+\mathrm{d}p)]A$$

化简可以得到

$$\mathrm{d}V=\frac{1}{a\rho}\mathrm{d}p \tag{12.1.2}$$

合并式(12.1.1)和式(12.1.2)，有

$$\frac{\mathrm{d}p}{\mathrm{d}\rho}=\frac{a^2}{1+\mathrm{d}\rho/\rho}$$

对于微弱扰动，令 $\mathrm{d}\rho/\rho\to 0$ ，可得声速表达式：

$$a=\sqrt{\frac{\mathrm{d}p}{\mathrm{d}\rho}}$$

即微弱扰动波面的传播速度称为声速。因为声波是一种微弱扰动波，上面的结果适用于任意的连续介质，包括气体、液体和固体。一般来说，流体的可压缩性越大，声速越小。例如，0℃时，可压缩性小的水中的声速为 1450m/s，而可压缩性大的空气中的声速为 332m/s。

对于理想气体而言，微弱扰动波的传播可近似认为是绝热可逆过程，即等熵过程。由等熵过程的关系式 $p/\rho^k=\text{const}$ 和理想气体状态方程 $p=\rho RT$ ，可得气体中声速表达式：

$$a=\sqrt{\frac{\mathrm{d}p}{\mathrm{d}\rho}}=\sqrt{k\frac{p}{\rho}}=\sqrt{kRT} \tag{12.1.3}$$

可见对于理想气体而言，温度越高则声速越大。

12.1.2 马赫数

在气体流场中，各点的压强、密度和温度等状态参数可以不相同，因此流场中各处的声速也可不同，所以声速通常是指空间某一点在某一时刻的微弱扰动波传播速度，即当地声速。通常用气流速度与当地声速的比值：

$$Ma=\frac{V}{a} \tag{12.1.4}$$

来判断气体压缩性对流动影响的标准。Ma 称为马赫数，是气体动力学的一个基本参数。根据马赫数，可以将可压缩气体的流动划分为如下几个区域：亚声速流动 $(Ma<1)$ 、跨声速流动 $(Ma\approx 1)$ 、超声速流动 $(1<Ma<3)$ 和高超声速流动 $(Ma>3)$ 。

12.1.3 微弱扰动波的传播

下面研究微弱扰动源在静止气体空间中的传播问题。可分四种情况进行讨论。

1. 扰动源静止不动($V=0$)

扰动源发出的微弱扰动波以声速a从扰动源 0 点向各个方向传播，波阵面在空间中为一系列的同心球面，如图 12-2 所示。

2. 扰动源以亚声速向左运动($0<V<a$)

假设扰动源和球面扰动波同时从 0 点出发。因为$V<a$，所以经过一段时间，扰动源运动的距离必然落后于扰动波阵面传播的距离，波阵面在空间中为一系列不同心的球面，如图 12-3 所示。

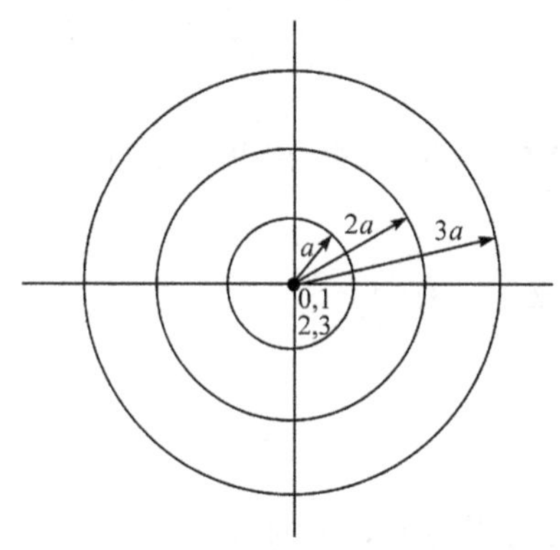

图 12-2　静止介质中小扰动传播特征

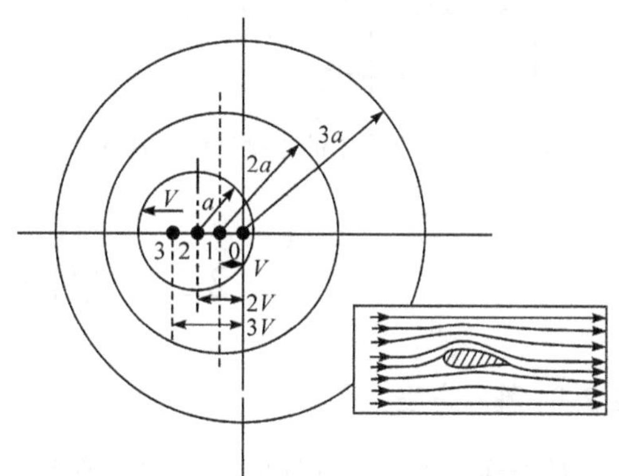

图 12-3　亚声速流中的小扰动传播特征

3. 扰动源以声速向左运动($V=a$)

此时，对于运动的扰动源左侧前方任意空间位置，扰动源和扰动波阵面总是同时到达。因此，有无数的球面扰动波阵面在同一点相切，如图 12-4 所示。在扰动源尚未到达的左侧区域是未被扰动过的，称为寂静区域。

4. 扰动源以超声速向左运动($V>a$)

此时，运动的扰动源总是赶到扰动波阵面的前方，如图 12-5 所示。扰动波阵面所覆盖的区域在空间中形成一个圆锥面，圆锥面以外的区域未受到扰动，为寂静区域。这一圆锥面通常称为马赫锥，扰动源位于锥顶。锥面与运动方向之间的夹角称为马赫角。马赫角最大值为 90°，相当于$V=a$时的情况。马赫角随扰动源运动马赫数的增大而减小，具体关系为

$$\sin\theta=\frac{a}{V}=\frac{1}{Ma} \tag{12.1.5}$$

下面举一个生活中的例子，当超声速飞机低空飞行时，前方地面上的人总是先看到飞机并且等飞机飞过头顶之后才能听到其发动机发出的噪声。

换一个角度，当扰动源静止不动，气体做反向流动时，可以研究微弱扰动波在运动气流中的传播问题。当气体做亚声速流动时，由于声速大于气流速度，扰动波既可以顺流传播，又可以逆流传播。当气流做声速或超声速流动时，扰动波只能在马赫锥内部顺流传播，上游流场不受扰动波的影响，此时气流经过扰动波面以后，压强、温度、密度和速度等参数都会发生微小的变化。

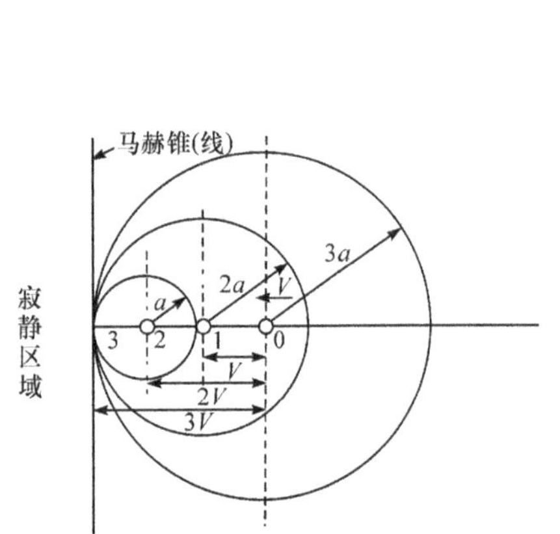

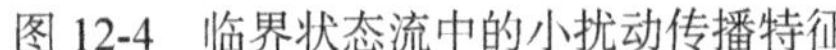

图 12-4　临界状态流中的小扰动传播特征

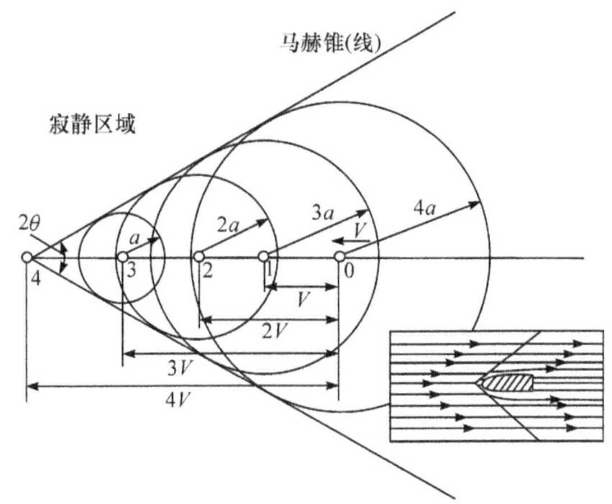

图 12-5　超声速流中的小扰动传播特征

12.2　气体一维定常等熵流动

12.2.1　基本方程

对于理想可压缩气体的一维定常流动，其基本方程可以写成如下的形式。

(1)连续性方程：$\rho VA = \text{const}$

其中，A 为通道截面积。对上式取对数后微分，有

$$\frac{\mathrm{d}\rho}{\rho} + \frac{\mathrm{d}V}{V} + \frac{\mathrm{d}A}{A} = 0 \tag{12.2.1}$$

(2)运动方程：

$$V\frac{\mathrm{d}V}{\mathrm{d}x} = -\frac{1}{\rho}\frac{\mathrm{d}p}{\mathrm{d}x}$$

或可以写成

$$V\mathrm{d}V + \frac{1}{\rho}\mathrm{d}p = 0 \tag{12.2.2}$$

(3)能量方程：

$$h + \frac{V^2}{2} = \text{const}$$

或可以写成

$$\mathrm{d}h + V\mathrm{d}V = 0 \tag{12.2.3}$$

对于理想气体，其状态方程可以写成

$$\frac{p}{\rho} = RT$$

接下来对运动方程(12.2.2)取积分，有

$$\int \frac{1}{\rho}\mathrm{d}p + \mathrm{d}\left(\frac{V^2}{2}\right) = \text{const}$$

代入等熵过程关系式 $p/\rho^k = \text{const}$，就可得气体一维定常等熵流动的能量方程，即可压缩流体的伯努利方程：

$$\frac{k}{k-1}\frac{p}{\rho}+\frac{V^2}{2}=\text{const} \tag{12.2.4}$$

其中，
$$\frac{k}{k-1}\frac{p}{\rho}=\frac{c_p}{c_p-c_v}\frac{p}{\rho}=\frac{c_p}{R}\frac{p}{\rho}=c_pT=h$$

上述能量方程适用于绝热过程，不论该过程是否可逆。因为在绝热过程中即使有摩擦，也只能使机械能转变为热能，而总能不变。可压缩流体的伯努利方程(12.2.4)可改写为

$$\frac{1}{k-1}\frac{p}{\rho}+\frac{p}{\rho}+\frac{V^2}{2}=\text{const} \tag{12.2.5}$$

其中，
$$\frac{1}{k-1}\frac{p}{\rho}=\frac{c_v}{c_p-c_v}\frac{p}{\rho}=\frac{c_v}{R}\frac{p}{\rho}=c_vT=e_u$$

因此，式(12.2.5)中第一项为单位质量气体具有的内能，通常记为e_u。至此，气体一维定常等熵流动能量方程的物理意义是：在气体一维定常等熵流动中，在气流通道任一截面上，单位质量气体的压强势能、动能、内能之和保持为常数。引入声速的定义式$kp/\rho=a^2$，则能量方程还可写成

$$\frac{a^2}{k-1}+\frac{V^2}{2}=\text{const} \tag{12.2.6}$$

12.2.2　三种特定状态

为了便于深入分析气体一维等熵流动，这里定义几种具有特定物理意义的流动状态。

1. 滞止状态

假设气体以绝热、可逆的方式将速度降低到零，此时气体的流动状态称为滞止状态，相应参数称为滞止参数，以带下标 0 的符号表示。例如，气体绕物体流动时，在驻点处气流受到阻滞，速度降为零，那么气体在驻点处的状态即滞止状态。在滞止状态下能量方程可以写成

$$\begin{cases} h+\dfrac{V^2}{2}=h_0=\text{const} \\ \dfrac{k}{k-1}\dfrac{p}{\rho}+\dfrac{V^2}{2}=\dfrac{k}{k-1}\dfrac{p_0}{\rho_0}=\dfrac{k}{k-1}RT_0=c_pT_0=\text{const} \\ \dfrac{a^2}{k-1}+\dfrac{V^2}{2}=\dfrac{a_0^2}{k-1}=\text{const} \end{cases} \tag{12.2.7}$$

从式(12.2.7)中可以看出，在滞止状态下由于气体运动速度为零，即$V=0$，气体的动能全部转变为内能，可用滞止焓$h_0=c_pT_0$表示，意义为单位质量气体具有的总能量。

2. 最大速度状态

与滞止状态相反，假设气流在绝热的条件下压强降为 0 Pa、温度降为 0 K，此时气流速度将达到最大值，相应的气体流动状态称为最大速度状态。它相当于气流进入完全真空空间时，可能达到的理论速度。此时能量方程可以写成

$$\frac{k}{k-1}\frac{p}{\rho}+\frac{V^2}{2}=\frac{V_{max}^2}{2}=\text{const} \text{ 或 } \frac{a^2}{k-1}+\frac{V^2}{2}=\frac{V_{max}^2}{2}=\text{const} \tag{12.2.8}$$

在最大速度状态下，气流的内能全部转化为动能。这在实际上是做不到的，因此最大速度状态仅具有理论意义。

3. 临界状态

假设气体以绝热、可逆的方式将气流速度变化到与当地声速一致的状态，此时的气体流动状态称为临界状态，该状态下的声速称为临界声速。临界状态的参数用带上标*的符号表示。根据临界状态的定义，有

$$\frac{a^2}{k-1}+\frac{V^2}{2}=\frac{k+1}{k-1}\frac{a^{*2}}{2}=\text{const} \tag{12.2.9}$$

换句话说，也可以用临界声速的形式表示气体的总能量。

12.2.3 各种状态参数间的关系

由前面可知，滞止状态、最大速度状态和临界状态三者均可用于描述同一气体，所以上述三种状态参数之间必然存在确定的关系。由三种状态的能量方程可得

$$h_0=\frac{k}{k-1}\frac{p_0}{\rho_0}=\frac{k}{k-1}RT_0=c_pT_0=\frac{a_0^2}{k-1}=\frac{V_{max}^2}{2}=\frac{k+1}{k-1}\frac{a^{*2}}{2}$$

因此，也可用滞止状态参数来表示最大速度和临界声速：

$$V_{max}=\sqrt{2h_0}=\sqrt{2c_pT_0}=\sqrt{\frac{2k}{k-1}\frac{p_0}{\rho_0}}=a_0\sqrt{\frac{2}{k-1}} \tag{12.2.10}$$

$$a^*=\sqrt{\frac{2k}{k+1}\frac{p_0}{\rho_0}}=\sqrt{\frac{2k}{k+1}RT_0}=a_0\sqrt{\frac{2}{k+1}}=V_{max}\sqrt{\frac{k-1}{k+1}} \tag{12.2.11}$$

从式(12.2.10)和式(12.2.11)，可知最大速度和临界声速都取决于滞止参数与绝热指数k，与实际的流动过程无关。常见气体的物理性质见表 12-1。

表 12-1 常见气体的物理性质

气体名称	密度 $/(\text{kg/m}^3)$	动力黏度 $/(10^{-6}\ \text{kg/(m·s)})$	气体常数 R $/(\text{J/(kg·K)})$	比热容 $/(\text{J/(kg·K)})$		绝热指数 $k=c_p/c_v$
				c_p	c_v	
空气	1.205	18.00	287	1003	716	1.40
氧	1.330	20.00	260	909	649	1.40
氮	1.160	17.60	297	1040	743	1.40
氢	0.0839	9.00	1120	14450	10330	1.40
一氧化碳	1.160	18.20	297	1040	743	1.40
二氧化碳	1.840	14.80	188	858	670	1.28
甲烷	0.668	13.40	520	2250	1730	1.30
水蒸气	0.747	10.10	462	1862	1400	1.33

下面给出各参数与相应滞止参数的比值。将能量方程改写为

$$c_pT+\frac{V^2}{2}=c_pT_0$$

化简可得
$$\frac{T}{T_0}=1-\frac{V^2}{2c_pT_0}$$

即有
$$\frac{T}{T_0}=1-\frac{V^2}{2c_pT_0}=1-\frac{V^2}{V_{max}^2}=1-\frac{k-1}{k+1}\frac{V^2}{a^{*2}}=1-\frac{k-1}{k+1}M^{*2} \tag{12.2.12}$$

其中，$M^*=V/a^*$是与气流马赫数Ma类似的无量纲数，称为速度系数。将临界状态能量方程两边同除以V^2，整理后可得M^*与Ma的关系：

$$M^*=\sqrt{\frac{k+1}{2}}\frac{Ma}{\sqrt{1+\frac{k-1}{2}Ma^2}}\quad 或\quad Ma=\sqrt{\frac{2}{k+1}}\frac{M^*}{\sqrt{1-\frac{k-1}{k+1}M^{*2}}} \tag{12.2.13}$$

由式(12.2.13)可见，当$M^*>1$时$Ma>1$，气流为超声速流动；当$M^*=1$时$Ma=1$，气流速度为声速；当$M^*<1$时$Ma<1$，气流为亚声速流动；当$M^*=0$时$Ma=0$，为滞止状态；当$M^*=\sqrt{\frac{k+1}{k-1}}$时$Ma\to\infty$，为最大速度状态。$T/T_0$又可写为

$$\frac{T}{T_0}=1-\frac{k-1}{k+1}M^{*2}=\frac{1}{1+\frac{k-1}{2}Ma^2} \tag{12.2.14}$$

如果气流状态变化为等熵过程，则

$$\frac{p}{p_0}=\left(\frac{T}{T_0}\right)^{\frac{k}{k-1}},\frac{\rho}{\rho_0}=\left(\frac{T}{T_0}\right)^{\frac{1}{k-1}}$$

即有
$$\frac{p}{p_0}=\left(1-\frac{k-1}{k+1}M^{*2}\right)^{\frac{k}{k-1}}=\left(1+\frac{k-1}{2}Ma^2\right)^{\frac{-k}{k-1}} \tag{12.2.15}$$

$$\frac{\rho}{\rho_0}=\left(1-\frac{k-1}{k+1}M^{*2}\right)^{\frac{1}{k-1}}=\left(1+\frac{k-1}{2}Ma^2\right)^{\frac{-1}{k-1}} \tag{12.2.16}$$

由此可见，随着马赫数Ma或速度系数M^*的增加，气流的温度、压强、密度和声速都会有不同程度的降低。

例题 12-1　氩气流中测得滞止压强为 158kPa，静压为 104kPa，静温为 293K，试求流速。若气流按照不可压缩流体处理，密度取未受扰动气流的密度，以不可压缩流体的伯努利方程计算速度时误差为多大?（氩气的气体常数$R=209\,\text{J}/(\text{kg}\cdot\text{K})$，$k=1.68$。）

解： 根据气流压强与滞止状态压强之间的关系式：

$$\frac{p_0}{p}=\left(1+\frac{k-1}{2}Ma^2\right)^{\frac{k}{k-1}}$$

可以得到气流流动马赫数Ma的表达式为

$$Ma=\sqrt{\frac{2}{k-1}\left[\left(\frac{p_0}{p}\right)^{\frac{k-1}{k}}-1\right]}=\sqrt{\frac{2}{1.68-1}\left[\left(\frac{158}{104}\right)^{\frac{1.68-1}{1.68}}-1\right]}=0.737$$

相应的声速为　　$a=\sqrt{kRT}=\sqrt{1.68\times 209\times 293}=321(\text{m/s})$

气流流速为　　$V=Ma\cdot a=0.737\times 321=237(\text{m/s})$

若按不可压缩流体处理，由伯努利方程得

$$V=\sqrt{\frac{2(p_0-p)}{\rho}}$$

故

$$V=\sqrt{\frac{2RT(p_0-p)}{p}}=\sqrt{2\times 209\times 293\times\left(\frac{158}{104}-1\right)}=252(\text{m/s})$$

所以相对误差为

$$\frac{|252-237|}{237}=6.33\%$$

解毕。

12.3　喷管中的等熵流动

12.3.1　气流参数与截面的关系

首先，讨论气体在管道中流动时，管道截面积变化对气流速度的影响规律。从气体一维定常等熵流动的运动方程出发，并利用声速的定义，有

$$V\text{d}V=-\frac{\text{d}p}{\rho}=-\frac{\text{d}p}{\text{d}\rho}\frac{\text{d}\rho}{\rho}=-a^2\frac{\text{d}\rho}{\rho}$$

化简后可得

$$\frac{\text{d}\rho}{\rho}=-\frac{V}{a^2}\text{d}V=-\frac{V^2}{a^2}\frac{\text{d}V}{V}=-Ma^2\frac{\text{d}V}{V}$$

将上式代入连续性方程，可得截面积变化率与速度变化率之间的关系：

$$\frac{\text{d}A}{A}=\left(Ma^2-1\right)\frac{\text{d}V}{V} \tag{12.3.1}$$

对运动方程两边同除以V^2，有

$$\frac{\text{d}V}{V}=-\frac{\text{d}p}{\rho V^2}=-\frac{\text{d}p}{\rho Ma^2a^2}=-\frac{1}{Ma^2}\frac{\text{d}p}{\rho kp/\rho}=-\frac{1}{kMa^2}\frac{\text{d}p}{p}$$

将上式代入式(12.3.1)中，可得截面积变化率与压强变化率之间的关系：

$$\frac{\text{d}A}{A}=\frac{1-Ma^2}{kMa^2}\frac{\text{d}p}{p} \tag{12.3.2}$$

根据Ma，可以分如下三种情况。

1. 亚声速流动$(Ma<1)$

在亚声速流动状态下，根据式(12.3.1)和式(12.3.2)可以看出，当截面积减小时，气流流速增加并且压强降低。根据该现象可得亚声速喷管。相反，当截面积增大时，气流流速减小并且压强升高。据此现象可得亚声速扩压管。对于亚声速流动，气体密度的减小率小于速度的增大率，所以截面缩小才能使气流加速，截面增大才能使气流减速。

2. 超声速流动 $(Ma>1)$

在超声速流动状态下，同样根据式(12.3.1)和式(12.3.2)可以看出，当截面积增大时，气流流速增加并且压强降低。根据该现象可以得到超声速喷管。相反，当截面积减小时，气流流速减小并且压强升高。据此现象可得超声速扩压管。与亚声速流动不同，对于超声速流动，气体密度的减小率大于速度的增大率，所以截面增大才能使气流加速，截面缩小才能使气流减速。

3. 声速流动 $(Ma=1)$

根据式(12.3.2)，可知此时 $\mathrm{d}A=0$ 。也就是说声速流动只能发生在管道截面取极值的位置。对亚声速气流，截面积缩小，气流降压增速，而对超声速气流，只有截面增大，气流才能够降压增速，所以当气流连续地从亚声速加速到超声速时，截面必须先缩小后增大，并且在最小截面处达到声速。对于超声速气流，若要气流从超声速状态连续地减速到亚声速状态，截面也必须先缩小后增大，而且在最小截面处气流速度达到声速。这一最小截面称为临界截面，在工程上也称为喉部。令 $Ma=1$ ，即可得临界截面上气流参数与滞止参数之间的关系：

$$T^*=\frac{2}{k+1}T_0 \tag{12.3.3}$$

$$p^*=\left(\frac{2}{k+1}\right)^{\frac{k}{k-1}}p_0 \tag{12.3.4}$$

$$\rho^*=\left(\frac{2}{k+1}\right)^{\frac{1}{k-1}}\rho_0 \tag{12.3.5}$$

以上三种情况可归纳为表 12-2。

表 12-2 在等熵流动中各参数的变化

流动情况	马赫数	渐缩管中速度变化趋势 $(\mathrm{d}A<0)$	等截面管中速度变化趋势 $(\mathrm{d}A=0)$	渐扩管中速度变化趋势 $(\mathrm{d}A>0)$
亚声速	$Ma<1$	加速流动	等速流动	减速流动
声速	$Ma=1$	来流不可能声速	等速流动	来流不可能声速
超声速	$Ma>1$	减速流动	等速流动	加速流动

12.3.2 喷管

在工程实际应用中已经能够利用管道截面，获得一类使气流加速或减速的喷管，并且在涡轮机械中得到了广泛应用。喷管分为两种，渐缩喷管和缩放喷管，缩放喷管也称为拉瓦尔(Laval)喷管。通常情况下，使用渐缩喷管可得到亚声速、声速气流，而使用缩放喷管可得到超声速气流。

1. 渐缩喷管

假设气体从具有很大容积的容器中通过渐缩喷管流出，不计流动损失。若容器中气体的运动速度可忽略不计，相应参数可视为滞止参数。下面求喷管出口的流速和流量，其中喷管出口参数用下标 2 表示。由能量方程，可以有

$$\frac{V_2^2}{2}+\frac{k}{k-1}\frac{p_2}{\rho_2}=\frac{k}{k-1}\frac{p_0}{\rho_0}$$

可求得喷管出口速度表达式　$V_2=\sqrt{\frac{2k}{k-1}\frac{p_0}{\rho_0}\left(1-\frac{p_2}{p_0}\frac{\rho_0}{\rho_2}\right)}$

因为流动过程等熵，根据等熵关系可得出口气流与滞止参数之间的关系式如下：

$$\frac{\rho_0}{\rho_2}=\left(\frac{p_0}{p_2}\right)^{\frac{1}{k}}$$

代入喷管出口速度表达式中，可得喷管出口速度

$$V_2=\sqrt{\frac{2k}{k-1}\frac{p_0}{\rho_0}\left[1-\left(\frac{p_2}{p_0}\right)^{\frac{k-1}{k}}\right]}\tag{12.3.6}$$

进一步可以得到通过喷管的质量流量为

$$G=\rho_2A_2V_2=\rho_0A_2\sqrt{\frac{2k}{k-1}\frac{p_0}{\rho_0}\left[\left(\frac{p_2}{p_0}\right)^{\frac{2}{k}}-\left(\frac{p_2}{p_0}\right)^{\frac{k+1}{k}}\right]}\tag{12.3.7}$$

图 12-6 给出了喷管出口质量流量 G 与出口压强 p_2 的关系曲线。当 p_2 从 p_0 减小到 0 时，流量先增加到最大值 $G_{\max}$ 再减小到 0。最大流量也称为临界流量，达到最大流量时的出口压强 p_2 可由 $\mathrm{d}G/\mathrm{d}p_2=0$ 得到，具体表达式为

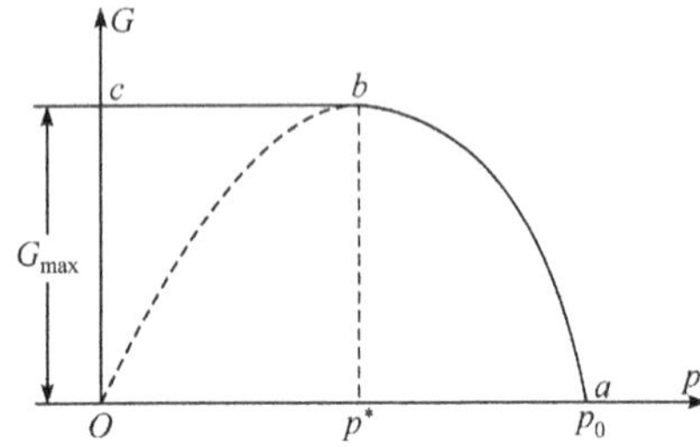

图 12-6　渐缩喷管流量与出口压力关系

$$p_2=p_0\left(\frac{2}{k+1}\right)^{\frac{k}{k-1}}=p^*\tag{12.3.8}$$

当出口截面上压强为临界压强时，出口速度为声速：

$$V_2=a^*=\sqrt{\frac{2k}{k+1}\frac{p_0}{\rho_0}}\tag{12.3.9}$$

相应的出口流量达最大值，为

$$G_{\max}=\rho_0A_2\sqrt{\frac{2k}{k-1}\frac{p_0}{\rho_0}\left[\left(\frac{2}{k+1}\right)^{\frac{2}{k-1}}-\left(\frac{2}{k+1}\right)^{\frac{k+1}{k-1}}\right]}=A_2\left(\frac{2}{k+1}\right)^{\frac{k+1}{2(k-1)}}\sqrt{kp_0\rho_0}\tag{12.3.10}$$

重新分析出口压强 p_2 从 p_0 逐渐降低过程中渐缩喷管内的流动变化情况。起初气流流速逐渐增大，流量逐渐增加。当 $p_2=p^*$ 时，喷管出口位置气流达到声速，流量达最大值。继续降低 p_2，从 12.3.1 节可知，亚声速气流在渐缩喷管中不可能达到超声速，气流在喷管内部只能膨胀到 p^*。从 p^* 到 p_2 的膨胀过程只能在喷管出口外进行。因此，当 $p_2<p^*$ 时，喷管出口的

流量保持不变，等于临界流量G_{max}。换句话说，出口压强一旦达到临界压强，出口截面就达到临界状态，出口压强再降低，出口下游压强降低所产生的影响无法逆流传播至喷管内。此时，喷管流量总保持为最大值，这种流量不再变化的流动状态称为阻塞。

2. 缩放喷管

为利用出口压强低于临界压强的这部分可用能并得到超声速气流，可在渐缩喷管后接上一段渐扩喷管，组成缩放喷管，使气流在流出渐缩喷管后能够继续膨胀加速。最终可在渐扩段喷管出口得到超声速。出口截面上的流速计算与渐缩喷管使用的公式相同，缩放喷管的流量仍然由最小截面(喉部)位置的流动参数决定，具体公式与渐缩喷管相同。

例题 12-2　空气在渐缩喷管内做等熵流动，已知某截面流体压强、温度和马赫数分别为$p_1=400\text{kPa}$，$T_1=280\text{K}$，$Ma_1=0.52$，截面积$A_1=10\text{cm}^2$，出口背压为$p_b=200\text{kPa}$。求喷管出口截面上的气流速度与马赫数和喷管的质量流量。

解：首先，判断喷管出口背压与临界压强之间的关系。根据理想气体定常等熵流动滞止参数和临界参数的计算公式，可得

$$p_0=\left(1+\frac{k-1}{2}Ma_1^2\right)^{\frac{k}{k-1}}p_1=\left(1+\frac{1.4-1}{2}\times0.52^2\right)^{\frac{1.4}{1.4-1}}\times400=481(\text{kPa})$$

$$p^*=\left(\frac{2}{k+1}\right)^{\frac{k}{k-1}}p_0=\left(\frac{2}{1.4+1}\right)^{\frac{1.4}{1.4-1}}\times481=254.1(\text{kPa})>p_b$$

即此时出口截面已达临界状态。对于收缩喷管而言，此时喷管出口马赫数为$Ma_2=1$。相应的出口截面为临界截面，于是可得临界截面上温度为

$$T_0=\left(1+\frac{k-1}{2}Ma_1^2\right)T_1=\left(1+\frac{1.4-1}{2}0.52^2\right)\times280=295.1(\text{K})$$

$$T^*=\frac{2}{k+1}T_0=\frac{2}{1.4+1}\times295.1=245.9(\text{K})$$

由于临界截面上气流速度与声速相同，出口截面上气流速度为

$$V_2=\sqrt{kRT^*}=\sqrt{1.4\times287\times245.9}=314.3(\text{m/s})$$

在截面 1 处计算喷管的质量流量：

$$\rho_1=\frac{p_1}{RT_1}=\frac{4\times10^5}{287\times280}=4.9776(\text{kg/m}^3)$$

$$V_1=Ma_1\sqrt{kRT_1}=0.52\times\sqrt{1.4\times287\times280}=174.4(\text{m/s})$$

$$G=\rho_1A_1V_1=4.9776\times174.4\times0.001=0.8681(\text{kg/s})$$

因此，喷管内的质量流量为0.8681kg/s。

解毕。

例题 12-3　空气在缩放喷管中做等熵流动，入口截面积为$A_1=1000\text{cm}^2$，马赫数$Ma_1=0.3$，要求在出口截面A_2处$Ma_2=3$，试确定喷管的喉部截面积A^*、出口截面积为A_2以及压比p_2/p_1。

解： 喷管入口为亚声速，出口为超声速，因此在喉部应处于临界状态 $Ma^*=1$，可有

$$\frac{T^*}{T_1}=\frac{1+\frac{k-1}{2}Ma_1^2}{1+\frac{k-1}{2}}=\frac{1+\frac{1.4-1}{2}\times 0.3^2}{1+\frac{1.4-1}{2}}=0.8483$$

$$\frac{T^*}{T_2}=\frac{1+\frac{k-1}{2}Ma_2^2}{1+\frac{k-1}{2}}=\frac{1+\frac{1.4-1}{2}\times 3^2}{1+\frac{1.4-1}{2}}=2.3333$$

由连续性方程 $\rho^* V^* A^*=\rho_1 V_1 A_1$，可以得喷管喉部截面积为

$$A^*=A_1\frac{\rho_1}{\rho^*}\frac{V_1}{V^*}=A_1\left(\frac{T_1}{T^*}\right)^{\frac{1}{k-1}}\left(\frac{T_1}{T^*}\right)^{\frac{1}{2}}\frac{Ma_1}{Ma^*}=A_1\left(\frac{T_1}{T^*}\right)^{\frac{k+1}{2(k-1)}}\frac{Ma_1}{Ma^*}$$

$$=10^3\times\left(\frac{1}{0.8483}\right)^3\times 0.3=491.4(\text{cm}^2)$$

由连续性方程 $\rho^* V^* A^*=\rho_2 V_2 A_2$，可以得到喷管出口截面积为

$$A_2=A^*\frac{\rho^*}{\rho_2}\frac{V^*}{V_2}=A^*\left(\frac{T^*}{T_2}\right)^{\frac{1}{k-1}}\left(\frac{T^*}{T_2}\right)^{\frac{1}{2}}\frac{Ma^*}{Ma_2}=A^*\left(\frac{T^*}{T_2}\right)^{\frac{k+1}{2(k-1)}}\frac{1}{Ma_2}$$

$$=491.4\times(2.3333)^3\times\frac{1}{3}=2080.87(\text{cm}^2)$$

相应的喷管入口和出口截面上的压强比为

$$\frac{p_2}{p_1}=\left(\frac{1+\frac{k-1}{2}Ma_1^2}{1+\frac{k-1}{2}Ma_2^2}\right)^{\frac{k}{k-1}}=\left(\frac{1+\frac{1.4-1}{2}\times 0.3^2}{1+\frac{1.4-1}{2}\times 3^2}\right)^{\frac{1.4}{1.4-1}}=0.029$$

解毕。

12.4 有摩擦的绝热管流

12.3 节讨论了理想气体的一维等熵流动。在实际气体流动过程，黏性效应引起摩擦损失，从而使气流发生不可逆熵增。此外，气流也可经过管壁与外界发生热交换，变为非绝热流动，进而导致系统熵增。本节仅讨论由黏性摩擦引起不可逆熵增的气体绝热管流。

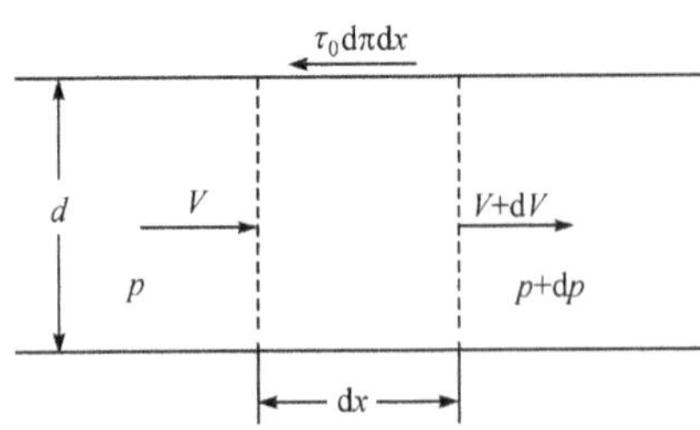

图 12-7 气体一维定常运动微分方程推导用图

12.4.1 气体一维定常运动微分方程

在等截面直管道中取一个长度为 dx 的微小管段，对管段中定常流动的气流作受力分析，如图 12-7 所示。

由动量守恒定律可得

$$p\frac{\pi d^2}{4}-(p+\mathrm{d}p)\frac{\pi d^2}{4}-\tau_0\pi d\mathrm{d}x=\rho V\frac{\pi d^2}{4}(V+\mathrm{d}V-V)$$

化简可以得到

$$V\mathrm{d}V+\frac{\mathrm{d}p}{\rho}+\frac{4\tau_0}{\rho}\frac{\mathrm{d}x}{d}=0$$

其中，d 为管道直径。气流对于管壁的切应力可表示为

$$\tau_0=\frac{\lambda}{8}\rho V^2$$

其中，λ 为沿程阻力系数。这样就得到有摩擦的绝热气体一维定常运动微分方程：

$$V\mathrm{d}V+\frac{\mathrm{d}p}{\rho}+\lambda\frac{V^2}{2}\frac{\mathrm{d}x}{d}=0 \tag{12.4.1}$$

式(12.4.1)中第三项的物理含义代表单位质量气体在微小管段 dx 上所做的摩擦功。

12.4.2　摩擦的影响

在 12.2 节中给出的能量方程(12.2.3)适用于绝热流动。由于 $h=c_pT$，$c_p=\frac{k}{k-1}R$，$\frac{p}{\rho}=RT$，代入能量方程有

$$\frac{\mathrm{d}p}{\rho}=\frac{p}{\rho}\frac{\mathrm{d}\rho}{\rho}-\frac{k-1}{k}V\mathrm{d}V$$

将 $\mathrm{d}\rho/\rho$ 用连续性方程代入，有

$$\frac{\mathrm{d}p}{\rho}=\left(\frac{V^2}{k}-\frac{p}{\rho}\right)\frac{\mathrm{d}V}{V}-\frac{p}{\rho}\frac{\mathrm{d}A}{A}-V\mathrm{d}V$$

将上式代入具有摩擦的绝热气体一维定常运动微分方程(12.4.1)中，有

$$\left(\frac{V^2}{k}-\frac{p}{\rho}\right)\frac{\mathrm{d}V}{V}-\frac{p}{\rho}\frac{\mathrm{d}A}{A}+\lambda\frac{V^2}{2}\frac{\mathrm{d}x}{d}=0$$

由于 $\frac{p}{\rho}=\frac{a^2}{k}$，所以可得

$$\left(V^2-a^2\right)\frac{\mathrm{d}V}{V}-a^2\frac{\mathrm{d}A}{A}+\lambda\frac{kV^2}{2}\frac{\mathrm{d}x}{d}=0 \tag{12.4.2}$$

或

$$\left(Ma^2-1\right)\frac{\mathrm{d}V}{V}=\frac{\mathrm{d}A}{A}-\lambda\frac{kMa^2}{2}\frac{\mathrm{d}x}{d} \tag{12.4.3}$$

根据式(12.4.3)可以知道，摩擦的作用相当于使管道截面缩小。在渐缩管中，摩擦使亚声速气流加速得更快，使超声速气流减速得更快。在渐扩管中，摩擦使亚声速气流减速变慢，使超声速气流加速变慢。在等截面管道中，摩擦效应使得气流相当于在渐缩管中流动，从而使亚声速气流加速，使超声速气流减速。但不可能使气流从亚声速连续加速到超声速，也不可能使气流从超声速连续地减速到亚声速，所以极限速度只能是声速。由于摩擦的影响，此时缩放喷管中气流的临界截面将不再位于喷管最小截面处。由于在临界截面上 $Ma=1$，根据式(12.4.3)可以得到

$$\frac{\mathrm{d}A}{A}=\lambda\frac{k}{2}\frac{\mathrm{d}x}{d}$$

于是有 $\mathrm{d}A > 0$，即不论来流是亚声速或是超声速，气流总是在最小截面后的扩张段中才能达到临界速度。下面进一步分析等截面管道中有摩擦的绝热流动，式(12.4.3)可以进一步写成

$$\frac{\mathrm{d}V}{V} = -\frac{\mathrm{d}h}{Ma^2 a^2} = -\frac{c_p \mathrm{d}T}{Ma^2 kRT} = -\frac{1}{Ma^2 (k-1)} \frac{\mathrm{d}T}{T} \tag{12.4.4}$$

将 $V^2 = Ma^2 a^2 = Ma^2 kRT$ 两边进行微分，可以得到

$$2\frac{\mathrm{d}V}{V} = 2\frac{\mathrm{d}Ma}{Ma} + \frac{\mathrm{d}T}{T} \tag{12.4.5}$$

合并式(12.4.4)和式(12.4.5)，可以得到

$$\frac{\mathrm{d}V}{V} = \frac{\mathrm{d}Ma / Ma}{Ma^2 (k-1)/2 + 1} \tag{12.4.6}$$

对于等截面管道，由于 $\mathrm{d}A = 0$，根据式(12.4.3)有

$$\left(Ma^2 - 1\right)\frac{\mathrm{d}V}{V} = -\lambda \frac{kMa^2}{2} \frac{\mathrm{d}x}{d}$$

将式(12.4.6)代入上式并消去 V 有

$$\lambda \frac{\mathrm{d}x}{d} = \frac{2\left(1 - Ma^2\right)\mathrm{d}Ma}{kMa^3 \left[Ma^2 (k-1)/2 + 1\right]} = \frac{2\mathrm{d}Ma}{kMa^3} - \frac{k+1}{k} \frac{\mathrm{d}Ma}{Ma\left[Ma^2 (k-1)/2 + 1\right]}$$

上式沿管道长度进行积分。积分上、下限分别为：$x = 0$，$Ma = Ma_{\mathrm{i}}$；$x = l$，$Ma = Ma$，有

$$\lambda \frac{l}{d} = \frac{1}{k}\left(\frac{1}{Ma_{\mathrm{i}}^2} - \frac{1}{Ma^2}\right) + \frac{k+1}{2k} \ln\left[\left(\frac{Ma_{\mathrm{i}}}{Ma}\right)^2 \frac{(k-1)Ma^2 + 2}{(k-1)Ma_{\mathrm{i}}^2 + 2}\right] \tag{12.4.7}$$

其中，Ma_{i} 为管道入口气流马赫数。当 $Ma = 1$ 时，可以得到管道长度达最大值：

$$\lambda \frac{l_{\max}}{d} = \frac{1}{k}\left(\frac{1}{Ma_{\mathrm{i}}^2} - 1\right) + \frac{k+1}{2k} \ln\left[\frac{(k+1)Ma_{\mathrm{i}}^2}{(k-1)Ma_{\mathrm{i}}^2 + 2}\right] \tag{12.4.8}$$

显然，最大管长 $l_{\max}$ 与 Ma_{i} 有关。当管长 $l < l_{\max}$ 时，气流在出口处达不到临界状态；而当管长 $l > l_{\max}$ 时，额外的管长所产生的摩擦阻塞作用，将使可通过管道的最大质量流量降低，即将使得管道入口处的马赫数 Ma_{i} 下降。将式(12.4.6)代入式(12.4.4)中，可得

$$\frac{\mathrm{d}T}{T} = -(k-1)\frac{Ma\mathrm{d}Ma}{Ma^2 (k-1)/2 + 1} \tag{12.4.9}$$

对状态方程 $p = \rho RT$ 和连续性方程 $\rho V = \mathrm{const}$ 进行微分，并整理可得

$$\frac{\mathrm{d}p}{p} = \frac{\mathrm{d}T}{T} - \frac{\mathrm{d}V}{V}$$

将式(12.4.6)和式(12.4.9)代入上式，可得

$$\frac{\mathrm{d}p}{p} = -\frac{(k-1)Ma^2 + 1}{(k-1)/2Ma^2 + 1} \frac{\mathrm{d}Ma}{Ma} \tag{12.4.10}$$

对式(12.4.6)、式(12.4.9)和式(12.4.10)沿管道长度进行积分，积分限分别为：$x = 0$，$V = V_{\mathrm{i}}$，$T = T_{\mathrm{i}}$，$p = p_{\mathrm{i}}$；$x = l_{\max}$，$V = V^*$，$T = T^*$，$p = p^*$，可得管道入口和最大管长出口位置速度、温度和压强之间的关系：

$$\frac{V^*}{V_{\mathrm{i}}}=\frac{1}{Ma_{\mathrm{i}}}\sqrt{\frac{(k-1)Ma_{\mathrm{i}}^2+2}{k+1}} \tag{12.4.11}$$

$$\frac{T^*}{T_{\mathrm{i}}}=\frac{(k-1)Ma_{\mathrm{i}}^2+2}{k+1} \tag{12.4.12}$$

$$\frac{p^*}{p_{\mathrm{i}}}=Ma_{\mathrm{i}}\sqrt{\frac{(k-1)Ma_{\mathrm{i}}^2+2}{k+1}} \tag{12.4.13}$$

例题 12-4　空气流入直径 $d=0.03\,\mathrm{m}$ 的圆管。已知入口压强 $p_{\mathrm{i}}=2\times10^5\,\mathrm{Pa}$，温度 $T_{\mathrm{i}}=280\,\mathrm{K}$，马赫数 $Ma_{\mathrm{i}}=0.2$。求气流达到临界状态时管道的最大长度 $l_{\max}$ 以及出口气流参数 p^*、T^*。

解： 由于管道出口达到临界状态，根据式(12.4.12)，可以得到管道入口和出口截面上的参数关系如下：

$$\frac{T^*}{T_{\mathrm{i}}}=\frac{(k-1)Ma_{\mathrm{i}}^2+2}{k+1}=\frac{(1.4-1)\times0.2^2+2}{1.4+1}=0.84$$

可得出口截面气体的温度：

$$T^*=0.84T_{\mathrm{i}}=0.84\times280=235.2(\mathrm{K})$$

进一步，可以得到入口与出口截面上气流速度之间关系如下：

$$\frac{V^*}{V_{\mathrm{i}}}=\frac{1}{Ma_{\mathrm{i}}}\frac{a^*}{a_{\mathrm{i}}}=\frac{1}{Ma_{\mathrm{i}}}\sqrt{\frac{T^*}{T_{\mathrm{i}}}}=\frac{\sqrt{0.84}}{0.2}=4.5826$$

根据式(12.4.13)，可得出口截面上压强为

$$p^*=p_{\mathrm{i}}Ma_{\mathrm{i}}\sqrt{\frac{(k-1)Ma_{\mathrm{i}}^2+2}{k+1}}=2\times10^5\times0.2\times\sqrt{\frac{(1.4-1)0.2^2+2}{1.4+1}}=3.67\times10^4(\mathrm{Pa})$$

再根据式(12.4.8)，可得

$$\begin{aligned}\lambda\frac{l_{\max}}{d}&=\frac{1}{k}\left(\frac{1}{Ma_{\mathrm{i}}^2}-1\right)+\frac{k+1}{2k}\ln\left[\frac{(k+1)Ma_{\mathrm{i}}^2}{(k-1)Ma_{\mathrm{i}}^2+2}\right]\\&=\frac{1}{1.4}\left(\frac{1}{0.2^2}-1\right)+\frac{1.4+1}{2\times1.4}\ln\left[\frac{(1.4+1)\times0.2^2}{(1.4-1)\times0.2^2+2}\right]\\&=14.53\end{aligned}$$

求解上式即可获得管道的最大长度为

$$l_{\max}=14.53\frac{d}{\lambda}=14.53\times\frac{0.03}{0.02}=21.8(\mathrm{m})$$

解毕。

科技前沿(12)——连续旋转爆震发动机

人物介绍(12)——马赫

习　题

12-1　设 m、n 为常数，试证明：在理想气体等熵流动的任意两个状态点 1、2 之间，它

的静压之比以及密度之比是温度之比的幂函数，即 $p_2/p_1=(T_2/T_1)^m$，$\rho_2/\rho_1=(T_2/T_1)^n$，并导出 m、n 的表达式。

12-2 某人头顶上1000m高的空中有一架飞机飞过。当飞机水平前进了2000m时，此人才听到飞机噪声。已知当地大气温度为280K，求飞机的飞行速度、马赫数以及此人最先听到的声音的声源位置。

12-3 已知一架飞机在观察站上空 $H=500\text{m}$，以速度1836km/h水平飞行，空气的温度 $T=15℃$，求飞机飞过观察站正上方到观察站听到飞机声音需多长时间？

12-4 假设空气做等熵流动，已知滞止压强 $p_0=490\text{kPa}$，滞止温度 $T_0=20℃$，试求：滞止声速 a_0 及 $Ma=0.8$ 处的声速、流速和压强。

12-5 使一维气流在可逆绝热条件下压强降为0Pa、温度降为0K时，气流速度达到最大值 $V_{\max}$。定义无量纲速度 τ 为气体运动速度 V 与最大速度 $V_{\max}$ 的比值，即 $\tau=\dfrac{V}{V_{\max}}$，试求 τ 与马赫数 Ma 之间的关系式，并确定 τ 的取值范围(气体绝热指数为 k)。

12-6 高压蒸汽由收缩喷管流出，在入口断面流速为200m/s，温度为350℃，绝对压强为1MPa。气流在喷管中被加速，在出口处马赫数 $Ma=0.9$。已知蒸汽 $R=462\text{J}/(\text{kg·K})$，绝热指数 $k=1.33$，不计流动损失，求出口速度。

12-7 有一个收缩喷管，气流在入口截面上的参数为 $p_1=3\times10^5\text{Pa}$，$T_1=340\text{K}$，$V_1=150\text{m/s}$，$d_1=46\text{mm}$。在出口截面上，$Ma=1$，求出口处的压强、温度和直径(过程视为等熵流动，气体常数 $R=287\text{J}/(\text{kg·K})$，绝热指数 $k=1.4$)。

12-8 已知储气室参数为 $p_0=1.52\text{MPa}$ (绝对压强)，$T_0=27℃$，空气从储气室通过一个收缩喷管进入大气。设喷管出口面积 $A_2=31.7\text{mm}^2$，背压 $p_b=101\text{kPa}$ (绝对压强)，不计损失。试求出口压强 p_2 及通过喷管的质量流量 Q_m。

12-9 空气稳定且等熵地通过一个缩放喷管，已知在喷管喉部位置的压强为140kPa，温度为333K，截面积为 0.05m^2。在喉部下游某一截面上的压强为70kPa。试求在该截面上的流速和截面积。

12-10 理想气体从高压容器中经一个收缩喷管等熵流出。已知喷管出口直径 $d=10\text{mm}$，出口位置的绝对压强 $p=1.05\times10^5\text{Pa}$，温度 $t=30℃$，气体的滞止压强 $p_0=1.5\times10^5\text{Pa}$。试确定喷管的质量流量以及高压容器中的气体压强和温度(气体常数 $R=287\text{J}/(\text{kg·K})$，绝热指数 $k=1.4$)。

12-11 空气在管道中做绝热非等熵流动，已知两截面1、2上的参数分别是 $p_1=2.5\times10^5\text{Pa}$、$T_1=320\text{K}$、$v_1=150\text{m/s}$ 和 $p_2=1\times10^5\text{Pa}$、$v_2=300\text{m/s}$，试求两截面处滞止压强之差 $p_{01}-p_{02}$。

12-12 空气在直径 $d=0.5\text{m}$ 的圆管中做绝热流动，沿程阻力系数 $\lambda=0.05$。已知管道入口气流的马赫数 $Ma_i=0.4$、温度 $T_i=280\text{K}$ 和压强 $p_i=2\times10^5\text{Pa}$。求气流达到临界状态的最大长度 $l_{\max}$ 和出口截面上气体的压强与温度。

第 13 章　可压缩流体超声速流动

13.1　超声速气流的绕流与激波的形成

13.1.1　超声速气流绕凸壁面的流动(膨胀波)

超声速气流在流动的过程中若遇到扰动，就会将微弱扰动波叠加起来形成马赫波。本节考虑速度为V_1的超声速气流绕凸壁面的流动，如图 13-1 所示。壁面上A点处有一个微小的向外折转角$\mathrm{d}\delta$，气流经A点后方向将产生微小的偏转。在折转点A处将产生一道马赫波(马赫线)AB，相应的马赫角$\theta_1 = \arcsin(1/Ma_1)$。由于折转点$A$之后，气流通道略有增大，气流通过马赫波以后将发生微小的膨胀，速度有微小的增加，压强、密度、温度有微小的降低，这种马赫波也称为微弱膨胀波。

如果壁面A点处的折转角为一个有限值δ，形成一个有限的凸钝角，那么气流将连续膨胀和偏转，产生无数条马赫波，形成膨胀波组，如图 13-2 所示。气流的膨胀过程可以看作无数个微小膨胀的组合，所以在膨胀区B_1AB_2中流线是弯曲的。若超声速气流沿着多次向外折转的壁面流动，则在每一次折转角处都要产生一组膨胀波，气流在每组膨胀波内发生膨胀、加速和偏转，如图 13-3 所示。超声速气流进入低压区时也会产生膨胀波。例如，超声速气流从喷管流出，当出口截面的压强高于外部的压强时，气流将在喷管外部继续膨胀，在出口处产生膨胀波组，气流离开喷管后向外侧偏转一个角度δ，如图 13-4 所示。当喷管后的压强为零时，理论上的最大折转角为

$$\delta_{\max} = \frac{\pi}{2}\left(\sqrt{\frac{k+1}{k-1}} - 1\right) \tag{13.1.1}$$

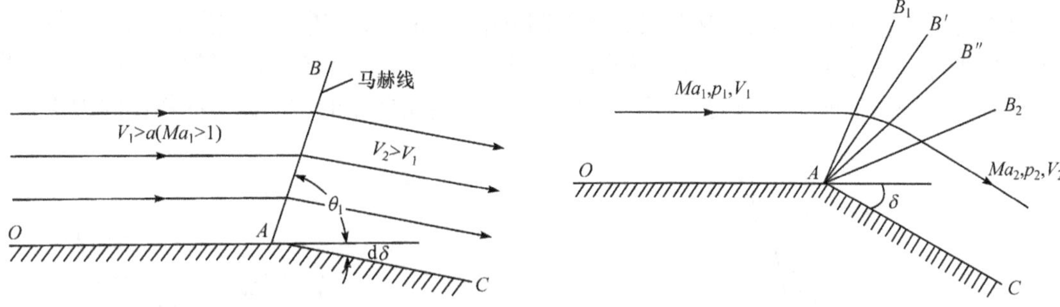

图 13-1　超声速气流绕微小凸钝角的流动

图 13-2　超声速气流绕凸钝角的膨胀波组

以上分析是针对理想气体做无摩擦绝热均匀流动这一情况的，每一条马赫波都是直线，在马赫波上所有参数相等，故马赫线也是等压线。

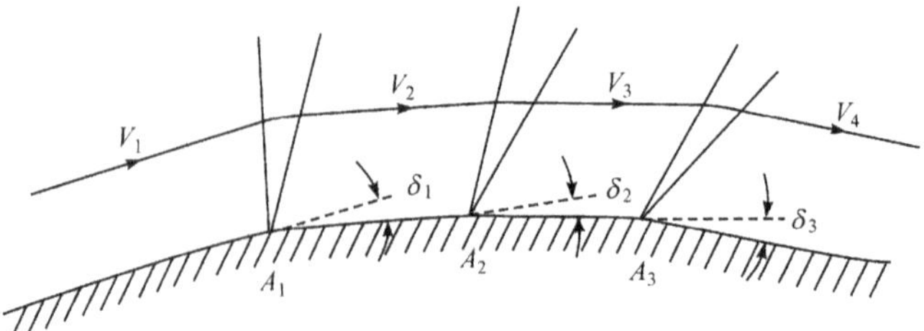

图 13-3　超声速气流沿多次折转的壁面的流动

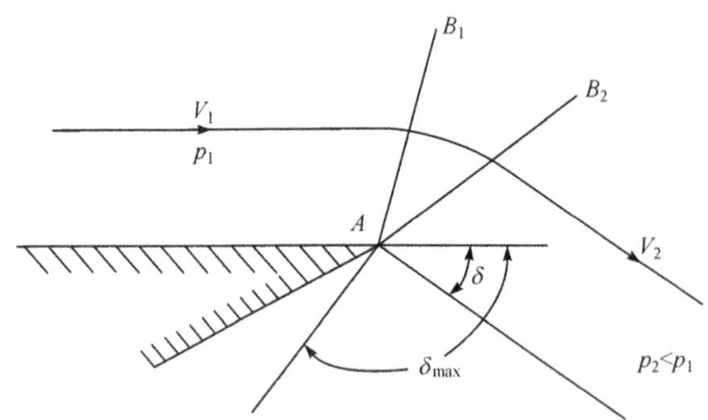

图 13-4　超声速气流进入低压区的流动

13.1.2　超声速气流绕凹壁面的流动(激波)

超声速气流绕凹壁面流动时，由于通道面积缩小，气流受到压缩，将会产生激波。激波是一种压缩波，也称为冲波，激波的强度可远远大于膨胀波。当超声速气流经过凹曲壁时，曲面上的每一点都是扰动源，将产生无数条马赫波，如图 13-5 所示。气流受压缩后速度降低，压强、温度增加，沿曲面的流动马赫数降低并且马赫角增大，所以无数条马赫波将叠加并形成一条强压缩波 BK 。气流通过这条强压缩波后，气体流动参数将发生骤然变化。速度骤然降低而压强、温度、密度骤然增大，这个气体流动参数的骤然变化面或间断面称为激波面。炸弹爆炸时产生的气浪就是一种激波，物体在空气中做超声速运动时也会产生激波。根据激波面与气流方向的相对位置，可将激波分为三种：正激波、斜激波和曲线脱体激波，如图 13-6 所示。当超声速气流在有限折转角 δ 的凹壁中流动时，会产生一条斜激波 AB ，如图 13-7 所示。激波与来流方向的夹角 β 称为激波角。当超声速气流流经有 2 倍折转角 2δ 的楔形物体时，在其尖端处产生两条斜激波，如图 13-8 所示。随着折转角的增大或楔形物体的尖头变为

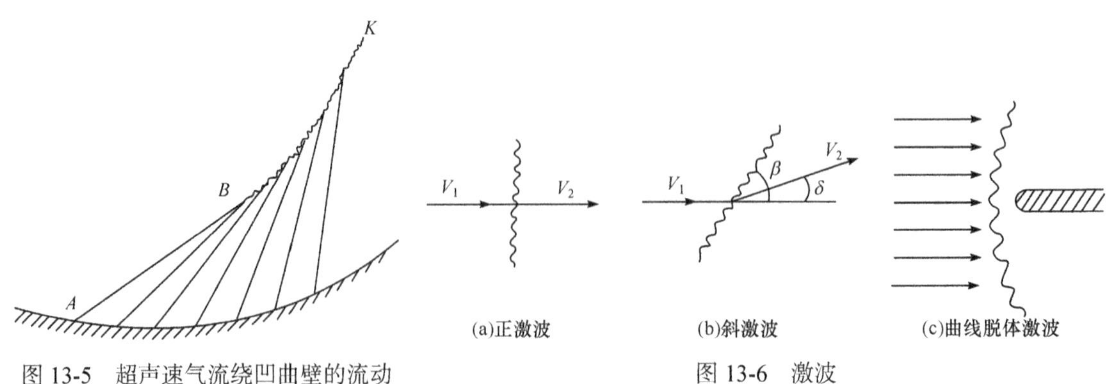

图 13-5　超声速气流绕凹曲壁的流动　　图 13-6　激波

钝头，斜激波就变为一条脱离楔形物体的曲线脱体激波，如图 13-8 所示。当超声速气流流入高压区域时，气流受到压缩也会产生激波，例如，缩放喷管在非设计工况下工作时，有可能在渐扩段中产生正激波。

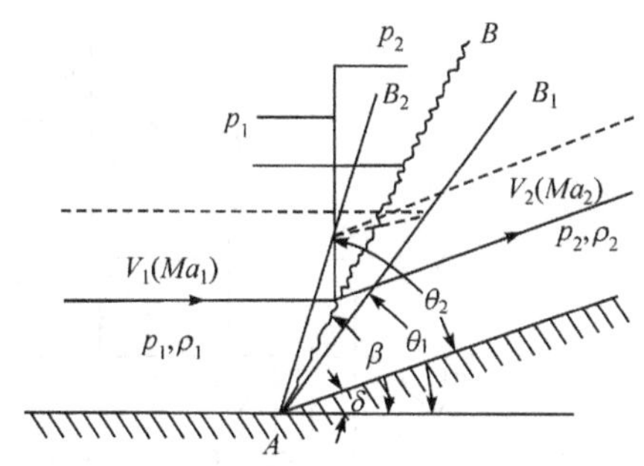

图 13-7　超声速气流绕凹钝角壁面的流动

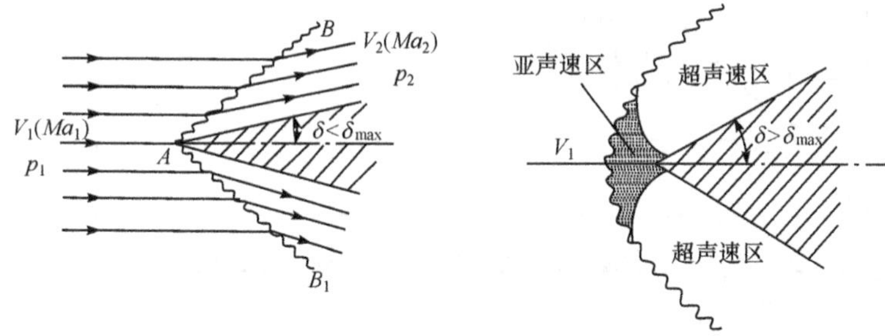

图 13-8　超声速气流绕楔形和钝头物体的流动

通常情况下，激波的厚度很小，只有气体分子平均自由程的大小。在一个大气压作用下，温度为 273K 的空气，其分子平均自由程约为10^{-4} mm 。气流通过激波时受到骤然压缩，参数在短暂时间内会发生剧烈变化。该过程是一个不可逆的绝热过程，在这一过程中气体的熵增加，一部分动能将转化为内能而损失，这种损失可称为波阻。

随着现代航空航天技术的发展和对强爆炸的实验研究，人们已对各种激波现象有了较为充分的认识，并建立了完整的激波理论。由于激波可对气体进行强烈压缩，通过对激波后气体进行研究，人们可以获得气体在高温高压下的物理化学性质。此外，激波理论还可用于陨石运动、宇宙形成与进化、气体和液体的输送管路设计等方面。

13.1.3　正激波与斜激波的形成

激波面与气流流动方向相互正交的激波为正激波。正激波的激波角为直角。管道中发生的平面激波或爆炸在均匀静止的空气中产生的球形激波都是正激波。

正激波的形成可用下面的例子来说明。如图 13-9 所示，直管中的活塞突然向右加速运动，经一段时间后达到速度V，再做等速运动。将这一段时间离散化为无数个无穷小的时间间隔。在第一个时间间隔，活塞运动速度从零变为$\mathrm{d}V$，紧靠活塞的气体A的压力升高了$\mathrm{d}p$，第一道微弱扰动波以声速a_1向右运动，气体A以速度$\mathrm{d}V$向右运动，在第二个时间间隔，活塞速度从$\mathrm{d}V$变为$2\mathrm{d}V$，产生第二道微弱扰动波，以声速$a_{\mathrm{II}}+\mathrm{d}V$向右运动，使气体$A$的压强变为$2\mathrm{d}p$，速度变为$2\mathrm{d}V$，这时第一道微弱扰动波已传到气体$B$，使其压力增加了$\mathrm{d}p$，据此类推，活塞每次加速产生的微弱扰动波都以当地声速相对于气流向右运动，靠近活塞的气体受压缩程度较大，温度较高，故而当地声速大于离活塞较远的气体中声速。经过一段时间，后面的微弱扰动波逐渐追上前面的波并相互叠加形成强度很大的压缩波，就是正激波，所以激波是具有一定强度的以超声速传播的压缩波。

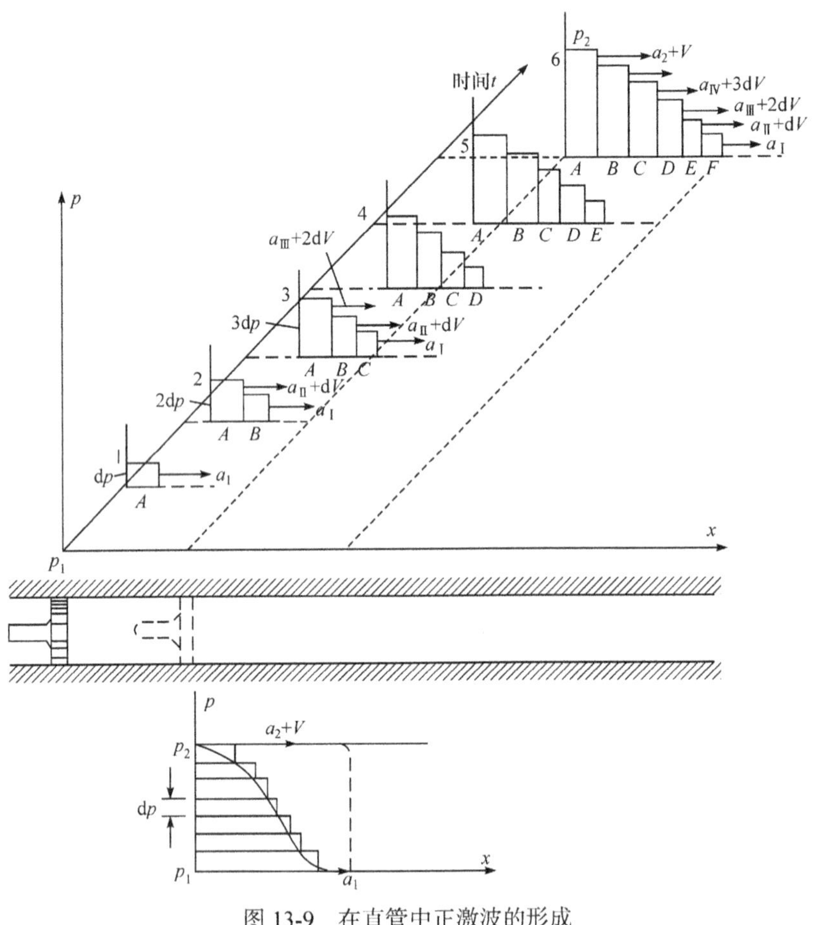

图 13-9 在直管中正激波的形成

与正激波不同，斜激波的激波角不是直角。斜激波的形成可用图 13-7 来说明。因 A 点的折转角是一个有限值，在 A 点处将产生无数条微弱的压缩波或马赫波。接下来将要说明这些压缩波是如何叠加起来的。第一条压缩波 AB_1 与气流速度 V_1 的夹角为 $\theta_1 = \arcsin(1/Ma_1)$，最后一条压缩波 AB_2 与 V_2 的夹角 $\theta_2 = \arcsin(1/Ma_2)$。因 $V_2 < V_1$，$a_2 > a_1$，故 $Ma_2 < Ma_1$，$\theta_2 > \theta_1$。也就是说，最后一条压缩波不仅要在已扰动过的区域内，而且要在 AB_1 之前，显然是不可能的，所以唯一的可能是所有的压缩波叠加起来，形成一条斜激波。

13.2 激波前后气流参数的关系

13.2.1 正激波前后气流参数的关系

从 13.1 节知道，正激波在直管道中的运动是一个非定常流动过程。然而，若令正激波的运动速度为常数，将坐标系固定在运动的激波面上，此时气流以相反的运动速度穿越激波面，于是可以得到相对于激波面的定常流动，如图 13-10 所示。

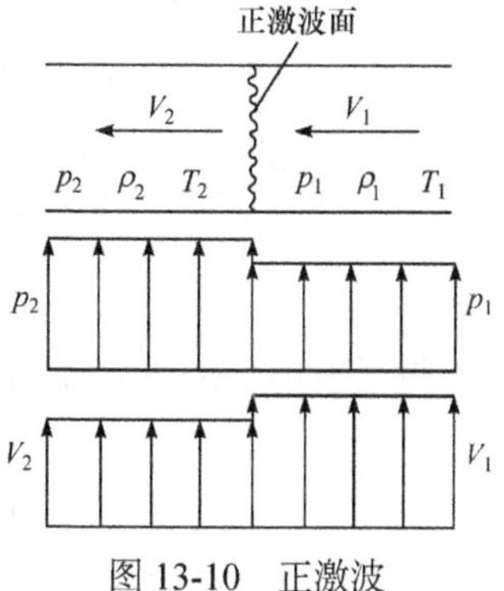

图 13-10　正激波

当超声速气流通过正激波时，气流受到压缩，压强从 p_1 升高到 p_2，密度从 ρ_1 升高到 ρ_2，气流相应速度从 V_1 降低到 V_2。根据连续性方程有

$$\rho_1 V_1 = \rho_2 V_2 \tag{13.2.1}$$

根据动量方程有

$$p_1 - p_2 = \rho_1 V_1 (V_2 - V_1) \tag{13.2.2}$$

即

$$p_1 + \rho_1 V_1^2 = p_2 + \rho_2 V_2^2 \tag{13.2.3}$$

由于气流通过激波面满足绝热条件，根据能量方程有

$$\frac{V_1^2}{2} + \frac{k}{k-1}\frac{p_1}{\rho_1} = \frac{V_2^2}{2} + \frac{k}{k-1}\frac{p_2}{\rho_2} = \frac{k+1}{k-1}\frac{a^{*2}}{2} = \text{const} \tag{13.2.4}$$

激波前后气体均为理想气体，由气体状态方程有

$$p_2 - p_1 = R\left(\rho_2 T_2 - \rho_1 T_1\right) \tag{13.2.5}$$

将式(13.2.3)与式(13.2.1)相除，可得

$$\frac{p_1}{\rho_1} + V_1^2 = \left(\frac{p_2}{\rho_2} + V_2^2\right)\frac{V_1}{V_2} \tag{13.2.6}$$

将式(13.2.4)代入式(13.2.6)中可得

$$\frac{p_1}{\rho_1} = \frac{k-1}{2k}\left(\frac{k+1}{k-1}a^{*2} - V_1^2\right) \tag{13.2.7}$$

$$\frac{p_2}{\rho_2} = \frac{k-1}{2k}\left(\frac{k+1}{k-1}a^{*2} - V_2^2\right) \tag{13.2.8}$$

将式(13.2.7)和式(13.2.8)代入式(13.2.6)，可以得到激波前后速度之间满足的关系：

$$\left(V_2 - V_1\right)V_1 V_2 = \left(V_2 - V_1\right)a^{*2} \tag{13.2.9}$$

由于激波前后气流速度不同，即 $V_2 - V_1 \neq 0$，式(13.2.9)可以进一步化简为

$$V_1 V_2 = a^{*2} \tag{13.2.10}$$

式(13.2.10)两端同时除以临界声速平方 a^{*2}，可得其无量纲形式：

$$M_1^* M_2^* = 1 \tag{13.2.11}$$

由式(13.2.11)可知，超声速气流（$M_1^* > 1$）通过正激波后一定变为亚声速气流（$M_2^* < 1$），而且激波前气流速度 V_1 越大，波后气流速度 V_2 越小，反之亦然。由式(13.2.11)得

$$\frac{V_2}{V_1} = \frac{a^{*2}}{V_1^2} = \frac{1}{M_1^{*2}} = \frac{2+\left(k-1\right)Ma_1^2}{\left(k+1\right)Ma_1^2} = \frac{2}{\left(k+1\right)Ma_1^2} + \frac{k-1}{k+1} \tag{13.2.12}$$

根据式(13.2.1)，可以得到激波前后的密度满足关系式：

$$\frac{\rho_2}{\rho_1} = \frac{V_1}{V_2} = \frac{(k+1)Ma_1^2}{2+(k-1)Ma_1^2} = \frac{(k+1)/(k-1)Ma_1^2}{2/(k-1)+Ma_1^2} \tag{13.2.13}$$

再根据式(13.2.3)，化简可得

$$p_2 - p_1 = \rho_1 V_1 (V_1 - V_2) = \rho_1 V_1^2 \left(1 - \frac{V_2}{V_1}\right) \tag{13.2.14}$$

根据声速的表达式，可知 $\rho_1 = kp_1 / a_1^2$，代入式(13.2.14)中可得

$$p_2 - p_1 = \frac{2k}{k+1}\left(Ma_1^2 - 1\right) p_1 \tag{13.2.15}$$

则可得激波前后的压强比为

$$\frac{p_2}{p_1} = 1 + \frac{2k}{k+1}\left(Ma_1^2 - 1\right) = \frac{2k}{k+1} Ma_1^2 - \frac{k-1}{k+1} \tag{13.2.16}$$

再根据状态方程以及激波前后密度比公式，可得激波前后温度之比为

$$\frac{T_2}{T_1} = 1 + \frac{2(k-1)}{(k+1)^2} \frac{kMa_1^2 + 1}{Ma_1^2}\left(Ma_1^2 - 1\right) \tag{13.2.17}$$

相应的流动马赫数之比为

$$\frac{Ma_2^2}{Ma_1^2} = \frac{V_2^2}{V_1^2}\frac{a_1^2}{a_2^2} = \frac{V_2^2}{V_1^2}\frac{T_1}{T_2} = \frac{1}{Ma_1^2}\frac{2+(k-1)Ma_1^2}{2kMa_1^2 - (k-1)} \tag{13.2.18}$$

上面得到的正激波前后参数之比都是用激波前参数表示的，即都是激波前马赫数的函数，所以通过上述公式，可以求得正激波后的气流参数。

例题 13-1　已知超声速空气气流中正激波上游的参数 $p_1 = 10^5\text{Pa}$、$T_1 = 283\text{K}$、$V_1 = 500\text{m/s}$。试求激波下游气流的参数 p_2、T_2、V_2。

解：首先，根据条件求出激波上游气流马赫数，有

$$Ma_1 = \frac{V_1}{\sqrt{kRT_1}} = \frac{500}{\sqrt{1.4 \times 287 \times 283}} = 1.4828$$

再由激波前后压强和速度的关系式得出激波下游气流的压强和速度：

$$\frac{p_2}{p_1} = \frac{2k}{k+1} Ma_1^2 - \frac{k-1}{k+1} = \frac{2 \times 1.4}{1.4-1} \times 1.4828^2 - \frac{1.4-1}{1.4+1} = 2.3985$$

$$p_2 = 2.3985 p_1 = 2.3985 \times 10^5\ \text{Pa}$$

$$\frac{V_1}{V_2} = \frac{(k+1)Ma_1^2}{2+(k-1)Ma_1^2} = \frac{(1.4+1) \times 1.4828^2}{2+(1.4-1) \times 1.4828^2} = 1.8326$$

$$V_2 = \frac{V_1}{1.8326} = \frac{500}{1.8326}\text{m/s} = 272.84\,\text{m/s}$$

最后由能量方程得到激波下游气流的温度：

$$c_p = \frac{kR}{k-1} = \frac{1.4 \times 287}{1.4-1}\text{J/(kg·K)} = 1004.5\text{J/(kg·K)}$$

$$T_2 = T_1 + \frac{V_1^2 - V_2^2}{2c_p} = \left(283 + \frac{500^2 - 272.84^2}{2 \times 1004.5}\right)\text{K} = 370.4\text{K}$$

解毕。

13.2.2　斜激波前后气流参数的关系

设斜激波前的气流参数为 V_1、p_1、ρ_1、T_1，波后参数为 V_2、p_2、ρ_2、T_2。如图 13-11

所示，将速度沿垂直和平行于激波面的两个方向进行分解，并用下标 n 和 t 分别表示分量。那么激波前后的连续性方程可以写为

$$\rho_1 V_{1n} = \rho_2 V_{2n} \tag{13.2.19}$$

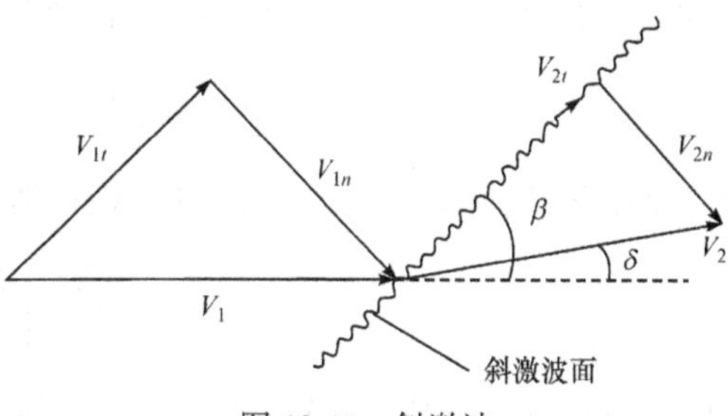

图 13-11　斜激波

垂直于激波面方向上的动量方程可以写为

$$p_1 - p_2 = \rho_1 V_{1n}(V_{2n} - V_{1n}) \tag{13.2.20}$$

或

$$p_1 + \rho_1 V_{1n}^2 = p_2 + \rho_2 V_{2n}^2 \tag{13.2.21}$$

因为激波前后压强和密度满足 $p_2 > p_1$、$\rho_2 > \rho_1$，所以可有 $V_{2n} < V_{1n}$，即气流通过斜激波后激波面法向速度分量必然减小。由于在平行于激波面方向上压强无变化，有 $V_{2t} = V_{1t}$，即气流通过斜激波后激波面切向速度分量不变。基于斜激波的上述特点，可将斜激波作为相对于激波面法向的正激波来处理。可以利用 13.2.1 节的公式求出斜激波前后气流参数的关系，其中激波前马赫数以激波面法向速度分量进行计算：

$$Ma_{1n} = Ma_1 \sin\beta = \frac{V_1}{a_1}\sin\beta = \frac{V_{1n}}{a_1} \tag{13.2.22}$$

于是可以得到斜激波前后气流参数之比为

$$\frac{\rho_2}{\rho_1} = \frac{(k+1)Ma_1^2\sin^2\beta}{2+(k-1)Ma_1^2\sin^2\beta} \tag{13.2.23}$$

$$\frac{p_2}{p_1} = \frac{2k}{k+1}Ma_1^2\sin^2\beta - \frac{k-1}{k+1} = \frac{2k}{k+1}\left(\frac{V_{1n}^2}{a_1^2} - \frac{k-1}{2k}\right) \tag{13.2.24}$$

$$\frac{T_2}{T_1} = 1 + \frac{2(k-1)}{(k+1)^2}\frac{kMa_1^2\sin^2\beta+1}{Ma_1^2\sin^2\beta}\left(Ma_1^2\sin^2\beta - 1\right) \tag{13.2.25}$$

相应的斜激波后的激波面法向马赫数为

$$Ma_{2n} = \frac{V_{2n}}{a_2} = \frac{V_2}{a_2}\sin(\beta-\delta) = Ma_2\sin(\beta-\delta) \tag{13.2.26}$$

于是可得斜激波前后马赫数关系：

$$Ma_2^2\sin^2(\beta-\delta) = \frac{2+(k-1)Ma_1^2\sin^2\beta}{2kMa_1^2\sin^2\beta-(k-1)} \tag{13.2.27}$$

下面介绍斜激波前后速度之间存在的关系。由连续性方程(13.2.19)和激波前后密度比公式，可得

$$V_{1n}V_{2n} = \frac{\rho_1}{\rho_2}V_{1n}^2 = \frac{(k-1)V_{1n}^2 + 2a_1^2}{k+1} \tag{13.2.28}$$

根据能量方程有

$$\frac{V_{1n}^2 + V_{1t}^2}{2} + \frac{a_1^2}{k-1} = \frac{k+1}{k-1}\frac{a^{*2}}{2} \tag{13.2.29}$$

式(13.2.29)也可以写成

$$(k-1)V_{1n}^2 + 2a_1^2 = (k-1)\left(\frac{k+1}{k-1}a^{*2} - V_{1t}^2\right) \tag{13.2.30}$$

将式(13.2.30)代入式(13.2.28)中，可以得到

$$V_{1n}V_{2n}=a_n^{*2}=a^{*2}-\frac{k-1}{k+1}V_{1t}^2 \tag{13.2.31}$$

由于激波后气流受压，$p_2/p_1>1$。根据激波前后压强比式(13.2.24)，可得

$$\frac{2k}{k+1}\left(\frac{V_{1n}^2}{a_1^2}-\frac{k-1}{2k}\right)>1 \tag{13.2.32}$$

由于$k>1$，由式(13.2.32)可知$V_{1n}>a_1$，即斜激波前气流的法向分速度必为超声速。斜激波后的法向分速度必为亚声速，但与切向分速度合成后，仍有可能为超声速。当$V_{1t}=0$时，斜激波就变为正激波。

13.2.3　气流折转角与斜激波角间的关系

从图 13-11 中可以看出，超声速气流通过斜激波后速度方向会发生一定的偏转，气流偏转的角度称为气流折转角。气流折转角、斜激波角与气流方向之间的关系如下：

$$\tan(\beta-\delta)=\frac{V_{2n}}{V_{2t}},\quad \tan\beta=\frac{V_{1n}}{V_{1t}} \tag{13.2.33}$$

由连续性方程和$V_{1t}=V_{2t}$，有

$$\frac{V_{2n}}{V_{2t}}=\frac{\rho_1}{\rho_2}\frac{V_{1n}}{V_{1t}} \tag{13.2.34}$$

将式(13.2.33)和式(13.2.34)合并，并将激波前后密度比公式代入，可得斜激波角、气流折转角和斜激波前气流流动马赫数之间的关系式：

$$\tan(\beta-\delta)=\frac{2+(k-1)Ma_1^2\sin^2\beta}{(k+1)Ma_1^2\sin\beta\cos\beta} \tag{13.2.35}$$

化简式(13.2.35)，最终可得

$$\tan\delta=\cot\beta\frac{Ma_1^2\sin^2\beta-1}{1+Ma_1^2\left[(k+1)/2-\sin^2\beta\right]} \tag{13.2.36}$$

若将式(13.2.36)绘制成曲线，如图 13-12 所示，图中每条曲线对应于一个斜激波前的来流马赫数Ma_1。根据式(13.2.36)和图 13-12 可得如下结论。

(1) 当$Ma_1^2\sin^2\beta-1=0$，即$\sin\beta=1/Ma_1=\sin\theta_1$，斜激波角等于马赫角时，斜激波退化为微弱扰动波，即马赫波，并且通过斜激波后气流折转角为零；当$\cot\beta=0$，即$\beta=\pi/2$时，斜激波变为正激波，气流折转角为零。

(2) 在图 13-12 中，每条曲线都有一个顶点，表示超声速气流通过斜激波所能达到的最大折转角$\delta_{\max}$。当气流折转角小于$\delta_{\max}$时，对于每一个气流折转角δ，有两个斜激波角β与之对应，其中β取值较大的对应于强斜激波，而β取值较小的对应于弱斜激波。对于大部分情况，斜激波后β取较小值。

(3) 超声速气流绕顶角为2δ的楔形物体，当$\delta<\delta_{\max}$时，从物体的尖端出现两条斜激波。当$\delta>\delta_{\max}$时，激波离开物体尖端，在前面形成一条曲线脱体激波，如图 13-8 所示。激波面的中间部分为正激波，后面是亚声速区，离开中间部分以后，波面的角度逐渐趋近于马赫角。脱体激波可造成较大的损失，当超声速气流流经$\delta>\delta_{\max}$的凹钝角时，也会产生脱体激波，如图 13-13 所示。

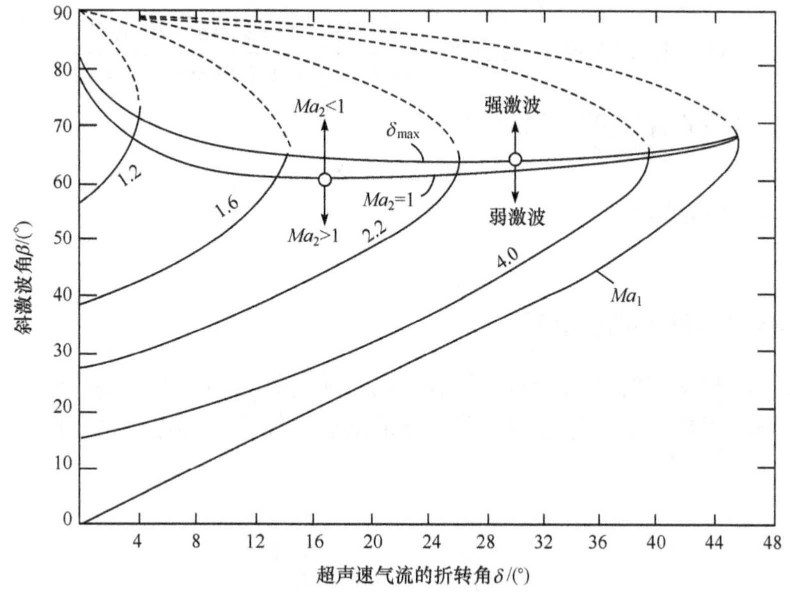

图 13-12　在不同 Ma_1 下 β 与 δ 关系曲线

(4) 在图 13-12 中有一条激波后马赫数为 1 的曲线，曲线上部区域代表波后为亚声速，下部代表波后为超声速。对于斜激波而言，在大部分斜激波角范围内，波后仍为超声速，只是在接近最大折转角 δ_{max} 的小范围内才为亚声速。因虚线与最大折转角连接线非常靠近，所以可近似地认为，当斜激波后的速度为声速时，气流的折转角达到最大值 δ_{max}。

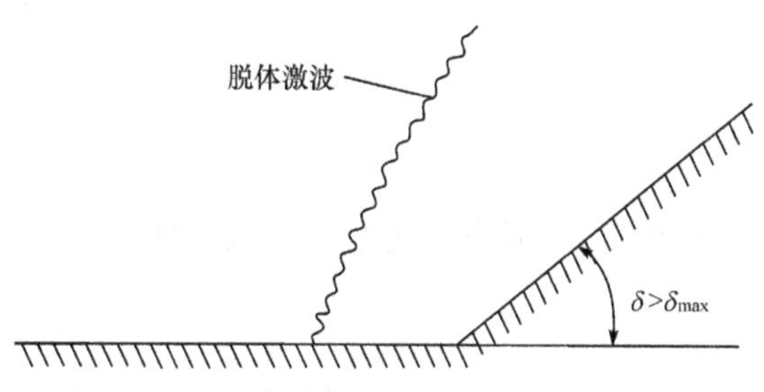

图 13-13　超声速气流流经凹钝角（$\delta>\delta_{max}$）

例题 13-2　已知拉瓦尔喷管出口截面上的气流马赫数 $Ma_1=3$，压强 $p_1=0.1\times10^5$ Pa，出口外部环境背压 $p_2=10^5$ Pa，气体绝热指数 $k=1.4$。试求喷管出口处斜激波角 β、气流折转角和激波下游马赫数 Ma_2。

解： 将已知 p_1、p_2、Ma_1 和 k 代入斜激波前后压强关系式，有

$$\frac{1}{0.1}=\frac{2\times1.4}{1.4+1}\times3^2\sin^2\beta-\frac{1.4-1}{1.4+1}$$

通过计算可以得到斜激波角为

$$\beta=79.59°$$

把已知 Ma_1、β 和 k 的数值代入气流折转角关系式，有

$$\tan\delta=\frac{2\cot(79.59°)\left[3^2\sin^2(79.59°)-1\right]}{2+3^2\times[1.4+\cos(2\times79.59°)]}$$

可得通过斜激波后气流折转角为

$$\delta=24.59°$$

又根据斜激波前后马赫数之间的关系，可得

$$Ma_2^2 \sin^2(75.59° - 24.59°) = \frac{2 + (1.4-1) \times 3^2 \sin^2(79.59°)}{2 \times 1.4 \times 3^2 \sin^2(79.59)° - 1.4 + 1}$$

由上式可以得到斜激波后气流的马赫数为

$$Ma_2 = 0.658$$

由于 $Ma_2 < 1$，这是强激波。

解毕。

13.2.4　激波压缩与等熵压缩的比较

气流通过激波时受到的骤然压缩与气流等熵压缩过程有显著的区别。通常情况下，理想气体的等熵压缩过程是一个可逆过程，等熵压缩前后气体的压强比、密度比以及温度比之间的关系为

$$\frac{p_2}{p_1} = \left(\frac{\rho_2}{\rho_1}\right)^k, \quad \frac{p_2}{p_1} = \left(\frac{T_2}{T_1}\right)^{\frac{k}{k-1}}$$

对于激波骤然压缩过程，激波前后气体的压强比与密度比之间的关系为

$$\frac{p_2}{p_1} = \frac{\frac{k+1}{k-1}\frac{\rho_2}{\rho_1} - 1}{\frac{k+1}{k-1} - \frac{\rho_2}{\rho_1}} \tag{13.2.37}$$

再根据理想气体状态方程，可以得到激波压缩前后气体的压强比与温度比之间关系为

$$\frac{T_2}{T_1} = \frac{\frac{k+1}{k-1}\frac{p_2}{p_1} + \left(\frac{p_2}{p_1}\right)^2}{\frac{k+1}{k-1}\frac{p_2}{p_1} + 1} \tag{13.2.38}$$

将上述等熵压缩过程和激波压缩过程的压强比与密度比、压强比与温度比之间的关系绘制成曲线，如图 13-14 所示。从图中可以看出，在相同的压强比 p_2 / p_1 条件下，经过激波压缩后气体的温度高于等熵压缩后气体的温度，而激波压缩后气体的密度小于等熵压缩后气体的密

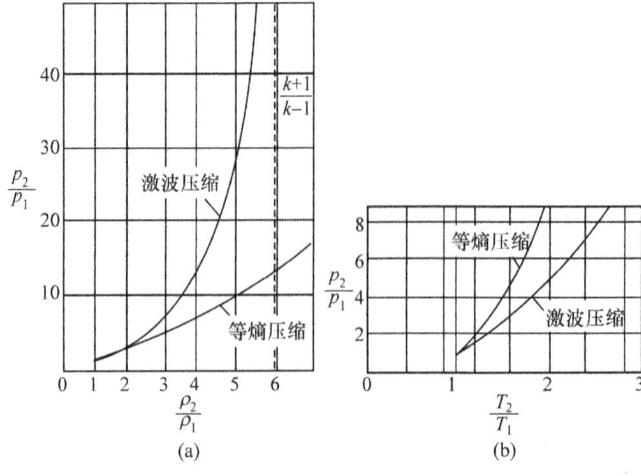

图 13-14　激波压缩与等熵压缩的比较曲线

度。另外，当压强比 $p_2/p_1\to\infty$ 时，激波压缩前后气体密度比为 $\rho_2/\rho_1\to(k+1)/(k-1)$，换句话说，超声速气流通过激波压缩后，气体的密度只能增大有限倍数。以空气为例，经过激波压缩后，其密度最多增大 6 倍。这是因为气流经过激波时，部分动能不可逆地变为内能，使气体温度升高并导致密度减小，因而在总体上使密度的增大受到了抑制。从图 13-14 中还可以看出，当压强比减小，即 $p_2/p_1\to 1$ 时，激波压缩与等熵压缩的区别也相应减小，也就是说微弱的激波压缩相当于等熵压缩。

接下来讨论激波压缩过程引起的熵增 Δs。假定气体的初始状态的压强和密度分别为 p_1、ρ_1，经过等熵压缩后变为 p_2、ρ_2，而经过激波压缩后变为 p_{2s}、ρ_2。若气流经等熵压缩过程，压缩前后气体的熵不变，可得

$$s_2=s_1=c_v\ln\frac{p_1}{\rho_1^k}=c_v\ln\frac{p_2}{\rho_2^k}\tag{13.2.39}$$

若气流经过激波压缩，那么压缩后气体的熵变为

$$s_{2s}=c_v\ln\frac{p_{2s}}{\rho_2^k}\tag{13.2.40}$$

相应的激波压缩前后，气体熵增为

$$\Delta s=s_{2s}-s_1=s_{2s}-s_2=c_v\ln\frac{p_{2s}}{\rho_2^k}-c_v\ln\frac{p_2}{\rho_2^k}=c_v\ln\frac{p_{2s}}{p_2}\tag{13.2.41}$$

在相同的密度比条件下，从图 13-14 中可以看出，$p_{2s}>p_2$，故熵增 $\Delta s>0$。式(13.2.41)可进一步改写为

$$\begin{aligned}\Delta s&=c_v\ln\left(\frac{p_{2s}}{p_1}\frac{p_1}{p_2}\right)=c_v\ln\left[\frac{p_{2s}}{p_1}\left(\frac{\rho_1}{\rho_2}\right)^k\right]\\&=c_v\ln\left[\left(\frac{k-1}{k+1}\right)^{k+1}\left(\frac{2k}{k-1}Ma_1^2\sin^2\beta-1\right)\left(\frac{2}{k-1}\frac{1}{Ma_1^2\sin^2\beta}+1\right)^k\right]\end{aligned}\tag{13.2.42}$$

当 $\sin\beta=1/Ma_1=\sin\theta_1$ 时，斜激波退化为马赫波，此时 $\Delta s=0$。当 $\beta=\pi/2$ 时，斜激波变为正激波，此时 Δs 取值最大。这说明，超声速气流通过激波时受到骤然压缩产生熵增，部分动能不可逆地转化为内能，这可以视为波阻产生的根源。因超声速气流通过激波后，速度降低、动量减小，故必然受到与流动方向相反的阻力，这一阻力由激波引起，与摩擦无关，所以称为波阻。从前面的分析可知，最大的波阻发生在正激波中。

13.3　喷管在非设计工况下的流动

12.3 节讨论了喷管在设计工况下的流动问题。然而，在喷管的实际工作过程中，经常会发生入口和出口参数偏离设计值的情况，这通常称为变工况。本节分析在无摩擦、绝热的条件下，缩放喷管在非设计工况下的气体流动问题。

通常在设计工况下，缩放喷管中气体压强按照图 13-15 所示的曲线 *AOB* 变化。压强为设计值 p_1 的气体进入喷管后膨胀并加速，若在喷管最小截面处气流达到临界状态并且在渐扩段中继续膨胀加速，则在渐扩段中气流可达超声速流动而出口压强下降为设计值 p_2。接下来，假定入口压强 p_1 不变，分三种情况讨论背压 p_b 变化时喷管的工作。

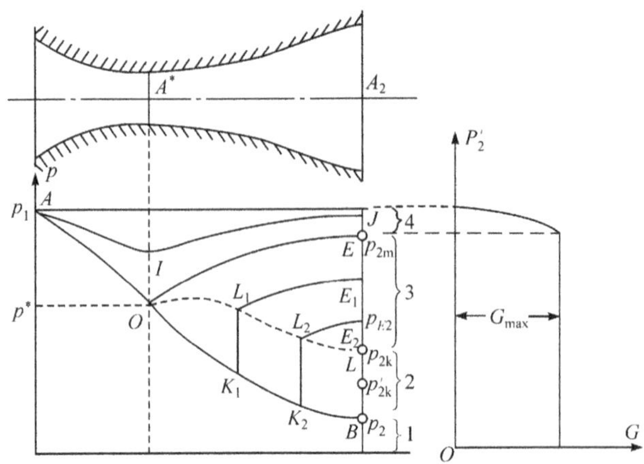

图 13-15　缩放喷管在变工况下的压强分布和流量曲线

13.3.1　背压低于出口设计压强

当出口环境背压小于出口设计压强时，即 $p_b < p_2$。超声速气流从出口截面进入低压空间，如图 13-16(a)所示，将在出口边缘 A 和 A_1 处产生两组扇形膨胀波。气流将向外侧偏转 δ 角，并在喷管出口外自由膨胀，这种流动称为膨胀不足。尽管背压 p_b 小于出口设计压强 p_2，喷管内部的气流参数和设计工况完全一致。

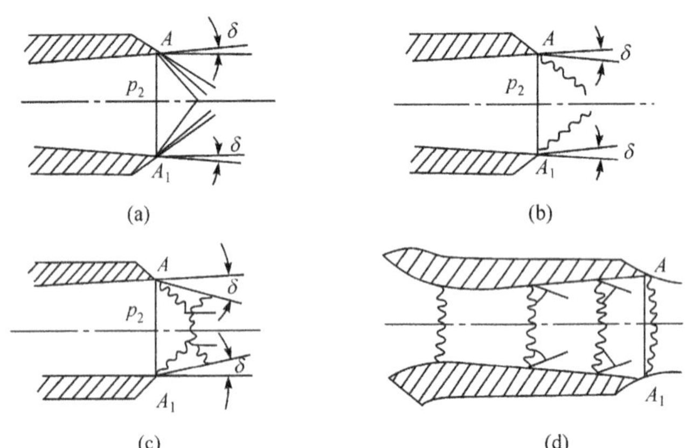

图 13-16　在非设计工况下缩放喷管超声速流动图形

13.3.2　背压高于出口设计压强

这时，可再分为如下两种情况分别进行讨论。

(1) $p_2 < p_b < p_{2k}$，背压高于出口设计压强 p_2，低于在出口截面上形成正激波时的背压 p_{2k}。当背压略高于出口设计压强时，超声速气流在出口受到压缩，在出口边缘 A 和 A_1 处产生两道斜激波，如图 13-16(b)所示。气流经斜激波后速度降低、压强升高，并向内侧偏转 δ 角。背压继续升高，气流向内偏转角逐渐增大。当背压超过某一限值后，出口斜激波将形成拱桥形激波系，如图 13-16(c)所示。当 $p_b = p_{2k}$ 时，在出口截面将会形成正激波。激波位于喷管出口的下游，出口上游喷管内部的气流参数仍和设计工况一致。

(2) $p_{2k} < p_b < p_{2m}$，背压大于在出口截面形成正激波时的压强，小于激波在喉部消失的压强。当背压略高 p_{2k} 时，为了适应正激波后气流压强的进一步升高，正激波将会向喷管内部

移动，如图 13-16(d)所示。激波进入喷管内部后，激波前的马赫数与设计工况相比有所减小，故激波强度会有所降低，波阻相应减弱。气流通过正激波后变为亚声速，在渐扩管段内继续减速并升压，喷管中气流压强将按照图 13-15 中的曲线 $AOK_2L_2E_2$ 进行变化。这种喷管设计出口压强低于实际背压的情况称为气流膨胀过度。当背压进一步升高时，激波强度逐渐降低，激波位置向渐扩喷管上游的喉部位置移动。当背压升高到 p_{2m} 时，激波移动到喉部并消失，此时气流参数达到临界值。由于背压高于喉部压强，气流在渐扩管段中为亚声速流动。减速升压并且气流压强在出口处达到 p_{2m}。喷管内气体沿流动方向的压强变化过程如图 13-15 中的曲线 AOE 所示。

13.3.3　激波在喉部消失后的流动

当喷管出口背压高于激波在喉部消失的压强 p_{2m} 并且低于喷管的入口压强 p_1 时，气流在渐缩管段会经历减压、增速的过程，在喉部可以达到亚临界的最大速度。在渐扩管段中气流将与渐缩管段相反，经历减速、增压过程，并且在出口处压力增加到背压。整个喷管内气流呈亚声速流动，喷管中的压强分布如图 13-15 中的曲线 AIJ 所示。此时，缩放喷管的作用相当于文丘里管。当背压进一步升高并等于入口压强 p_1 时，喷管中的气流将静止。

13.3.4　背压对喷管中气体流量的影响

如图 13-15 所示，从上面的讨论得知，只要喷管的喉部达到临界状态，那么喷管的流量就保持为临界流量不变。换句话说，只要出口背压满足 $p_b < p_{2m}$，即使进一步降低出口背压，喷管的流量也不再发生变化。然而，若 $p_b > p_{2m}$，随出口背压的逐渐升高，喷管内的流量将逐渐减小。当 $p_b = p_1$ 时，喷管内气体的流量减小为零。

对于渐缩喷管而言，情况要简单一些。假定渐缩喷管的出口设计压强为临界压强，那么当出口背压等于临界压强时，喷管内气流参数将按照设计参数变化。当出口背压低于临界压强时，气流在喷管出口处达到临界状态，在喷管外部边缘会发生突然膨胀，该膨胀过程不会逆流传到喷管内部，因此喷管内气流参数与设计工况相同。当出口背压高于临界压强时，气流在喷管出口只能为亚声速，在喷管出口处产生的微弱扰动波将会逆流传播到喷管内，从而引起管内气流的压强、速度等参数的变化。

例题 13-3　缩放喷管的出口面积与喉部面积之比 $A_e / A_t = 12$，流入空气的滞止压强 $p_0 = 650\,\text{kPa}$，滞止温度 $T_0 = 450\,\text{K}$。在喷管扩张段气流马赫数为 2.8 的地方有正激波。试确定出口截面的气流马赫数 Ma_e 和温度 T_e。

解： 喷管中激波前后的流动可分别按定常等熵流动来处理。由于在喷管扩张段产生了正激波，喷管喉部必然已经达到临界状态，$A_{cr} = A_t$。设激波前后的流动参数分别用下标 1 和 2 来表示，那么则有

$$\frac{A_1}{A_t} = \frac{1}{Ma_1}\left[\frac{2}{k+1}\left(1+\frac{k-1}{2}Ma_1{}^2\right)\right]^{\frac{k+1}{2(k-1)}}$$

$$= \frac{1}{2.8}\left[\frac{2}{1.4+1}\left(1+\frac{1.4-1}{2}\times 2.8^2\right)\right]^{\frac{1.4+1}{2\times(1.4-1)}} = 3.5$$

利用正激波前后马赫数的关系得激波后马赫数为

$$Ma_2=\left(\frac{1+\frac{k-1}{2}Ma_1^2}{kMa_1^2-\frac{k-1}{2}}\right)^{\frac{1}{2}}=\left(\frac{1+\frac{1.4-1}{2}\times 2.8^2}{1.4\times 2.8^2-\frac{1.4-1}{2}}\right)^{\frac{1}{2}}=0.4882$$

激波后为亚声速气流，令其临界面积为 A'_{cr} ，可得

$$\frac{A_2}{A'_{\mathrm{cr}}}=\frac{1}{Ma_2}\left[\frac{2}{k+1}\left(1+\frac{k-1}{2}{Ma_2}^2\right)\right]^{\frac{k+1}{2(k-1)}}=\frac{1}{0.4882}\left[\frac{2}{1.4+1}\left(1+\frac{1.4-1}{2}\times 0.4882^2\right)\right]^{\frac{1.4+1}{2\times(1.4-1)}}=1.363$$

由于在激波前后 $A_1=A_2$ ，于是

$$\frac{A_{\mathrm{e}}}{A'_{\mathrm{cr}}}=\frac{A_{\mathrm{e}}}{A_{\mathrm{t}}}\frac{A_{\mathrm{t}}}{A_1}\frac{A_2}{A'_{\mathrm{cr}}}=12\times\frac{1}{3.5}\times 1.363=4.673$$

由此可以得到

$$4.673=\frac{1}{Ma_{\mathrm{e}}}\left[\frac{2}{k+1}\left(1+\frac{k-1}{2}{Ma_{\mathrm{e}}}^2\right)\right]^{\frac{k+1}{2(k-1)}}$$

求解上式可得到出口截面上的气流马赫数为

$$Ma_{\mathrm{e}}=0.1250$$

由于气流穿越激波的过程是绝热过程，滞止温度不变，$T_{02}=T_{01}$ ，出口截面气流温度为

$$T_{\mathrm{e}}=\frac{T_0}{1+\frac{k-1}{2}Ma_{\mathrm{e}}^2}=\frac{450}{1+0.2\times 0.1250^2}=448.6(\mathrm{K})$$

解毕。

科技前沿(13)——乘波飞机

人物介绍(13)——陆士嘉

习　　题

13-1　空气在管道中以 $Ma=2.5$ 流动，压强为 30kPa ，温度为 25℃ 。在管道某截面上存在一道正激波，试求激波后气流的马赫数、压强、温度和速度。

13-2　若空气通过一道正激波后，其密度增加了一倍，试求激波前后气流流速和压强的比值。设来流声速为 330m/s 。

13-3　空气以 650m/s 的速度绕流半角为 15° 的楔形物体，今测得来流温度 $T_1=300\mathrm{K}$ ，试求气流通过激波后的速度。

13-4　空气绕流顶角 $2\delta=20°$ 的二维尖劈，在其顶点处产生斜激波。已知波前来流的参数 $Ma_1=2.5$ ， $p_1=85\mathrm{kPa}$ ， $T_1=298\mathrm{K}$ ，求激波角 β 及波后的参数 Ma_2 、 p_2 和 T_2 。

13-5　空气在缩放喷管内流动，已知气流的滞止参数为 $p_0=10^6\,\mathrm{Pa}$ ， $T_0=350\mathrm{K}$ ，出口截面面积 $A_{\mathrm{e}}=10\mathrm{cm}^2$ ，背压 $p_{\mathrm{b}}=9\times 10^5\,\mathrm{Pa}$ 。如果要求喷管喉部的马赫数达到 $Ma_1=0.5$ ，试求喉部截面面积 A_1 。

参 考 文 献

ANDERSON J P, 2007. 计算流体力学基础及其应用[M]. 吴颂平, 刘赵淼, 译. 北京：机械工业出版社.

FINNEMORE E J, FRANZINI J B, 2009. 流体力学及其工程应用[M]. 10 版. 钱翼稷, 周玉文, 等, 译. 北京：机械工业出版社.

龚安龙, 解静, 刘晓文, 等, 2017. 近空间高超声速气动力数据天地换算研究[J]. 工程力学, 34(10): 229-238.

归柯庭, 汪军, 王秋颖, 2003. 工程流体力学[M]. 北京：科学出版社.

景思睿, 张鸣远, 2001. 流体力学[M]. 西安：西安交通大学出版社.

李永赞, 胡明辅, 李勇, 2008. 热管技术的研究进展及其工程应用[J]. 应用能源技术, (6)：45-48.

刘峰, 崔维成, 李向阳, 2010. 中国首台深海载人潜水器——蛟龙号[J]. 中国科学：地球科学, (12)：1617-1620.

日本机械学会, 2013. 流体力学[M]. 北京：北京大学出版社.

申峰, 刘赵淼, 2012. 显微粒子图像测速技术——微流场可视化测速技术及应用综述[J]. 机械工程学报, 48(4)：155-168.

田玉冬, 王潇, 张舟云, 等, 2015. 车用电机冷却系统热仿真及其优化[J]. 机械设计与制造, (2)：238-242.

夏泰淳, 2006. 工程流体力学[M]. 上海：上海交通大学出版社.

杨莉, 张庆明, 2006. 超空泡技术的应用现状和发展趋势[J]. 战术导弹技术, (5)：6-10.

张凤羽, 程效锐, 王秀勇, 等, 2013. 流体力学[M]. 北京：中国水利水电出版社.

周光垌, 严宗毅, 许世雄, 等, 2000a. 流体力学. 上册[M]. 2 版. 北京：高等教育出版社.

周光垌, 严宗毅, 许世雄, 等, 2000b. 流体力学. 下册[M]. 2 版. 北京：高等教育出版社.

朱克勤, 许春晓, 2009. 粘性流体力学[M]. 北京：高等教育出版社.

DOUGLAS J, GASIOREK J, SWAFFIELD J, 1995. Fluid mechanics[M]. 3rd ed. Harlow: Longman Scientific&Technical Co.